Strategic Change

Stefan Iskan • Erwin Staudt
(Hrsg.)

Strategic Change

Wie Manager ihre Unternehmen jetzt erneuern müssen

Springer Gabler

Herausgeber
Prof. Dr. rer. pol. Stefan Iskan
University of Applied Sciences
Ludwigshafen am Rhein
Deutschland

Dipl.-Volksw. Erwin Staudt
Iskan Advice
Stuttgart-Sindelfingen
Deutschland

ISBN 978-3-658-03286-9
DOI 10.1007/978-3-658-03287-6
ISBN 978-3-658-03287-6 (eBook)

Die Deutsche Nationalbibliothek verzeichnet diese Publikation in der Deutschen Nationalbibliografie; detaillierte bibliografische Daten sind im Internet über http://dnb.d-nb.de abrufbar.

Springer Gabler

Gedruckt auf säurefreiem und chlorfrei gebleichtem Papier

Springer Fachmedien Wiesbaden GmbH ist Teil der Fachverlagsgruppe Springer Science+Business Media (www.springer.com)

Geleitwort von Thomas Blank

Change wagen. Das Management auf der „Chefetage" und das „Managen" von Veränderungen ist keine Profession. Es ist ein Privileg in Wirtschaft und Gesellschaft, dessen Bedeutung sich Manager und Führungskräfte in regelmäßigen Abständen in das eigene Bewusstsein holen müssen. Change Management kann man nicht anpacken wie ein Buchhalter. Es ist eine Aufgabe für Menschen mit Herzblut, Mut und Durchsetzungsstärke. Wenn es dann noch gelingt, die Führungsmannschaft und die Mitarbeiter für Veränderungen zu gewinnen, kann das Vorhaben „Operation an der Unternehmens-DNA" gelingen. Zugegeben: es ist ein mitunter mühevoller Weg und keine leichte Aufgabe für Manager, die kurzfristig in Quartalsergebnissen denken (müssen). Change, gerade diese tiefgreifende Operation an der Unternehmens-DNA, ist eine weitreichende Arbeit über mehrere Jahre und verlangt Durchhaltevermögen. Doch ist das nicht gerade eine Eigenschaft, die von Managern und ihren Führungskräften gefordert wird?

Agilität ist heute das Schlagwort in der Industrie und zwar in Richtung Branchenlösungen, Entscheidungswege wie auch Kapazitätsflexibilität. Das gilt für Agility genauso wie für alle übrigen Unternehmen in der Logistikbranche. Im Zentrum der Bemühungen stehen heute branchen- und industrieübergreifend sämtliche Aspekte, die sich mit schlanken Aufbau- und Ablauforganisationen beschäftigen. Auch die Bündelung von Verwaltungs- und Routinetätigkeiten in weltweit verteilten Shared Service Centern steht im Fokus. Ebenso wie das Ausbalancieren von zentralen und dezentralen Verantwortlichkeiten sowie effizientere Prozesse in Richtung interner und externer Kunden. Ein Blick in die heutige Wirtschaftspresse zeigt die Dringlichkeit dieser Aspekte deutlich auf.

Die Aufbereitung dieser Themen im vorliegenden Buch verdient Anerkennung. Weshalb? Es ist eine nahezu unmögliche Aufgabe, Change-Management-Methoden vollständig in einem Buch abzubilden. Stefan Iskan und Erwin Staudt machen sich daher erst gar nicht die Mühe. Stattdessen gehen sie mit ihrem Autorenteam einen anderen Weg. Sie schildern das heutige „Change-Disaster" in Unternehmen und legen neue Paradigmen, mitunter auch radikale Gedanken, für Change Leader vor. Die Herausgeber, wie auch die übrigen Autoren, nennen die Probleme ungeschönt beim Namen und beweisen in vielen Kapiteln Mut. Sie werfen zum Teil kritische, provozierende Fragen auf, die das heutige

Establishment auf den Chefetagen und in der Gesellschaft betreffen. Der Leser hinterfragt unweigerlich seine eigenen Kompetenzen hinsichtlich Change Leadership und erkennt dabei auch für sich selbst durchaus noch Verbesserungspotenzial. Genau das kann das Buch für viele Manager und Führungskräfte so wertvoll machen. Die Autoren wissen, worüber sie schreiben. Und das zeigen sie hier mit großer Leidenschaft.

Wer Management in kleinen Schritten sucht, wird in diesem Buch nicht fündig. Manager und Führungskräfte, die hingegen sich selbst und ihre Kompetenzen als Change Leader reflektieren wollen, werden mit dem Buch ihre wahre Freude haben. Das Buch macht Mut, Herausforderungen in Unternehmen anzupacken und Veränderungen voranzubringen. Ich wünsche den beiden Herausgebern und ihrem Autorenteam einen breiten Wirkungskreis. Allen Veränderungswilligen unter Ihnen wünsche ich viele neue Impulse für die Weiterentwicklung Ihrer Organisation.

Frankfurt am Main, Juli 2015

Thomas Blank
Agility
Chief Executive Officer Area Central Europe
Member of the European Management Board

Vorwort der Herausgeber

Der „Change-Management-Boom“ scheint ungebrochen. Die Zahl an Unternehmensprojekten, aber auch an Weiterbildungslehrgängen nimmt stetig zu. Container-Floskeln wie „Make change happen“, „Business Transformation“, „Transformationale Führung“ oder etwa „Partizipation“ und „Kaskadierte Kommunikation“ machen über Strategy Consultants die Runde auf den Chef-Etagen. Und dennoch: das Change-Disaster in vielen Bereichen der Unternehmen kann nicht übersehen werden. Trotz alle dem – oder etwa gerade deswegen? Genau diese Entwicklung war Anlass, unsere Erfahrung mit langjährigen Front-Praktikern und Akademikern der angewandten Wissenschaften zu reflektieren.

In diesem Buch geht es nicht darum, Ihnen zu erzählen, wie Sie als Unternehmenslenker Veränderungsprozesse in Ihren Unternehmen erfolgreich „managen“. Es geht in erster Linie darum zu verdeutlichen, dass wir in unserer Gesellschaft und Wirtschaft ein völlig anderes Verständnis von Change Management benötigen. Und zwar jenseits von Krisen- und Turnaround-Management. Ein Verständnis, das dem bewussten und strategischen Wandel nahekommt und Veränderungsbereitschaft als „kritischen Erfolgsfaktor, ja sogar neuen Input-Faktor, in den Unternehmen betrachtet. Wir wollen neben den Beispielen, die unser Autoren-Team bereit hält, Managern und Führungskräften Paradigmen, mitunter auch provozierende Gedankengänge mitgeben, aus welchen Komponenten ein Strategic Change bestehen kann und welche Eigenschaften es heute in den Veränderungsprozessen und Aufbau- und Ablauforganisationen der Unternehmen bedarf. Jedenfalls sehen wir mit dem vorliegenden Buch die Gelegenheit, unsere Beobachtungen und Erfahrungen aus unserer Praxis für Change-Verantwortliche anzubieten und in Form von Gedanken aufzuarbeiten.

Dieses Buch ist also für die Praxis gemacht. Es wendet sich an alle Träger unternehmerischer Verantwortung: Vorstände, Geschäftsführer, Führungskräfte der oberen und mittleren Ebenen, Business Unit bzw. Center-Leiter, interne Organisationsentwickler, HR-Manager sowie verantwortliche Projekt-Manager. An der University of Applied Sciences Ludwigshafen am Rhein ist das Buch zudem in Bachelor- und Master-Vorlesungen grundlegend eingebunden. Ebenso Einsatz findet es in unserem speziellen „Change Readiness“-Seminar, einem exklusiven Trainingszirkel für Change Leader aus Unternehmen ohne „Sense of Urgency“ und damit abseits von Krisenmanagement.

Eine erfolgreiche Unternehmenserneuerung und gelungene Change-Prozesse sind nicht zuletzt Ergebnisse erfolgreichen Teamings. Das gilt auch für das vorliegende Buch. Obwohl verschiedene Autoren an der Erarbeitung des Buches mit eingebunden waren, war es unser Anspruch, weitgehend „aus einem Guß" über die Kapitelgrenzen hinweg zu schreiben. Inwieweit uns dies gelungen ist, wird selbstredend Ihrem Urteil vorbehalten sein. So danken wir unseren engagierten Mitstreitern Renate Apitzsch, Sikko Böhm, Wolf-Rüdiger Bretzke, Güray Karaca, Peter Klaus, Anja Knippel, Thomas Krebs, Tobias Liebscher, Stefanie Müller, Heiner Reiners, Jochen Rotthaus, Volker Staab, Irene Wagner und Oliver Weirauch für ihre Ausdauer und ergänzenden Experten-Beiträge. Unserem Zeichner, Knut Eckert, sei auf diesem Wege sehr herzlich für seine Illustrationen gedankt. Falls wir Sie dazu anregen können, mit unseren Gedanken und Paradigmen für die Erneuerung Ihrer Unternehmens-DNA zu spielen, die eigenen Change-Ansätze zu hinterfragen wie auch Ihre Mitarbeiter und Unternehmen mit Entschlossenheit und radikaler Geschwindigkeit nach vorne zu entwickeln, ist unser wesentliches Anliegen erreicht. Ihrer Change-Front fühlen wir uns mit maximaler Leidenschaft zum „Verändern" verpflichtet.

Stuttgart, Juli 2015

Prof. Dr. Stefan Iskan
Erwin Staudt

Inhaltsverzeichnis

Mitarbeiterverzeichnis

Renate Apitzsch Siemens AG, Energy Division, Erlangen, Deutschland

Sikko Böhm Weltbild Retail GmbH & Co. KG, Augsburg, Deutschland

Wolf-Rüdiger Bretzke Barkawi Management Consultants GmbH, Krefeld, Deutschland

Stefan Iskan University of Applied Sciences Ludwigshafen am Rhein, Deutschland

Güray Karaca Kerkhoff Cost Engineering GmbH, Düsseldorf, Deutschland

Peter Klaus Friedrich-Alexander-Universität Erlangen-Nürnberg, Deutschland

Anja Knippel Freiberufliche Trainerin, Fürth, Deutschland

Thomas Krebs Miebach Consulting GmbH, Frankfurt am Main, Deutschland

Tobias Liebscher BearingPoint GmbH, Hamburg, Deutschland

Stefanie Müller Technische Hochschule Nürnberg, Deutschland

Heiner Reiners Heidelberger Leben Service Management GmbH, Heidelberg, Deutschland

Jochen Rotthaus DEG Eishockey GmbH, Düsseldorf, Deutschland

Volker Staab Karlsruhe, Deutschland

Erwin Staudt Iskan Advice, Stuttgart-Sindelfingen, Deutschland

Irene Wagner Miebach Consulting GmbH, Frankfurt am Main, Deutschland

Oliver Weirauch Droege Group Internationale Unternehmer-Beratung GmbH, Düsseldorf, Deutschland

Die Herausgeber

Prof. Dr. rer. pol. Stefan Iskan hat die Professur für Logistik und Wirtschaftsinformatik, inbes. Supply Chain Management und E-Business, im Fachbereich Dienstleistungen und Consulting an der University of Applied Sciences Ludwigshafen am Rhein inne. Der Hochschulprofessor ist Autor zahlreicher Veröffentlichungen, Top-Management- und Führungskräfte-Begleiter wie auch Academic Advisor der führenden türkischen Automotive und Logistik-Mediengruppe AYSBERG mit Sitz in Istanbul. Der promovierte Wirtschaftspädagoge war zuvor für den Deutsche Bahn-Konzern (DB Schenker) in verschiedenen vorstandsnahen Funktionen aktiv, u.a. in der Konzernleitung der DB ML AG in Berlin und Istanbul sowie als Leiter Strategische Projekte & Business Development einer der Direct Reports zum Vorstand Landtransport der Schenker AG in Essen. Zu seinen weiteren beruflichen Stationen zählen die Deutsche Post Consult GmbH und Daimler AG. Zusammen mit seinem Partner, Erwin Staudt, begleitet er Führungskräfte aus der Automotive Industrie und Logistik in Deutschland und in der Türkei, insbes. in strategischen Fragestellungen, Organisationsentwicklung, Change Management sowie Industrialisierung der Aufbau- und Ablauforganisation. Für seine akademischen Leistungen wurde er bereits ausgezeichnet.

Erwin Staudt ist Partner bei der Managementberatung Iskan Advice mit Sitz in Stuttgart-Sindelfingen, Präsident des Business Club Stuttgart sowie Ehrenpräsident des VFB Stuttgart. Der Diplom-Volkswirt hatte zuvor 30 Jahre in verschiedenen nationalen und internationalen Management-Positionen bei der IBM verbracht, in die er 1973 eingetreten ist. Zuletzt als Vorsitzender der Geschäftsführung der IBM Deutschland GmbH. Von 2003 bis 2011 war der ehemalige Top-Manager der erste hauptamtliche Präsident des VFB Stuttgart. 2010 wurde er zudem in den Aufsichtsrat der Deutschen Fußball-Liga (DFL) gewählt. Neben seiner Management-Consulting- und Trainings-Arbeit hat er verschiedene Aufsichtsrats- und Beiratsfunktionen inne. Er zählt zu den Vordenkern der New Economy und ist zusammen mit Bundeskanzler a. D. Gerhard Schröder Gründer der Initiative D21, einer Partnerschaft von rund 300 privaten und öffentlichen Institutionen mit dem Ziel, den Wandel Deutschlands von der Industrie- zur Informationsgesellschaft zu beschleunigen.

Weitere Informationen finden Sie im Internet unter:
www.iskan-advice.com

Der Künstler

Knut Eckert ist Mitinhaber von Eckert Design und arbeitet in München. In seinem Atelier entstehen Illustrationen, Fine Arts, Visualisierungen und Cartoons. In der Kunstakademie Wehr, die er zusammen mit seinem Partner und Bruder, Christian Eckert, ins Leben gerufen hat, geben sie Semi-Professionals wie auch Hobby-Künstlern in Kursen ihre Erfahrungswerte aus verschiedenen Zeichentechniken weiter. Knut Eckert unterstützt Event-Veranstalter und Unternehmen bundesweit mit seinen Zeichen-Leistungen. Er ist Preferred-Partner von Iskan Advice und unterstützt die Management-Begleiter als Live-Zeichner in Change-Workshops, auf Führungskräftetagungen wie auch im Rahmen von Seminaren. Er besitzt die Fähigkeit, gesprochene Inhalte sofort in griffigen Motiven festzuhalten. Das Abendprogramm untermalt er gerne und auch zur Unterhaltung der Teilnehmer mit Karikaturen oder Portrait-Zeichnungen. Das Umschlagsmotiv und die Teile-Illustrationen stammen aus der Feder von Knut Eckert.

Teil I
Bestandsaufnahme

(Zeichnung: Knut Eckert)

1 „Gewinne das Change-Spiel, sonst bist du draußen!"

Stefan Iskan und Erwin Staudt

1.1 Gefühlte Bestandsaufnahme: Warum Change-Projekte oftmals scheitern

Was geht Ihnen durch den Kopf, wenn Sie das Wort „Change Management" hören?

Für viele Manager und Mitarbeiter ist das ein von Natur aus reaktiver, ja sogar negativ besetzer Begriff. Change Management wird in der unternehmerischen Praxis meist mit einer Situation in Zusammenhang gebracht, in der auf krisenhafte Erscheinungen reagiert werden muss. Chief Executive Officers (CEOs) und Geschäftsführer gleich welcher Unternehmensgröße scheinen unter der vermeintlichen Kompliziertheit von Change-Prozessen, von der vermeintlich dicken Lehmschicht in ihren Organisationen, die sie überwinden müssen, bis hin zu den undurchschaubaren Mechanismen informeller Netzwerke, die wiederkehrend dazu führen, dass ihre offiziellen Kommunikationswege untergraben werden, zu leiden. Für sie bedeutet Change Management nicht Veränderung und Befreiung im positiven Sinne, sondern eine extreme psychische wie physische Belastung. Sie leiden regelrecht in ihrem Beruf und unter der gerade in Konzernen ausgesprochenen und unausgesprochenen Drohung: „Gewinne das Spiel um die Veränderung, sonst bist du draußen!"

Einen massiven Leidensdruck verspüren jedoch nicht nur Manager über alle Industriesektoren hinweg, sondern vor allem deren mittleres Management und Mitarbeiter. Gerade

S. Iskan (✉)
University of Applied Sciences Ludwigshafen am Rhein, Deutschland
E-Mail: stefan.iskan@hs-lu.de

E. Staudt
Iskan Advice, Stuttgart-Sindelfingen, Deutschland
E-Mail: office@iskan-advice.com

S. Iskan, E. Staudt (Hrsg.), *Strategic Change*, DOI 10.1007/978-3-658-03287-6_1

sie dürfen die Veränderungsergebnisse meist ausbaden. Dass diese, umso mehr Change Management als Reaktion auf einen bereits eingetroffenen Zustand verstanden wird, für sie nachteilig ist, spricht sich von selbst.

Greifen wir die Drohung „Gewinne das Spiel um die Veränderung, sonst bist du draußen!" noch einmal auf: Wer auf der Chef-Etage nicht seinen Führungs- und Gestaltungsaufgaben nachkommt oder sich etwa am Status quo zurücklehent, der hat aus unserer Sicht das „Change-Spiel" schon verloren. Und zwar schon bevor er seine Schuhe geschnürt hat und auf den Platz gelaufen ist. Die Liste namhafter Unternehmen und Marktführer von der Elektronik- bis hin zur Logistikdienstleisterindustrie, die in den vergangenen Jahren unter starken Druck geraten sind, ist lang. Doch was führt in der unternehmerischen Praxis dazu, dass selbst vormalige Marktführer in Bedrängnis geraten und die häufig mit einem Heer von Strategy Consultants gesteuerten Change-Projekte unter dem Strich nicht nachhaltig fruchten?

Wer nun glaubt, es würde ein „Bashing" von Unternehmen und deren Strategy Consultants stattfinden, der irrt. Es widerspricht unseren ethischen Überzeugungen, hier unspezifisch Fälle zu bewerten. Unternehmenslenker wissen, dass es nicht eine Fehlentscheidung alleine ist. Es ist vielmehr ein Verstärken mehrerer Faktoren, die letztlich auf eine Unternehmenssituation einwirken. Der Blumenstrauß an Verstärkern ist bunt und sollte daher, will man Fälle mit konkreten Unternehmen und Personen bewerten, immer fallspezifisch betrachtet werden. Hiervon wollen wir jedoch im Rahmen des gesamten Buches Abstand nehmen. Ohne Scheu hingegen wollen wir aus unserem Blickfeld heraus bereits an dieser Stelle einige Beobachtungen aus der Praxis, wenn wir nicht sogar besser von „Fehlstellungen" auf den Chef-Etagen rund um Change Management sprechen sollten, adressieren. Sie betreffen allesamt die Unternehmens-DNA einer Organisation.

Fehlstellung 1: Die zunehmende Vertheoretisierung von Change

Wir haben Wachstums- wie auch Restrukturierungsprojekte begleitet. Beide Formen von Unternehmensentwicklungen führen den Faktor „Change" mit sich. Zu beobachten ist – sowohl in der Hochschul- als auch in der Consulting-Landschaft und damit in letzter Konsequenz auch unweigerlich auf den Chef-Etagen – eine zunehmende Vertheoretisierung von Change Management in der Projektarbeit. Hier werden zum einen von verschiedenen Richtungen heraus Modelle und theoretische Konzepte entwickelt, wie sich Veränderungsprozessen angenähert werden kann.

Wenn man sich schon im Rahmen von Change Management mit Modellen beschäftigen möchte, dann kann diese in vielen Fällen auf eine zentrale Frage reduziert werden. Und zwar: wie können wir Verhalten von Führungskräften und Mitarbeitern in Organisationen nachhaltig verändern und Change-Bereitschaft als neue Schlüsselkompetenz verankern (Change Readiness)? Diese Frage dürfte selbst über die Profession hinausgehen und in das private Umfeld hineinreichen.

Fehlstellung 2: Die verstärkt ausgeprägte „Checker-Kultur"

Die angedeutete Vertheoretisierung zeigt sich auf den Chef-Etagen allerdings auch in einer anderen, wie wir glauben, für die Gesamtentwicklung heutiger Organisationen noch schädlicheren Form. Wir wollen hier die „Checker-Kultur" nennen, die ihre höchste Ausprägungsform im Zahlen-und Folien-Fetischismus hat, der jedoch gerade im vielmals propagierten Zeitalter von Veränderungsdruck der nötigen Geschwindigkeit in der Umsetzung diamentral entgegensteht.

So ist in der Projektarbeit auf Seiten des Top-Managements oftmals folgendes zu beobachten: anstelle mit einer 80-Prozent-Unterlage Entscheidungen zu treffen, werden übertriebene Anstrengungsversuche unternommen, um die letzten 20 % Mikro-Analyse zu betreiben. Es kann, ohne dass wir hier an dieser Stelle eine wissenschaftliche Beweisführung unserer These aufnehmen wollen, davon ausgegangen werden, dass die letzten 20 % einem „Checker" auf der Management-Etage auch nicht ein „mehr" an Sicherheit in seinem Entscheidungsprozess geben dürften. Oder noch konkreter: die Entscheidungsqualität nimmt dadurch nicht wesentlich zu. Dies zumindest ist die Erfahrung, die wir über die vergangenen Jahre hinweg in der Praxis sammeln durften.

Auch kommt es direkt zu Beginn eines Projektes auf das Bauchgefühl der Manager an. Wenn Sie zu Projektbeginn bzw. innerhalb der ersten drei bis vier Wochen nicht wissen, wo Ihre Stellhebel im Projekt liegen, haben Sie ohnehin ein grundsätzliches Thema. Das bedeutet im Umkehrschluss: die Hebeldefinition muss sehr schnell erfolgen. Hierfür bedarf es auch keiner 100-Prozent-Analyse (Stichwort „Analyse-Paralyse"). Sobald einigermaßen klar ist, in welche Richtung Sie mit Ihrer Mannschaft laufen müssen, dann „Go!". Verabschieden Sie sich von der Annahme zweifelsfreier Ist-Aufnahmen und Analysen (Baselining). Zahlen waren und werden immer durch Annahmen und Interpretationen erarbeitet. Und genau hier steht sich der „Checker" auf der Management-Etage selbst im Weg. Mit Zahlen allein lassen sich Menschen nicht mehr überzeugen.

Fehlstellung 3: Die fehlende Geschwindigkeit

Einhergehend mit dieser Tendenz ist der bereits oben genannte Erfolgsfaktor Geschwindigkeit zu nennen. Allen voran in den Konzernstrukturen werden im ungünstigen Fall Wochen darauf verwendet, die Management-Mitglieder für Steering Committees terminlich zusammenzubringen. Allein in diesem Prozess wird wertvolle Zeit verschenkt mit all ihren Konsequenzen für das Gesamtunterfangen. Wenn im Rahmen von Restrukturierungen oder Wachstumsprojekten nicht innerhalb kurzer Zeit von der Ankündigung des Vorhabens, der Begründung „Warum?" und damit der Burning-Plattform bis hin zu ersten konkreten Maßnahmen die gebotene Geschwindigkeit gefahren wird, können Sie mit ziemlicher Sicherheit davon ausgehen, dass der notwendige Drive und Spirit in Ihrer Mannschaft verloren gehen.

Fehlstellung 4: Die Verstigung der Komfortzonen durch zu stark globale Kommunikation

Die fehlende Geschwindigkeit kann letztlich in die Verstetigung der Komfortzonen von Führungskräften und Mitarbeitern führen. Hand aufs Herz: Wer kennt sie nicht, die Einstellungsbilder der Führungskräfte und Mitarbeiter wie etwa „lasst uns mal schauen, was da wieder raus kommt", „lasst die da oben mal machen" oder auch „diesen CEO und das Projekt überleben wir auch noch". Dass genau diese Muster das Ergebnis des Tuns und Zauderns auf den Chef-Etagen über Jahre hinweg sein können, dürfte sicherlich von einigen Unternehmenslenkern im Tagesgeschäft übersehen werden.

Doch gerade im Hinblick auf Change-Kommunikation ist eines sehr auffällig: eine stark ausgeprägte globale Kommunikation ohne Personen-Fokussierung. Viel zu selten werden eingeleitete Veränderungsprozesse auf die einzelne Person heruntergebrochen, geschweige denn, dass sich die Zeit genommen wird, mit den Menschen zu sprechen und ihre Themen zu verstehen. Dabei sind viele Veränderungsthemen in Unternehmen für eine Vielzahl der Belegschaft – Führungskräfte sind hier in keinster Weise ausgenommen – wenig greifbar und sehr abstrakt. Und genau hier müssen wir wieder auf den „Checker", einem stark Controlling-geprägten Typus von Manager auf den Chef-Etagen zurückkommen. Anstelle vor Ort zu den Mitarbeitern zu gehen und mit ihnen persönlich zu sprechen, ist zu beobachten, dass sich in der Praxis doch eine ganze Reihe von Managern eher in ihren repräsentativen Vorstandsbüros verkriechen und Change verwalten. Manager, die wahrhaftig an der Entwicklung ihrer Unternehmen und seiner Menschen interessiert ist, müssen nicht in Talkrunden und Presseauftritten brillieren können. Gefragt ist stattdessen die Kompetenz, mit Menschen persönlich vor Ort, auf Augenhöhe sprechen zu können und „Credibility" zu genießen. Glauben Sie uns: diese einzigartige Kompetenz ist seltener ausgeprägt als man auf den Chef-Etagen erwarten dürfte. Doch genau das wäre Change Leadership.

Fehlstellung 5: Die fehlende Geschlossenheit im Management und falsche Mannschaft

Change Leadership bedeutet auch Geschlossenheit. Und die beginnt auf der Vorstands- bzw. Geschäftsführungsetage. Entgegen der Visitenkarten-Aufschriften „Member of the Board of Management" sind hier nicht selten egoistische Einzelkämpfer vorzufinden, die aufgrund der in den Unternehmen stark ausgeprägten divisionalen Profit & Lost (P&L) Allokation zu „Sikokämpfern" entwickelt wurden. Praxisfälle zeigen zudem, dass sog. Elite Business Schools oder Werdegänge in Strategy-Consulting-Unternehmen ihr Übriges zur Verstetigung derartiger Verhaltenszüge tun können.

Die Menschen in den Organisationen haben Neid, Grabenkriege, vermeintliche Gesichtsverluste und die damit verbundene Energieverschwendung und Wertvernichtung innerhalb der Unternehmen satt. Gefordert sind heute, gerade in Change-Prozessen, Teaming und Geschlossenheit auf der Management-Etage. In vielen international operierenden Unternehmen herrscht ein reges Mit- und Gegeneinander zwischen den Vorstandsmitgliedern in der Holding-Zentrale und den regionalen Fürsten. Für diesen Klassiker gibt es allerdings eine recht simple Lösung: wenn die Vorstände in der Zentralverwaltung Geschlossenheit an den Tag legen, bekommen sie auch ihre Regionalfürsten in den Griff. Und wenn das „Austauschen" bedeutet. Bislang sind uns keine schwerwiegenden Fälle zu Ohren gekommen, wo ein Unternehmen nach dem Austausch zusammengebrochen wäre. Viel schlimmer noch: genau das glauben und behaupten viele Manager und Regionalfürsten von sich. Noch extremer wird es, und auch das haben wir uns schon anhören dürfen, wenn Manager oder Bereichsleiter in aller Deutlichkeit aussprechen, dass sie sich wünschen, dass ihr Bereich hinter ihnen zusammenstürzt, wenn sie einmal ausgetauscht werden sollten. Jeder ist ersetzbar. Das mag für das eigene Ego traurig sein. Aber: scheuen Sie sich nicht, Führungspersonen auszutauschen. Es geht und ist im Übrigen häufig das Erfolgsmodell beim Sanieren von Unternehmen. Signale setzen in beide Richtungen – Goutieren und Sanktionieren – ist zu Beginn eines Veränderungsprojektes von enormer Bedeutung und definitiv ein erfolgskritischer Faktor.

Wir haben darüber hinaus eine Reihe von Top-Management-Projekten geleitet, um zu wissen: in der Praxis werden nur allzu häufig B-Führungskräfte und in sämtliche Dimensionen minder qualifizierte Mitarbeiter in strategisch bedeutsame Projekte „abkommandiert". Weshalb? Sie haben gerade Kapazitäten frei und werden nicht benötigt. Was sagt dieser Sachverhalt über die Qualität der Management-Etage aus? Nur eins: hier ist ein Management am Werk, das sich kaum Gedanken darüber macht, welche Schlüsselpersonen sie überhaupt in ihre strategisch bedeutsamen Zukunftsprojekte reinholen. Nicht selten handelt es sich dabei um Projekte, die über die Zukunft von ihnen selbst als Mitglied der Geschäftsleitung und der Gesamtorganisation entscheiden. Unsere Erfahrung zeigt: es stellen sich nur wenige Unternehmenslenker zu Beginn eines Projektes überhaupt die Frage, wer die richtigen Menschen für ihr Projekt sind. Das ist für uns völlig unverständlich. Der Projektnominierungsprozess ist für uns vergleichbar mit dem Engineering vor Beginn einer Produktion. Sie legen am Anfang die Kosten für ein Produkt fest und können nur noch selten am Prozessende daran schrauben.

Fehlstellung 6: Die „Angst" auf den Führungsetagen

Die „fehlende Geschlossenheit" innerhalb des Top-Managements führt uns zu einem weiteren zentralen und gleichzeitig enorm destruktiven Thema auf den Führungsetagen, das zu „enttabuisieren" ist: „Angst". Angst ist unserer Erfahrung nach auf den Führungsetagen unheimlich präsent und überlagert sämtliche formelle und informelle Aktivitäten. Angst vor Fehlschlägen. Angst vor der Öffentlichkeit. Angst vor dem eigenen Vorstands- bzw. Geschäftsleitungskollegen. Es hat manchmal regelrecht den Anschein, als würden auf den Vorstandsetagen „Akten" bzw. „Bilanzen" untereinander geführt, die man immer dann auspackt, wenn für einen selbst der vorteilhafteste Augenblick gekommen zu sein scheint.

Der Aspekt „Angst“ ist in unseren Augen so zentral, dass dies Manager niemals zugeben würden. Ein offener und ehrlicherer Umgang mit „Angst“ dürfte daher den Change-Prozessen in den Unternehmen zu Gute kommen.

Fehlstellung 7: Die Strategy Consultant-Hörigkeit

Die siebte Fehlstellung ist mit der durchaus als „leidig“ zu bezeichnenden Strategy-Consultant-Hörigkeit verbunden. Ganze Heerscharen von Beratern analysieren in Projekten so viel, dass den Vorstandsmitgliedern regelrecht schwindelig wird. Hier kommen häufig Ergebnisse und Detailanalysen zutage, die die Manager selbst kaum mehr bewerten können. Weshalb? Weil sie sich selbst mit der Materie in dieser Tiefe gar nicht mehr auseinandersetzen. Das Ergebnis: die eingekauften Berater kennen das eigene Unternehmen aus der Zahlenperspektive zum Teil besser als die Manager selbst. Es werden folglich keine Entscheidungsvorlagen und bewertbare Handlungsalternativen mehr vorgelegt, sondern die Entscheidung durch den Berater in letzter Konsequenz selbst getroffen und von den Managern nur noch abgenickt. Natürlich mag das jetzt für den ein oderen provokativ klingen. Aber genau das wollen wir mit dem vorliegenden Change-Buch erreichen: das kritische Mit- und Überdenken heutiger Umstände in den Unternehmen.

Darüber hinaus kann im Markt seit einigen Jahren ein weiterer Vorschlag von Seiten diverser Strategy Consultants beobachtet werden. Und zwar der Vorschlag auf Top-Management-Ebene einen sog. Chief Change Officer (CCO) oder Chief Future Officer (CFO) einzusetzen. Das betriebsinterne Change Management – wenn es so etwas überhaupt per Definition geben kann – soll als eigenständige Funktion in Person eines Vorstandsmitgliedes institutionalisiert werden. Wenngleich wir das „Sichtbarmachen“ dieser wichtigen strategischen Funktion voll und ganz unterstützen, so weichen wir von diesem „Container-Ansatz“ jedoch entschieden ab. Ein Vorstands- oder Geschäftsführungsgremium bzw. ein einzelner CEO oder Geschäftsführer, der einen Chief Change Officer benötigt, der sollte zunächst einmal selbst darüber nachdenken, ob er dann noch der richtige auf dem Posten ist. Der CEO ist der Chief Change Officer! Sich um die Zukunftsfähigkeit zu kümmern, ist genau seine Aufgabe.

Fehlstellung 8: Die fehlenden Change-Kompetenzen abseits von Krisenmanagement

Dieser Gedanke führt uns zu unserem letzten Punkt. Krisenmanagement kann jeder. Das ist für uns keine Management-Kunst. Deutlich spannender ist: wie bekommen Sie als CEO oder Geschäftsführer Ihre Mannschaft bewegt, wenn der „Need for Change“ noch nicht in den Quartszahlen spürbar ist? Change-Projekte von der Chef-Etage in die Operations tragen, mit Zielbildern und Persönlichkeit führen, Stolz der eigenen Mitarbeiter mobilisieren und erfolgreich an der Unternehmens-DNA operieren. Haben Sie nicht schon einmal davon geträumt?

Genau hier wollen wir mit unserem vorliegenden Buch ansetzen. Es ist konzipiert für Unternehmenslenker, die heute keine tiefroten Zahlen schreiben. Also keine Sanierungsfälle sind. Doch genau das macht die Situation für Sie noch gefährlicher. Ihre Führungskräfte sind häufig nur gegen Widerstand aus Komfortzonen zu bewegen und die eigene Organisation nur schwer zu bewegen, wenn der Veränderungsdruck noch nicht spürbar ist. Wie schaffen Sie es also eine Unternehmenskultur und Organisation zu entwickeln, die permanent auf Veränderung aus ist? Genau das muss heute im globalen Verdrängungskampf Ihr oberstes Ziel werden. Für derartige Change-Prozesse sind unserer Überzeugung nach eben völlig andere Kompetenzen gefragt als bei einem klassischen Restrukturierungs- oder Krisenmanagement. Mit rationalen Erklärungen kommen Sie hier meist keinen Schritt mehr weiter. Wer seine Organisation für morgen fit machen sowie seine Führungsmannschaft und Mitarbeiter mobilisieren will, braucht tiefgreifendere Ansätze, mitunter Finten und vor allem ein auf „Hunger nach Erfolg", Persönlichkeit, Teaming, Mut und Stolz basierendes Führungs- und Motivationssystem. Davon sind wir überzeugt. Eine Ausgangssituation mit der Sie und Ihr Unternehmen heute in Deutschland ganz sicher nicht alleine dastehen. Eine Ausgangssituation, die vermutlich bis in unsere Gesellschaft hineinreichen dürfte.

1.2 Change-Kräfte in Wirtschaft und Gesellschaft: Mit Vollgas in eine ungewisse Zukunft

Ein Blick in Wirtschaft und Gesellschaft reicht, um zu erkennen: weder sicher geglaubte Konzerne noch innovative Hidden Champions können sich den beschleunigten Change-Kräften heute noch entziehen. Märkte, Gesellschaften und Politik sind heute so stark miteinander verwoben, dass es mitunter schwerfällt noch Ursache-Wirkungszusammenhänge systematisch abzuleiten. Technologische, gesellschaftliche, politische oder auch marktgetriebene Umwälzungen treten augenscheinlich in immer engeren Amplituden auf und werden im globalen „Überlebenskrieg" der Unternehmen immer komplexer und radikaler. Wir wollen daher zu Beginn unseres Buches nur einige aus unserer Warte aktuelle und zentrale Entwicklungstendenzen in Wirtschaft und Gesellschaft skizzieren, die uns mitunter auch an einigen Stellen nachdenklich stimmen lassen.

Wenn disruptive Marktumwälzungen tradierte Geschäftsmodelle bedrängen

Wir wollen nicht lange um den heißen Brei reden. Viele Manager stehen mit ihren Unternehmen gerade vor der „Mammutaufgabe" einer grundlegenden Erneuerung ihrer Geschäftsmodelle. Hiervon betroffen sind ganze Branchen. Disruptive Marktveränderungen bedrängen tradierte Geschäftsmodelle. Woran lässt sich das festmachen? So muss sich die deutsche Lebensversicherungsbranche aufgrund der Lage am Kapitalmarkt und der Niedrigzinspolitik der Europäischen Zentralbank (EZB) mit neuen Modellen der Altersversorgung und Lebensversicherung auseinandersetzen. Von den nachhaltigen Konsequenzen für Sparer und Bürger ganz abgesehen. Ein Change für viele Generationen und deren finanzielle Zukunftsgestaltung für sich! Die eingeleitete Energiewende wiederum hat einer ganzen Branche die Geschäftsgrundlage entzogen. In der Automobilindustrie sitzen einigen Modulzulieferern leistungsstarke Logistikdienstleister im Nacken, die in deren Geschäftsbereiche vordringen und Light Assembling samt Produktionsversorgung in den Montagehallen der Autobauer durchführen. Die Autobauer hingegen beobachten den „E-Commerce Hype" mit seiner Letzten-Meile-Problematik und entwickeln ihre Conntected-Car-Systeme eigenständig oder auch zusammen mit Paketzustellern weiter, um auch hier einen Lösungsbeitrag leisten und damit ein Stück vom „Paketmarkt-Kuchen" abbekommen zu können. Die Kundenbindung erfährt hier also einen zunehmend höheren Stellenwert. Dass Geschäftsmodelle heute relativ schnell überholt oder „ausgehebelt" werden, betrifft also keineswegs nur Internet-getriebene Unternehmen. Es ist ein Thema für Manager über Branchen und Regionen hinweg. Während ein Geschäftsmodell in der Vergangenheit mehrere Jahrzehnte standgehalten hat, sind es heute in einigen Bereichen kaum mehr als zehn Jahre.

Was bedeutet das für Sie und Ihre Unternehmen? Nichts anderes als, dass Sie Ihre Geschäftsmodelle permanent hinterfragen und auf den Prüfstand stellen müssen. Das bedeutet damit einhergehend allerdings auch, dass Sie als Unternehmenslenker und Führungskraft eine gewisse Objektivität und Abstand zu Ihren eigenen Geschäftsmodellen entwickeln müssen.

Wenn verlorene Geschwindigkeit nicht mehr aufzuholen ist

Geschäftsmodelle sind zugleich unweigerlich mit dem bereits skizzierten Erfolgsfaktor „Geschwindigkeit" verbunden. Über Web-basierte Geschäftsfelder brauchen wir an dieser Stelle erste gar nicht sprechen. Wenn also ein Unternehmen heute versuchen würde, neben Google oder Amazon etwas Ähnliches auf die Beine zu stellen, wäre das angesichts der Dominanz und Kapazitäten dieser Unternehmen definitiv zu spät. Das mag an dieser Stelle für Sie relativ banal klingen. Vielmehr interessant ist in diesem Zusammenhang der Umstand, dass der Erfolgsfaktor „Geschwindigkeit" in Kombination mit Geschäftsmodellen auch für finanzstarke und (vormalige) marktführende Konzerne gilt. Verspätung können Sie als Manager eines Unternehmens – gleich welcher Größenordnung – nicht mehr oder nur sehr spezifisch aufholen. Das mag ohne Zweifel mit Unternehmens- und IT-Strukturen, aber auch mit der Entwicklung zu tun haben, dass es heute beispielsweise deutlich leichter gelingen kann, Geschäftsmodelle ohne eigene bzw. mit wenigen Assets zu realisieren. Wir denken hier beispielsweise an die kometenhaften Aufstiege der „Geschäftsmodelle aus dem Nichts" wie Uber oder Airbnb, die gegenwärtig die bestehende Geschäftsordnung im Taxi- und Hotelgewerbe durcheinanderwirbeln. Unternehmen, die mit Geschäftsmodellen operieren, auf welche die Gesetzgebung der jeweiligen Märkte zum Teil noch spezifische Antworten liefern müssen.

Der Aspekt Geschwindigkeit hängt aus unserer Sicht allerdings auch mit den Profilen und der Qualität auf den Chef-Etagen, dem Mindset der Führungskräfte und Mitarbeiter, der Kultur, den Strukturen und damit der Unternehmens-DNA einer Organisation zusammen. „Permanente Veränderungsbereitschaft“ dürfte zu einem völlig neuen Input-Faktor für Organisationen werden. Wir wollen auf die Paradigmen, auf die es jetzt aus unserer Sicht in den Unternehmen in Deutschland ankommt, in Kap. 3 ausführlicher eingehen.

Wenn Technologiekompetenz zu einem neuen Kriterium bei der Vorstandsbestellung wird

Die Geschwindigkeit, in der sich heute Veränderungen vollziehen, verängstigt viele Führungskräfte und Mitarbeiter. Andere wiederum sehen darin eine Riesenchance, sich und ihre Unternehmen neu aufzustellen und eben neue Geschäftsmodelle zu entwickeln. Begünstigt wird diese Entwicklung von einem explosionsartigen Fortschritt der IuK-Technologien. Und ein Ende der Zunahme der Rechnerkapazitäten ist nicht abzusehen. Im Gegenteil: die Entwicklungsgeschwindigkeit dürfte ungebremst noch einmal anziehen. Die Ausreden von früher wie etwa „es geht nicht“, „das schafft der Rechner nicht“ oder „das Netz ist nicht dafür ausgelegt“ können Sie heute vergessen. IT ist kein Hemmnis mehr. Es ist vielmehr Ihre Kreativität. Einzig die Art, wie Sie das „managen“, ist das Hemmnis. Die Technik selbst ist es nicht An dieser Stelle dürften sich nicht wenige auf den Plan gerufen fühlen und sagen: „Was ist mit dem Mittelstand? Die können sich die Digitalisierung doch gar nicht leisten!“ Das halten wir für völlig überzogen. Die Preise für Kommunikationssysteme und Transportlogistik dürften uns heute keine Sorgen mehr bereiten. Vor diesem Hintergrund und einer sehr preisattraktiven Transportlogistik wächst die Welt zu einem globalen Dorf zusammen (vgl. hierzu auch Iskan und Staudt 2015, S. 15).

Industrie 4.0, Internet der Dinge, Big Data: gegenwärtig wird von verschiedenen Stellen eine digitale Revolution ausgerufen. Doch weshalb kommt gerade jetzt ein neuer Schub in die Diskussion um die Digitalisierung der Wirtschaft? Die Industrie denkt heute in Lösungen und Prozessen. Das hat sie in den vergangenen Jahren gelernt. Sie ist darauf ausgerichtet worden, sämtliche unternehmensinterne wie -externe Prozesse zu integrieren (vgl. hierzu auch Iskan und Staudt 2015, S. 15). Inwieweit dies in der Praxis gut oder weniger gut gelingt, ist freilich eine andere Frage. Fakt ist jedoch, dass sämtliche Prozesse ineinander laufen und ohne IT, beispielsweise im Zusammenspiel Produktion und Logistik oder auch Produkt und daran gekoppelte After Sales Services, kaum mehr möglich wären. Vielmehr noch: industrielle Produkte und Maschinen werden um Sensoren und Web-basierte Leistungen ergänzt und so zu „Embedded Systems“. So investieren Turbinen- oder Maschinenbauer nicht nur kontinuierlich in die technologische Ausstattung ihrer Anlagen, sondern verstärkt in zentrale Diagnosestellen. Diese überwachen weltweit die verkauften und eingesetzten Turbinen und Anlegen und stellen standort- und marktbezogene Auswertungen über das Maschinenverhalten auf Witterungsverhältnisse oder Verschleiß bereit. Auf dieser Basis kreieren Unternehmen wertvolle Rückkopplungen zur Produktverbesserung und liefern darüber hinaus proaktiv weitere Ansätze zur Produktivitätssteigerung der verkauften Anlagen. Kunden kaufen heute eine Art „All Inclusive" Technologie- und Servicepaket rund um Maschinen und Produkte.

Was bedeutet das nun für Sie als Manager? Das bedeutet im Klartext nichts anderes als, dass sich nicht mehr allein der Chief Information Officer (CIO), sondern alle Mitglieder eines Vorstands bzw. einer Geschäftsführung noch stärker mit der Technologieentwicklung und der Frage „was bedeutet das für unser Geschäftsmodell?" auseinandersetzen müssen. Und das über sämtliche Industriezweige, Führungsebenen und „Silo-Business Units" hinweg. Weshalb? Die IT ist der Treiber für Prozesse und Organisationen der Zukunft.

Werden künftig die IT-Systeme den Menschen in Ihren Unternehmen überlegen sein? Unser Ideal ist, dass Systeme entwickelt werden, die Unternehmen und ihren Menschen nützen und zugleich beherrschbar sind. Wir können keine Innovationen akzeptieren, solange sie einer Gesellschaft nicht nützen. Entsprechend ist eine Atombombe in unseren Augen auch keine Innovation. Die Systeme müssen beherrschbar bleiben. Das gilt auch für die Nano-, Bio- und Gentechnologie, die sicher die Welt verändern dürften. Das sind letztlich aber auch Fragen der Ethik, die sich Wirtschaft, Wissenschaft und Politik stellen müssen (vgl. hierzu auch Iskan und Staudt 2015, S. 15).

Wenn „Antizipieren" zum neuen Wettbewerbsfaktor auf den globalen Märkten wird

Wenn wir hier schon über „Change-Kräfte" sprechen, dann wollen wir an dieser Stelle auch das Themenfeld Globalisierung nicht vergessen. Wenngleich der Begriff mittlerweile fast schon inflationär benutzt wird, steht eines doch sicher außer Frage: das Thema Globalisierung hat – positiv wie negativ – unglaublich tiefe Fußspuren hinterlassen und schreitet ungebrochen voran. Augenscheinlich wird diese Entwicklung in Deutschland anhand der jüngsten Investitionen deutscher Autobauer in Nord- und Südamerika. Vielmehr noch ist davon auszugehen, dass es zu einer noch stärkeren Verlagerung von Produktionsleistungen in die neuen „Hoffnungs-Absatzmärkte" außerhalb „Stagnations-Europas" kommen dürfte. Und was ist mit den Engineering-Leistungen, die immer als „Kernkompetenz" Deutschlands von Verbänden, Politik und Top-Managern nach außen hin gelobt und verkauft werden? Ein Streifzug durch die heutigen Produktionsnetzwerke, gerade in der Automobilindustrie, zeigt, dass längst Vertriebs-, Einkaufs sowie Forschungs- und Entwicklungszentren dezentral in den Weltregionen verankert sind. Verabschieden sollten wir uns daher von der „Komfort-Vorstellung", dass zukünftig von Verlagerungen allein die operativen Aufgaben der Produktion betroffen sein könnten.

Auf welche Fähigkeit muss sich Ihre Belegschaft jetzt verlassen können? Die Antwortet lautet: auf Ihre Fähigkeit als Manager und Führungskraft, zukünftige Entwicklungen annähernd „antizipieren" zu können. Was bedeutet das? Wir wollen diesen Aspekt anhand der Textilindustrie verdeutlichen. Absatz- und Produktionsmärkte gleichermaßen lagen vor einigen Jahrzehnten noch überwiegend in Deutschland, in der Schweiz, in Italien, Frankreich oder U.K. Dann wurden in einer ersten „Eroberungswelle" Webereien und Spinnereien in Märkten wie etwa in den heutigen Textil-Hochburgen Türkei, China, Indien oder auch Bangladesch errichtet. In einer zweiten Welle folgte das „Aufschalten" weiterer Märkte in Asien, insbesondere Vietnam und Indonesien. Von dort aus verläuft heute eine dritte Welle in Richtung Südamerika, allen voran Peru oder auch Chile. Während sich die erste Welle noch innerhalb einer Zeitspanne von ca. 15 bis 20 Jahren vollzogen hat, lag die zweite Welle bereits bei rund zehn Jahren. Heute sind ganze Marktwechselbewegungen von unter fünf Jahren zu beobachten. Der Blick in die Textilindustrie zeigt aber auch: eine Reihe von Markenführern verändert seine Beschaffungsmärkte innerhalb von 24 Monaten. Diese ständige und immer kurzzyklischere Veränderung der Beschaffungsmärkte dürfte vielen Auftragsfertigern zu schaffen machen. Es liegt aus Planungsgesichtspunkten auf der Hand, dass die Montage von Textilmaschinen oder auch die Identifikation geeigneter, lokaler Lieferanten eines gewissen Vorlaufes bedürfen.

Das bedeutet also aus unseren Augen: Sie als Verantwortliche müssen mit Ihrem Strategie-Stab heute soweit sein, dass Sie sagen können: „In wenigen Jahren geht die Entwicklung in Region X. Dort werden wir aus strategischen Gesichtspunkten schon heute ein Grundstück sichern und eine Produktionshalle hinstellen." Was heißt das? Das heißt, die Zeiten, in denen Unternehmen ihren Kunden „nachgezogen" sind, sind vorbei. Sie und Ihre Unternehmen müssen strategisch antizipieren und proaktiv investieren. Sie ziehen also vor! Wenn das in der Praxis – und wir wissen sehr wohl, dass gerade in Konzernen kaum eine „proaktive Risikokultur" vorherrscht – gelingt, dann wäre das eine völlig neue Dimension von „Change" und „Globalisierung". Und zwar im positiven Sinne.

Jetzt stellt sich automatisch die Frage nach risikofreudigen Unternehmen. Gibt es diese? Nehmen Sie zum Beispiel die Internet-Branche. Der ganze Sektor basiert allein auf „Risiko". Vorsichtig sollte man allerdings sein, diese Kategorie von Unternehmen für alle übrigen, „traditionellen" Branchen heranzuziehen. Einige Internet-Unternehmen bewegen sich gerade in einem Extrem und kommen der „Lizenz zum Gelddrucken" schon grenzwertig nahe. Investitionen im dreistelligen Millionen-Bereich für neue Software-Funktionalitäten sind hier teilweise Tagesgeschäft. Auch Verluste zu machen, das ist in dieser Branche durchaus für eine gewisse Periode normal. Das dürfte bei den zugrunde liegenden Jahresergebnissen „kaum einer" Übel nehmen. Allerdings müssen auch Internet-basierte Start-ups und damit ihre Geschäftsmodelle dem Nachweis standhalten, innerhalb von knapp zwei Jahren überdurchschnittliche Erfolge einzufahren. Andernfalls dürften die selbigen Marktmechanismen gelten wie in den traditionellen Branchen. Von daher muss „Antizipieren" mit Treffsicherheit verbunden sein.

Wenn Generation Y und Z keinen Hunger mehr nach Leistung und Erfolg hat

Abschließend wollen wir neben dem Wirtschaftsgeschehen noch einen kurzen Blick auf die Gesellschaft in Deutschland wagen. Hier drängt sich uns die Diskussion um die Generation Y und Z auf. Zweifellos scheint diese Generation die moderne Wissensgesellschaft zu repräsentieren. Sie hat zu jeder Zeit an jedem Ort der Welt Zugang zu Informationen und Kommunikation. Das ist toll. Sie scheint auch Ordnungszustände und Vorgesetztenverhalten nicht immer für Gegeben hinzunehmen. Noch besser (vgl. hierzu auch Iskan 2013, S. 30 f.). Doch uns stellt sich zunehmend ernsthaft die Frage: Sind diese jungen Menschen bereit, an ihre persönliche Leistungs- und Schmerzgrenze zu gehen, um sich aus eigener Hand und ohne „Elternhaus-Sponsoring" etwas aufzubauen? Wir sind im direkten Kontakt mit dieser Generation und können aus erster Hand berichten, was uns hier zu Ohren kommt: „Können Sie mir sagen, wie ich Karriere machen kann? Das bitte bei einem Nine-to-five-Job." Oder auch: „Ich trete jetzt ein dreimonatiges Praktikum in der Automobilindustrie an. Können Sie mir sagen, wie viel Urlaubsanspruch ich habe und ich meine Work-Life-Balance sicherstelle?".

Es verstetigt sich bei uns der Eindruck, dass viele junge Menschen schon „Komfortspeck" ansetzen. Die Bereitschaft, von sich selbst maximale Leistungs- und Leidensfähigkeit abzufordern, um etwas aus eigenen Kräften zu erreichen, sehen wir in unserer Gesellschaft also immer weniger. Wir halten das Gefühl, etwas aus eigener Kraft geschaffen zu haben, für unheimlich erstrebenswert. Wir warten nur noch auf den Augenblick, in dem uns ein Vertreter dieser Generation ins Gesicht sagt: „Auf dieses Gefühl kann ich auch noch verzichten." Unsere Mitstudierenden haben an den Universitäten immer erzählt, in welche Unternehmen sie ihre Väter und Onkels überall „reingedrückt" hätten. Sie kennen das sicherlich auch. Das sind die „Kukis" und „Mikis": Kundenkinder und Mitarbeiterkinder. Wir haben am Anfang unserer Karrieren kaum jemanden im Elternhaus gehabt, der uns irgendwo und in irgendeiner Form auf diese Positionen hätte „reindrücken" können. Wir haben damals gedacht, wir hätten unheimlich schlechte Startvoraussetzungen. Unsere Projekte und Positionen haben wir letztlich immer wieder selbst angestoßen und neu geschaffen. Und genau dafür braucht es eine gesunde Portion an „Hunger nach Erfolg" gepaart mit bodenständigen Fleiß, Mut, Widerstandskompetenz und der Fähigkeit, andere Menschen für seine Visionen zu gewinnen (vgl. hierzu auch Iskan 2013, S. 30 f.). Dass diese Beobachtung sicherlich nicht für alle jungen Menschen gilt und dieses „gefühlte Zustandsbild" hier auch nicht mit Studien zu belegen ist, ist uns bewusst. Wir wollen jedoch, wenn wir uns schon mit Strategic Change ernsthaft auseinandersetzen wollen, diese Entwicklung nicht außen vor lassen. Wir sehen heute schon „Wellness-Oasen" in vielen deutschen Unternehmen. Just in diesem Augenblick tritt diese Generation in das Berufsleben ein oder nimmt die ersten Führungsaufgaben in den Unternehmen wahr.

Und genau diese Entwicklung steht völlig diamentral zu den Ambitionen vieler junger, hungriger, extrem motivierter und grenzenlos leistungsbereiter Menschen in vielen anderen aufstrebenden Märkten der Welt. Um dies zu erkennen, müssen Sie nicht einmal in die Schwellenregionen außerhalb Europas reisen. Entscheider aus der unternehmerischen Praxis wissen die jüngsten „Nearshoring-Bewegungen" großer namhafter Unternehmen, wie etwa aus dem Automotive, Consulting oder auch IT-Sektor, in Richtung Osteuropa wie auch Rumänien und Türkei entsprechend einzuschätzen. Oder um es abschließend mit den Worten eines Managers auszudrücken, der gegenwärtig einen Dienstleistungsstandort in Südosteuropa mit mehren hundert hochqualifizierten Mitarbeitern aufbaut: „Hier haben wir enorm motivierte, gut ausgebildete, leistungsbereite und völlig unkomplizierte junge Menschen, die auch nicht ‚jammern', wenn sie zehn bis fünfzehn Stunden am Tag arbeiten. Die wollen noch etwas erreichen Die Art, wie wir hier arbeiten, bin ich zum Teil aus dem deutschen Markt nicht mehr gewohnt."

Was bedeutet das in letzter Konsequenz? Das bedeutet unter anderem, dass Konzerne aus Deutschland ihre Personalpolitik und Recruitment-Rahmenbedingungen marktbezogen betrachten und ausgestalten müssen. Die Anforderungen der „Generation Y und Z" in Deutschland sowie die hier geführte Diskussion um den „demographischen Wandel" ist in keinster Weise ein global-gültiges Thema! Werfen Sie Ihre Illusion einer „weltweit standardisierten Personalpolitik" in den Konzernen daher über Bord! Um das persönlich zu spüren, müssen Träger unternehmerischer und gesellschaftlicher Verantwortung raus aus den „Elfenbeintürmen" und rein in die Märkte. Manchmal reicht auch schon ein einzelner Fußschritt aus dem Flughafen-Terminal, um Unterschiede in Dynamik, Rahmenbedingungen und Geräuschpegel zwischen den Märkten hier und den Wachstumsregionen zu erfahren.

Wenn zunehmend „Dilettanten" in Wirtschaft und Gesellschaft am Ruder sind

Unsere Gesellschaft macht uns also ein Stück weit Sorgen. In Wirtschaft und Gesellschaft finden wir in unseren Augen immer weniger „fähige" Führungseeliten vor. Viel mehr: in den Unternehmen ebenso wie in der Gesellschaft bekommt man zunehmend das Gefühl, von Dilettanten angeführt zu werden. Krisen breiten sich aus, die kaum einer noch beherrscht. Es scheint, als wären wir nicht einmal mehr in der Lage, Analysen zu fahren, um zu verstehen, wie es zu bestimmten Krisen gekommen ist. Geschweige denn überhaupt adäquate Gegenmaßnahmen ableiten zu können. Das macht uns große Sorgen. Hinzu kommt: wir sind scheinbar so stark in den Unternehmen „eingetaktet", dass wir schon das eigene Denken ausgeschaltet haben. In etwa so: „Der Manager oder auch der Staat machen das schon für mich!" Wir vertrauen also total darauf, dass diejenigen, die das Top-Management und den Staat ausmachen, für uns die Konsequenzen durchdenken. Die Menschen müssen jedoch selbst wieder Verantwortung übernehmen und „mitdenken". Das ist auch ein zentraler Bestandteil von Corporate Social Responsibility und Strategic Change in den Unternehmen. Dinge, die wir als selbstverständlich erachten, sind für eine ganze Menge von Menschen in anderen Regionen und Märkten häufig noch nicht selbstverständlich. Entsprechend kämpfen sie leidenschaftlich für ihre Möglichkeiten. Dieses Bewusstsein zu schärfen, ist ebenso Aufgabe der Unternehmensleitung im Strategic Change. Ein „Ausruhen" auf Erreichtem darf es in Gesellschaft und Unternehmungen nicht geben. Dafür dreht sich die Welt gegenwärtig gesellschaftspolitisch wie auch wirtschaftlich einfach viel zu schnell. „Management in kleinen Schritten" dürfte uns angesichts der Veränderungen, die sich gegenwärtig im gesellschaftlichen wie auch unternehmerischen Umfeld mit voller Geschwindigkeit und Radikalität vollziehen, keine adäquaten Handlungsoptionen mehr bieten. Es ist für uns schon Scheitern.

1.3 Zum Aufbau des Buchs

Die gefühlten Fehlstellungen auf den Führungsetagen und verschärften Change-Kräfte in vielen Bereichen von Wirtschaft und Gesellschaft waren also Anlass, unsere Beobachtungen und Erfahrungen mit langjährigen Front-Praktikern und Akademikern der angewandten Wissenschaften, die der unternehmerischen Praxis nahe stehen, zu reflektieren. Und genau hieran orientiert sich auch der Aufbau unseres Buches.

Im **ersten Teil** des Buches, der **Bestandsaufnahme**, formulieren Erwin Staudt und Stefan Iskan zugespitzte Thesen zum gefühlten „Change-Desaster" in den Unternehmen. Ihnen geht es vor allen Dingen darum, die aus ihrer Sicht zentralen Fehlstellungen auf den Führungsetagen ungeschminkt beim „Namen" zu nennen, um letztlich von Beginn an einen kritischen Blick auf aktuelle Change-Muster in Wirtschaft und Gesellschaft zu fördern (**Kap. 1**).

Unter dem Stichwort „There is nothing so practical as a good theory" (Kurt Lewin) liefert Peter Klaus nachfolgend eine äußerst kurzweilige Rückschau auf ausgewählte Beiträge der wissenschaftlichen Diskussion zum Change Management. Er bietet mit einer Auswahl der wichtigsten Theorien und Ansätze damit in kompakter Form eine Orientierung im Wissenschaftsfeld des „Geplanten Wandels" (**Kap. 2**).

Im **zweiten Teil** des Buches rücken die Autoren **Change Leadership** in den Mittelpunkt ihrer Gedanken. Geleitet von der Frage „Change Management: Ein reaktives Krisenwerkzeug oder die hohe Kunst des Managements?" eröffnen Erwin Staudt und Stefan Iskan in eine Diskussion um die Besetzung und Profile heutiger Vorstands- und Geschäftsführungsmitglieder. Sie machen mitunter die Unternehmenspyramide als „Einbahnstraße" für das Change-Disaster in den Unternehmen mit verantwortlich und überführen den betrieblichen Change damit in einen übergeordneten gesellschaftlichen Rahmen. Sie machen die „Baustelle" Personalabteilung in der unternehmerischen Praxis auf und leiten für eine bessere Orientierung bei der Entwicklung zukünftiger Change Leader eine Reihe von Schlüsselqualifikationen ab, auf die es in ihren Augen jetzt in den Unternehmen in Deutschland ankommt (**Kap. 3**).

In der „deutschen Sachlichkeit" sehen Jochen Rotthaus und Stefan Iskan einen erheblichen Nachholbedarf an Emotionalität im Change Leadership. Sie regen damit eine Diskussion rund um Emotionen und intrinsische Motivation an, greifen hierfür auf das „Produkt" Fußball-Bundesliga zurück und diskutieren mit Leidenschaft, was Unternehmen und deren Change Leader hiervon lernen können (**Kap. 4**).

Unter den Stichworten „Widerstand" und „Frontline Transformation" werden die Kapitel von Güray Karaca und Stefan Iskan wie auch von Volker Staab und Stefan Iskan geführt. Mit dem Bekenntnis „Identifizieren, isolieren, eliminieren" gehen Güray Karaca und Stefan Iskan unmissverständlich das Themenfeld Veränderungsresistenz und Widerstand an. Kritisch beleuchten sie durch ihre Praxis-Brille das „Prinzip des geringsten Widerstands" und den „Win-Win-Blümchenansatz", legen ihren Wertekanon beim Umgang mit Widerstand dar und bieten Gedanken für ein wirksames Widerstands-Management an (**Kap. 5**).

Volker Staab und Stefan Iskan brechen hierauf aufsetzend „Change" von der Top-Management-Etage auf die operative Fertigungshalle herunter, das im Ergebnis zentrale Regeln für die Veränderungsarbeit an der operativen Betriebsfront aufschlüsselt und damit der Diskussion um das „Wie?" in Veränderungsprozessen eine operative Orientierung liefern kann. Change Management ist für die Autoren ein relativ einfaches Set an Regeln, das allerdings situations- und unternehmensspezifisch immer wieder neu austariert werden muss (**Kap. 6**).

Im **dritten Teil** des Buches wird der Frage nachgegangen, welcher Funktion **Change-Kommunikation** zukommt und wie diese an der Praktiker-Front prozessunterstützend ausgestaltet werden soll. Heiner Reiners greift aktuelles Unternehmensgeschehen auf und bietet anhand praktischer Bezugspunkte Denk- und Handlungsorientierungen für die CEO-Kommunikation, um mit Widersprüchen im unternehmerischen Change-Umfeld, mit angespannten Erwartungshaltungen an die Unternehmensführung in Erneuerungsprozessen aus kommunikativer Sicht professionell umgehen zu können. Change-Kommunikation muss demzufolge zu Einordnung und Sinnstiftung beitragen. Wie dies in der Praxis vonstattengehen kann, zeigt Heiner Reiners anschaulich in seinem Kapitel (**Kap.** 7).

Anja Knippel greift die rollen- und systembedingte Situation von mittleren und unteren Führungskräften in Change-Projekten auf. Anstelle das „Kommunikationsfiasko" in den Unternehmen auf die mittlere und untere „Lehmschicht" zu schieben, sieht die Autorin erheblichlichen Verbesserungsbedarf in der Gestaltung der systemischen Zusammenhänge in den Unternehmen und damit in den Rahmenbedingungen für die Kommunikation zwischen Führungskräften und Mitarbeitern. Auf Basis eigener Untersuchungen wird mit Hilfe eines Input-Output-Modelles eine praktische Checkliste für die Kommunikation mit den unteren Führungskräfteebenen und den Mitarbeitern herausgearbeitet (**Kap. 8**).

Leser aus der Praxis wissen, dass branchenübergreifend gegenwärtig Projekte zur Verschlankung und **Restrukturierung der Aufbau- und Ablauforganisation** „Hochkonjunktur" haben. Im **vierten Teil** des Buches wird Change Management daher in Bemühungen zur weiteren Optimierung von Prozessen und Organisationsstrukturen verortet. Sikko Böhm und Oliver Weirauch berichten über Restrukturierungen im Beteiligungsportfolio. Sie stellen Restrukturierungen als „Special Situations" in Unternehmen heraus, halten einen Fahrplan für die Neuausrichtung von Beteiligungen bereit und fassen auf Basis ihrer gesammelten Praxiseindrücke restrukturierungsspezifische Herausforderungen und Erfolgsfaktoren zusammen (**Kap. 9**).

Am Beispiel „Logistik als Organisationsaufgabe und Organisationseinheit“ strukturiert Wolf-Rüdiger Bretzke seine Gedanken zur prozessorientierten Aufbau- und Ablauforganisation. Dabei wird deutlich, dass die vielfach postulierte Prozessorganisation noch lange nicht in der Fläche angekommen ist. Auf Basis praktischer Beobachtungen und einer wissenschaftlichen Aufarbeitung trägt er seine zentralen Erkenntnisse für Praktiker und Theoretiker gleichermaßen zusammen (**Kap. 10**).

Eine Entwicklung hin zu schlanken Verwaltungsfunktionen postuliert Tobias Liebscher, der in seinem Kapitel auf kurz-, mittel- und langfristig angelegte Optionen bei der Ausgestaltung schlanker Zentralfunktionen fokussiert. Lean Administration soll demzufolge nicht als reines Kostensenkungsprogramm verstanden werden, sondern vielmehr als Auftakt für den Umbau von Unternehmungen hin zu agilen Aufbau- und Ablauforganisationen. (**Kap. 11**).

Unter der Überschrift „Zentralisieren durch Shared Service Center“ greift Stefanie Müller den Lean-Administration-Gedanken von Tobias Liebscher auf und nimmt am Beispiel der Transport- und Logistikbranche eine kriterienbasierte Untersuchung geeigneter Bereiche vor. Sie stößt damit in eine aktuelle Entwicklung, mit der sich heute eine ganze Branche aufgrund ihrer strukturell-bedingten Profitabilitätslage zu beschäftigen hat (**Kap. 12**).

„Mit Kopf, Hand und Herz: Prozessoptimierung in technischen und sozialen Systemen“, so der Titel des Kapitels von Thomas Krebs und Irene Wagner, dokumentiert Schritt für Schritt den Weg eines Veränderungsprojektes in der Baustoffindustrie. Dabei erläutern die Autoren ausführlich ihre eingesetzten „weichen“ Change-Werkzeuge und führen vor Augen, wie ganzheitlich – auch den Faktor „Mensch“ berücksichtigend – ein Veränderungsprojekt auszugestalten ist, wenn an der Aufbau- und Ablauforganisation und der damit einhergehenden IT-Landschaft operiert werden soll (**Kap. 13**).

Renate Apitzsch stellt abschließend am Beispiel der Siemens AG mit Benchmarking ein wirkungsvolles Diagnose-Werkzeug im Change Management vor. Recht schnell dürfte erkennt werden, wie hilfreich Benchmarking gerade auch für das Anfeuern der „Burning Platform“ in Unternehmen ohne oder nur mit einem latent „mitschwingendem“ Dringlichkeitsgefühl werden kann (**Kap. 14**).

Im **fünften** und letzten **Teil** des Buches, tragen Erwin Staudt und Stefan Iskan offen gebliebene und doch zentrale Fragestellungen zusammen, die ihnen in der Change-Praxis in regelmäßiger Häufigkeit über den Weg laufen. Auf Fragen wie etwa dem „richtigen“ Change-Zeitpunkt bis hin zum „richtigen“ Umgang mit Veränderungsbeharrlichkeit unter Führungskräften versuchen sie Trägern unternehmerischer Verantwortung klare Antworten mitzugeben (**Kap. 15**).

Was müssen Sie letztlich tun, damit Ihr Change-Projekt von Beginn an eine „Totgeburt“ wird? Zum Abschluss des Buches liefern die beiden Herausgeber eine etwas andere Zusammenfassung. Und zwar in Form „nicht todernst gemeinter“ Handlungsmaximen zum „erfolgrechen Scheitern“. Unter Rückgriff auf fünf Handlungsmaximen halten Erwin Staud und Stefan Iskan eine Art Fahrplan bereit, der immer dann herausgeholt werden kann, wenn Manager und ihre Projektverantwortlichen treffsicher ihre Change-Projekte an die Wand fahren wollten (**Kap. 16**).

Literatur

Iskan, S. (2013). „Wir brauchen wieder mehr Macher“: ITZ im Interview mit Prof. Stefan Iskan. *International Transport Journal (ITZ), 41/42*, 30–31.

Iskan, S., & Staudt, E. (2015). „IT ist unsere Kreativität“: Ex-IBM-Chef Erwin Staudt und Berater Prof. Stefan Iskan über die Digitalisierung der Wirtschaft und Logistik. *Deutsche Verkehrs-Zeitung (DVZ), 31*, 15.

Prof. Dr. rer. pol. Stefan Iskan hat die Professur für Logistik und Wirtschaftsinformatik, inbes. Supply Chain Management und E-Business, im Fachbereich Dienstleistungen und Consulting an der University of Applied Sciences Ludwigshafen am Rhein inne. Der Hochschulprofessor ist Autor zahlreicher Veröffentlichungen, Top-Management- und Führungskräfte-Begleiter wie auch Academic Advisor der führenden türkischen Automotive und Logistik-Mediengruppe AYSBERG mit Sitz in Istanbul. Der promovierte Wirtschaftspädagoge war zuvor für den Deutsche Bahn-Konzern (DB Schenker) in verschiedenen vorstandsnahen Funktionen aktiv, u.a. in der Konzernleitung der DB ML AG in Berlin und Istanbul sowie als Leiter Strategische Projekte & Business Development einer der Direct Reports zum Vorstand Landtransport der Schenker AG in Essen. Zu seinen weiteren beruflichen Stationen zählen die Deutsche Post Consult GmbH und Daimler AG. Zusammen mit seinem Partner, Erwin Staudt, begleitet er Führungskräfte aus der Automotive Industrie und Logistik in Deutschland und in der Türkei, insbes. in strategischen Fragestellungen, Organisationsentwicklung, Change Management sowie Industrialisierung der Aufbau- und Ablauforganisation. Für seine akademischen Leistungen wurde er bereits ausgezeichnet.

Erwin Staudt ist Partner bei der Managementberatung Iskan Advice mit Sitz in Stuttgart-Sindelfingen, Präsident des Business Club Stuttgart sowie Ehrenpräsident des VFB Stuttgart. Der Diplom-Volkswirt hatte zuvor 30 Jahre in verschiedenen nationalen und internationalen Management-Positionen bei der IBM verbracht, in die er 1973 eingetreten ist. Zuletzt als Vorsitzender der Geschäftsführung der IBM Deutschland GmbH. Von 2003 bis 2011 war der ehemalige Top-Manager der erste hauptamtliche Präsident des VFB Stuttgart. 2010 wurde er zudem in den Aufsichtsrat der Deutschen Fußball-Liga (DFL) gewählt. Neben seiner Management-Consulting- und Trainings-Arbeit hat er verschiedene Aufsichtsrats- und Beiratsfunktionen inne. Er zählt zu den Vordenkern der New Economy und ist zusammen mit Bundeskanzler a. D. Gerhard Schröder Gründer der Initiative D21, einer Partnerschaft von rund 300 privaten und öffentlichen Institutionen mit dem Ziel, den Wandel Deutschlands von der Industrie- zur Informationsgesellschaft zu beschleunigen.

Weitere Informationen finden Sie im Internet unter:
www.iskan-advice.com

„Es gibt nichts Praktischeres als eine gute Theorie!": Historie der Wissenschaft von Change Management

2

Peter Klaus

„Es gibt nichts Praktischeres als eine gute Theorie!" Keine Feststellung könnte besser begründen, warum zu Beginn eines Buches über Change Management in Unternehmen eine Rückschau auf ausgewählte Beiträge der wissenschaftlichen Diskussion um geplanten Wandel und die Entwicklung von Organisationen hilfreich sein kann. Die Feststellung stammt von dem Sozialpsychologen Kurt Lewin, über den gleich noch zu sprechen sein wird (vgl. Lewin 1951, S. 169). Sie beruht auf der Einsicht, dass erfolgreiches praktisches Handeln, das nicht nur zufällig erfolgreich ist, stets von der Annahme darüber geleitet ist, welcher Zusammenhang zwischen der gewählten Aktion und ihren Auswirkungen besteht. Dem Praktiker im Unternehmensalltag, der meint allein aus Erfahrung und Intuition zu handeln, sind aber seine Handlungstheorien oft gar nicht bewusst. Um von erfolgreichen Change-Managern zu lernen, um das Erlernte an „Nicht-so-Erfolgreiche" und „Nicht-so-Erfahrene" weitergeben und weiterentwickeln zu können, ist es notwendig, deren unbewusste Handlungstheorien aufzudecken. Was die Wirtschafts-, Sozial- und Verhaltenswissenschaftler tun, wenn sie anwendungsorientiert forschen, ist deshalb zumeist nichts anderes als die systematische Suche nach vorher noch nicht klar gesehenen oder noch nicht verstandenen Zusammenhängen zwischen bestimmten Aktionen von Menschen und deren Konsequenzen. Sie formulieren Zusammenhänge als Theorien oder Thesen, die jedermann testen und gegebenenfalls für seine Entscheidungen und Handlungen nutzen kann. Insofern hat Lewin recht: „There is nothing so practical as a good theory".

In diesem einführenden Kapitel soll eine Auswahl der wichtigsten Theorien und Thesen benannt und diskutiert warden, die im Verlauf der letzten Jahrzehnte dazu beigetragen haben, dass wir heute von einem Wissenschaftsfeld des „Geplanten Wandels" in Unter-

P. Klaus (✉)
Friedrich-Alexander-Universität Erlangen-Nürnberg, Nürnberg, Deutschland
E-Mail: peter.klaus@fau.de

S. Iskan, E. Staudt (Hrsg.), *Strategic Change*, DOI 10.1007/978-3-658-03287-6_2

nehmen (in Englisch „Management of Planned Change") und der gezielten, die Überlebens- und Erfolgschancen der Unternehmen verbessernden Organisationsentwicklung („Organizational Development") sprechen können.

2.1 Traditionelle Strategien der geplanten Veränderung des Verhaltens von Menschen und Organisationen

Dass Menschen in Unternehmen – wie auch in anderen Arten von Organisationen – ihre Verhaltensmuster und Handlungspraktiken als Folge irgendwelcher Einflüsse verändern, hat es natürlich schon immer gegeben. Hier ist zuerst zu unterscheiden zwischen solchen Veränderungen, die ungeplant eintreten, zum Beispiel durch natürliche Einflüsse wie Alterung, Krankheit, Klimaeinflüsse oder etwa durch Zufallsereignisse und Schockerlebnisse wie eine Umweltkatastrophe, die politische und ökologische Umfeld-Rahmenbedingungen auf den Kopf stellen können. Unter die Kategorie ungeplanter, nicht von einem Management beeinflusster Veränderungen fallen auch Entwicklungen durch Evolution, also die allmähliche Höherentwicklung von Lebewesen oder auch von Organisationen, die durch zufällige Variationen ihrer DNA im Verlauf der Zeit eintritt. Die natürliche Selektion – im Fall von Unternehmen durch den Wettbewerb – sorgt dann dafür, dass die jeweils widerstands- und leistungsfähigsten Arten schneller wachsen und häufiger Nachahmer finden als andere. Um solche Formen des Wandels geht es beim Change Management allerdings nicht!

In diesem Kapitel geht es um gewollte, geplante, zielgerichtet gelenkte – eben „gemanagte" – Veränderungen des Verhaltens und des Erfolges von Menschen in Unternehmen und der Unternehmen selbst. Robert Chin und Kenneth Benne, zwei der Pioniere der modernen wissenschaftlichen Auseinandersetzung mit Fragestellungen des geplanten Wandels stellten in den 1960er Jahren eine oft zitierte Übersicht prinzipiell verfügbarer „allgemeiner Strategien für das Bewirken von Veränderungen in sozialen System" vor (vgl. Chin und Benne 1967).

Ansatz 1: Machtbasierte Strategien

Sie sprechen von dem einen Veränderungsansatz, der von großen Männern und Leadern in der Geschichte – und eben auch in der Wirtschaft – schon immer eingesetzt wurde, um Menschen und Organisationen in die von ihnen gewünschte Richtung zu lenken: dem Einsatz von Zwang und Macht. Chine und Benne bezeichnen diese elementaren Strategien zum Bewirken von Veränderungen als „Power-Coercive" (vgl. Chinne und Benne 1967, S. 39 ff.). In ihrer einfachsten, primitivsten, heute in der Wirtschaft zumeist nicht mehr als legitim bewerteten Form, ist Machtausübung der Einsatz von physischer Gewaltung und

Bestrafung. Zwang und Macht wurden und werden aber auch in subtileren Formen eingesetzt, die in vielen Situationen durchaus als legitim, sogar unentbehrlich gelten: als wirtschaftliche Macht, die finanzielle Anreize oder deren Entzug und Verweigerung im Tausch gegen Kooperation oder besondere Anstrengungen zur Erreichung gewünschter Ziele einsetzt. Oder etwa als politische, soziale, moralische, rhetorische Macht, die zum Beispiel Gefühle von Schuld und Scham der Untergebenen als Lenkungsinstrument mobilisiert.

Ansatz 2: Strategien rationalitätsbasierten Wandels

Als weiteren traditionellen Ansatz zu gezielter, geplanter Verhaltensveränderung in Organisationen benennen Chin und Benne die „empirisch-rationalen" Strategien (vgl. Chin und Benne 1967, S. 24 ff.). Die Überzeugung von deren Wirksamkeit beruht auf der Annahme, dass die Menschen prinzipiell vernünftig sind und ihr Verhalten vom rationalen Streben nach ihrem persönlichen Vorteil bestimmt wird. Rationalitätsbasierte Veränderungsstrategien bauen also insbesondere darauf, dass Bildung und Aufklärung der Mitarbeiter einsetzbar sind, um diesen aufzuzeigen, wie sie persönliche Ziele besser erreichen können, wenn sie vorgegebene Unternehmenszielsetzungen und die dazu erforderlichen vernünftigen Verhaltensweisen akzeptieren. Zu den persönlichen Zielen können beispielsweise finanzielle Sicherheit, Karrierefortschritte, soziale Anerkennung oder etwa Selbstverwirklichung gezählt werden. Diese angesprochene Akzeptanz kann unterstützt werden durch vielfältige Strategien der Rationalisierung der Organisationen und ihrer Strukturen: etwa durch Systemanalysen, die komplexe Ursachen-Wirkungszusammenhänge für alle Beteiligten transparent machen, optimale Zuordnungen von menschlichen und sachlichen Ressourcen zu gestellten Aufgaben, die Eliminierung von Redundanzen und Unklarheiten in Prozessen der Zusammenarbeit, den Über- und Unterstellungsverhältnissen wie auch durch Kommunikation.

Macht wie auch die Nutzung und Unterstützung des rationalen Selbstinteresses der Menschen und der Systemrationalisierung gehören zum selbstverständlichen Instrumentarium der Leader von Organisationen, die planvolle Veränderungen zum Erreichen von Zielen anstreben.

2.2 Neue Ansätze des geplanten Wandels durch soziokulturelle und soziotechnische Interventionen

Seit den Jahren des zweiten Weltkriegs hat ein neuer, dritter prinzipieller Ansatz zur geplanten zielgerichteten Veränderung des Verhaltens von Menschen und Organisationen besondere Aufmerksamkeit auf sich gezogen und ist dabei zum Fundament modernen Change Management geworden.

Ansatz 3: Wandel durch gelenkte Persönlichkeits- und Organisationsentwicklung

Das geschah zunächst in den USA, insbesondere in der Welt der akademischen Verhaltens- und Sozialwissenschaftlichen Forschung. Die neuen Strategien des Veränderungsmanagements, die in Chin/Bennes Systematik, wenig anschaulich, als „Normative Reeducative" bezeichnet wurden, fanden seit den späten 1940er Jahren rasch und umfassend den Weg in die Praxis modernen Managements (vgl. Chin und Benne 1967, S. 31 ff.). Im Mittelpunkt dieses Ansatzes steht ein Bild des Menschen und Mitarbeiters im Unternehmen, dessen Verhalten nicht vornehmlich durch Logik und Rationalität seines Handelns zu erklären und zu beeinflussen ist, sondern durch seine Einbindung in Gruppen, durch Erziehung, Training und die damit vermittelten Gewohnheiten, Werte und Normen.

Erfolgreiche zielgerichtete Veränderungen des Verhaltens erfordern demnach Veränderungen im komplexen Feld von sozialen Bindungen und Einflüssen und zugleich die aktive Förderung der Fähigkeit der Menschen und Gruppen, die sich verändern sollen, die Schwachstellen und Beschränkungen ihrer Handlungs- und Erfolgsfähigkeit selbst zu erkennen. Sie sollen ertüchtigt werden, die Überwindung solcher Beschränkungen und die Erreichung neuer Ziele selbst in die Hand zu nehmen. Zum Gedankengebäude der „Normative Reeducative" Organisations-Veränderungsstrategien gehört schließlich die Vorstellung eines Klientensystems – der Organisation, Teilorganisation oder Gruppe also, für die eine Veränderung und Selbst-Verbesserung angestrebt wird – und des Change Agents – des Akteurs bzw. der Akteursgruppe, die den Veränderungsprozess im Klientensystem aktiv unterstützt und moderiert bis das Ziel der Selbst-Verbesserungsfähigkeit erreicht ist.

An dieser Stelle ist auf Kurt Lewin zurückzukommen. Lewin, geboren 1890 in Mogilno (Posen) in einer jüdischen Familie, war einer der berühmtesten Psychologen des 20. Jahrhunderts. Schon in den 1920er Jahren an der Berliner Universität als prominenter Psychologe tätig, emigrierte er 1933 vor den Nationalsozialisten in die USA und setzte dort seine bahnbrechenden Arbeiten fort. Er trug mit seinen Forschungen und seinem Einfluss in mehrfacher Weise dazu bei, dass die Grundgedanken der Motivation von Mitarbeitern und Mitarbeitergruppen durch deren aktive Einbeziehung bei der Überwindung von Hindernissen, die der Erreichung von Unternehmenszielen entgegenstehen, zu Fundamenten des modernen demokratischen, partizipativen Managementstils wurden. Untrennbar mit diesem Stil verbunden ist der normative Anspruch, dass die Entwicklung der Fähigkeiten der Mitarbeiter und Unternehmensorganisation der allerwichtigste Schlüssel zum dauerhaften Erfolg von Unternehmen sei.

Grundlage dieser Entwicklung und ihrer Wirkungen waren Lewins vieljährige Experimente zur Erforschung wirksamen Change Managements. In der Zeit des zweiten Weltkriegs führte er u. a. im Auftrag der amerikanischen Regierung Projekte durch um herauszufinden, wie die Ernährungsgewohnheiten ganzer Bevölkerungsgruppen Kriegszeit-gerecht verändert werden könnten. Er war viele Jahre auch die lenkende Kraft einer nicht weniger berühmt gewordenen Studienreise in einer mittelständischen US-amerikanischen

Textilfabrik, der Harwood Manufacturing Company. Dort wurden Probleme der Mitarbeiter-Fluktuation, der Produktivitätssteigerung, der Flexibilisierung und der Überwindung von Innovationshemmnissen wissenschaftlich bearbeitet. Dies erfolgte unter enger Einbeziehung der Mitglieder der jeweiligen Klientensysteme und durch wiederholtes Durchlaufen von Lernschleifen – auch oft über Jahre hinweg, wenn sich der erwartete Erfolg nicht zeigte (bei Lewin als Action Research bezeichnet). Die Untersuchungen und geplanten Veränderungen erfolgten unter Anleitung und Moderation kompetenter Change Agents (vgl. hierzu Burnes 2007).

Das Drei-Phasen-Modell erfolgreichen Wandels in Organisationen

Aus der Vielzahl der Anregungen und Ergebnisse, zu denen die Forschungen Lewins und seiner Schüler und Kollegen führten, sind mindestens drei zum Allgemeingut professionellen Change Managements geworden.

Ein erfolgreicher Veränderungsprozess setzt voraus, dass vor der eigentlich geplanten Veränderungs-Intervention eine Phase des Auftauens („Unfreezing") durchlaufen wird. Ohne die Sicherung der Bereitschaft eines Klientensystems zur Veränderung können Veränderungsbemühungen keinen – jedenfalls keinen dauerhaften – Erfolg bewirken. „Unfreezing" geschieht zum Beispiel durch Aufklärung der Klienten über die Nachteile des Ist-Zustandes oder durch deren forcierten Konfrontation mit dessen negativen Folgen. Es folgt erst dann die Wahl und Durchführung einer geeigneten Veränderungsmaßnahme und damit die Phase des „Moving" bzw. der Intervention. Eine solche Intervention kann beispielsweise in der Einführung neuer Werkzeuge oder Technologien, neuer Key Performance Indicators (KPI), neuer Bezahlungssysteme oder neuer Arbeitsverteilungen geschehen. Die Frage der situationsgerechten Wahl und des klugen Einsatzes einer geeigneten Interventionsstrategie aus dem Spektrum der oben von Chin und Benne benannten prinzipiellen Ansätze ist damit als weiterer Schlüssel erfolgreichen Change Managements erkannt. Schließlich erfordert ein erfolgreicher Veränderungsprozess eine abschließende Phase der Befestigung und Absicherung der erreichten Verbesserung („Refreezing"), das beispielsweise durch die Installation geeigneter Feedback- und Selbstkorrektur-Systeme im Klientensystem erreicht werden kann (vgl. Lewin 1947, S. 34 ff.).

Gruppenprozesse als Schlüssel der Nachhaltigkeit von Verhaltensveränderungen

Ein weiteres zentrales Ergebnis der Lewin'schen Forschung war die Erkenntnis, dass Veränderungen des Verhaltens von Menschen bzw. Mitarbeitern dann deutlich nachhaltiger wirken, wenn die zu lösenden Probleme nicht von externen Experten oder Führungspersonen in die Klientengruppe hineingetragen werden, sondern von dieser selbst identifiziert sind. Wenn also die Lösung der in Frage kommenden Verhaltensveränderungen nicht von außen vorgegeben, sondern in und mit der Gruppe erarbeitet und umgesetzt werden. Dies zeigt anschaulich die Originalgrafik aus einem der Papiere Lewins zu seinen Forschungen im Bereich der Veränderbarkeit von Essgewohnheiten (vgl. Abb. 2.1).

Abbau von Hindernissen gegenüber geplanten neuen Verhaltensweisen

Eine der leitenden Ideen von Lewins lebenslanger Arbeit bestand darin, dass fest etablierte Verhaltensmuster in Organisationen, die zum Beispiel dazu führen, dass sich in einem Arbeitsprozess ein gewisses Produktivitäts- oder Qualitätsniveau verfestigt hat, Resultat eines Gleichgewichts zwischen gegenläufigen Kräften und Einflüssen in einem komplexen Kräftefeld („Forced Field") sind, das zu analysieren, zu verstehen und im Veränderungsprozess zu berücksichtigen ist.

Am Beispiel eines Produktivitätssteigerungsprojektes können das Kräfte sein, die in die Richtung verbesserter Produktivität wirken, wie etwa die Loyalität gegenüber leistungsschwächeren Kollegen in heterogenen Gruppen. Produktivitätssteigerung kann also entweder durch Verstärkung der Leistungsanreize oder durch Reduzierung des Problems der Leistungsheterogenität in der Gruppe erreicht werden. Lewin zeigte, dass die erste Methode eher zur Steigerung von Druck, damit zu Erschöpfung, Aggressivität und Konflikt im Klientensystem führt (vgl. Lewin 1951, Abbildungen 28/29). Die zweite würde mit großer Wahrscheinlichkeit zur gewünschten Veränderung führen, ohne dass solche negativen Nebenwirkungen des Wandels eintreten.

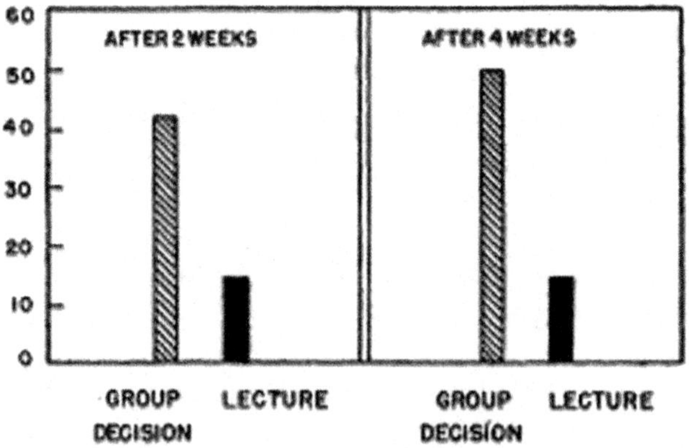

Abb. 2.1 Vergleich einer Verhaltensveränderung auf Basis Experteninstruktion und Gruppenprozess. (Quelle: Lewin 1947, S. 35)

2.3 Die Etablierung des Wissenschafts- und Beratungsfeldes der Organisationsentwicklung in den 1960er Jahren

Nach Lewins Tod 1947 folgten rasche und vielfältige Fortentwicklungen des Wissens und der Praxis um den geplanten Wandel von Organisationen und dessen Anwendungen in Unternehmen. Diese Entwicklung war begünst durch das rapide Wirtschaftswachstum, die wissenschaftlichen und humanitären Fortschritte der Nachkriegszeit sowie durch die damit verbundene allgemeine Fortschrittseuphorie, die von den USA ausgehend damals die ganze westliche Welt erfasst. Sie führte dazu, dass sich um das Jahr 1960 herum das Feld wissenschaftlicher Arbeit und professioneller Beratung unter dem Begriff „Organizational Development" (OD) formiert.

Ein entscheidender Kristallisationspunkt war dabei die erste Veröffentlichung eines Sammelbandes 1961 unter dem Titel „The Planning of Change: Readings in the Applied Behavioral Sciences". Dessen Herausgeber Waaren Bennis, Kenneth Benne und Rober Chin versuchten, erstmals das bis dahin entstandene Wissen zusammenzufassen. Dieser Band ist in drei folgenden Auflagen 1969, 1976 und 1985 immer wieder aktualisiert worden. Durch Gallos (2006) und Burke et al. (2009) wurden in jüngster Zeit noch einmal aktualisierte, jeweils um die 1000 Seiten umfassende Folgebände herausgegeben, die viele der klassischen und zahlreichen Beiträge zum professionellen, wissenschaftsbasierten Change Management handlich bereitstellen. Für alle, die sich um ein vertieftes Verständnis der Grundlagen erfolgreichen Change Managements interessieren, sind diese Bände eine reichhaltige, empfehlenswerte Quelle.

Parallel hierzu wurden unter der Herausgeberschaft der MIT-Professoren Richard Beckhard und Edgar Schein seit 1967 die vielbändige „Addision-Wesley Organization Development" Serie von Veröffentlichungen zu allen Aspekten des Feldes veröffentlicht. Beckhard und Schein waren, wie die meisten anderen Organizational Development-Pioniere, zeitweilig mit dem MIT in Cambridge/Massechusets und dem von Lewin inspirierten National Training Laboratories (NTL) in Arlington verbunden (vgl. hierzu u. a. Beckhard 1969; Kotter 1978). Wendell French und Cecil Bell Jr. (1978), Ronald Lippitt (1986), Schein (1988) und andere Autoren aus den USA und in anderen Teilen der Welt veröffentlichten in der Folge zahlreiche Textbücher rund um Organizational Development. Im deutschsprachigen Raum wären u. a. Kirsch et al. (1979) oder auch Wohlgemuth (1991) und Zirkler und Müller (2003) zu nennen. Schließlich wurden von einigen dieser Autoren kommerziell arbeitende Organizational Development-Beratungsunternehmen gegründet und an vielen Hochschulen einschlägige Lehrangebote und Forschungsaktivitäten gestartet.

Im Verlauf der 1960er und 1970er Jahre hatte sich somit die wissenschaftliche Auseinandersetzung mit Fragen des geplanten Wandels in und von Organisationen zu einem vielgestaltigen, respektierten Feld der Forschung und Unternehmenspraxis unter dem Begriff „Organisationsentwicklung" (OE) bzw. „Organizational Development" (OD) etabliert. Es basiert auf den oben skizzierten Arbeiten der Forscher-Pioniere der 1940er bis 1960er

Jahre. Eine erste, weithin akzeptierte Definition lieferte Richard Beckhard vom MIT (vgl. Beckhard 1969, S. 1 ff.):

> Organization development is an effort (1) planned, (2) organization-wide, and (3) managed from the top, to (4) increase organization effectiveness and health through (5) planed interventions in the organization's „process", using behavioral science knowledge.

Aus der Sicht der aktuellen Diskussionen um richtige, erfolgreiche Formen der Führung und Organisation von Unternehmen in den heutigen Zeiten des Bemühens um Nachhaltigkeit, unternehmerischen Handelns und unter den aktuellen Rahmenbedingungen extremer Volatilität der volkswirtschaftlichen und politischen Umfelder ist es interessant festzustellen, dass Beckhard mit den Begrifflichkeiten der „Effektivität" und „Gesundheit" von Organisationen, die er damals als oberstes Ziel der Organisationsentwicklung benannte, vorwegnahm, was heute als die überlebensnotwendige Forderung nach „Flexibilität" und „Adaptivität" von Unternehmen diskutiert wird (vgl. beispielhaft McKinsey 2010).

2.4 Ausgewählte Fortentwicklungen der Forschung und deren Beiträge zur erfolgreichen Change-Management-Praxis

Auf der Grundlage der Arbeiten der Pioniere der „Change Management" und „Organization Development" Forschung, wie sie bis hierher kurz skizziert wurden, entwickelte sich das Feld in mehreren Richtungen weiter und verzahnte sich zunehmend mit den Arbeitsfeldern der Unternehmensführungslehre und des Strategischen Managements.

Situationsgerechter Einsatz von Veränderungs-Interventionen

Seit den 1960er Jahren festigte sich in den Arbeiten der Management-Wissenschaftler die Einsicht, dass es zu keinem unternehmerischen Problem „die eine beste Lösung" gibt, sondern dass es darauf ankommt, entsprechend den Merkmalen des gerade im Fokus stehenden Klientensystems und der Art der Veränderung, die zu bewirken ist, eine passige Lösung zu wählen gilt. Wo diese Einsicht Eingang gefunden hat, wird in der akademischen Literatur von „Situativen" oder „Contingency"-Ansätzen gesprochen.

Ein wesentlicher Beitrag in diesem Sinne ist Robert Blake und Jane Srygley Mouton (1972) zu verdanken, zwei Wissenschaftlern von der Ohio University aus der Pionierzeit der modernen Führungsforschung. Sie entwickelten eine Matrix, die entlang der einen Achse verschiedene Typen von Veränderungsinterventionen zeigt. Hierzu zählen zum Beispiel Interventionen, die auf einfühlsamem „Zugehen" auf die Mitglieder des Klientensystems beruhen (dort bezeichnet als „Acceptant" Interventionen), „konfrontative Interventionen", wo offene, direkte Auseinandersetzungen über die Optionen zur Lösung eines Problems gesucht werden, oder „präskriptive Interventionen", wo die Lösungen von externen Experten dem Klientensystem aufgedrückt werden müssen. Entlang der anderen

Achse in Blake/Moutons Matrix werden verschiedene Arten von Klientensystemen dargestellt. Hierzu zählen ein individueller Mitarbeiter als einzelner Klient, die Kleingruppe bzw. das Team als Klientensystem, eine große Organisationseinheit, wie zum Beispiel ein ganzer Geschäftsbereich als Klientensystem, das sich verändern soll, oder eine Gesamtorganisation wie ein ganzer Konzern, der sich neu erfinden will.

Blake und Mouton liefern für jede Kombination von Veränderungsinterventionen und Klientensystem-Typen eine Diskussion über die Eignung des jeweiligen Interventionstyps und über die Probleme, die sich ergeben können, wenn ein Change Agent sich mit spezifischen Kombinationen von Klientensystemen und Interventionsstrategien auseinanderzusetzen hat. Die wichtige generelle Botschaft für erfolgreiches Change Management ist, dass die Wahl von Veränderungsansätzen mit größter Sorgfalt im Hinblick auf die Merkmale der Klienten, wie zum Beispiel deren Veränderungsbereitschaft und -fähigkeit sowie die potenzielle Eignung der Intervention bezüglich des verfügbaren Zeit- und Mittelrahmens für die Umsetzung der Veränderung, der Macht und Autorität des Change Agents bedacht werden müssen.

Einen anderen interessanten und viel zitierten Beitrag mit dem Titel „Evolution and Revolution as Organizations Grow" zum Verständnis der Situationsabhängigkeit des Change Management leistete Greiner (1972). Er stellt die typischen Wachstumsphasen in der Lebenszeit-Entwicklung von Unternehmen vor, wie zum Beispiel die Startphase auf der Basis von viel Kreativität der Gründer sowie weitere Phasen wie die des Zwanges zu mehr Delegation von Aufgaben mit dem Wachstum der Organisation und noch später der zunehmenden Zwänge zur Koordination auseinanderstrebender Geschäftsfelder. Er diskutiert zugleich die typischen Krisen, die im Verlauf dieser Phasen auftreten. Er unterscheidet also zwischen Phasen der „Evolution", wo eher organisches Wachstum und moderate Veränderungsbedürfnisse vorherrschen, und Phasen der „Revolution", in der sprunghafte, massive Veränderungen zur Bewältigung von schwerwiegenden Krisen nötig sind. Es ist offensichtlich, dass evolutionärer Wandel mit anderen Strategien und unter anderen Rahmenbedingungen bewältigt werden müssen, wie zum Beispiel mit den oben besprochenen Ansätzen der gelenkten Entwicklung von Gruppen und Organisationen zur Selbstdiagnose und Lernfähigkeit. Anders hingegen sieht es während Krisen und revolutionärem Wandel aus, die zumeist nicht ohne den Einsatz von Macht und externen Experten-Input zu bewältigen sind.

Prozess-Reengineering als Königsweg modernen Change Managements?

Lenkt man zum Abschluss dieser Diskussion die Aufmerksamkeit weg von der Historie der Wissenschaft von Change Management, um die es auf diesen Seiten bisher gin, zur aktuellen Praxis des Change Managements, insbesondere zu den Change-Management-Empfehlungen der führenden Unternehmensberatungen, dann ist offensichtlich, dass heute am häufigsten Wandel durch gezielte Veränderung von Geschäftsprozessen gesucht wird.

Es waren wahrscheinlich die Bestseller-Veröffentlichungen von Hammer und Champy zum „Process-Reengineering", die den Boom prozessorientierter Veränderungsprojekte ausgelöst haben und die damit verbunde Erwartung vieler Praktiker, dass Process Reengineering eine Art Königsweg von Veränderungsprojekten in Unternehmen sei (vgl. Hammer 1990; Hammer und Champy 1994). Richtig ist sicherlich, dass in gewachsenen, komplexen Organisationen die Standard Operating Procedures in Form fest geschriebener, auch durch Gewohnheit durch Erfahrung und durch die Wirkung von IT-Systemen und strengen Qualitätssicherungsstandards und -sanktionen befestigen, manchmal betonierten Geschäftsprozesse die Verhaltensweisen der Mitarbeiter und damit die Fähigkeiten und Erfolge der Unternehmen massiv beeinflussen. Diese Einsicht hatten Organisationswissenschaftler wie der Nobelpreisträger Herbert Simon übrigens schon viel früher gewonnen und diskutiert (vgl. March und Simon 1958, S. 142ff.; Kotter 1978, S. 10 ff.). Es war jedoch Hammer und Champys Verdienst, dass sie breite Aufmerksamkeit dafür geschaffen und die Idee der gezielten Analyse, Veränderung und Vereinfachung der Standard-Prozesse von Unternehmen als mächtige Stellhebel zur Verbesserung der Unternehmensleistungsfähigkeit verbreiteten.

Der Rückblick auf die Geschichte der „Wissenschaft von Change Management", der hier sehr kurz und ohne Anspruch auf Vollständigkeit versucht wurde, macht aber auch deutlich, dass Process Reengineering kein Allheilmittel sein kann. Sie ist ein eher den rationalistischen Veränderungsstrategien zuzuordnender, oft extern, präskriptiv den Klientensystemen aufdoktrinierter Ansatz, der nicht die erwünschten Erfolge erbringen wird, wenn nicht vorher erfolgreiches „Unfreezing", ehrliche Einbeziehung der betroffenen Mitarbeitergruppen, bedachte Ausräumung von Widerständen zum Wandel und die vielen anderen klugen Einsichten der wissenschaftlichen Change-Management-Forschung berücksichtigt werden.

Es ist meistens der Mühe Wert, sich bewusst zu machen, auf Basis welcher Theorie man glaubt, dass eine Veränderungsmaßnahme den geplanten Erfolg bringen wird.

„There is nothing so practical as a good theory"!

Literatur

Beckhard, R. (1969). *Organization development: Strategies and models* (S. 3 ff.). Reading: Addison-Wesley. (teilweise nachgedruckt in Gallos 2006).

Bennis, W. G., Benne, K. D., & Chin, R. (1969). *The planning of change* (3rd ed.). New York: Holt, Rinehart & Wingston.

Blake, R., & Mouton, J. S. (1972). Strategies of consultation. In W. G. Bennis, K. D. Benne, & R. Chin (Hrsg.), *The planning of change* (3rd ed., S. 48–68). New York: Holt, Rinehart & Wingston.

Burke, W. W., Lake. D. G., & Pain, J. W. (2009). *Organization change: A comprehensive reader.* San Francisco: Jossey-Bass.

Burnes, B. (2007). Kurt Lewin and the Harwood studies: The foundation of OD. *The Journal of Applied Behavioural Science, 43*(2), 213–231.

Chin, R., & Benne, K. D. (1967). General strategies for effecting changes in human systems. In W. G. Bennis, K. D. Benne, & R. Chin (Hrsg.), *The planning of change* (3rd ed., S. 22–45). New York: Holt, Rinehart & Wingston.

French, W. L., & Bell, C. H. Jr. (1978). *Organization development: Behavioral science interventions for organization improvement* (2nd ed.). Englewood Cliffs: Prentice-Hall.
Gallos, J. V. (2006). *Organization development. A Jossey-Bass reader*. San Francisco: Jossey-Bass.
Greiner, L. E. (1972). Evolution and revolution as organizations grow. Harvard Business Review, July-August 1972, S. 37–46.
Hammer, M. (1990). Reengineering work: Don't automate, obliterate. In Harvard Business Review, July-August 1990, S. 2–8.
Hammer, M., & Champy, J. (1994). *Reengineering the corporation: A manifesto for business revolution*. New York: Collins Business Essentials.
Kirsch, W., Esser, W.-M., & Gabele, E. (1979). *Das Management des geplanten Wandels von Organisationen*. Stuttgart: Poeschel-Verlag.
Kotter, J. D. (1978). *Organizational dynamics: Diagnosis and intervention*. Reading: Addison-Wesley.
Lewin, K. (1947). Frontiers in group dynamics. Concept, method and reality in social science: Social equilibria and social change. In Human relations 1947 1:5. In D. Cartwright (Hrsg.), Field theory in social science. Selected theoretical papers. New York: Harper & Row. (Chapter XI)
Lewin, K. (1951). Problems of research in social psychology. In D. Cartwright (Hrsg.), *Field theory in social science: Selected theoretical papers* (S. 169). New York: Harper & Row.
Lippit, G. L., & Lippitt, R. (1986). *The consulting process in action* (2nd ed.). San Diego: Pfeiffer & Co.
March, J.G., & Simon, H.A. (1958). *Organizations*. New York: John Wiley & Sons.
McKinsey. (2010). *Willkommen in der volatilen Welt: Herausforderungen für die deutsche Wirtschaft durch nachhaltig veränderte Märkte*. Frankfurt a. M.: McKinsey & Company Inc.
Schein, E. H. (1988). *Process consultation: Its role in organization development*. Reading: Addision-Wesley.
Wohlgemuth, A. C. (1991). *Das Beratungskonzept der Organisationsentwicklung: Neue Formen auf der Grundlage des sozio-technischen Systemansatzes* (3. Aufl.). Bern: Haupt.
Zirkler, M., & Müller, W. R. (2003). *Die Kunst der Organisationsberatung: Praktische Erfahrungen und theoretische Perspektiven*. Bern: Haupt.

Prof. Peter Klaus D.B.A./Boston Univ. war ca. 20 Jahre Inhaber des Lehrstuhls für Betriebswirtschaftslehre, insbes. Logistik, an der Friedrich-Alexander-Universität Erlangen-Nürnberg und Leiter der Nürnberger Logistik-Arbeitsgruppe der Fraunhofer Gesellschaft. Vor seinem Eintritt in die akademische Welt hat er ca. 15 Jahre in der Praxis der Spedition und Transportwirtschaft gearbeitet, der er bis heute durch diverse Beirats- und Aufsichtsratsmandate verbunden ist. Mit den Fragestellungen des „geplanten Wandels" und der systematischen Organisationsentwicklung hat er sich seit seiner Promotionszeit in den USA auseinandergesetzt.

Teil II
Change Leadership

(Zeichnung: Knut Eckert)

3 Change Management: Ein reaktives Krisenwerkzeug oder die hohe Kunst des Managements?

Stefan Iskan und Erwin Staudt

Change Management ist integraler Bestandteil der Unternehmensführung und Leadership. Bemerkenswert in diesem Zusammenhang ist jedoch, dass es durchaus Vertreter von Strategy Consultants gibt, die für einen Chief Change Officer oder einen Chief Future Officer in Unternehmen plädieren. Wenngleich wir diesen Punkt bereits im Rahmen der Einführung angeschnitten haben, wollen wir auch an dieser Stelle noch einmal unsere Auffassung wiederholen. Das Mobilisieren und Anführen von Change-Prozessen kann nicht von der Rolle des Top-Managements losgelöst werden. Oder, um es noch deutlicher zu formulieren: wenn also ein CEO der Meinung wäre, er benötige für sein Unternehmen einen Chief Change Officer, dann – so zumindest unserer Auffassung von Leadership nach – wäre er vermutlich selbst fehl am Platz. Change ist immer unmittelbare Leadership-Aufgabe der Geschäftsführung und darf unter keinen Umständen delegiert werden.

Im Mittelpunkt dieses Kapitels stehen zwar einfach zu stellende, jedoch vielschichtige und mitunter nicht immer einfach zu beantwortende Fragen rund um Change Leadership und die Profile heutiger Top-Manager in den Unternehmen. Doch sind es, um es mit Peter Drucker zu formulieren, nicht gerade die einfach erscheinenden Fragen, deren Beantwortung nicht selten über den Weg einer schmerzhaften Selbstreflexion führen (vgl. Drucker et al. 2008)?

S. Iskan (✉)
University of Applied Sciences Ludwigshafen am Rhein, Deutschland
E-Mail: stefan.iskan@hs-lu.de

E. Staudt
Iskan Advice, Stuttgart-Sindelfingen, Deutschland
E-Mail: office@iskan-advice.com

S. Iskan, E. Staudt (Hrsg.), *Strategic Change*, DOI 10.1007/978-3-658-03287-6_3

3.1 Die Unternehmenspyramide als Einbahnstraße: Über die Besetzung von Vorständen und Geschäftsführung

Ein Blick auf die Profile vieler heutiger Vorstands- und Geschäftsführungsmitglieder zeigt, dass viele Spitzenmanager und deren Bereichsleiter über einen deutlich ausgeprägten Finanz- und Controlling-Background verfügen. Diese Erkenntnis mag für den aufmerksamen Management-Beobachter weniger neu sein. Im Zusammenhang mit erfolgreichen und weniger erfolgreichen Change Management dürften sich hieraus durchaus spannende Einsichten ergeben. Eine provokante Frage wollen wir bereits zu Beginn des Abschnitts aufwerfen. Ist die Unternehmenspyramide und damit das hochgezüchtete Management vielleicht nicht schon selbst der Auslöser von Change und Widerstand in den Reihen ihrer Organisationen? Wir wollen den Aspekt im weiteren Verlauf des Kapitels aufgreifen, zunächst jedoch unsere Beobachtungen rund um die Besetzung heutiger Vorstands- und Geschäftsführungsgremien darlegen.

Das Hochzüchten von Controllern: Eine westliche Krankheit?

Als ein Treiber für die Besetzung von Vorstands- und Geschäftsführungsmitgliedern mit Finanz- und Controlling-Background kann sicherlich der Kapitalmarkt gesehen werden. Unternehmen jeglicher Größenordnung müssen wertvermehrende Geschäftsmodelle aufweisen. Nur wenn Unternehmen eine attraktive Wertvermehrung in die Zukunft projizieren, erhalten sie auch das benötigte Kapital für ihre Organisationen und können so Börsenkurse stützen etc. Dieser Umstand hat allerdings heute dazu geführt, dass aus unserer Warte immer weniger visionäre Manager an der Unternehmensspitze stehen, gerade in Großunternehmen, sondern eher Controlling-affine Menschen in den Unternehmen hochgespült werden.

Die Personalentwicklung der Unternehmen freilich kommuniziert etwas anderes. Gesucht werden ihnen zufolge visionäre und unternehmerisch denkende Persönlichkeiten, die Verantwortung übernehmen wollen. Doch genau das Gegenteil kann gerade in den Konzernen beobachtet werden („Window Washing“). Karriere – wie auch immer jeder für sich selbst „Karriere“ definieren mag – macht augenscheinlich zunehmend ein Typus von Manager, der regelmäßig Quartalsergebnisse ohne Volatilität abliefern kann, die zudem inhaltlich fehlerfrei sind. Darüber hinaus besitzt dieser Typus von Manager die ausgeprägte Fähigkeit, sämtliche Erklärungen zu jeder Zahl geben zu können. In seinem Tagesgeschäft ist er eher von der Frage geleitet, wie er das kommende Quartal erfolgreich bestreiten und die Vorgaben erfüllen kann. Diese skizzierten Unternehmen meistern ohne Zweifel erfolgreich ihre Restrukturierungsaufgaben, zumindest was die kurzfristigen finanziellen Ergebnisse anbelangt. Doch die nachhaltigere Frage, wie es um das unternehmerische Zielbild steht, bleibt häufig von vielen unbeantwortet oder nebulös.

Uns ist es ein Anliegen, den Aspekt rund um Profile von Vorständen und Geschäftsführungsmitgliedern zu thematisieren. Wenn Change Management unmittelbar an die

Unternehmensführung und Organisationsentwicklung gekoppelt ist, dann muss folgerichtig auch die Frage nach der Gremienbildung und Leadership-Persönlichkeiten beleuchtet werden. Ist das Hochzüchten von Controllern, wie eingangs aufgeworfen, also eine westliche Krankheit?

Unsere praktische Arbeit hat uns gelehrt, dass in den sogenannten Emerging Markets wie etwa der Türkei oder Südostasien vermehrt visionäre „Macher" an der Unternehmensspitze stehen (vgl. auch Iskan 2013, S. 30 f.). Dort lässt sich eine Reihe von Unternehmen benennen, die selbst ohne unmittelbaren Kundenauftrag proaktiv in Industrie- und Infrastrukturflächen investieren. Gerade in der Logistik lassen sich Unternehmen finden, die als Nebeneffekt zu ihren Geschäften gleichzeitig auch die logistische Leistungsfähigkeit der Volkswirtschaft mit steigern. Und dieses visionäre Handeln wird von der Nation geschätzt. Hängt das allein von der lokalen Kultur ab? Wir wollen an dieser Stelle keinen Diskurs über landesspezifische Kulturen aufmachen. Hierüber liegt aus der Kulturvergleichenden Forschung bereits eine Vielzahl von Beiträgen vor. Eine Pauschalargumentation wäre hier ebenso wenig zielführend. Vielmehr müsste man sich die individuelle Disposition der handelnden Personen und deren Hintergrund näher betrachten. Wir glauben jedoch, dass diese Beobachtung nur bedingt kulturbedingt ist. Vielmehr im Vordergrund dürfte in diesem Zusammenhang der Aspekt „Wertesystem" in Kombination mit dem wirtschaftlichen Wachstum in diesen Regionen stehen. In diesen Märkten wird oftmals patriarchalisches Management gelebt. Wachstum wird in der Gesellschaft honoriert. Wachstum und positive Finanzzahlen aufgrund von Kürzungen in der Belgschaft etc. sind dort im Allgemeinen nicht angesehen. Jetzt mögen Kritiker aufwerfen, dass es sich bei den Emerging Markets um Regionen mit niedrigen Personalkosten handelt. Dies ist jedoch nur bedingt und sogar im Falle der Türkei nicht der Fall. Auch hier stehen, wie in den westlichen Märkten, Effizienzbemühungen im Vordergrund, so dass die jüngsten EU-Mitgliedsstaaten Bulgarien und Rumänien als verlängerte Werkbank für technisch einfachere Montagetätigkeiten aus der Türkei heraus genutzt werden (vgl. auch Iskan 2015a, S. 6 f., 2015b, S. 29).

Der Controlling-affine Manager-Typus ist aus unserer Perspektive eher eine westliche Krankheit. Wir glauben zudem, dass es dieser Manager-Typus mit seiner meist ausgeprägten Risko-Vermeidung noch schwieriger haben wird, mit der Geschwindigkeit auf den heutigen Weltmärkten mitzuhalten und sein Unternehmen zukunftsgerüstet zu machen. Es erscheint schon fast eine Mammutaufgabe, zumal die Zukunftsmärkte immer weiter weg von Zentraleuropa liegen. Vielmehr ist sogar davon auszugehen, dass einige Branchen und Unternehmen regelrecht von der asiatischen, insbesondere chinesischen Konkurrenz, und dem Silicon Valley aufgerollt werden. Das ist im Übrigen keine Frage der Finanzkraft der Unternehmen. In Deutschland und Europa gibt es Global Player, die sicherlich über die nötigen Ressourcen verfügen dürften. Doch, so unsere These, wird es auch für derartige Unternehmen zunehmend schwieriger, ihre Vorreiterrolle auf Dauer zementieren zu können. Die westliche Kultur ist unserer Meinung nach oftmals zu langsam und einfach zu stark auf „Optimieren" ausgerichtet anstatt visionäre Themen anzupacken, umzusetzen und sich dabei wenig zu verrennen.

Wie entwickelt man einen Erbsenzähler zu einem visionären Change Leader?

Zugegeben: eine weitere provokante Frage. Unsere Antwort auf diese Frage lautet kurz und bündig: das ist vergebene Liebesmühe. Analytisch geprägte und Controlling-affine Manager und Führungskräfte sollten die Einsicht mitbringen, dass es für einen derartigen Persönlichkeitsprägenden Entwicklungsschritt teilweise zu spät ist. Mit gezielten Trainings kann man sicherlich einen schüchternen und bei Vorträgen zurückhaltenden Menschen zu einem guten Referenten vor Publikum entwickeln. Hier könnten wir eine Reihe von konkreten Beispielen liefern. Das ist allerdings schon eine schwierige Aufgabe und es dürfte bei Menschen jenseits der 30 Jahre noch deutlich herausfordernder werden, korrigierende Maßnahmen einzuleiten. Noch komplexer dürfte es sich verhalten, wenn es um persönlichkeitsbezogene Merkmale handelt. Leadership-Fähigkeiten zählen beispielsweise hierzu. Diese Fähigkeiten entwickeln sich unserer Auffassung nach in der Kindheit, über die Jugend, bis hin in die ersten prägenden Berufsjahre. Aus einem Controller in „Executive Seminaren“ an sog. Elite Business Schools daher einen visionären und charismatischen Change Leader zu formen, halten wir schlichtweg für unrealistisch. Ein Controller als Manager, der seit Jahren ausschließlich nach Key Performance Indices (KPI) und Finanzzahlen steuert, dem dürfte die Belegschaft bei der nächsten Führungskräftetagung kaum sein visionäres „Gerede“ abnehmen, insbesondere dann nicht, wenn das Vortragsmanuskript vorher von seinen Strategy Consultants aufgesetzt wurde. Die Belegschaft hat sehr feine Antennen und ein Gespür dafür, was in ihrer Organisation um sie herum passiert.

Was also tun? Zielführend und authentisch dürfte es hingegen sein, wenn ein Controlling-geprägter Manager sich selbst zunächst eingesteht, dass er ein „Erbsenzähler“ ist und sich damit abfindet, dies auch immer zu bleiben. Die entscheidendere Frage ist vielmehr, wie geht dieser Manager damit um? Und genau an diesem Punkt sprechen wir von der notwendigen Einstellung, um überhaupt ein erfolgreicher Change Leader sein zu können. Wenn Sie ein Controlling- und eher technokratisch-geprägter Manager sind, dann sollten Sie sich die richtige Mannschaft um sich herum bauen. Das erfordert allerdings eine hohe Feedback-Kompetenz. Feedback annehmen können wie etwa „das war der falsche Weg“ oder „wir müssen etwas verändern“ bedeutet im Umkehrschluss in dieser Konstellation auch, dass der Controlling-geprägte Manager Verantwortung teilen muss. Und zwar mit einer Mannschaft, mit der er gemeinsam als Team die relevanten Veränderungen herbeiführen kann. Das unternehmerische Handeln bedarf selbstredend auch weiterhin finanzieller Steuerung und Überwachung. Genau hier kann der Manager seine Kompetenzen und Stärken einbringen. Wir wollen an dieser Stelle keinen falschen Eindruck erwecken. Ein Unternehmen, das nur aus Unternehmertum besteht, wäre ebenso wenig erstrebenswert. Förderlich hingegen wäre jedoch, sich zunächst seiner eigenen Manager-Persönlichkeit und -Rolle bewusst zu werden und entsprechend komplementäre Eigenschaften in die Führungsmannschaft zu holen.

Ausbalancieren von Erbsenzählern und Unternehmern im Top-Management

Unsere erste Empfehlung im Rahmen von Change Management und damit Organisationsentwicklung lautet: Sehen Sie sich den Vorstand und die Führungsmannschaft genau an und balancieren Sie den Anteil der „Erbsenzähler" und „Unternehmer" aus. Das zieht nach sich, dass an diesem Punkt und auch bei folgenden Entscheidungen einige Manager durchaus über ihren eigenen Schatten springen müssen. Es bedarf einer gesunden Feedback- und Streitkultur, sich mit Themenstellungen intensiv auseinanderzusetzen, sich aneinander zu reiben, um letztlich für das Unternehmen tragfähige Konzepte entwickeln zu können. Es geht hier also nicht darum, unliebsam gewordene Kollegen im Management auszutauschen. Im Gegenteil!

Berufung von Managern je nach Lebenszyklus des Unternehmens

Unsere zweite Empfehlung beruht auf unserer Überzeugung, dass Unternehmen je nach Lebenszyklus einen unterschiedlichen Typus von Manager benötigen. Die Frage in diesem Zusammenhang lautet: sieht das das heutige Management auch, dass es für die Unternehmensphase weniger geeignet ist und macht es daher ihre Chef-Sessel lieber frei für andere Manager? Und zwar für diejenigen, die genau zur Unternehmensphase passen und daher das Unternehmen und seine Menschen weiterbringen können? Zugegeben: das ist nicht trivial und die betroffenen Personen müssen über ihren eigenen Schatten springen können.

Doch es gibt sie, die entsprechenden Beispiele aus der unternehmerischen Praxis. Wir wollen hier das Beispiel eines Unternehmens anführen, das mit zwei Divisionen in der Textilindustrie und in der Automotive Industrie aktiv ist und vor einigen Jahren in eine Krise geschlittert ist. Die Textilindustrie steht schon seit langem in einem intensiven Preis- und Kostenwettbewerb. Die Fertigungsmärkte liegen in Südostasien, China und auch in der Türkei, jedoch nicht mehr in Europa. Die Fertigungs- und Entwicklungskapazitäten des Unternehmens waren allerdings nach wie vor in Zentraleuropa beheimatet, als ein für Restrukturierung bekannter CEO in das Unternehmen gekommen ist. Dieser hat radikale Veränderungen durchgesetzt. Zunächst wurde die Textilproduktion von heute auf morgen per „par ordre du mufti" vollständig nach Asien verlagert. Gleichzeitig war das Unternehmen für die Automotive Industrie aktiv, insbesondere für europäische Volumenfahrzeughersteller, die in den letzten Jahren massive Veränderungen durchlaufen hatten. Innerhalb von zwei Jahren wurde mit dem Landwirtschaftssegment ein neues Kundenfeld erschlossen.

Solche radikalen Veränderungen können Sie in Organisationen meist nur mit extern besetzten Führungskräften und Managern erfolgreich anpacken. Der entscheidende Aspekt in diesem Zusammenhang ist nicht nur Fach- und Führungskompetenz, sondern vielmehr die Tatsache, dass von außen kommende Personen, keine bestehenden Netzwerke in den

Unternehmen haben, auf die sie ggf. Rücksicht nehmen müssen (sog. „Body-Kultur“). Um unser Beispiel zu Ende zu führen: der CEO hat nach der erfolgreichen Restrukturierung sein Ausscheiden aus dem Unternehmen verkündet und hervorgehoben, dass er sich selbst um die nächste Restrukturierungs-Baustelle kümmern wird und das Unternehmen nach der Sanierung nun einen Manager-Typus benötigt, der für die Organisation das erforderliche Wachstum sichern kann. Wenn wir dieses Beispiel aufgreifen und diese Gedanken einen Schritt zurückgehen, dann kommen wir auf ein zentrales Problem im Rahmen von Change Management zu sprechen: den heutigen Karrieremodellen in den Unternehmen.

Zulassen von Durchlässigkeit in der Wirtschaft: Management als Profession

Aus unserer Sicht besteht das Problem der gängigen Karrieremodelle in den Unternehmen in dem Umstand, dass es faktisch nur eine Richtung gibt: nach oben. Nehmen wir an, eine Führungskraft hat den Weg nach oben geschafft. Was tut sie dann? Sie versucht – und diese Beobachtung ist in jeglichen Organisationen vorzufinden – auf Teufel komm raus sich auf ihrer Position zu halten. Das ist einfach so. Sich aus einer Vorstands- und Geschäftsführungsrolle in den Aufsichts- oder Verwaltungsrat hineinzuentwickeln wäre sicherlich recht bequem und ein weiterer gängiger Ansatz in der unternehmerischen Praxis. Das wäre jedoch kein Maßstab für Good Corporate Governance. Folglich beharren viele Manager und Führungskräfte auf ihren Positionen und entwickeln dort eine Art „Sitzleder“. Wir wollen an dieser Stelle niemanden aus der Öffentlichkeit zu nahe treten. Es lassen sich sicherlich in der heutigen Praxis eine Reihe von Managern finden, die zuliebe ihres eigenen Images und der Errungenschaften in der Vergangenheit hätten schon längst abtreten sollen. Sie haben jedoch den Absprung verpasst (vgl. weitergehend hierzu Sattelberger 2012, S. 61).

Ohne Zweifel wäre die oben skizzierte Argumentation zu kurz gegriffen, würde man nun nicht auf einen weiteren entscheidenden Punkt in diesen Zusammenhang hinweisen. Aus unserer Sicht bedarf es in der Gesellschaft und Wirtschaft deutlich mehr Durchlässigkeit. Management – und wir sprechen hier bewusst ausschließlich Vorstands- und Geschäftsführungsmitglieder an – soll und muss als Profession und nicht als Funktion wahrgenommen werden (vgl. hierzu auch Malik 2006, S. 60 f.). Damit wären auch bestimmte Kompetenzen verbunden. Um also den oben skizzierten Effekt des Sitzleders und der damit verbundenen Absicherungskultur zu vermeiden, bedarf es zwischen den Unternehmen mehr Durchlässigkeit unter dem Management. Wir wollen also auf den Gedanken hinaus, dass Change Management nicht nur ein unternehmensinternes Thema ist, sondern vielmehr ein wirtschaftsweites Feld. Die Wirtschaft muss, um insgesamt wettbewerbsfähig zu bleiben, ihre Rahmenbedingungen für das Top-Management so verändern, dass ein Wechsel der handelnden Personen zwischen den Organisationen und damit in der gesamten Wirtschaft vereinfacht und als normal angesehen wird. So ist es zum Beispiel in den USA, gerade in der Internet-Branche, durchaus gängig, von einem Unternehmen zum anderen zu wechseln. Hier ist die Durchgängigkeit enorm. In Deutschland hingegen ist eine hohe Fluktuationsquote ein eher negativ besetztes Zeichen für ein Unternehmen und deren Belegschaft. So sehr wir bemüht sind, den Containerbegriff „Kultur“ zu vermeiden, so passend erscheint er uns an dieser Stelle.

Nun ist es sicherlich so, dass man innerhalb von sechs Monaten wenig in einem Unternehmen, insbesondere in Konzernstrukturen, bewegen kann. Das dürfte allen Beteiligten klar sein. Klar ist aber auch, dass man durchaus in einem Zyklus von drei bis fünf Jahren signifikante Entwicklungen vorantreiben kann. Die Instrumente in den Unternehmen hierzu liegen heute bereits vor. Und zwar in Form der Vorstandsverträge, die heute im Allgemeinen ohnehin zwischen drei und fünf Jahre laufen, sowie Zielvereinbarungen („Management by Objectives“, MbO). Wir kommen abschließend auf den zentralen Punkt unserer These zurück: die Vorstands- und Geschäftsführungsmitglieder verlassen von sich aus die Organisationen nicht, wenn sie sehen, dass sie fehl am Platz sind. Der Grund hierfür liegt in der fehlenden Durchlässigkeit in der deutschen Gesellschaft und Wirtschaft. Zu groß ist der aus ihrer Sicht damit verbundene Image- und Gesichtsverlust. Ein zutiefst bedauerlicher Aspekt, wenn man sich vor Augen führt, welche schwerwiegenden Konsequenzen dies in vielen Fällen für die Belegschaft und deren Familien nach sich ziehen kann.

3.2 Baustelle Personalabteilung: Weg von der Support-Funktion hin zu unternehmerischer Personalentwicklung

Im Rahmen von Change Management steht in den Unternehmen der Faktor Mensch und dessen Qualität für permanente Veränderungen im Zentrum der Betrachtung (Change Readiness). Wenn wir uns schon mit „Strategic Change“ befassen wollen, dann möchten wir es an dieser Stelle nicht versäumen, mit Ihnen unsere grundlegenden Gedanken zum Personalmanagement in den Organisationen zu diskutieren.

Die Personalabteilung: Ein ignorierter oder degradierter Schlüsselbereich?

Um es kurz zu machen: die ganze Art und Weise, wie heute Personalentwicklung und -politik in vielen Unternehmen betrieben wird, muss auf den Prüfstand gestellt werden. Wir wollen wieder den Aspekt aufgreifen, wie und welche Personen in die Unternehmenspyramide hoch gespült werden. Wenn Unternehmen weg von Change Management als Kriseninstrument und hin zu strategischer Organisationsentwicklung kommen wollen, dann müssen sie genau hier mit dem Umbau ihrer Unternehmen beginnen. Zunächst einmal sollte man einmal genauer hinblicken, welche Personen heute die Personalabteilungen anführen. Wie können Sie ein wirksames Personalmanagement über sämtliche Funktions- und Hierarchiebereiche erwarten, wenn Sie in diesem Schlüsselbereich selbst kaum über wirksames Personal und Strukturen verfügen? Bevor wir uns also an die Veränderung von Fachbereichen und deren Führungskräfte und Menschen machen, sollten wir also erst einmal die Personalabteilung verändern und vor allen Dingen strategisch aufwerten.

Die Personalabteilung benötigt unserer Auffassung nach, ebenso wie das Top-Management, die fähigsten Menschen. Und zwar diejenigen, die eine klare Sicht auf die wichtigen Themen in ihren Unternehmen haben, das Branchenumfeld verinnerlicht haben, in dem ihr Unternehmen operiert, und vor allem jene, die schon einmal selbst für ein Geschäftsfeld verantwortlich gezeichnet haben (vgl. auch Iskan 2013, S. 30 f.; Iskan und D'Incá 2014, S. 14). An Diagnoseinstrumente zur Identifizierung von Personal, Führungskräftenachwuchs etc. fehlt es, gerade in den Großbetrieben, nicht mehr. Hier sind bereits vielfältige Werkzeuge im Einsatz.

Die Profile heutiger Personaldirektoren: Eine strategische Fehlbesetzung?

Die Personalabteilungen sind allerdings immer noch vordergründig verwaltungsorientiert, nicht unternehmerisch aktiv – falls das überhaupt vom Top-Management gewollt ist – und haben häufig keinen Blick für Talent Management. Das behaupten sie zwar von sich und das steht auch meist so in den Lehrbüchern, aber von den handelnden Personen sitzen hier unserer Auffassung nach häufig die völlig falschen Führungskräfte. Lassen Sie uns kurz einen Blick auf das gängige Profil der Führungskräfte im Bereich Personalmanagement und Personalentwicklung blicken. Meist handelt es sich um einen Personenkreis, der über eine ausgezeichnete Ausbildung im Bereich Personal, Psychologie, Sozialwissenschaften etc. durchlaufen hat. Wenn Sie Change Management jedoch als strategische Organisationsentwicklung verankern wollen, dann dürfen hier keine reinen Personaler mehr auf den Führungspositionen sitzen. In Frage kommt hier nur noch ein Personenkreis, der sich aus Ihrer Sicht auch für einen CEO-Posten eignen würde (vgl. auch Iskan 2013, S. 30 f.). Unserem Anspruch nach also Personen, die unternehmerisch denken. Das ist ein völlig anderer Ansatz von Personalmanagement. Wenn das umgesetzt wird, also ein Kultur- und Bewusstseinswandel im Top-Management und im Bereich Personalmanagement eingeleitet ist, dann wird sich diese Veränderung unmittelbar in Ihrer Aufbauorganisation spürbar machen. Die angesprochenen Diagnoseinstrumente, die heute überdreht im Einsatz sind, können Sie von uns aus auch weiterhin einsetzen. Darum geht es uns überhaupt nicht.

Es geht vielmehr darum, Personalentwicklung anders zu betreiben. Blicken wir einmal in gängige deutsche Konzernstrukturen. Hier gibt es seit langem die sog. LFK- und OFK-Kultur (Leitende und Obere Führungskräfte). Dieses stark hierarchisch geprägte System führt dazu, dass Mitarbeiter in der Führungslaufbahn theoretisch immer nur dann die nächste Position erklimmen, wenn eine entsprechende Stelle auch frei wird. Und genau diesen „Match" zwischen Talenten und freien Führungsstellen hinzubekommen, dürfte kaum ein Konzern schaffen. Vermutlich ist auch hier der Grund zu sehen, weshalb in diesen Organisationen im Laufe der Jahre immer mehr der guten und fähigen Mitarbeiter die

Unternehmen verlassen. Auf der Strecke bleibt meist derjenige Typus von Manager, der bereit ist auch einmal ein Risiko einzugehen und die Mentalität aufweist, in einem Quartal etwas zu investieren und zwar losgelöst davon, was der Kapitalmarkt und die Börse von ihm erwarten. Doch genau diese Personen, die unternehmerisch unterwegs sind, müsste die Personalentwicklung in den Konzernen gezielt suchen und im Unternehmen fördern.

Die Praxis sieht freilich anders aus. Getreu dem Motto „Gleiches zieht Gleiches an" wird von dem Controlling-geprägten Manager-Typus auch ein Personenkreis hochgezogen, der über ähnliche „Tugenden" verfügt. Unserer Auffassung nach werden sich die Organisationen mit analytisch guten Leuten auf den Schlüsselpositionen nur zu Tode analysieren. Ihre Unternehmen nach vorne entwickeln, das werden sie kaum mit diesem Führungspersonal. Gerne lassen wir uns jedoch eines Besseren belehren. Ein derartig geprägter Personenkreis überkommt nicht den Widerstand in Change-Prozessen. Nein, dieser erzeugt ihn! Das können wir aus einer Reihe von Projekten bestätigen. Diese Personen werden in Analysen eingebunden. Sie erklären auch immer vorbildlich, warum die geplanten bzw. eingeleiteten Veränderungen notwendig sind. Ihre Argumentation ist aber immer nur auf Zahlen, Daten, Fakten orientiert. Den Enthusiasmus, den die Unternehmen heute dringend benötigen, den bekommt ein solcher Führungskräfte-Typus oftmals nicht hin. Also die Verbindung von Person und Sache und damit das Runterbrechen der Problemstellung bzw. Veränderung auf den einzelnen Mitarbeiter (vgl. auch Kap. 1.1).

Genau an diesem Punkt und zwar der Schnittstelle zwischen Manager-Dasein und Unternehmertum sehen wir heutzutage einen Nachholbedarf in den Unternehmen und damit in der Personalentwicklung. Wie kriegen Sie die Quartalsergebnisse hin und sind zugleich visionär und unternehmerisch tätig? Wie können Sie die Notwendigkeit, ein Geschäftsmodell verändern und neu aufsetzen zu müssen, antizipieren? Das sind wichtige Fragen, die ein neues kulturelles Umfeld und einen neuen Typus von Manager in Konzernen hervorbringen würde. Das bedeutet zeitgleich auch, dass dieser neue Typus von Manager eine weitere Eigenschaft benötigt: Stressfreiheit. Und zwar dahingehend, dass man auch einmal ohne externen und internen Ergebnisdruck zwei, drei Quartale gehen kann.

3.3 Change Leadership „leben": Das Top-Management als Visionär statt Missionar des Changes

Wir wollen nun einigen aus unserer Sicht zentralen Eigenschaften auf der Management-Ebene nachgehen, welche die Erfolgschancen von Change-Initiativen erhöhen dürften. Etwaigen Kritikern wollen wir vorweg den Wind aus den Segeln nehmen. Die nachfolgende Skizze ist rein subjektiv und leitet sich aus unseren praktischen Erfahrungen ab. Sie beruht daher nicht auf einem erschöpfenden Studienvergleich und kann daher auch nicht als vollständig betrachtet werden – falls eine solche Eigenschaften-Liste das überhaupt für sich beanspruchen könnte.

Was unterscheidet einen „echten" Change Leader von einem Manager „alter Prägung"?

In gewohnter Manier wollen wir auch zu Beginn dieses Kapitel klar Position beziehen. Manager, die nur verwalten, was ihnen als Aufgabe angetragen wurde, sind schlichtweg in unseren Augen keine Leader. Leadership hat für uns eine ganze Menge mit Phantasie zu tun. Der Manager „alter Prägung" bewahrt einfach nur das Erreichte. Der Change Leader, nach unserer Definition, hingegen ist permanent am Erneuern und gibt seiner Mannschaft Denkanstöße, wie man etwas anders gestalten kann. Während der Manager „alter Prägung" also Ziele übernimmt, diese nach einem technokratischen Plan abarbeitet und rein die Vernunft auf Basis von „Zahlen, Daten, Fakten" (ZDF) anspricht, macht sich der Change Leader die Zielsetzungen zu eigen, folgt einem klaren Zielbild und inspiriert seine Umgebung für seine Aufgabenstellung. Was seine Legitimation anbelangt, stützt sich der Manager „alter Prägung" rein auf das formale System, Status und Machtsymbole. Der Manager „alter Prägung" ist also respektiert, weil er der Vorsitzende per definitionem ist. Der Change Leader hingegen wird bewundert und baut bewusst auf das Vertrauen der Menschen, die ihn umgeben. Darüber freut er sich. Er bekennt öffentlich, dass er mit Emotionen spielt und Gefühle zulässt. Während der Manager „alter Prägung" über eine durchaus professionelle Überzeugungskraft verfügt, arbeiter ein „echter" Change Leader mit emotionaler Begeisterung. Er hat eine klare Vorstellung von dem, was morgen und übermorgen in seinem Unternehmen passieren soll. Und genau hierauf arbeitet er mit allen Mitteln hin und versucht möglichst viele seiner Führungskräfte und Mitarbeiter auf seine Reise mitzunehmen.

Seine Reise wird dann erfolgreich verlaufen, wenn vier persönliche Grundkomponenten stimmen: 1) Fleiß, 2) grenzenlose Leistungs- und Leidensbereitschaft, 3) Enthusiasmus und Begeisterungsfähigkeit sowie 4) Kommunikationsfähigkeiten. Für seine Mitarbeiter auf dieser Reise ist wichtig, dass sie – wie an verschiedenen Stellen dieses Buches noch herauszuarbeiten sein wird – eine „echte" Perspektive aufgezeigt bekommen und für ihre Mühen Wertschätzung und eine „faire" Entlohnung erfahren.

Wir dürfen zu Recht sagen: wir haben einige Persönlichkeiten auf den Vorstandsetagen kennenlernen und mit ihnen arbeiten dürfen. Doch die Mehrheit unter ihnen sind keine Leader im beschriebenen Sinne. Sie sind Manager „alter Prägung". Weshalb? Sie bringen sich nicht mit der geforderten intrinsischen Motivation und emotionalen Leidenschaft in ihren Job ein (vgl. speziell Kap. 4). Wenn Sie in Ihrem Unternehmen etwas entscheidend nach vorne entwickeln wollen, müssen Sie Ihrem Unternehmen ein „Gesicht" geben. Mit den Managern „alter Prägung" oder wie wir es bereits in den vorherigen Abschnitten beschrieben haben, den Controlling-lastigen Managern dürfte das kaum zu schaffen sein. „Leidenschaft" und „Vorleben" werden hier zu entscheidenen Komponenten. Wenn Sie Leidenschaft vorleben wollen, dann brauchen wir uns selbstredend auch nicht über einen „Nine-to-five-Job" unterhalten. Vorleben ist mit „Signale setzen" zu vergleichen. Hierzu folgendes Beispiel:

Der Leiter einer Polizeistation hat einmal seinem Team gesagt: „Wenn ihr abends nach Hause geht, dann stellt ihr zukünftig bitte die Fahrzeuge nicht mehr bei uns auf den Hof. Ihr werdet die Autos mit System am Ortseingang und am Marktplatz abstellen.“ In diesem Ort standen dann abends entsprechend immer unbemannt die Polizeifahrzeuge. Wenn man abends in den Ort eingefahren ist, waren die Polizeiautos das erste, was man in dem Ort wahrgenommen hat. Was signalisiert das? Es signalisiert ganz klar: „Hier herrscht Ordnung“. Wenn Sie also Recht und Ordnung haben wollen, dann zeigen Sie es. Leben Sie es vor! Analog funktioniert es im Unternehmen. Ein echter Change Leader hat sich nicht wie der Manager „alter Prägung“ in die „Vorstandskantine“ zu setzen. Es sei denn er hat spezifische Termine. Nein, er holt sich sein Essen mit dem Tablett, geht zu einem Tisch und fragt, ob er sich dazu setzen darf. Was passiert dann? Er kriegt hautnah mit, über was sich seine Mitarbeiter unterhalten und bekommt ein Gefühl dafür, was die Menschen in seinem Umfeld treibt. Dann kann er auch sagen: „Leute, wir müssen…!“ Und genau hier sind wir beim Aspekt menschennahe Change-Kommunikation aus dem einleitenden Kapitel angelangt.

Eigenschaft 1: Menschen „lieben“ und Freude daran haben, sie zu entwickeln

Ein Change Leader hat zunächst eine gewisse „Liebe“ für Menschen! Wir können das behaupten, weil wir durchaus auch extreme Gegenbeispiele in unserer Laufbahn erlebt haben. Manager „alter Prägung“, die herumposaunen, zu was sie denn alles im Stande wären, wenn nicht diese „unfähigen“ Menschen um sie herum wären. Führungskräfte, die nichts anderes können, als Menschen niederzuschreien und sich auf dem Rücken anderer zu optimieren. Leadership kann man durchaus lernen. Allerdings auch nur dann, wenn bestimmte Grundbedingungen vorhanden sind. Und genau diese sind nach unserer Überzeugung nicht genetisch vorgegeben und können auch nicht in elitären Business Schools „erworben“ werden. Sie werden unseren sensiblen Beobachtungen nach allein durch das Elternhaus mitgegeben und geprägt. So mag es beispielsweise Elternhäuser geben, die ihre Kinder kaum um ihre eigene Meinung fragen, bevormunden und jeglichen Konflikten aus dem Weg gehen. Was passiert folglich im weiteren Entwicklungsprozess? Die Kinder trauen sich nicht mehr etwas offen zu sagen. Sämtliche Kreativität geht verloren. Das kann sich bis in die betriebliche Laufbahn später durchziehen. Das dürften Sie kaum noch korrigieren können und falls doch, dann mit einem erheblichen Aufwand. Auch eine negative Grundhaltung im Elternhaus prägt Kinder mit. Wie oft hört man, dass zu Hause negativ über andere Menschen gesprochen wird? Der Nachbar stört. Der Chef und Kollege nervt. Alles scheint zu stören. So eine Haltung darf es in Elternhäusern vor Kindern nicht geben. Das prägt Kinder.

Noch einmal: Change Leader müssen eine „Liebe“ für Menschen haben. Sie müssen eine maximale Freude daran haben, sich und andere Menschen zu entwickeln. Coaching nimmt hier eine besondere Rolle im privaten wie auch im beruflichen Umfeld ein. Wie oft haben wir uns schon in Gesprächen mit Nachwuchsführungskräften auf die Frage, was sie denn zu Führungskräften befähige, anhören müssen: „Ich bin motiviert und unheimlich stark im Delegieren und Koordinieren." Sehen Sie es uns an dieser Stelle nach. Das hören wir andauernd und können die Personen, die das von sich behaupten, kaum mehr voneinander unterscheiden. Wenn Sie schon unbedingt koordinieren wollen, dann übernehmen Sie das Vorzimmer. Hier haben Sie den ganzen Tag Gestaltungsmöglichkeiten zum Koordinieren. Machen Sie sich einmal bewusst den Spaß und hören Sie sich die Argumentationen in diesem Zusammenhang in den Unternehmen auf den Millimeter genau an. Sie werden erstaunt sein, wie selten Sie Menschen antreffen werden, die sagen: „Ich übernehme gerne unternehmerische Verantwortung, ich bin stark im „Aushalten" und es bereitet mir eine maximale Freude, Menschen in meinem Umfeld zu entwickeln!"

Eigenschaft 2: Leidenschaft für das eigene Geschäft entfalten

Hierauf aufsetzend muss es folglich eine zweite zentrale Leadership-Eigenschaft sein, seine Leidenschaft für das eigene Geschäft, die Kunden, die Mitarbeiter und Produkte zu leben. Offen gesprochen kommt uns diese Einstellung völlig banal vor, da wir genau dies in unseren Gesprächen mit Unternehmenslenkern immer als Voraussetzung betrachtet hatten. Häufig wurden wir in diesen Gesprächen jedoch eines Besseren gelehrt.

Überzeugt sind wir jedoch mittlerweile, dass man „Passion for the Business" innerhalb einer Organisation trainieren kann. Mitarbeiter und Führungskräfte müssen gleichermaßen über die Hintergründe des Geschäfts, die strategischen Absichten, die ein Kunde mit dem Geschäft verbindet, verdeutlicht werden. Wir wollen uns hier, damit kein Missverständnis aufkommt, nicht für das Ausplaudern von strategisch notwendigen Restrukturierungsdetails in der Planungsphase aussprechen. Dies würde, wenn noch keine konkreten Schritte und Maßnahmen spruchreif wären, eher zu noch mehr Verunsicherung führen und die Organisation ggf. lähmen. Es geht vielmehr darum, die Menschen in den Organisationen an der unternehmerischen Entwicklung teilhaben zu lassen und sie über strategische Ausrichtungen etc. informiert zu halten. Nicht selten erleben wir Fälle, in denen Key Account Manager von ihren Kunden in Verhandlungsgesprächen gefragt werden, wo sich ihr Unternehmen strategisch hin entwickeln möchte. Wer sich gerade noch an einen Artikel eines CEOs oder Geschäftsführers in der Presse mit einigen Sätzen rund um Vision und Strategie erinnern kann, kommt vielleicht gerade noch so aus der kniffligen Nummer heraus. Bitter wird es hingegen, wenn in Verhandlungsrunden, an denen der CEO teilnimmt, er selbst nicht in kurzen Worten die strategische Ausrichtung erläutern kann. Kunden, so unsere Erfahrung, sind im Falle enger Partnerschaften heute durchaus ernsthaft daran interessiert, die Strategie ihrer Lieferanten und Dienstleister zu verstehen. Nicht selten sind diese sogar dazu bereit, konform der Ausrichtung ihrer Partner entsprechende Leistungspakete zu vergeben.

Also: je mehr ein Mitarbeiter die unternehmensinternen wie -externen Zusammenhänge versteht, desto leidenschaftlicher kann er sich in sein Geschäft, sein Unternehmen, seine Kunden und Produkte hineinversetzen. Das gleiche gilt im Übrigen auch im Profi-Fußball. Umso eher es einem Trainer und der Führungsetage gelingt, den Spielern zu verdeutlichen, für wen sie spielen, wie wichtig dieser Sport für viele Menschen im Leben ist und wie wichtig das für sie ist, welche Resultate die Spieler auf dem Rasen erzielen, desto mehr bekommt man das Spieler-Personal dazu, dass sie nicht nur ihren Arbeitsvertrag abwickeln, sondern mit mehr Leidenschaft ihrem Auftrag nachgehen. Es muss ein Überzeugungsprozess gefahren werden. Was heißt das jetzt konkret für Sie, Ihre Führungskräfte und Mitarbeiter? Das Wichtigste in diesem Zusammenhang ist, dass Sie das vorleben, was Sie von Ihren Mitarbeitern einfordern. Wenn Sie selbst schon einen lustlosen Eindruck verbreiten, dann können Sie auch nicht von Ihren Mitarbeitern verlangen, dass sie sich an einem Thema festbeißen. So einfach ist das. Das Thema „Vorleben" und „Vorbildsein" zieht sich durch die ganze Change-Leadership-Thematik durch. Damit verbunden ist das Thema „Mut". Es ist ein sehr heikles Thema. Weshalb? Mut wird zwar vielerorts immer wieder gefordert. Wenn Sie schon Mut in Ihren Unternehmen einfordern, dann müssen Sie gleichzeitig Ihren Führungskräften und Mitarbeitern zugestehen, dass sie Fehler machen dürfen. Wenn in einem Unternehmen jedoch eine Unternehmenskultur gelebt wird, die Fehler nicht zulässt oder sofort mit der Höchststrafe belegt, wird dieses Unternehmen keine mutigen Menschen hervorbringen (vgl. auch Iskan und D'Incá 2013, S. 12).

Eigenschaft 3: Den Puls am Markt haben und den latenten Bedarf des Marktes kennen

Eine dritte Eigenschaft, um überhaupt Entwicklungen auf den Märkten wahrnehmen und damit selbst Veränderungen anstoßen zu können, ist es, dass das Top-Management selbst den Puls am Markt hat. Womit lässt sich das exemplarisch begründen? Das sieht man in gewissen Branchen, in denen man zu den Top 3 dazugehören und Veränderungen mitbestimmen muss, um nicht abgehangen und zu „Getriebenen" zu werden. Als Branchenbeispiele können die Smartphone-Industrie oder auch gegenwärtig der Automotive-Sektor herangezogen werden. Wir wollen uns in diesem Zusammenhang gerne aus Kap. 1.3 wiederholen: Verspätung kann nicht oder nur noch sehr spezifisch aufgeholt werden. Wenn Sie also als CEO oder Geschäftsführer unterwegs sind, sollten Sie so oft wie möglich die Nähe zu Ihren Kunden suchen. Sie und nicht nur Ihre Vertriebsmitarbeiter müssen Ihre Kunden kennen. Es reicht einfach nicht aus, dass Sie die Besuchsberichte Ihres Flächenvertriebs oder Key Account Managements lesen. Sie in Persona müssen wissen und verinnerlicht haben, was die aktuellen Beweggründe Ihrer Kunden sind. Damit nicht genug. Sie müssen verstehen, was Ihr Kunde wiederum mit seinen Kunden plant und was das wiederum für Sie, Ihr Unternehmen und Ihr Geschäftsmodell bedeuten könnte. Hier sind wir wieder bei der Fähigkeit des „Antizipierens" angekommen. Jeder Top-Manager muss sich aus unserer Sicht monatlich so viele Kundentermine wie möglich in seinen Kalender schreiben. Und zwar nicht nur „Vorstands-besuche". Nur so wissen Sie, was „draußen" abläuft.

Das höchste, was Sie mit Ihrem Unternehmen und Ihrer Belegschaft erreichen können, ist natürlich den Trend selbst vorzugeben und nicht den Marktentwicklungen hinterherzulaufen. Dazu bedarf es allerdings, dass Sie selbst Ihre Branche, in der Sie unterwegs sind, die technologischen sowie organisationalen Möglichkeiten aus dem Effeff verstehen und kennen. Wenn Sie hierfür einen „Stab an Strategen" benötigen, der Ihnen im Rahmen Ihrer Planungsprozesse die Trends in „epischen Folienschlachten" erklären muss, haben Sie persönlich wie auch Ihre Organisation ohnehin ein grundsätzlich „anderes" Thema. Sie als CEO müssen wissen, wo die Menschen, die Ihre Branche ausmachen, hintendieren. Es gilt also herauszufinden, wo der latente Bedarf Ihres Marktes liegt. Das dürfte im Übrigen für jede Branche gelten. Von daher gilt es, innovativer zu sein als vom Kunden eigentlich erwartet. Wenn man davon ausgeht, dass jedes Unternehmen um seine Kunden kämpft, wird in unseren Augen dasjenige als Sieger hervorgehen, das am meisten Überraschungspotenzial besitzt. Also seine Kunden positiv überraschen kann. Kunden erwarten von ihren Dienstleistern und Partnern aktives Mitdenken und kein passive Auftragsabarbeitung.

Eigenschaft 4: Operative Strategie-Kompetenz besitzen

Allein den Puls am Markt zu haben, würde vermutlich nicht ausreichen, um Veränderungen selbst mitbestimmen zu können. Ergänzt werden muss diese Eigenschaft um die Kompetenz, strategische Muster im Markt erkennen zu können und sich darauf aufsetzend immer wieder selbstkritisch zu hinterfragen: „Was bedeutet diese Entwicklung in Zukunft für unser eigenes Geschäftsmodell?" Wir wollen in diesem Zusammenhang von Strategie-Kompetenz sprechen, wobei es durchaus keine Strategien wie früher sind. Strategien waren in der Vergangenheit langfristig ausgelegt. Strategie-Kompetenz nach unserer Auffassung wäre vielmehr eine operative Ausrichtung der Strategie hin zur Taktik. Also operative Strategie. Auf dieser Basis mit Verzahnung zur eigenen operativen Geschäftstätigkeit müssen Geschäftsmodelle permanent und vollständig überdacht werden. Hier stehen Fragen wie etwa: „Welches Gewinnmodell setzen wir zukünftig an? Mit welchem Ressourcenmodell wollen wir unsere Leistungen zukünftig erbringen?" Manager und Geschäftsführer dürften an dieser Stelle durchaus zustimmen, dass der reine Verkauf eines Produktes heute nur noch eingeschränkt zum Erfolg führen dürfte. Vielmehr sind heute intelligente Leasing-, Pricing- und Yield-Ansätze gefragt, um auch kurzfristig auf Markt- und Kapazitätsschwankungen reagieren zu können. Als Beispiel kann das Car-Sharing-Modell in der Automobilindustrie herangezogen werden. Dieses Geschäftsmodell wird zunehmend auch von den Automobilherstellern selbst als ergänzende Leistung erkannt und stetig ausgebaut (vgl. hierzu exemplarisch Handelsblatt online 2015). Die Kenntnis über alternative Gewinn- und Ressourcenmodelle gehört heute zum Strategie-Handwerk dazu und hierfür braucht es eine breitere Sicht.

Eigenschaft 5: Eine Kultur des permanenten Revolutionierens schaffen

Mit dem vorliegenden Buch wollen wir Change Management wegführen von der „Bekämpfung" krisenhafter Erscheinungen und damit dem Verständnis vom Reagieren auf bereits eingetroffene Veränderungen. Vielmeht steht „Veränderungsmentalität" und die damit einhergehende Handlungsbereitschaft in den Unternehmen als neuer kritischer Erfolgsfaktor im Vordergrund (vgl. Staudt 2014, S. 705). Bezogen auf die Eigenschaften auf der Chef-Etage bedeutet dies, dass es schlicht nicht mehr um die Realisierung von Transformationen über einen exakt abgesteckten Zeitraum geht. Zu stark ist heute im Management noch die Überzeugung ausgeprägt: „Jetzt transformieren wir die Organisation mit unserem Projektplan über ein Jahr durch und dann ist auch mal wieder gut für die nächsten fünf Jahre." Genau diese Einstellung hat mit „Strategic Change" wenig zu tun. Vielmehr ist die Kompetenz gefragt, eine Organisation kontinuierlich auf Trab zu halten und in diesem Rahmen die gesamte Mitarbeiter- und Führungsmannschaft zusammenzuhalten.

Und genau in diesem Punkt unterscheiden sich Manager und Unternehmer voneinander. Unternehmer zu sein, bedeutet heute wie am Meer eine Sandburg zu bauen. Am Vormittag bauen Sie diese Burg, am Abend kommt die Flut und die Burg ist weg. Und dann müssen Sie die Burg von neuem bauen und zwar jeden Tag. Das gilt für Unternehmer in klein- und mittelständisch geprägten Organisationen genauso wie für die Geschäftsführung in Konzernen. Die Organisation auf Trab zu halten, bedeutet jedoch auch, den Führungskräften und Mitarbeitern Sicherheit zu vermitteln und zwar Sicherheit dahingehend, dass Veränderungen heute normale Begleiterscheinungen im privaten wie auch im professionellen Umfeld sind. Es geht vielmehr darum, den Weg aufzuzeigen und der Organisation gegenüber zu vermitteln, dass man heute zum Beispiel im Key Account Management in der Vertriebsorganisation tätig ist und sich auf der nächsten Position an einem anderen Standort in einem völlig anderen Funktionsbereich wie der Produktion wiederfindet. Diese Ausrichtung und Zielbilder vorzugeben und gleichzeitig den Zusammenhalt in der Organisation zu fördern, das sind die Kompetenzen, die es in den Unternehmen heute auf den Top-Management-Positionen braucht.

Wie erzeugt man nun eine lebens- und wandelfähige Unternehmung? Das ist, wie u. a. auch das Kapitel von Heiner Reiners noch zeigen wird, in erster Linie eine Informations- und Kommunikationsaufgabe. Sie müssen also Ihrer Führungsmannschaft und den Mitarbeitern zunächst einmal „ungeschönt" verdeutlichen, in welcher Situation sich Ihr Unternehmen befindet und welche Auswirkungen es haben könnte, wenn man schlichtweg einfach nichts verändert. Erst dadurch erzeugen Sie einen wirklichen Leidensdruck. Es gibt natürlich auch Situationen, in denen man keinen Leidensdruck erzeugen muss. Weshalb? Er ist einfach schon da. In der Gestalt von Umsatzrückgang, Marktanteilsverlusten, Qualitätsproblemen oder rückläufige Profitabilität. Hier sind Sie bereits zum Handeln gezwungen. Eine wandelnde Organisation hat immer etwas mit den Faktoren „Mensch", „Prozesse" und „Kommunikation" zu tun. Wie bekommen Sie eine Organisation für Change begeistert, wenn der Leidensdruck eben noch nicht so deutlich spürbar ist? In diesem Falle bleibt häufig nur noch eine Möglichkeit: Benchmarking. Sie müssen sich mit anderen vergleichen. Das kann intern oder extern geschehen. Sie müssen Ihrer Mannschaft deutlich vor Augen führen, dass die Welt, in der sie alle leben, in einem fundamentalen Wandel steckt. Diese These müssen Sie an handfesten Beispielen konkretisieren. Das können Sie auch sehr subtil gestalten, indem Sie auf Ihren Mitarbeiterveranstaltungen und Führungskräftetagungen immer wieder „Grenzgänger" einladen. Also Menschen, wie zum Beispiel Einhand-Weltumsegler, die persönlich extreme Wagnisse eingegangen sind. Sie müssen Ihren Mitarbeitern vorhalten, dass das Ihre Idealvorstellung vom Leben ist. Eben neue Grenzen auszuloten und Dinge in Angriff zu nehmen, von denen die Mehrheit von Beginn an sagen würde: „Das kann nicht funktionieren." Mit Druck allein könnten Sie zwar viel erzeugen, doch das dürfte sich recht schnell abnutzen. Druck können Sie nicht über vier, fünf Jahre hinweg aufrechterhalten. Sie werden allenfalls Ihre Mannschaft und einzelne Menschen verschleißen. Werden Sie sich mit Ihrer Mannschaft daher bewusst, dass sie in einem unaufhörlichen, radikalen Veränderungsprozess stecken. Irgendwann wird sich der Zeitpunkt einstellen, wo Ihre Mitarbeiter sagen werden: „Alles verändert sich um uns herum. Nur wir tun nichts. Das wird böse enden!"

Eigenschaft 6: Und wenn Sie als „harter Hund" einmal nicht weiter wissen? Sagen Sie es!

Es mag Manager geben, denen eilt intern oder auch in der Öffentlichkeit der Ruf eines „harten Hundes" voraus. Schlimm? Wir meinen: nein. Gerade in der Sache erwarten wir von Managern und Führungskräften über sämtliche Hierarchieebenen die notwendige Härte. Aber: Diese Härte in der Sache muss gepaart sein mit Menschlichkeit, Fairness, Ehrlichkeit und authentischer, direkter Kommunikation (vgl. auch Karaca und Iskan in Kap. 5). Dann passt auch das Image des „harten Hundes". Und wenn Sie als „harter Hund" einmal in der Sache nicht weiter wissen? Dann sagen Sie es Ihrem direktem Führungsumfeld und Ihrem Stab. Wenn Sie das nicht tun, wird Sie das unweigerlich einholen. Ihr unmittelbares Umfeld hat ein feines Gespür dafür, wenn und wann es mit Ihnen bergabwärts gehen wird. Sagen Sie ruhig: „Ladies and Gentlemen, wir haben unser Bestes getan und navigieren jetzt auf Sicht." Rufen Sie Ihre engste Führungsmannschaft und Mitarbeiter-Experten ein und entwickeln Sie gemeinsam Ansätze und Ideen. Wir geben gerne zu, dass die Ansprüche an Change Leadership hoch sind. Doch wenn Sie diesen Ansatz nicht wagen, kann es recht schnell zum Vertrauensbruch gegenüber dem engsten Umfeld und Ihren Shareholdern kommen.

Eigenschaft 7: Engagiert und nicht nur regelkonform sein – Das „Staffelrennen"

Wir erwarten Menschen in Gesellschaft und Unternehmungen, die sich für ihre Themen „zerreißen" und engagiert und nicht nur „regelkonform" sind. Was heißt das für Sie als Manager und Führungskraft? Das bedeutet, dass Sie sich kümmern. Und zwar nicht nur darum, dass Sie Ihren Umsatz oder wie es so schön heißt „profitables Wachstum“ sichern. Natürlich müssen ökonomische Ziele mit der entsprechenden Verantwortung um Ressourcen, Menschen und der gebotenen Nachhaltigkeit ihres Geschäftes verbunden sein. Sie müssen Ihr Unternehmen wie einen Staffellauf sehen. Als Manager übernehmen Sie das Staffelholz zu Beginn Ihrer Amtszeit. Ihre Aufgabe ist es dann, das Staffelholz an Ihren Nachfolger zu übergeben. Und zwar in einer besseren Position als Sie es vorher übernommen haben. Das ist Ihre Strategic-Change-Aufgabe! Nichts anderes.

Ein Manager „alter Prägung“ muss daher sein Unternehmen so führen und gestalten als wäre es sein eigenes Unternehmen. Das muss der Maßstab des Handelns werden. Unternehmertum muss entsprechend auch von den Führungskräften und Mitarbeitern abgefordert werden. „Kümmern“ wird dann zum „Coaching“. Sie müssen bei den Mitarbeitern das Gefühl wecken, dass sie alle mitverantwortlich für die Entwicklung des Unternehmens sind. Also auf der einen Seite Führungsverantwortung einfordern und auf der anderen Seite gleichzeitig die Incentive Systems entsprechend ausrichten. Wenn letzteres nicht mit verändert wird, wird alles andere vergebene Liebesmühe sein. Zugegeben: es ist nicht einfach, einen passenden Mix aus strukturorientierten Incentive Systemen und Unternehmermodell zu finden. Ein Ansatz wäre beispielsweise interne „Lieferanten-Kunden-Beziehungen“ deutlicher zu verankern. Um auf den Manager „alter Prägung“ noch einmal zurückzukommen. Der Change, also die Wandlung vom „nüchternen“ Manager zum Unternehmer und Change Leader, muss zunächst bei einem selbst beginnen. Es ist doch etwas enorm Positives nach außen hin zeigen zu können, dass man selbst als Mensch von dem Change nicht außen vor ist. Also selbstkritisch sein und erst einmal bei sich selber mit der Veränderung anfangen. Das sind die richtigen Signale, die man zu Beginn seiner Strategic-Change-Projekte setzen muss.

Literatur

Drucker, P., et al. (2008). *The five most important questions you will ever ask about your organization* (3rd ed.). San Francisco: Jossey-Bass.

Handelsblatt online. (2015). Daimler wagt sich mit Car2Go nach China. http://www.handelsblatt.com/unternehmen/industrie/carsharing-angebot-daimler-wagt-sich-mit-car2go-nach-china/11204874.html. Zugegriffen: 22. Jan. 2015.

Iskan, S. (2013). „Wir brauchen wieder mehr Macher“: ITZ im Interview mit Prof. Stefan Iskan. *International Transport Journal (ITZ)*, (41/42), 30–31.

Iskan, S. (2015a). Türkiye’de Lojistik ve Otomotiv Yeni Bir Bakis. *KargoHaber*, (1), 6.

Iskan, S. (2015b). „Man muss das Gesamtbild sehen“: GTAI im Interview mit Prof. Stefan Iskan. *Germany Trade and Invest (Markets)*, (3), 29.

Iskan, S., & D’Incá, J. (2013). Mitarbeiter stärker einbinden. *Deutsche Verkehrs-Zeitung (DVZ)*, (53), 12.

Iskan, S., & D’Incá, J. (2014). Personal ist eine zentrale Aufgabe des Managements. *Deutsche Verkehrs-Zeitung (DVZ)*, (77), 14.

Malik, F. (2006). *Führen, Leisten, Leben: Wirksames Management für eine neue Zeit*. Frankfurt. a. M.: Campus.

Sattelberger, T. (2012). Für eine neue Leistungskultur: Thomas Sattelberger über die Herrschaft der Mittelmässigen. *Manager Magazin*, (11/12), 61.

Staudt, E. (2014). Veränderungsbereitschaft als „kritischer Erfolgsfaktor" – auch bei der Führung von Familienunternehmen. In B. Dauner-Lieb & G. Freudenberg (Hrsg.), *Familienunternehmen im Fokus von Wirtschaft und Wissenschaft: Festschrift für Mark K. Binz* (S. 704–706). München: C. H. Beck.

Prof. Dr. rer. pol. Stefan Iskan hat die Professur für Logistik und Wirtschaftsinformatik, inbes. Supply Chain Management und E-Business, im Fachbereich Dienstleistungen und Consulting an der University of Applied Sciences Ludwigshafen am Rhein inne. Der Hochschulprofessor ist Autor zahlreicher Veröffentlichungen, Top-Management- und Führungskräfte-Begleiter wie auch Academic Advisor der führenden türkischen Automotive und Logistik-Mediengruppe AYSBERG mit Sitz in Istanbul. Der promovierte Wirtschaftspädagoge war zuvor für den Deutsche Bahn-Konzern (DB Schenker) in verschiedenen vorstandsnahen Funktionen aktiv, u.a. in der Konzernleitung der DB ML AG in Berlin und Istanbul sowie als Leiter Strategische Projekte & Business Development einer der Direct Reports zum Vorstand Landtransport der Schenker AG in Essen. Zu seinen weiteren beruflichen Stationen zählen die Deutsche Post Consult GmbH und Daimler AG. Zusammen mit seinem Partner, Erwin Staudt, begleitet er Führungskräfte aus der Automotive Industrie und Logistik in Deutschland und in der Türkei, insbes. in strategischen Fragestellungen, Organisationsentwicklung, Change Management sowie Industrialisierung der Aufbau- und Ablauforganisation. Für seine akademischen Leistungen wurde er bereits ausgezeichnet.

Erwin Staudt ist Partner bei der Managementberatung Iskan Advice mit Sitz in Stuttgart-Sindelfingen, Präsident des Business Club Stuttgart sowie Ehrenpräsident des VFB Stuttgart. Der Diplom-Volkswirt hatte zuvor 30 Jahre in verschiedenen nationalen und internationalen Management-Positionen bei der IBM verbracht, in die er 1973 eingetreten ist. Zuletzt als Vorsitzender der Geschäftsführung der IBM Deutschland GmbH. Von 2003 bis 2011 war der ehemalige Top-Manager der erste hauptamtliche Präsident des VFB Stuttgart. 2010 wurde er zudem in den Aufsichtsrat der Deutschen Fußball-Liga (DFL) gewählt. Neben seiner Management-Consulting- und Trainings-Arbeit hat er verschiedene Aufsichtsrats- und Beiratsfunktionen inne. Er zählt zu den Vordenkern der New Economy und ist zusammen mit Bundeskanzler a. D. Gerhard Schröder Gründer der Initiative D21, einer Partnerschaft von rund 300 privaten und öffentlichen Institutionen mit dem Ziel, den Wandel Deutschlands von der Industrie- zur Informationsgesellschaft zu beschleunigen.

„Emotionalität" – die neue Anforderung an Change Leader: Oder warum die „deutsche Sachlichkeit" im Change fehl am Platz ist

4

Jochen Rotthaus und Stefan Iskan

Wir wollen uns nun ganz gezielt dem Aspekt der „Emotionalität" im Change widmen. Weshalb? Die deutsche Tugend „Sachlichkeit" vor „Emotionalität" halten wir, gerade was die Beziehung zwischen Management, Führungskräften und ihren Mitarbeitern anbelangt, für grundsätzlich überdenkenswert und insbesondere in Veränderungsprozessen für nicht zielführend. Führung und zwischenmenschliche Interaktion sind immer emotionsbehaftet. Aufsetzen wollen wir unser Kapitel am Beispiel des Profi-Fußballs.

4.1 Das Fußball-Business: Das Geschäft mit und um Emotionen

Beginnen wir zunächst mit einer ersten Frage, die sich auch Manager fragen, wenn sie ihre Geschäftsmodelle hinterfragen. Was ist das Produkt, das in der Fußball-Bundesliga verkauft wird? Das Kernprodukt ist jedes Wochenende 90 min Wettbewerb gepaart mit großen Gefühlen. Es ist ein Business mit und um Emotionen. Emotionen sind hier tragende Säulen des Geschäfts. Aus Sicht der Vereine werden hier in Verbindung mit Liebe zu einem Verein und einer Mannschaft Emotionalität und große Gefühle verkauft. Und genau mit diesen Merkmalen werden Anspruchsgruppen bedient, um sie an einen Verein zu binden.

J. Rotthaus (✉)
DEG Eishockey GmbH, Düsseldorf, Deutschland
E-Mail: jochenrotthaus@yahoo.de

S. Iskan
University of Applied Sciences Ludwigshafen am Rhein, Deutschland
E-Mail: stefan.iskan@hs-lu.de

S. Iskan, E. Staudt (Hrsg.), *Strategic Change,* DOI 10.1007/978-3-658-03287-6_4

Die „Sehnsucht nach Glücksmomenten": Was Unternehmen vom Fußball lernen können

Eines vorab: wir sind Verfechter eines emotional geprägten Führungsstils. Doch glauben wir, dass ein eher emotionaler Führungsstil mit Schwerpunkten zu versehen ist. Zu unterscheiden wäre, mit welchem Grad an Emotionalität eine Fußball-Mannschaft, die Spieler und letztlich auch eine Geschäftsstelle, also die Verwaltung, zu führen sind. Das gleiche können Sie jetzt analog auf die Beziehung Top-Manager und Direct Reports sowie Direct Reports und Teamleiter sowie in letzter Stufe auf die Teamleiter und Mitarbeiter herunterbrechen. Zu unterscheiden wären dann auch in Analogie zu unserem Eingangsstatement die Beziehungen im Headquarter und in den produzierenden Einheiten, da Sie es hier vermutlich mit unterschiedlichen Qualifikationen zu tun haben dürften.

Um zunächst beim Fußball-Bild zu bleiben. Gerade in diesem Bereich haben wir das Glück, beim Fußball über Sehnsucht nach Erfolgserlebnissen zu sprechen und mit genau dieser Sehnsucht nach Glücksmomenten argumentieren zu können. Fußball kocht in vielen Bereichen mit Rezepten, aber ohne Zutaten. Man fängt am ersten Spieltag an und man weiß nicht, wo man am 34. Bundesliga-Spieltag steht. Hier herrscht eine sehr hohe Wettbewerbsintensität mit offenem Ausgang. Wir können hier auch von einem bedingten Glücksspiel unter freiem Himmel sprechen. Vermutlich macht gerade das den Reiz dieser Branche aus – in Kombination mit Anekdoten, die man sich über Jahrzehnte erzählt und Ereignisfeldern, die immer wieder extrem irrationalen Charakter haben.

Die Fußball-Bundesliga ist ein Business-Sektor, die dem deutschen Finanzministerium jährlich ca. 1,5 Mrd. EUR an Steuern und Abgaben einbringen dürfte (vgl. DFL Deutsche Fußball Liga GmbH 2010). Im Gegensatz zu Industrie und Handel steht hier kein Geschäftsfeld mit wiederkehrenden Prozessen dahinter. Genau das ist jedoch in produzierenden Unternehmen anders: vorne Input und hinten berechneter Output in Form von fertigen Produkten. Wir wollen dies nun zunächst mit einem Automobilhersteller vergleichen. Im Rahmen des Produktionsprozesses werden immer wieder Erfolgssituationen erzeugt. Zum Beispiel wurde im Fertigfahrzeugbereich die komplette Neufahrzeugverladung auf Lkws oder Bahnwaggons ohne Felgenbeschädigung abgewickelt oder eine Modellreihe über Jahre hinweg ohne Rückrufaktionen gefahren. Die Frage, die sich hier stellt ist: was gibt das einem Mitarbeiter?

Beim Fußball ist das eben nicht nur volatil, sondern der Ausgang ist Woche für Woche ungewiss und bis auf wenige Fußballvereine, wie etwa Bayern München, wenig berechenbar. Am Ende des Tages will ein Fan, dass seine Mannschaft gewinnt. Und wenn sie das schafft, ist das ein unbeschreibliches Glücksgefühl. Wenn die „eigene" Mannschaft jedoch verliert, ist das für viele Menschen ein negatives Ereignis gepaart mit Trauer- und Frustgefühlen. Aber die Fans sagen sich: „Ich möchte dieses Gefühl nicht mehr. Nächste Woche will ich (wieder) auf der Sieger-Seite stehen." Was passiert? Sie kommen wieder in die Stadien – lassen wir in vielen Bereichen einmal den Entertainment- und Komfortfaktor außen vor. Feinheiten kommen hinzu, wenn man in einem Derby zum Beispiel einen Stadtrivalen besiegt. Das sind spezielle emotionale Ausschläge, die man selten in der Industrie am Arbeitsplatz bekommt. Die eine Fangemeinde eines Vereins bekommt aufgrund der Vereinsanhängerschaft jahrelang das gute Gefühl. Andere wiederum sind leidensfähig.

Und genau diese Emotionalität ist ein enorm wichtiges Thema auch in der Führung in Unternehmen, gerade in Veränderungsprozessen: „Gute Gefühle" und „Leidensfähigkeit" zu bedienen und aufzugreifen. Das ist hier die Aufgabe der Change Leader und damit des Top-Managements und seiner Führungsmannschaft.

Der emotionale Führungsstil: Das Missverständnis um die „deutsche Sachlichkeit"

Wir haben bislang von Sachlichkeit als einer „deutschen Tugend" gesprochen (vgl. hierzu auch Iskan 2011, S. 110; Barmeyer 2001, S. 228; Brück 2001, S. 150; Demangeat und Molz 2007, S. 30 f.; Schroll-Machl 2007, S. 76 f.). Also das häufig postulierte Prinzip des Ausblendes von Emotionalität. Wollen wir Sachlichkeit als eine positive Eigenschaft herausstellen, dann verstehen wir hierunter Professionalität – eben jedoch nicht im Blick auf Ausblenden von Emotionen. Vielmehr verstehen wir hierunter Strukturen, die das Arbeiten in Organisationen ermöglichen. Das gilt genauso für das Fußball-Business. Gerade hier ist man als Verein heute aufgrund des wirtschaftlichen Druckes gezwungen, das emotionale Produkt Fußball trotz seiner sehr hohen Irrationalität in eine professionelle, durchstrukturierte Vereinsform zu gießen. Beispielhaft seien hier das Ticketing, ein vernünftiges Controlling-System oder auch das Lizenzierungsformat mit den entsprechenden Auflagen und Formalia (Statuten) zu nennen. Im Fußball wird sich genauso wie in den klassischen Wirtschaftsbetrieben mit Einnahmen- und Ausgabenströmen beschäftigt. Eine Bundesliga-Saison muss letztlich auch monetär in der Planung erfasst und budgetiert werden. Die breite Öffentlichkeit genauso wie die Führungskräfte und Mitarbeiter eines Unternehmens wünschen sich einen professionell und gut geführten Verein. Doch die Fans wollen nicht nur ein solide gestaltetes Vereinswesen, sondern Emotionalität, an den Wochenenden Punkte auf dem Rasen ergattern, Tore schießen und Spieler-Typen in der Mannschaft haben, die faszinieren. Genau an letzterem fehlt es oftmals, zumindest unserer Beobachtung zufolge, auf vielen Management- und Führungsebenen. Die Menschen in den Unternehmen sehnen sich genauso wie im Fußball nach Glücksmomenten und Perspektiven. Das ist Aufgabe des Managements und der gesamten Führung. Und das hat mit reiner „deutscher Sachlichkeit" nur noch wenig zu tun.

4.2 Grenzenlose Leistungs- und Leidensbereitschaft: Über das „Aushalten" im Change

Unsere Einstellung, die wir auch von Dritten erwarten: alles für den Kunden, alles für den Partner, alles für die Mitarbeiter gepaart mit einer extrem hohen Leidenschaft, Loyalität und professionellen, strukturierten Herangehensweise. Das hat selbstredend auch unmittelbar etwas mit „Aushalten können" zu tun. Greifen wir erneut das Fußball-Bild auf. Viele Mannschaften haben über eine Bundesliga-Saison hinweg einen wahnsinnigen Zickzack-Kurs hinter sich. Und genau das müssen Sie im Management auch gegenüber Ihren Stakeholdern verkaufen und erklären.

Gerade das fortwährende „Erklären" ist hier eine Daueraufgabe. Diese Fähigkeit braucht es auch in den Organisationen in (bei, während) Veränderungsprozessen. Die Stakeholder fragen sich hier permanent: „Was ist jetzt? Warum ist das so? Was macht ihr jetzt dagegen?" In den Unternehmen brauchen Sie einen Anker in Form von Zeithorizonten. Im Fußball-Geschäft ist das deutlich anspruchsvoller. Es gibt kaum verlässliche Größen. Unsicherheit müssen Sie im Management aushalten können. Und das bezieht sich nicht nur auf sportlich ausbleibende Erfolgsmomente, sondern auch auf strategische Ansätze, neue Produkte und Kampagnen, die Sie zwar geplant haben, aber aufgrund der sportlichen Misserfolgswelle nicht fahren können.

Wie geht man im Managemet eines Bundesliga-Vereins mit schlechten Tabellenplätzen um? Die gleiche Frage dürften Sie sich auch als Führungskraft und Manager in Ihren Betrieben stellen. Aushalten kommt vor allen Dingen immer dann zum Tragen, wenn sportliche Talfahrten drohen oder schon existieren. Im Fußball werden beispielhaft bei einem Abstieg aus der ersten in die zweite Bundesliga allein die Fernsehgelder um ca. 50 % gekürzt. Hinzu kommen Imageschaden, Reputationsverlust, Spielerabgänge, der Absprung finanzstarker Sponsoring-Partner und ein Rückgang der Zuschauerzahlen im Stadion. All das sind ökonomische Größen. Gleichzeitig wird zur Vermeidung des Abstiegs auf Maßnahmen zurückgegriffen, die man sonst im Regelbetrieb nicht ergreifen würde. Analog verhält es sich in krisenbehafteten Unternehmen auch. Das müssen Sie als Führungskraft aushalten können und zugleich Ihrer Mannschaft vermitteln können, dass Sie jederzeit noch das Zepter in der Hand halten. Das wird gerade im Management und in der Verwaltung immer schwieriger, wenn die Mannschaft auf dem Rasen ihr Kerngeschäft nicht mehr gut abbildet. Die Medien und Presse fangen an zu schreiben, dass die Mannschaft „blutleer" ist und nicht mehr kämpft. Das müssen Sie im Management aushalten und gleichzeitig Zuversicht vermitteln. Sie müssen vorangehen und mit stolzer Brust verkünden, dass Sie immer noch das Positive sehen. Die Sorgen sind im Verein genauso wie im Betrieb gegeben und das erzeugt eine angespannte Atmosphäre – überall. Im Verein sitzt die Geschäftsstelle wie auch die Mannschaft auf dem Platz im gleichen Boot. Mit einem Unterschied: es rudern nur 11 Mann auf dem Platz und die sind verantwortlich für die Zukunft der gesamten Belegschaft in der Geschäftsstelle. Es ist eine nervliche Belastungssituation, wenn die Geschäftsstelle sieht, dass diese 11 Mann falsch rudern. Eingreifen können Sie nicht.

„Aushalten" kommt also immer dann zum Tragen, wenn man eine private wie auch, um im Fußball-Bild zu bleiben, eine sportliche Talfahrt durchlebt. Was heißt das für den Menschen hinter dem Manager und der Führungskraft? „Aushalten können" bedeutet viele schlaflose Nächte und große Frustration. Im stillen Kämmerlein können und dürfen Sie auch frustriert und traurig sein. Alles andere wäre kaum noch menschlich. Aber von Natur aus müssen Sie positiv geeicht sein, andernfalls werden Sie es nicht schaffen, mit breiter Brust vorneweg zu laufen und authentisch Ihre Mannschaft mitzureißen. Resignation darf nicht nach außen hin gezeigt werden. Immer und immer wieder Freude und Zuversichtlichkeit ausstrahlen. Wenn Sie keine menschliche Reaktion und kein Lächeln mehr übrig haben, ist ohnehin das Spiel schon vorbei.

4.3 „Strategic Change": Auf dem Gipfel des Erfolgs und des emotionalen Befindens bewusst verändern

Change steht nach unserem Verständnis für „Raus aus der Komfortzone". Das bedeutet für erwachsene Menschen, Gelerntes zu verlassen und Gelerntes umzulernen. Neulernen ist vermutlich leichter als Umlernen, sodass genau dieser Punkt eine herausfordernde Begleiterscheinung und gleichzeitig Risikopotenzial von Veränderungsprozessen ist. Change-Prozesse werden nur dann erfolgreich verlaufen können, wenn jeder einzelne bereit sein wird, sich zu entwickeln (Change Readiness). Voraussetzung hierfür ist allerdings immer und immer wieder transparent zu erklären und für jeden einzelnen nachvollziehbar zu machen, weshalb eine Veränderung notwendig ist. Und genau diese Change-Kompetenz muss erlernt werden!

Wir wollen an dieser Stelle eine provokante Frage stellen. Warum verändern wir uns als Menschen im privaten wie auch in den Unternehmen immer nur erst dann, wenn es schon schlecht läuft? Auf dem Gipfel des Erfolges und damit des emotionalen Befindens von Managern, Führungskräften und Mitarbeitern muss über Veränderungsszenarios nachgedacht und Maßnahmen eingeleitet werden. Und da ist es wieder unser Schlagwort „Emotionalität". Genau, auf dem Höhepunkt der positiven erlebten Momente muss Change eingeleitet werden und nicht auf der Talfahrt oder schon auf dem halben Weg in den Abgrund. Warum fangen Sie in diesen Momenten nicht an, darüber nachzudenken, was zu verändern und zu verbessern wäre? Weshalb werden immer wieder Optimierungs- und Veränderungsprojekte gefahren, wenn es Menschen und Unternehmen schon spürbar schlecht geht?

Warum beginnt man eine Change-Reise nicht auf dem wirtschaftlichen und emotionalen Höhepunkt mit der Frage: „Alles ist gerade gut. Doch was muss passieren, damit es schlechter wird und wie können wir uns davor bewahren?" Gerade im Erfolgsmoment muss man womöglich den größten Schnitt machen. Im Erfolg begehen viele Personen und Organisationen womöglich ihre größten Fehler. Stattdessen müssen Sie zwanghaft irrationale Campagnen und groteske Maßnahmen einleiten, wenn es schlecht läuft. Alle Menschen tun das. In der Ehe, wenn sie an Gewicht zunehmen. Das scheint menschlich zu sein. Scheinbar muss unmissverständlich darauf hingewiesen werden, dass es gerade schlecht läuft oder man muss so dermaßen einen vor den eigenen Bug geschossen bekommen, dass man merkt und spürt, dass sich jetzt etwas ändern muss. Das ist doch verrückt! Man muss sich und die Mannschaft verpflichten nach dem Motto: Wir machen jetzt einen gemeinsamen Szenario-Workshop. Ihre Leute werden sagen: „Warum, es läuft doch gerade?" Ja, genau deswegen! Wir fragen uns, was kann uns jetzt passieren? Wir spielen jetzt einmal am Beispiel des Fußballs durch, was passiert, wenn 20 Sponsoren abspringen?

Genau wenn diese Situation eintrifft, sind Sie unvorbereitet und wissen nicht mehr, wie Sie diese Situation gedreht bekommen.

Wie baut man nun eine erfolgreiche Mannschaft für einen „Strategic Change"?

Grundsätzlich müsste man, wenn man zunächst auf unser Fußball-Bild zurückgreifen will, zwischen dem Team einer Fußball-Bundesliga-Mannschaft und dem Team hinter der Mannschaft trennen, die auf dem Platz steht. Analog verhält es sich in Unternehmen. Wenn Sie es übertragen wollen, dann entsprechend mit dem Top-Management, der Verwaltung und den Operations. Wir wollen uns an dieser Stelle einigen aus unserer Sicht erfolgsträchtigen Merkmalen für das Management und die Verwaltung widmen.

Zum einen braucht man unserer Ansicht nach vor allen Dingen Menschen mit Leidenschaft, Commitment und die begeisterungsfähig sind. Wenn diesen Menschen dann auch noch bewusst ist, dass ihre individuellen Fähig- und Fertigkeiten für den Gesamterfolg einer Organisation im Zusammenspiel mit ihren Kolleginnen und Kollegen – also den übrigen Input-Faktoren – wichtig sind, dürfte das schon die halbe Miete sein. Oder anders ausgedrückt: egoistische Zielverfolgung ist in gewisser Dosis durchaus in Ordnung und kann Leistung erzeugen. Dies kann allerdings sehr schnell kontraproduktiv werden, wenn hierdurch der Wille der restlichen Teammitglieder zur Leistungserbringung zum Erliegen gebracht wird. Wir wollen daher von einer teamorientierten Leistungsgemeinschaft sprechen. Nicht Gesellschaft, sondern Gemeinschaft.

Sie brauchen aus unserer Warte darüber hinaus eine Reihe von jungen Menschen, die bereit sind, für sich und Sie Risiko einzugehen und Risiko tragen wollen. Genau jenen müssen Sie als Change Leader das Maximum an Vertrauen und Rückendeckung geben. Erst wenn Sie diese Leute an das Ruder lassen, zum Beispiel als Führungskraft oder Projekt-Manager, kriegen Sie Ihre Veränderungen realisiert. Warum? Weil genau diese hungrigen jungen Menschen Ihre Veränderungsprozesse mit Konsequenz vorantreiben werden und wissen, dass sie kaum etwas zu verlieren haben. Jene sind so gut ausgebildet, dass Sie im Worst Case auch von anderen Unternehmen mit „Handkuss" genommen werden. Jungen Menschen Vertrauen geben, hierarchiefrei führen und den Mut als Führungskraft haben, nicht in Assessment Centern den letzten Seelen-Keller rauszufinden. Diesen Mut in Kombination mit einem entsprechenden Bauchgefühl muss man erst einmal haben. Glauben Sie uns: Sie werden von jungen, erfolgshungrigen Menschen reich beschenkt. Natürlich gibt es auch faule Äpfel. Aber das ist normal. Gerade auf den Chef-Etagen. Und für diesen müssen Sie auch noch den finalen „Handshake" vergolden (vgl. ausführlich auch Iskan 2013, S. 30 f.).

4.4 Zum Abschluss: Wenn Sie intrinsische Motivation und maximale Freude an Ihrer Arbeit am Leben hält

Aus unserer Warte muss also in den Unternehmen deutlich mehr mit den Elementen „Sehnsucht" und „emotionaler Leidenschaft" in den Organisationen gearbeitet werden. Manager und Führungskräfte müssen zunächst Vorbild sein. Und zwar nicht, weil man eine hohe Fachkompetenz besitzt, sondern eine authentische Leidenschaft entwickelt und sie zeigt. Unsere Stärke war und ist es immer schon gewesen, dass unsere Kollegen und Kunden immer gemerkt haben, dass wir übertrieben für unsere Themen brennen und wir eine ausgesprochen auch nach außen sichtbare Loyalität zu unserem Arbeitsumfeld und zu den Gesellschaftern haben.

Loyalität und ethische Überzeugungen nicht nur sich selbst gegenüber, sondern auch gegenüber dem nahen Umfeld. Das bedeutet für Sie als Manager und Führungskraft sich auch einmal einzugestehen, dass man in einigen Bereichen Mitarbeiter benötigt, die deutlich besser sind als Sie selbst. Sie brauchen also Menschen um sich heum, die fachlich auf einem extrem hohen Niveau agieren. Aber am Ende des Tages sind Sie hier der Chef und müssen den Überblick behalten, dass sich Ihre Mannschaft nicht verrennt. Ihre Aufgabe ist es, Leitplanken und Zielbilder zu setzen und zu wecken. Führen, Heranführen und kollegiales Coaching ist Ihre Aufgabe (vgl. ausführlich zum Coaching auch Iskan 2011). Über diese Einstellung gibt man Mentalitäten und Vorgaben weiter. Nur starke Persönlichkeiten und starke Charaktere können loben und Dritte neben sich erdulden und gönnen. Doch in den Betrieben sehen wir viele schwache Persönlichkeiten auf den Vorstands- und Führungsebenen. Sie haben Angst, wollen andere kleinhalten und Entwicklungen verhindern. Freuen Sie sich doch als Führungskraft, wenn Sie jemanden entwickelt haben und der heute in der Zeitung steht! Ähnliches können Sie auch im Fußball-Business sehen. Es gibt Trainer, die können es irgendwann nicht mehr ertragen, dass gewisse Spieler mehr in der Presse erwähnt werden als sie selbst. Es ist spannend zu sehen, wie diese Personen damit umgehen.

In unserer Gesellschaft und in der Geschäftswelt herrschen jedoch heute Schachspielen und Neid vor. Das Optimieren zu Lasten anderer darf es aus unseren Augen nicht geben. Wir können durchaus von uns behaupten, unsere Karrieren *nicht* auf dem Rücken anderer gemacht zu haben. Weshalb? Andere Personen interessieren uns schlichtweg nicht. Wir beschäftigen uns nicht damit, weil wir ein Maximum an Vertrauen in unsere eigene Leistungsfähigkeit und die hierfür notwendigen Business-Soft-Skills besitzen. Wir sind aufgrund unserer Mentalität so stark in unsere Produkte und Arbeit verliebt, die unter Umständen sogar schon zu Lasten der zitierten „deutschen Sachlichkeit" gehen. Zugegeben: wir sind womöglich nicht die geborenen, kühlen Controller. Aber: jeder emotionale, extrovertierte Mensch kann bis zu einem gewissen Grad Analyse lernen. Umgekehrt wird es vermutlich sehr anspruchsvoll, einen Ingenieur oder introvertierten Controller zu einem charismatischen Change Leader zu entwicklen. Hier braucht es also eine ausgewogene Mischung im Führungsteam (vgl. ausführlich Kap. 3).

Weitere elementare Eigenschaften sind aus unserer Sicht „Integrität“ und „Durchschaubarkeit“. Unterlassen Sie es, mit Informationen etc. zu kokettieren. Von diesem Typus Führungskraft gibt es bereits eine Vielzahl. Es bedarf keiner weiteren. Ein Top-Manager oder Business-Unit-Leiter hat theoretisch allein durch seine Funktion enorme Gestaltungsmöglichkeiten. Das Wort „Macht“ wollen wir hier vermeiden. Was diese Person aber noch mehr auszeichnen könnte, ist, wenn sie auch eine menschlich, emotionale Seite genauso professionell im Unternehmen leben würde. Wir sind Verfechter des Prinzips „in der Sache hart, aber menschlich fair“. Das ist enorm wichtig. Unterbinden Sie diese permanenten Machtkämpfe und Grabenkriege. Die Menschen in Ihren Organisationen sind es leid und haben es satt. Stattdessen bedarf es Nahbarkeit. Es ist enorm wichtig, heutzutage Vertrauen aufbauen zu können und Glaubwürdigkeit auszustrahlen. Verlässlichkeit geht damit einher. Es gibt in den Unternehmen nichts Schlimmeres in der Beziehung zwischen Führungskraft und Mitarbeiter, wenn die Führungskraft fast täglich seine Meinung ändert. An einem Abend „High Five“ und am nächsten Morgen den Ordner vor den Mitarbeiter schmeißen.

Auch neidfrei zu sein, ist eine wesentliche Eigenschaft. Wir sind so erzogen worden. Das ist die Ausrichtung unseres Wesens. Wir sind uns durchaus bewusst, dass dies in dieser Form nicht jedem zufliegt. Wir fragen uns nicht, „was bekomme ich für meine Arbeit oder warum hat der oder jener mehr als wir?“ Wir haben immer eine maximale Freude an unserer Aufgabe. Das hält uns am Leben! Und genau diese Eigenschaften beobachten wir bei vielen Leistungsträgern in den Organisationen. Wir sind intrinsisich gesteuert. Das wollen wir gerne weitergeben und das war und ist unser Erfolgsrezept. Dieses Schachbrettspielen von sog. „Neidkollen“ lehnen wir mit aller Deutlichkeit ab.

Anzustreben ist in Fußball wie auch in den Unternehmen, dass Mitarbeiter in den einzelnen Phasen einer Organisation eine maximal mögliche Zufriedenheitsbilanz auf Zeit ziehen können. Und genau hierauf sollten Sie mit Ihrem Management-Team hinarbeiten.

Literatur

Barmeyer, C. I. (2001). Kulturelle Lernstile: Erfahrungslernen und Bildungssysteme in Frankreich und Deutschland. In J. Bolten & D. Schröter (Hrsg.), *Im Netzwerk interkulturellen Handelns: Theoretische und praktische Perspektiven der interkulturellen Kommunikationsforschung* (S. 155–173). Sternenfels: Wissenschaft & Praxis.

Brück, F. (2001). Kulturunterschiede im deutschsprachigen Europa: Kulturvergleich Deutschland-Österreich-Schweiz. In G. Fink & S. Meierewert (Hrsg.), *Interkulturelles Management: Österreichische Perspektiven* (S. 143–165). Wien: Springer.

Demangeat, I., & Molz, M. (2007). Frankreich. In A. Thomas, S. Kammhuber, & S. Schroll-Machl (Hrsg.), Handbuch Interkulturelle Kompetenz und Kooperation (Bd. 2.: Länder, Kulturen und interkulturelle Berufstätigkeit. 2., durchgesehene Aufl., S. 24–52). Göttingen: Vandenhoeck & Ruprecht.

DFL Deutsche Fußball Liga GmbH. (2010). Wirtschaftsfaktor Bundesliga: Die volkswirtschaftliche Bedeutung des professionellen Fußballs in Deutschland. Zusammenfassung einer Studie von McKinsey & Company Inc. https://www.bundesliga.de/…/dfl_bl_studie_mckinsey_gesamt_final.pdf. Zugegriffen: 30. Mai 2015.

Iskan, S. (2011). *E-Coaching in transnationalen Arbeitsgruppen: Wirkfaktoren und didaktisch-methodische Gestaltungsansätze – Dargestellt am Beispiel einer deutsch-türkischen und deutsch-französischen Arbeitsgruppe bei einem integrierten Logistikdienstleister*. Hamburg: Dr. Kovac.
Iskan, S. (2013). Wir brauchen wieder mehr Macher. *International Transport Journal (ITZ), 41/42*, 30–31
Schroll-Machl, S. (2007). Deutschland. In A. Thomas, S. Kammhuber, & S. Schroll-Machl (Hrsg.), *Handbuch Interkulturelle Kompetenz und Kooperation* (Bd. 2: Länder, Kulturen und interkulturelle Berufstätigkeit. 2., durchgesehene Aufl., S. 72–89). Göttingen: Vandenhoeck & Ruprecht.

Jochen Rotthaus gilt als einer der renommiertesten Marketing-Experten im deutschen Profisport und trägt heute als Geschäftsführer die Verantwortung für die DEG Eishockey GmbH. Der Diplom-Kaufmann war am Anfang seiner Laufbahn bei der Bavaria Film Gruppe beschäftigt und zuletzt Mitglied der Geschäftsleitung. 2003 wechselte er in die Fußball-Bundesliga und war dort Geschäftsführer der VFB Stuttgart Marketing GmbH. Zwischen 2006 und 2014 leitete er als Geschäftsführer die TSG 1899 Hoffenheim Fußball-Spielbetriebs GmbH.

Prof. Dr. rer. pol. Stefan Iskan hat die Professur für Logistik und Wirtschaftsinformatik, inbes. Supply Chain Management und E-Business, im Fachbereich Dienstleistungen und Consulting an der University of Applied Sciences Ludwigshafen am Rhein inne. Der Hochschulprofessor ist Autor zahlreicher Veröffentlichungen, Top-Management- und Führungskräfte-Begleiter wie auch Academic Advisor der führenden türkischen Automotive und Logistik-Mediengruppe AYSBERG mit Sitz in Istanbul. Der promovierte Wirtschaftspädagoge war zuvor für den Deutsche Bahn-Konzern (DB Schenker) in verschiedenen vorstandsnahen Funktionen aktiv, u.a. in der Konzernleitung der DB ML AG in Berlin und Istanbul sowie als Leiter Strategische Projekte & Business Development einer der Direct Reports zum Vorstand Landtransport der Schenker AG in Essen. Zu seinen weiteren beruflichen Stationen zählen die Deutsche Post Consult GmbH und Daimler AG. Zusammen mit seinem Partner, Erwin Staudt, begleitet er Führungskräfte aus der Automotive Industrie und Logistik in Deutschland und in der Türkei, insbes. in strategischen Fragestellungen, Organisationsentwicklung, Change Management sowie Industrialisierung der Aufbau- und Ablauforganisation. Für seine akademischen Leistungen wurde er bereits ausgezeichnet.

Identifizieren, isolieren, eliminieren: Oder wie geht man mit Widerstand um?

5

Güray Karaca und Stefan Iskan

Aufsetzend auf den Ausführungen zum Feld der „Emotionalität“ wollen wir uns folgerichtig in dem vorliegenden Kapitel mit Widerständen in Change-Projekten auseinandersetzen. Wir dürfen durchaus behaupten, hier schon einiges gesehen und persönlich miterlebt zu haben. Auch wurden wir schon von Vorständen als „Kanonenfutter“ an die betrieblichen Frontlinien geschickt. Dies hat unseren Blick auf Change Management und Widerstand in Konzernorganisationen nur noch geschärft. Von daher sind wir dankbar für diese Erfahrungen. Der Umgang mit Widerstand ist aus unseren Augen eine grundsätzliche Prinzipienfrage. Hier geht es, gerade wenn Sie als CEO, Geschäftsführer oder Projekt-Manager in der Verantwortung stehen, auch darum, Ihrem eigenen Image innerhalb Ihres Unternehmens bzw. im Markt gerecht zu werden. Andernfalls schaden Sie nur sich selbst in Persona, Ihrem Unternehmen bzw. Ihrem Auftraggeber.

G. Karaca (✉)
Kerkhoff Cost Engineering GmbH, Düsseldorf, Deutschland
E-Mail: g.karaca@kerkhoff-consulting.com

S. Iskan
University of Applied Sciences Ludwigshafen am Rhein, Deutschland
E-Mail: stefan.iskan@hs-lu.de

S. Iskan, E. Staudt (Hrsg.), *Strategic Change,* DOI 10.1007/978-3-658-03287-6_5

5.1 Zu Beginn: Über das Finden von Lösungen nach dem Prinzip des geringsten Widerstands

Stellen Sie sich folgende Ausgangssituation vor: Sie werden als interner Projektleiter oder externer Consultant von Ihrer Geschäftsleitung an die Organisationsfront geschickt. An die Front zu Managern und Führungskräften, die absolut nicht in dem Projekt mitmachen wollen. Wie gehen Sie damit um? Aus unserer Warte gibt es hier nur zwei Optionen:

Entweder Sie „dealen" mit den betroffenen Führungskräften vor Ort und sagen: „Passt auf, wir müssen hier für euren Chef gemeinsam etwas abliefern. Wir können das jetzt gegeneinander oder miteinander machen. Ich bin bereit für Kompromisse." Das Ergebnis: Sie haben bereits Kompromisse in der Lösung. Wir wollen Ihnen an dieser Stelle die „Win-Win-Option" überhaupt nicht madig machen. Im Gegenteil: Sie sollen Ihr „Win-Win" auch bekommen. Aber eben als Ergebnis und nicht als Einstiegsmaßgabe zu Beginn eines Projektes. Das Finden von Lösungen nach dem Prinzip des geringsten Widerstands lehnen wir kategorisch ab und überlassen das gerne anderen. Ihre Handlungsmaxime muss hingegen von Beginn an sein: das Maximum an Erreichbarem und an positiven Veränderungsmöglichkeiten für Ihr Unternehmen herauszuholen und intern wie extern abzufordern. Alles andere hätte unserer Auffassung nach nur noch wenig mit Unternehmertum zu tun. Im Übrigen ist das genau die Einstellung, die wir täglich in den Einkaufsverhandlungen der Industrie mit ihren Materiallieferanten wie auch Logistikdienstleistern beobachten. Von „Win-Win" ist hier zu Beginn der Verhandlung und Ausschreibungen kaum etwas zu sehen. Als Ergebnis indes mitunter schon. Von daher glauben wir auch nicht an den „Win-Win"-Blümchenansatz.

Gegen die Manager und Führungskräfte vor Ort alleine anzugehen, erscheint ebenso wenig zielführend. Weshalb? Sie erhalten die besten Lösungen für Unternehmen, wenn Sie diese vor Ort auch mit den Führungskräften und Mitarbeitern erarbeitet und diskutiert haben. Das geht in der vorliegenden Ausgangsbeschreibung jedoch auch nicht. Was also tun? Packen Sie Ihre Sachen zusammen, gehen Sie zurück zu Ihrem Auftraggeber und sagen Sie unmissverständlich: „Passen Sie auf, in Ihrer Organisation ist keine Bereitschaft da, Ihr Thema zu diskutieren. Lösen Sie das Thema erst einmal oder ich mache den Auftrag nicht. Punkt". Das ist eine absolute Prinzipienfrage, in der es vor allen Dingen darum geht, dass Sie Ihrem eigenen Image im Unternehmen bzw. in der Öffentlichkeit gerecht werden. Andernfalls werden Sie sich keinen Gefallen tun und Ihrer Unternehmung nur Schaden zufügen. Wir haben hier einige Erfahrungswerte sammeln dürfen, um ganz klar sagen zu können: Zum Schluss müssen Sie für sich „sauber" bleiben. Alles andere funktioniert nicht.

Es gibt immer Widerstand in Veränderungsprojekten. Das ist auch in Ordnung und völlig normal (vgl. auch Doppler und Lauterburg 2008, S. 336). Es darf allerdings keine feindlichen Linien geben. Und wenn doch? Dann ist es in einem ersten Schritt die Aufgabe des Top-Managements, die feindlichen Linien vor dem operativen Projektbeginn auszuschalten. Erst in einem zweiten Schritt kann an den inhaltlichen Fragestellungen gearbeitet werden. Wenn Sie es von Grund auf richtig anpacken wollen, werden Sie um das Thema

„Mannschaft auswechseln“ nicht herum kommen. Und zwar unabhängig davon, ob Sie sich mit Ihrer Organisation in einem Turnaround-Prozess befinden oder, vermutlich noch herausfordernder, es mit einem Unternehmen mit fehlendem Dringlichkeitsgefühl zu tun haben.

5.2 Ein realistischer Blick aus der Praxis: Was wir unter Widerstand verstehen

Wir verfolgen an dieser Stelle keinen Anspruch, Widerstand wissenschaftlich erklären zu wollen. Auch wollen wir Widerstand und seine Ausprägungsformen aus der Praxis heraus nicht vertheoretisieren. Was Widerstand in der Unternehmenspraxis anbelangt, haben wir ein recht klares Bild vor Augen, das wir im Folgenden gerne mit Ihnen teilen möchten.

Wenn Sie unter Ihrer Führungsmannschaft oder Belegschaft jemanden haben, der nicht gegen Ihr Projekt ist, das Projekt allerdings auch nicht sonderlich unterstützt, dann ist das unserer Auffassung nach bereits Widerstand. Zwar passiv, aber es ist Widerstand. Und wenn Sie jemanden haben, der Ihr Projekt unterstützen könnte, dies jedoch nicht in hinreichendem Maße umsetzt, dann ist dies ebenfalls bereits Widerstand. Wir könnten uns jetzt von schwarz zu weiß in vielen Grauschattierungen bewegen: nichts tun, dagegen etwas tun, nur halbherzig etwas tun, etc. All das sind Formen von Widerstand im Unternehmensalltag – aktiv oder passiv. Oder stellen Sie sich vor, Sie haben eine Gruppe von Regionalfürsten in Ihrem Konzern, die aktiv Politik gegen Sie und Ihr Projektvorhaben betreibt. Vorne sagen: „Toll, das Projekt war schon lange überfällig.“ Und von hinten dann wie ein Heckenschütze auf Sie schießen. Wie auch immer diese Ausprägungsformen in der Praxis Gestalt annehmen – offensichtlich oder subversiv. Das ist Widerstand, der Projekte und strategisch bedeutsame Wandlungsprogramme für Unternehmen zum Scheitern bringen kann (vgl. weitergehend zu diesem Themenfeld u. a. Doppler und Lauterburg 2008, S. 336 ff. oder auch Vahs und Weiand 2010, S. 373 ff.).

5.3 Widerstands-Management: Vom intuitiven Bauchgefühl zum gezielten „Eliminieren“

Wie geht man also mit subtilen Widerstand um? Wie bereits in dem vorliegenden Kapitel herausgearbeitet wurde, ist Führung immer emotional behaftet. Verabschieden Sie sich also von der Vorstellung, Widerstand auf der „deutschen“ Sachebene einfangen zu können (vgl. hierzu auch die Quellen in Kap. 4). Ihren Opponenten müssen und können Sie unserer Erfahrung ausschließlich auf der persönlichen und emotionalen Ebene packen. Manager, Führungskräfte gleich welcher Hierarchiestufe wie auch interne Projekt-Manager müssen genau in diesem Feld Kompetenzen aufweisen. Das reine „technokratische Managen“ und strukturierte Abarbeiten von Projekten reicht nicht aus. Doch genau hier mangelt es den Verantwortlichen oftmals an feinen Antennen und intuitivem Bauchgefühl.

Dies hängt nicht zuletzt mit dem zunehmend verbreiteten Controlling-lastigen „Checker-Typus" im Management zusammen, wie es in Kap. 1 und 3 bereits unmissverständlich adressiert wurde.

Führungsschwäche: Ein Widerspruch zu Corporate Social Responsibility!

Wer kennt sie nicht, die Manager und Führungskräfte, die Widerstand, Veränderungen und Projekte aussitzen oder ihre persönlichen Grabenkriege mit anderen Vorständen, Business-Unit-Leitern oder sonstigen Führungskräften auf dem Rücken ihrer Projektleiter austragen. Anstelle Widerstände und Unternehmenspolitik entschlossen aus dem Weg zu räumen, projizieren sie ihre Probleme und Führungsschwäche in die Projekte hinein und wundern sich am Ende des Tages, warum ihre wichtigen Change-Projekte keinen deutlichen Schub nach vorne genommen haben.

Wir vertreten eine klare Auffassung: Aussitzer sind keine Manager und Führungskräfte, die Unternehmen und Gesellschaft heute benötigen. Im Gegenteil: diese Personen haben Corporate Social Responsibility nicht verinnerlicht und treten es mit ihrem Verhalten mit Füßen. Per Definition sind diese Personen schon keine Manager. Und doch: man findet diesen Typus auf sämtlichen Führungsstufen und hier sind wir wieder beim „Checker-Typus", wie er in den Kapiteln 1 und 3 ausführlich behandelt wurde. Das mag nun für den ein oder anderen relativ hart klingen. Aber: das Dasein als Führungskraft ist sachlich wie menschlich mitunter beschwerlich. Aber macht Sie nicht gerade dieses „Aushalten" zu einer Führungskraft in Wirtschaft und Gesellschaft? Wenn Ihnen das nicht bewusst ist oder bislang war, dann sollten Sie sich ehrlich reflektieren, ob Sie sich mit Ihrer Rolle – vor allen Dingen aus menschlichen Gesichtspunkten – einen Gefallen tun. Den Schaden, den führungsschwache Personen auch gegenüber ihrem Umfeld anrichten, wollen wir an dieser Stelle erst gar nicht ansprechen. Und spätestens hier landen wir bei dem Aspekt Corporate Social Responsibility.

Eines der kennzeichnenden Merkmale einer Führungskraft – gleich welcher Führungsebene – ist, dass sie Entscheidungen trifft (vgl. auch Malik 2006, S. 202). Entscheidungen treffen bedeutet allerdings auch, unangenehme Dinge anpacken zu müssen – für einen persönlich wie auch gegenüber Dritten. Aber: man muss es tun. Gehen Sie unangenehmen Dingen nicht aus dem Weg. Gehen Sie damit ehrlich um und kommunizieren Sie zu richtigen Zeitpunkten mit den Betroffenen. Uns ist durchaus bewusst, dass man als Manager und Führungskraft zum Beispiel strukturelle Veränderungen mit vielen personellen Verschiebungen nicht vom Tag eins der Planung über den Flurfunk kommunizieren kann. Transparenz im Handeln ist gut, doch in diesem Falle würde die gesamte Organisation gelähmt werden. Hierfür gibt es in den Organisationen Regeln, nicht zuletzt auch aufgrund der betrieblichen Mitbestimmung etc. Doch Aussitzen oder noch viel schlimmer, sich vor Entscheidungen zu drücken und diese an andere Personen wegzudelegieren, ist keine Alternative, wenn nicht sogar verwerflich. Das ist kein Zeichen von Führungsstärke. Sollten Sie über solche Führungskräfte in Ihrer Mannschaft verfügen, dann gilt zum Wohle Ihrer Organisation auch hier: identifizieren, isolieren, eliminieren.

„Widerstands-Management“: Identifizieren, isolieren, eliminieren

Ein Blick in die Unternehmenspraxis zeigt zudem, dass es durchaus einzelne Personen sein können, die Sie und Ihre strategischen Change-Projekte zum Fallen bringen können. Von daher ist es erfolgsentscheidend, diese Führungskräfte und Meinungsbildner frühzeitig vor dem operativen Projektbeginn zu identifizieren, isolieren und eliminieren. Um eines vorweg zu klären: „Eliminieren“ ist unserem Verständnis nicht gleichzustellen mit „ausschalten“. In erster Linie wäre zu prüfen, an welchem Knoten in Ihrem Unternehmen diese Person anderweitig positioniert werden kann, um Mehrwert zu leisten. Erst wenn auch dieser Ansatz für beide Seiten kein gangbarer Weg ist, wäre gemeinsam zu prüfen, wie man sich fair und ethisch anständig voneinander trennen kann. Das muss unserer Auffassung nach, gerade bei Führungskräften, auch in das Lebensmodell der betroffenen Personen passen. Die Erfahrung zeigt, dass dieser Prozess schnell vollzogen oder sich auch über einen längeren Zeitraum hinziehen kann. Es gibt beide Varianten.

Stellen Sie sich beispielsweise vor, Sie wollten sich von einem Produktionsleiter trennen. Dieser ist nicht bereit, Ihren Change-Weg mitzugehen, weil er etwa in seinem „Mindset“ und in der tradierten Vorstellung „so wie gestern, so auch heute“ gefangen ist. Diese Person ist also in ihrer Welt gefangen. Was können Sie nun tun? Sie können dieser Person zum Beispiel faire Vorschläge für andere Funktionen unterbreiten. Vorschläge, die auch für ihn annehmbar sind und keine Scheinvorschläge sind, wie man sie etwa häufig in Restrukturierungsprozessen sieht. Es muss also fair und sozialverträglich sein. Eliminieren bedeutet auch nicht: „Ab morgen sind Sie raus!“. Das kann durchaus ein längerer Weg sein. Auf alle Fälle jedoch ein Ansatz, den man nicht unterschätzen und gezielt für bestimmte Personenkreise nutzen sollte.

Widerstands-Management by Example“: Das gezielte Austauschen von Führungskräften

Gleichzeitig kann es ratsam sein, einen Veränderungsprozess, gerade innerhalb der oberen und mittleren Führungsmannschaft, direkt mittels „Widerstands-Management by Example“ zu beginnen. Diese Ultima-Ratio-Methode ist mitunter in der Praxis ein probates Mittel, um der Führungsmannschaft zu verdeutlichen, dass ein völlig anderes Mindset, Teaming und Veränderungsbereitschaft unter der Mannschaft für den Gesamterfolg des eigenen Unternehmens von Nöten ist. D.h. Sie können Ihre Führungskräfte ein- bis zweimal warnen. Beim dritten Mal muss jedoch diese Person vor den Augen der übrigen Führungskräfte aus dem System herausgenommen werden. Noch einmal: Wir sprechen hier nicht über Organisationen, die sich in Krisen oder Insolvenzprozessen befinden. Hier ist das Austauschen von Mannschaftsmitgliedern ohnehin ein Erfolgsbaustein. Bevor ein Werk oder ein ganzes Unternehmen beerdigt werden, kann genau dieser Schritt beobachtet werden. Oder haben Sie etwa Vertrauen in eine Führungsmannschaft, die Sie in eine nahezu ausweglose Situation manövriert hat?

Wir wollen uns allerdings im Rahmen des vorliegenden Buches mit Organisationen beschäftigen, deren Führungskräfte und Belegschaft glauben, kein „Change-Fall" zu sein. Also ein fehlendes Dringlichkeitsgefühl anhand von Finanzergebnissen aufweisen und mittlere Führungskräfte wie auch deren Belegschaft das Gefühl haben, sich in einer „sozialen Wellness-Oase" zu befinden. Wie findet das Ausdruck in der Praxis? Das kann sich zum Beispiel so gestalten, dass Produkteinkäufer zwar die Vorgabe haben, im chinesischen Markt kostenoptimiert einzukaufen, jedoch nach wie vor aus Bequemlichkeit und mangelnder Bereitschaft zur Kommunikation in Englisch ihre Bestandslieferanten bearbeiten und diesen Weg scheuen. Genau diese „Bequemlichkeit" zu identifizieren und deutlich in den Organisationen anzusprechen, darum muss es mitunter heute in den Unternehmen und in der Gesellschaft gehen.

Dadurch wird klar, warum der „Widerstands-Management-by-Example"-Ansatz hier in diesen Bereichen Anwendung findet, wenn er nicht sogar zwingender Bestandteil von Erneuerungsprozessen sein muss. Doch Sie müssen hier recht schnell handeln, damit die übrigen Führungskräfte allein anhand der Symbolik spüren, dass Sie es ernst mit Ihren Veränderungen meinen. Die Menschen in Ihrem Umfeld müssen deutlich vernehmen, dass sich in Ihrem Unternehmen etwas bewegt. Projektbefürworter, subtile Heckenschützen wie auch Opponenten, die mit offenem Visier angreifen, müssen Sie im Vorfeld identifizieren, ansprechen und einbinden. Wenn Sie diesen Prozess erst während der laufenden Projektarbeit starten, werden Sie dies kaum noch konstruktiv und souverän lösen können. Denn dann haben die Heckenschützen wie auch offene Opponenten ihre Positionen bezogen und bereits gegen Sie geschossen. Und dieses Erlebnis werden Sie mit aller Freude auf dem Flur und in ihren informellen Netzwerken kommunizieren. Die Folge: Die Geschwindigkeit in Ihren Projekten wird zunehmend herausgenommen bis das Veränderungsvorhaben völlig zum Erliegen kommt.

Frühzeitiges Eskalieren: Eine „Change-Kunst" wirksamer Projekt-Manager

Begeben wir uns nun von der Führungskräfte-Ebene auf die Projektleiter-Ebene. Stellen Sie sich vor, Sie wären ein Projekt-Manager und haben ein Projektmitglied, das sich nicht einfangen lässt und ständig gegen etwas im Projekt ist. Sei es Vorgehensweise, Methodik oder Inhalt. Was können Sie tun? Sie können zunächst versuchen, das Gespräch mit dem Projektmitglied zu suchen. Sie machen Ihrem Kollegen klar, was Sie als Projektleiter von ihm erwarten, welche Aufgabe Sie haben und welche Wahrnehmung Sie im Moment von ihm haben (vgl. auch Cohen 2005, S. 122). Das sollten Sie allerdings nicht vorwurfsvoll gestalten, sondern klar und deutlich in „Ich-Botschaften" ausführen. Versuchen Sie herauszufinden, welche Motivation hinter dem Handeln steckt. Wenn sich die Motivation dahingehend ergibt, dass ihr Kollege von Ängsten bewegt wird, dann nehmen Sie sich die Zeit und sprechen hierüber. Ängste kann man nehmen, indem man die Mitarbeiter über Ziele, und Inhalte informiert sowie die Notwendigkeit verdeutlicht. Dann kann ein Gespräch durchaus ein positives Ende nehmen. Allerdings kann sich auch herausstellen, dass die Motivation eher in persönlichen Beweggründen liegt wie etwa Neid, Rache und damit verbunden in unfairen Spielen und Politik mündet. Hier müssen Sie aufzeigen, welche Konsequenzen dieser Prozess nach sich ziehen kann.

Noch einmal: Gespräche haben immer Vorrang. Doch auch diese müssen einmal im Hinblick auf Veränderungs- und Umsetzungsgeschwindigkeit ein Ende haben. Eine Eigenschaft fähiger und wirksamer Projekt-Manager ist, dass sie nicht nur Projekte technisch sauber abbilden können, sondern vielmehr feine Antennen für Menschen und Widerstände haben und diese unverzüglich auf die Agenda ihrer Auftraggeber schreiben. Das heißt, sie besitzen den Mut und die Fähigkeit, bestimmte Dinge rechtzeitig auf der Vorstandsetage sichtbar zu machen. Und genau an diesem Punkt trennt sich unter den Projekt-Managern die Spreu vom Weizen. Eben nicht mit Eskalation zu lange zu warten. Dies erfordert in gleichem Maße Rückdeckung und Vertrauen von Seiten des internen Auftraggebers. Eskalation findet sich zwar als Rollenbeschreibung bei vielen sog. Steering Committees in der Unternehmenspraxis, wird jedoch aufgrund der Profile heutiger Führungskräfte nicht immer zwingend gelebt. Dieses Instrument, das im Wechselspiel zwischen Projekt-Manager und den Führungskräften im Steering Committee gespielt wird, kann in Veränderungsprojekten zu einem weiteren Erfolgsbaustein werden.

Hidden Agenda: Wenn Manager sich selbst konterkarieren

Dies führt uns zu einem weiteren Aspekt: der Hidden Agenda (vgl. auch Doppler und Lauterburg 2008, S. 113). Sie ist unter allen Umständen zu vermeiden. Sie eignet sich allein dazu, die letzten verbliebenen Prozentpunkte an „Credibility" bei den Führungskräften und Mitarbeitern zu verspielen. In der Praxis wird allerdings nicht selten eine Hidden Agenda verfolgt. Im Übrigen nicht nur von Projektteam-Mitgliedern oder dem Projekt-Sponsor, sondern auch von den eingesetzten Unternehmensberatern. Wir haben durchaus Strategy Consultants erleben dürfen – wir wollen jetzt nicht sagen, dass sie „unfair" gespielt haben – zumindest jedoch ihre eigene oder zusammen mit ihrem Auftraggeber eine gesonderte Agenda in dem Projekt gefahren sind. Wie zeigt sich das in der Praxis? Das kann sich beispielsweise darin äußern, dass die Consultants von ihrem Auftraggeber die Order erhalten, die Führungsfähigkeiten von bestimmten Personen zu testen oder in den Organisationen nach Futter zu suchen, um bestimmte Personen „ausschalten" zu können. Das ist unserem ethischen Verständnis nach allerdings kein akzeptabler Weg, um sich ein Bild von einem Unternehmen zu verschaffen.

Interne Projekt-Manager wie auch externe Consultants sollten sich nicht vor den Karren spezifischer Interessen spannen lassen. Überlegen Sie sich also vorneweg gründlich, welchen Projektauftrag Sie annehmen wollen. Vertrauen und Reputation aufzubauen bedarf Monate und Jahre. Doch zerstören kann man dies mit wenigen Worten und Taten innerhalb von Sekunden. Das gilt beruflich wie auch privat. Einmal mehr „Nein" zu sagen, gerade als Strategy Consultant, dürfte für einige aufgrund des Auslastungs- und

Umsatzdrucks herausfordernd sein. Doch genau damit setzt man Zeichen. Zwischen Projekt-Sponsor, Projektleiter, Projektteam, Consultant und einem Organisationsbereich, der sich beispielsweise im Rahmen einer Restrukturierung auf den Prüfstand stellen muss, ist Transparenz in den Kategorien Ziele, Methodik und Vorgehensweise geboten. Ebenso unerlässlich ist in diesem Zusammenhang Ehrlichkeit gegenüber der eigenen Belegschaft. Sobald die Organisation merkt, dass trotz aller Lippenbekenntnisse eine Hidden Agenda gefahren wird, ist es wieder vorbei mit der Veränderung.

Respekt vor dem Geleisteten und Wertschätzung: Grundbedürfnisse im Change bedienen

Einhergehend mit der Hidden Agenda sind aus unserer Sicht die Aspekte Respekt, Anerkennung und Wertschätzung zu nennen. Und zwar insbesondere gegenüber der älteren Belegschaft und Personenkreisen, die zu Beginn von Veränderungen noch zu überzeugen wären. Nehmen wir beispielsweise ein Call Center. Diejenigen unter Ihnen, die sich mit Call Centern im Handel beschäftigen, wissen, wie häufig in diesen Systemen Workflows und IT-Anwendungssysteme umgestellt werden. Nehmen wir an, Sie haben innerhalb Ihrer Belegschaft einen Mitarbeiterkreis, der seit über 30 Jahren für Ihr Unternehmen arbeitet. Eine spürbare Lohnerhöhung haben diese „alten Hasen" vielleicht seit über einem Jahrzehnt nicht mehr gesehen. Sie schätzen sich glücklich, dass sie überhaupt noch zum Belegschaftsanteil gehören, die über einen Vollzeitvertrag verfügen. Ihre später dazugestoßenen Kollegen sind heute meist in Teilzeit, befristet oder über Personal-Leasing-Unternehmen beschäftigt. Bevor Sie in diesem Kreis die nächste IT-Umstellung starten, wäre es aus unserer Sicht beispielsweise angebracht, zunächst einmal Respekt vor dem bereits „Ertragenen" und Geleisteten dieser „alten Hasen" zu zeigen. Das bedeutet die bereits mehrfach unter Beweis gestellte Veränderungsbereitschaft dieser Menschen wertzuschätzen und zu respektieren. Oder halten Sie etwa das Aneignen und Erlernen neuer Arbeitsprozesse und IT-Anwendungen bei Erwachsenen für trivial?

Sie glauben gar nicht, welch hohen Stellenwert Wertschätzung und Anerkennung für viele der Menschen in den Unternehmen und unserer Gesellschaft einnehmen. Diese Menschen ertragen Einschnitte und Lohnstagnationen für Sie und Ihre Unternehmen. Weshalb wird dann mit Lob, Anerkennung und Wertschätzung in den Unternehmen „gegeizt"? Das kostet Manager und Führungskräfte kaum etwas – außer Aufmerksamkeit und ein ehrliches, wirkliches Interesse an den eigenen unmittelbaren Mitarbeitern als Menschen. Wir reden hier auch nicht von aufgesetztem Interesse. Es gibt Führungskräfte, denen man in Management-Seminaren empfehlen muss, regelmäßig mit Ihrem Team etc. gemeinsam zu Mittag zu essen und Small Talk zu führen. Es tut uns sehr leid: Manager und Führungskräfte, die ein Führungsseminar für diese Erkenntnis benötigen, müssen in aller Deutlichkeit in Frage gestellt werden. Sie müssen von Natur aus dieses Interesse am und für Menschen mitbringen. Glauben Sie uns: die Mitarbeiter in Ihrer Umgebung merken sehr rasch, ob Sie ein ehrliches oder vorgespieltes Interesse an ihnen haben.

Wenn es Ihnen also gelingt, mit Respekt, Anerkennung vor dem Geleisteten, Wertschätzung und ehrlichem Interesse an den Menschen in Ihrer Umgebung heranzutreten, dann haben Sie eine „echte Chance", wichtige Primärinformationen unmittelbar aus Ihrer Organisation zu erhalten und noch vielmehr: selbst zögerliche Personen für Ihre Vorhaben zu gewinnen, wo wir wieder bei unserem Thema Widerstand angelangt wären. Im Umgang mit Widerstand müssen Sie als Profi die komplette Klaviatur bespielen: Mannschaft austauschen, eskalieren, Sinnhaftigkeit vermitteln, aufzeigen was passieren kann, wenn sich die Organisation nicht bewegt, Coaching und Weiterqualifizierung bis hin zum Aufzeigen ehrlich gemeinter Optionen zum Ausstieg.

Das Fehldenken in Hierarchie: Meinungsbildner und informelle Kanäle ansteuern

Change-Projekte weisen Strukturen und Projektpläne auf. Hier werden also ebenso zur bestehenden Aufbauorganisation die organisationalen Hierarchie- und Führungsstrukturen manifestiert. Für das, um diesen Begriff noch einmal bewusst zu nutzen, strukturierte „technokratische Abarbeiten" von Projekten ist das auch richtig so. Allerdings muss das Projekt-Management um einen aus unserer Sicht bedeutsamen Baustein flankiert werden: das gezielte Ansteuerung der informellen Netzwerke und Erfahrungs- und Meinungsträger in den Abteilungen und Teams (vgl. weitergehend auch Katzenbach und Khan 2010). Führungskräfte, die ehrlich zu sich sind, wissen ganz genau: nicht sie, sondern bestimmte Erfahrungsträger in ihren Teams mobilisieren und steuern ihre Einheiten. In jedem Team lassen sich bestimmte Schlüsselpersonen identifizieren, die – im negativen Sinne – ganze Bereiche „im Griff" haben oder – eben im positiven Sinne – gern gehörte Ansprechpartner und Ratschlaggeber sind. Genau diesen Personenkreis zu identifizieren und in die Change-Projekte zu integrieren, dürfte Ihren Vorhaben zusätzlichen Schub und Energie verleihen. Selbstredend sollte es sein, dass man als Projekt-Sponsor diese Menschen nicht einmal zusammenkommen lässt und dann sagt: „So, jetzt erwarten wir von euch, dass ihr euch für uns und unser Projekt in eurem Bereich stark macht. Wir informieren zu gegebener Zeit wieder über aktuelle Entwicklungen über Newsletter." Als Projekt-Sponsor muss täglich das Committment ausgedrückt und der Rücken dieser Personen innerhalb der Organisation sichtbar nach außen gestärkt werden. Die übrigen Führungskräfte und Mitarbeiter in Ihren Unternehmen müssen sichtbar erkennen, dass diese Personen als Gewinner aus Ihrem Projekt hervorgehen werden. Zum Sichtbarmachen gehört ebenso, dass man neben Wertschätzung und Anerkennung auch Beförderungen und Gehaltsentwicklungen ausspricht. Nicht in Aussicht stellt, nicht ankündigt, sondern vorneweg ausspricht. Es muss ein Ruck durch Ihre Organisation gehen. Und genau das muss für alle Führungskräfte und Mitarbeiter sichtbar und spürbar werden.

Wenn Sie schon möchten, dass sich Menschen zu Ihnen als Vorstand, Geschäftsführer etc. bekennen, dann muss dieses loyale Verhalten auch goutiert und im Gegenzug wiederholter Widerstand, etwa einzelner Regionalfürsten etc., konsequent sanktioniert werden.

5.4 Zum Abschluss: Über den Blümchenansatz „Win-Win"

Stellen Sie sich also darauf ein, dass Widerstand in Unternehmen wie auch Gesellschaft immer Bestandteil von Veränderungsprozessen ist. Es wird, ob Sie es wollen oder nicht, immer auch „Gewinner" *und* „Verlierer" geben. Denken Sie hier allein an die Transformationen in einzelnen Wirtschaftszweigen, wie aktuell im Energiesektor. Allein deswegen kann „Win-Win" nicht immer funktionieren. Das ist allenfalls rhetorische Schönmalerei. Wichtig ist jedoch, wie bereits skizziert, das Anbieten und Aufzeigen ehrlich gemeinter, für die betroffenen Personen auch annehmbarer Alternativen. Es wird Ihnen kaum gelingen, alle Führungskräfte und Mitarbeiter „mitzunehmen". Verabschieden Sie sich daher von dieser Utopie. Stattdessen gilt es, so viel und frühzeitig wie möglich Personen in Ihren Unternehmen einzubinden und über die Notwendigkeit, Sinnhaftigkeit, Ziele, Chancen und Risiken zu informieren. Immer und immer wieder Erklärungen liefern, muss eines Ihrer Daueraufgaben sein. Eine einmalige Roadshow zu Beginn durch Ihre Organisation oder ausgewählte Bereiche dürfte im Laufe des Veränderungsprozesses verpuffen, wenn Sie dies nicht fortwährend wiederholen und vor Ort Flagge bekennen. Allein damit können Sie dem Flurfunk, den es immer und überall gibt, und den offenen Opponenten den Wind aus den Segeln nehmen. Sie liefern „O-Töne", die Mitarbeiter nicht von ihren Führungskräften in zumeist interpretiert wiedergegebener Form hören. Interpretationen werden Sie ohnehin nicht vermeiden können.

Ihre Verlierer und Gewinner, die Sie als Multiplikatoren nutzen, sind vor Projektstart auszumachen. Im Idealfall verhelfen Sie den Verlierern auch noch dazu, dass sie ebenso zu Gewinnern werden können. Das dürfte jedoch, wie hier skizziert, in der Praxis selten möglich sein. Die abgestufte Variante wäre: Man lässt diesen Personenkreis neutral, indem man ihnen andere Funktionen überträgt. Auf alle Fälle dürfen diese Menschen jedoch nicht im Regen stehen gelassen werden. In den Großunternehmen gibt es beispielsweise Outplacement-Ansätze. In kleineren Unternehmen können Mitarbeiter mittels externer Begleitung weiterentwickelt werden. Sämtliche Maßnahmen sind maximal sozialverträglich auszugestalten.

Prozesse und Strukturen sind gleichzusetzen mit Menschen. Insofern geht es am Ende des Tages, gleichsam ob Restrukturierung oder proaktiven Wandel, immer um den Menschen selbst. Und genau dieser Ansatz sollte als oberstes Ziel immer Auge behalten werden. Veränderungsprozesse sind nicht gleichzusetzen wie ein 100-Meter-Sprint. Es ist vielmehr ein Marathon mit Phasen, die schmerzhaft werden können. Ein Marathon, dessen Verlauf nicht immer bis in das letzte Detail vorweg planbar ist und auf dessen Strecke, Steine fallen, die aus dem Weg zu räumen enorme Anstrengungen von Managern und Führungskräften abverlangen.

Als Unternehmer, Manager und Führungskraft haben Sie eine enorme soziale Verantwortung, der Sie gerecht werden müssen. Insofern ist Unternehmensführung, Change und damit verbunden „Widerstands-Management" ein Privileg in der heutigen Gesellschaft, wenn Sie an der Spitze stehen.

Literatur

Cohen, D. S. (2005). *The heart of change field guide: Tools and tactics for leading change in your organization*. Boston: Harvard Business School Press.

Doppler, K., & Lauterburg, C. (2008). *Change Management: Den Unternehmenswandel gestalten*. (12., aktualisierte und erweiterte Aufl. Frankfurt a. M.: Campus.

Katzenbach, J. R., & Khan, Z. (2010). *Leading outside the lines: How to mobilize the (in)formal organization, energize your team, and get better results*. San Francisco: Jossey-Bass.

Malik, F. (2006). *Führen, Leisten, Leben: Wirksames Management für eine neue Zeit*. Frankfurt. a. M.: Campus.

Vahs, D., & Weiand, A. (2010). *Workbook Change Management: Methoden und Techniken*. Stuttgart: Schäffer-Poeschel.

Güray Karaca ist Vorsitzender der Geschäftsführung der Kerkhoff Cost Engineering GmbH und war zuvor Vice President bei Jenoptik Laser GmbH. Nach einer technischen Berufsausbildung und einem Studium des Wirtschaftsingenieurwesens und der Betriebswirtschaftslehre arbeitete Güray Karaca zunächst als Lead Buyer und Manager Corporate Audit bei der Daimler AG. Weitere Stationen führten ihn in die Positionen als Practice Leiter Purchasing & Compliance bei MBtech Consulting sowie als Chief Operating Officer der Mercedes Benz Technology Türkei mit Sitz in Istanbul.

Prof. Dr. rer. pol. Stefan Iskan hat die Professur für Logistik und Wirtschaftsinformatik, inbes. Supply Chain Management und E-Business, im Fachbereich Dienstleistungen und Consulting an der University of Applied Sciences Ludwigshafen am Rhein inne. Der Hochschulprofessor ist Autor zahlreicher Veröffentlichungen, Top-Management- und Führungskräfte-Begleiter wie auch Academic Advisor der führenden türkischen Automotive und Logistik-Mediengruppe AYSBERG mit Sitz in Istanbul. Der promovierte Wirtschaftspädagoge war zuvor für den Deutsche Bahn-Konzern (DB Schenker) in verschiedenen vorstandsnahen Funktionen aktiv, u.a. in der Konzernleitung der DB ML AG in Berlin und Istanbul sowie als Leiter Strategische Projekte & Business Development einer der Direct Reports zum Vorstand Landtransport der Schenker AG in Essen. Zu seinen weiteren beruflichen Stationen zählen die Deutsche Post Consult GmbH und Daimler AG. Zusammen mit seinem Partner, Erwin Staudt, begleitet er Führungskräfte aus der Automotive Industrie und Logistik in Deutschland und in der Türkei, insbes. in strategischen Fragestellungen, Organisationsentwicklung, Change Management sowie Industrialisierung der Aufbau- und Ablauforganisation. Für seine akademischen Leistungen wurde er bereits ausgezeichnet.

6 Frontline Transformation: Die Veränderungsarbeit an der operativen Betriebsfront

Volker Staab und Stefan Iskan

Nach dem Kapitel zum „Managen“ von Widerstand, wollen wir uns nun mit der Fragestellung beschäftigen, wie es gelingen kann, Veränderungen an der operativen „Front“ herbeizuführen. Wir wollen also die Change-Arbeit herunterbrechen: und zwar von der Top-Management-Etage auf die Shop-Floor-Ebene.

Change Management ist nicht schwer. So schwer kann Change nicht sein – und das unabhängig von der Größenordnung des Unternehmens. Zugegeben: dieses Eingangsstatement mag durchaus für einige Manager und Führungskräfte unbequem klingen. Wir sind allerdings von dieser Überzeugung nicht mehr weg zu bringen. Um noch einmal auf einigen Schlüsselbausteinen aus dem vorherigen Kapitel aufzusetzen: Commitment über sämtliche Hierarchiestufen hinweg, klare Bekenntnisse und Zielbilder von oben, in Stein gemeißelte Zielvereinbarungen. Das sind die Top-down-Bestandteile, die jedem Projekt gut zu Gesicht stehen dürften. Bottom-up kommt flankierend hinzu: Führungskräfte und Mitarbeiter in die Veränderungsarbeit einbinden und immer und immer wieder „Erklärungen“ liefern. Und was ist mit denjenigen, die nicht bereit sind, die Veränderungen mitzutragen? Change hat seine Grenzen. Das gilt auch für Geduld. Gerade Führungskräfte, die ihre Mitarbeiter ständig ermutigen, Veränderung zu denken und auf Potenziale hinzuweisen, müssen in ihrem Bestreben gefördert und unterstützt werden. Oder haben Sie etwa die Zeit mit Ihren Unternehmen, sich in langwierige ideologische Grundsatzdiskussionen zu begeben?

V. Staab (✉)
Karlsruhe, Deutschland
E-Mail: staabvolker@aol.com

S. Iskan
University of Applied Sciences Ludwigshafen am Rhein, Deutschland
E-Mail: stefan.iskan@hs-lu.de

S. Iskan, E. Staudt (Hrsg.), *Strategic Change*, DOI 10.1007/978-3-658-03287-6_6

Diese und weitere Erfolgsbausteine für Ihre Veränderungsarbeit auf der Shop-Floor-Ebene wollen wir im Folgenden herausarbeiten.

6.1 „Verbrannte Erde": Change an der Fertigungslinie realisieren

Das vorliegende Kapitel wird von einem Praxisfall geleitet. Stellen Sie sich hierzu ein produzierendes Werk eines Automobilzulieferers in Deutschland vor. Das Werk hat eine lange Geschichte und wurde im Laufe seiner Entwicklung von einem internationalen Zulieferkonzern integriert. Veränderungen waren seither ständige Begleiter des Unternehmens, seiner Führungskräfte und Mitarbeiter. Augenscheinlich wurden diese Veränderungen beispielsweise an vielen neuen, strategischen Ansätzen, Erwartungs- und Anforderungsverschiebungen und immerzu angepassten Business-Plänen. Führungskräfte und Mitarbeiter hatten jegliches Gefühl für den Stellenwert des Unternehmens in dem neu geformten Zulieferkonzern verloren. Die Folge: eine Belegschaft, die extrem verunsichert, schlecht mit Ressourcen ausgestattet und von hoher Fluktuation gekennzeichnet war. Das Werk selbst wurde nur noch auf das Tagesgeschäft bezogen geführt. An die Zukunft wurde, wenn überhaupt, mit wenig Motivation gedacht. Wie kann man nun in solch einem Werk eine Veränderung, gerade auch direkt an der Fertigungslinie, wirksam und sichtbar gestalten?

Wir wollen die skizzierte Ausgangssituation zunächst weiter detaillieren und Sie auf die Shop-Floor-Ebene in diesem Werk mitnehmen. Stellen Sie sich nun eine Fertigungslinie vor, die pro Stunde verschiedene Outputs generiert. Die Vorgaben an dieser Fertigungslinie lauteten, im Zeitfenster acht bis neun Uhr eine Zielgröße von 14 Stück, im Zeitfenster von neun bis zehn Uhr zehn Stück und von zehn bis elf Uhr wiederum 14 Stück zu produzieren. Am Ende dieser drei Zeitfenster hat sich im Rahmen eines Kontinuierlichen Verbesserungsprojektes (KVP) ein spezielles Projektteam angesehen, wieviele Teile nun in der Zeit von acht bis neun Uhr produziert wurden. Das Ergebnis: 16 Stück. Der Schichtleiter war über dieses erzielte Ergebnis sichtlich glücklich und hat der Projektleitung stolz präsentiert, wie produktiv seine Mannschaft sei. Immerhin hat er zwei Stück mehr produziert als vorgegeben.

Als die Projektmannschaft den Schichtleiter fragte, wieso er denn 16 Stück produziert hat, fiel dieser aus allen Wolken. „Warum fragen Sie mich so etwas? Seien Sie doch froh. Ich habe zwei Stück mehr aus der Linie herausgeholt als von der Planung gefordert." Die Projektleitung wiederholte noch einmal, dass 14 Stück und nicht 16 die Vorgabe lautete. Der Schichtleiter reagierte erneut verunsichert: „Wollen Sie mich jetzt dafür angehen, dass ich zwei Stück mehr rausgeholt habe? Noch produktiver geht es doch gar nicht mehr!" Der Projektleiter wiederholte noch einmal: „Wenn wir von Ihnen und Ihrer Mannschaft 14 Stück in der Stunde haben wollen, dann liefern Sie uns auch keine 16 ab." Die Belegschaft an der Fertigungslinie um den Schichtleiter und die Projektmannschaft herum, die das Gespräch mit verfolgten, hatten womöglich ein derartiges Gespräch zuvor noch nicht miterlebt. Diese wurden nach einem Prämiensystem entlohnt, haben jedoch von der Einstellung her nach dem Akkord-Prinzip gearbeitet – getreu dem Motto: „Hau so viel raus wie nur geht!“ Und genau diese Denke war Gegenstand der Veränderung und musste verändert werden. Weshalb? Das entsprach nicht dem Lean-Ansatz, der an der Fertigungslinie des Automobilzulieferers gefahren werden sollte: Dieser Prozess – und die angrenzenden Prozesse – sind auf 14 Stück ausgetaktet. Dann und nur dann entstehen verkettete Prozesse und Verschwendungen werden vermieden. Die Projektleitung hat deshalb bekräftigt: „Wir wollen 14 Stück und Sie produzieren 14 Stück. Keine 13 und auch keine 16.“ Warum 14 und nicht dankbar die 16 annehmen?

Die Ursachen, weshalb der Schichtleiter und seine Mannschaft in diesem Zeitfenster 15 % mehr Output erzeugen konnten, hat die Projektmannschaft nicht herausfinden können. Darum ging es auch in erster Linie nicht. Vermutlich gingen die Arbeitsprozesse einfach gut von der Hand und es gab keine Störungen im Prozess. Der Schichtleiter zeigte jedoch wenig Bereitschaft, sich den Prozess weiter anzusehen. Hier wurden regelmäßig Argumente hervorgebracht wie etwa: „Wir lassen in dem Zeitfenster die 16 Stück. Ich kann die zwei Stück nämlich in den beiden anderen Gruppen gut gebrauchen.“ Wenn das so ist, dann könnten Sie als Führungskraft durchaus auch sagen: „Schichtleiter, Sie haben einmal 16 Stück geschafft. Also will ich das jetzt immer so von Ihnen sehen.“ Wenn das prozessual jedoch auch nicht geht, dann müssen Sie zwingend untersuchen, wie die Standardabweichung in den Griff bekommen werden kann. Also: wie schaffen Sie es nun gemeinsam mit der Mannschaft im Takt zu produzieren und in diesem Zeitfenster exakt auf die geforderten 14 Stück zu kommen?

Das war der Punkt, an dem der Schichtmannschaft langsam bewusst wurde, dass in diesem Change-Projekt etwas Positives für sie lag. Die Mitarbeiter um den Schichtleiter verstanden, dass sie sich gar nicht mehr so abhetzen brauchten und sie in Ruhe ihre Arbeit verrichten konnten und sollten. Die Probleme an dieser Fertigungslinie können im Allgemeinen verschiedene Formen annehmen: eine Anlage klemmt, ein Kleberoboter fällt regelmäßig aus und muss manuell wieder eingeschaltet werden, etc. Es ging also darum, mit den Mitarbeitern an der Fertigungslinie an Lösungen zu arbeiten, damit sie in ihrem Arbeitsprozess vor keinen Überraschungen mehr stehen und ihre Arbeit so erledigen können, dass sie ihre 14 Stück erreichen. Um eines der Ergebnisse vorwegzunehmen: die Mitarbeiter gingen mit der Erfahrung und dem Wissen aus der Frontline Transformation, dass sie die Zeit haben, Qualität zu produzieren. Allerdings mit einer Besonderheit: sie hatten bereits als Mannschaft gegenüber der Werksleitung bewiesen, dass sie in der Lage sein können, über die geforderte Menge hinaus zu produzieren. Sie wurden sogar darauf hingewiesen, dies zu unterlassen. Stolz und Teamgefühl machten sich breit. Der Unterschied zu dem bislang vorherrschenden Ansatz der „verbrannten Erde“ der vergangenen Jahre war: Schichtleiter und Mitarbeiter wurde das Gefühl gegeben, an den Veränderungsprozessen mitwirken zu können.

6.2 Frontline Transformation: „Genchi Genbutsu" als notwendige Voraussetzung für Ihre Change-Arbeit

Was verstehen wir nun unter einer Frontline Transformation? Unter Frontline Transformation verstehen wir diejenigen Prozesse vor Ort, die tatsächlich und unmittelbar in den Arbeitssystemen der Betroffenen eine Veränderung bewirken (vgl. auch die Ausführungen zum kollegialen und arbeitsintegrierten Coaching bei Iskan 2011). Eine wirksame Frontline Transformation setzt allerdings unweigerlich voraus, dass Sie als Manager oder Führungskraft verstehen wollen, was in Ihrem Unternehmen vor Ort auf Shop-Floor-Ebene passiert. Also die Anwendung des Lean-Grundprinzips „Genchi Genbutsu" (gehe an den Ort des Geschehens, vgl. auch die Toyota-DNA bei Liker 2004). Erst dieses Bewusstsein und das Verständnis für die Dinge vor Ort können dazu beitragen, positive Veränderungsprozesse entwickeln zu können. Weshalb? Führungskräfte und Mitarbeiter realisieren und wissen es zu schätzen, wenn Manager ein ehrliches Interesse für die Prozesse und Rahmenbedingungen vor Ort an den Tag legen. Im Rahmen der Frontline Transformation geht es somit um den Weg zu der Veränderung.

Kommen wir noch einmal auf unseren skizzierten Praxisfall zurück. Wurde zu Beginn des KVP-Projektes ein Weg zur Veränderung beschrieben? Eher nicht. Kommuniziert wurden jedoch Erwartungen und konkrete Zielvorgaben. Beschrieben wurde darüber hinaus, wie das Zielbild gemessen wird, wie das Qualitätsniveau liegen, zu welchen Kosten und mit wie vielen Mitarbeitern produziert, wie die Mitarbeiter qualifiziert und der Zeitrahmen gesetzt werden sollen. Anschließend wurde die Uhr auf Null gestellt und das Verbesserungsprojekt gestartet.

6.3 Wenn Sie auf Shop-Floor-Ebene „Etwas" bewegen wollen: Erfolgsversprechende Bausteine auf einen Blick

Erfolgsbaustein 1: Der Werkleiter als Project Owner

Ein zentraler Erfolgsbaustein hängt mit dem Werkleiter und seiner Project Ownership zusammen. Sie mögen sich jetzt vermutlich fragen, welche Eigenschaften jener Werkleiter hatte. Der Werkleiter hatte in seiner Organisation eher den Ruf eines „knallharten Generalfeldwebels". Einzig interessiert haben ihn Ergebnisse. Entschuldigungen und Erklärungen hat dieser nicht zugelassen. Entsprechend hat er sein direktes Umfeld dazu „erzogen", ausschließlich über Ergebnisse zu sprechen und nicht über den Prozess dorthin oder etwaige Gründe, weshalb etwas nicht zu erreichen wäre. Seinem KVP-Projektleiter hingegen hat er sein Rollenverständnis ausführlich erläutert und immer wieder verdeutlicht: „Ich bin derjenige, der über Performance und Ergebnisse spricht und Sie sind derjenige, der auf die Prozesse eingeht. Ich bin also derjenige, der permanent einfordert und Sie sind derjenige, der unserer Mannschaft erläutert, wie wir zu dem gewünschten Zielbild kommen."

Erfolgsbaustein 2: Die Top-down-Projektleitplanken

Der zweite Erfolgsbaustein steht im Zusammenhang mit der Kodifizierung des Frontline-Transformation-Prozesses. Der Werkleiter hat also vorneweg festgelegt, welche Aktivitäten gefahren werden sollen, wer der verantwortliche Leiter der einzelnen Aktivitäten ist und welche Teams an den Themen mitzuarbeiten haben. Anschließend hat er die einzelnen Aktivitäten priorisiert, in einen übergeordneten Projektplan überführt und für jeden einzelnen nachvollziehbar gemacht, was in diesem Frontline-Transformation-Projekt stattfindet.

Erfolgsbaustein 3: Die „richtige" Mannschaft mit intrinsicher Motivation

Der Werkleiter hat darüber hinaus nicht nur definiert, welche Bereiche und Teams an dem Change-Projekt mitwirken sollen, sondern in Abstimmung mit seinen Bereichsleitern vor Projektbeginn die einzelnen Teammitglieder für die Veränderungsteams nominiert. Einzelne Personen wurden definiert, andere wiederum konnten von den Bereichsleitern frei bestimmt werden. Zu den fest vorgegebenen Teammitgliedern zählten die Bereichsleiter, in deren Zuständigkeitsfeld die Verbesserungsmaßnahmen durchgeführt werden sollten, sowie Mitglieder des Betriebsrates. Allein letzteres mag in manchen Unternehmen schon eine Kunst für sich sein.

Welche weiteren Kriterien waren bei der Auswahl der Teammitglieder von Bedeutung?

In dem KVP-Projekt wurde sehr stark auf die eigene Motivation der Mitarbeiter wert gelegt, überhaupt Verbesserungen zum Leben bringen zu wollen. Damit einhergehend wurde gezielt nach Mitarbeitern Ausschau gehalten, die einen erkennbaren „Hunger nach Erfolg" hatten und von sich aus die Bereitschaft an den Tag legten, Veränderungen herbeiführen und mittragen zu wollen (vgl. auch Kap. 4). Diese intrinsischen Indikatoren haben die KVP-Projektleiter zu den entsprechenden Mitarbeitern – wenn Sie so wollen, Change Agents – gelotst. Keine Rolle spielte dabei, ob es die brilliantesten oder bestbezahltesten Mitarbeiter waren. Auch kam es eben nicht darauf an, dass es die Führungskräfte oder Mitarbeiter mit den meisten „Streifen auf den Schultern" waren. Allein ausschlaggebend war, ob diese Personen Veränderungen aktiv wollen und zu „Experten" heranwachsen wollen. Dass genau diese Personen später auf dem Sprungbrett zu „besseren Jobs" intern wie extern stehen, dürfte selbstredend sein. Gleichzeitig mussten es Personen sein, die von ihren Kollegen akzeptiert sind und gerne um Rat gefragt werden (vgl. auch die „Meinungsbildner" in Kap. 5). Verabschieden Sie sich in diesem Zusammenhang auch von dem Bild, dass Vorstände und Geschäftsführer „alleine" unterwegs sind. Seelisch vermutlich ja, aber auch Top-Manager haben immer eine Person – sei es neben ihnen oder im Schatten – von denen sie Meinungen und Ratschläge einholen. Die Praxis liefert eine ganze Reihe von Beispielen in den Unternehmen, in denen Sie heute mit „formaler Macht" bzw. disziplinarischer Führung allein Veränderungen kaum signifikant nach vorne bringen. Um es mit dem vorherigen Kapitel zu sagen: es gibt immer eine informelle Person in einem Bereich oder in einem Team, die auf dem Flur sagen kann: „Let's go, Kollegen." Und dann macht sich die Mehrheit der Mannschaft auf den Weg. Weshalb? Weil man gerne auf diese Person hört. Und genau diese Erkenntnis zu nutzen, ist ein weiterer wesentlicher Bestandteil einer Frontline Transformation (vgl. auch in diesem Zusammenhang den Aspekt von „Stolz“ bei Katzenbach und Khan 2010, S. 72 ff.).

Festhalten wollen wir allerdings auch, dass es zu Beginn der Ist-Analyse eine Reihe von Mitarbeitern mit deutlich erkennbarer Abwehrhaltung an den Fertigungslinien gab. Weshalb? Diese hatten das Gefühl, sie würden in diesem Projekt genauer „unter die Lupe genommen“ und als „Schuldige“ ausfinding gemacht werden. Dabei trift diese Mitarbeiter, wie im Übrigen auch die Ergebnisse der Ist-Analyse aufgezeigt haben, keinerlei Schuld für die Ausgangssituation. Unter dem Schutzmantel der Aussage „wir wollen lediglich die Sachlage auf den Prüfstand stellen“ haben die Verantwortlichen in der Vergangenheit immer wieder reine Schuldzuweisungen begangen. Die Folge: „verbrannte Erde“ an der Fertigungslinie, die bei der Belegschaft Spuren hinterlassen hat. Sie brauchen daher bereits im Vorfeld Ihres Change-Projektes die Fähigkeit erkennen zu können, was die betroffenen Führungskräfte und Mitarbeiter vor Ort treibt. Angst und Widerstand kann sich, wie bereits im vorherigen Kapitel herausgearbeitet wurde, in verschiedensten Formen Ausdruck finden. Die eine Gruppe bleibt stehen und es lässt es „über sich ergehen“. Eine andere Gruppe opponiert offensichtlich bei jeder ihr bietenden Gelegenheit. Was bedeutet das nun für Sie im KVP-Projekt? Sie müssen bereits in der Vorbereitungsphase kommunizieren und vereinbaren. Andernfalls werden Ihre Mitarbeiter Meinungen und Stimmungen anheizen.

Der Rückgriff auf den transparenten Projektansatz und die Tatsache, dass Führungskräfte wie auch die KVP-Projektleiter selbst in der Fertigungszelle im Rahmen der Ist-Analyse mitgearbeitet haben, haben letzlich zum Aufbrechen dieser Abwehrhaltung beigetragen. Nachdem die ersten Verbesserungsmaßnahmen umgesetzt und gezündet haben, war innerhalb der Belegschaft zu spüren, wie sich die Mitarbeiter untereinander in Seitengesprächen positiv über das KVP-Projekt unterhielten und damit auch über die Schichten und Fertigungszellen hinweg positive Botschaften verbreiteten. Was war also passiert? Ganz einfach: diejenigen, die von dem KVP-Projekt begeister warten, haben genau diese Botschaft an ihre Kollegen weitergegeben. Und genau das ist der „informelle Schlüssel“ und aus unserer Warte der ausschlaggebende Change-Faktor in Organisationen gleich welcher Größenordnung.

Erfolgsbaustein 4: Das „richtige" Projekt mit Erfolgspotenzial

Jeder erfolgreiche Prozess braucht einen guten Start. Das gilt auch für die Frontline Transformation. Wenn Sie „glänzen“ wollen, stellen Sie sicher, dass sie mit einem Projekt mit sehr guten Erfolgsaussichten beginnen. Es wird Ihr Vorzeigeprojekt sein. Es muss nicht das schwerste sein. Geben Sie Ihrer Mannschaft die Gelegenheit, sich aufzuwärmen und gut trainiert an die wichtigsten Projekte zu gehen.

Erfolgsbaustein 5: Die Ist-Analyse mit pragmatischen Ansätzen vor Ort

Dem Verbesserungsprojekt lag, wie bereits skizziert, eine Art „Projekt-Bebauungsplan" zugrunde, aus dem für alle beteiligten Führungskräfte und Mitarbeiter die einzelnen Projektarbeitsschritte transparent hervorgingen. Vor der Ist-Analyse wurden zunächst die Untersuchungseinheiten definiert. Dies konnten beispielsweise Fertigungszellen bzw. darin eingebettete Anlagen sein, die Engpässe im Fertigungsprozess darstellten – sei es, dass sie zu wenig Output oder überproportional viel Ausschuss hervorbrachten. Die Ist-Analyse wurde von relativ einfach gehaltenen Leitfragen gesteuert: „Was muss die Fertigungszelle bzw. Anlage können, in der die Maschine eingebettet ist? Welcher Output wird von ihr an jedem Tag, in jeder Schicht und in jeder Stunde erwartet? Welches sind die Anlagen und Prozesse, die in den Griff bekommen zu sind, damit das Werk wieder aus der Samstags-Arbeit und den Überschichten herauskommt?"

Den Untersuchungseinheiten und ex-ante definierten Sollkenngrößen für die Fertigungszellen bzw. Anlagen wurden anschließend die erhobenen Ist-Werte gegenübergestellt. Das Delta zwischen Soll und Ist wurde beispielsweise auf Flip Charts und White Boards vor Ort festgehalten, kategorisiert und die damit einhergehenden Effekte für den Gesamtfertigungsprozess abgeleitet. Als Kategorien konnten beispielhaft folgende Punkte identifiziert werden: technische Probleme der Anlage, zu wenige Mitarbeiter in der Fertigungszelle, kein Material vorrätig, etc.

Die Maßnahmen selbst wurden auf Basis der Ist-Analyse aus relativ pragmatischen, jedoch unmittelbar umsetzbaren Ideen vom KVP-Projektleiter zusammen mit dem Projektteam entwickelt, diskutiert und vor Ort festgehalten. Diese Gelegenheit wurde genutzt, um die Mitarbeiter in der Anwendung von Problemlösungswerkzeugen wie z. B. „Ishikawa" und „5Why" zur Anwendung zu trainieren. Als Ergebnis dieses Prozesses lagen Maßnahmenlisten und daraus abgeleitete Äquivalenzen zu Operational Excellence Kennzahlen vor. Die Meßgrößen für die einzlenen Maßnahmen waren dabei immer gleich, sodass jeder Mitarbeiter an der Fertigungslinie nach ein bis zwei Eingewöhnungstagen nachvollziehen konnten, was genau ermittelt wird und wie die Messgrößen zu Stande kommen. Die ersten Einflussgrößen waren relativ einfach zu lösen. Wenn man beispielsweise festgestellt hat, dass man in der Planung mit vier Mitarbeitern in einer Fertigungszelle kalkuliert hat, und des Öfteren zu Schichtbeginn nur drei vor Ort sind, dann hat die Personalabteilung im Werk entsprechend den Auftrag erhalten, hierfür eine Lösung zu entwickeln. D.h. die Maßnahmenfindung war nicht allein auf die Produktion selbst beschränkt, sondern bereichsübergreifend.

Erfolgsbaustein 6: Das konsequente Nachhalten von Maßnahmen mittels Zielvereinbarung

Ein letzter Erfolgsbaustein steht im Zusammenhang mit der Ableitung der Maßnahmen-Pakete und dem Production Board. Nun werden Sie sich an dieser Stelle fragen, was ist denn das Besondere an „Maßnahmen", die gibt es doch in jedem Unternehmen? Das Besondere an diesen Maßnahmen war, dass sie konsequent nachgehalten und überwacht wurden. Also nicht nur verabschiedet und auch nicht an die Verantwortlichen vor Ort delegiert, sondern vom Werkleiter konsequent nach dem Stand der Umsetzung abgefragt. Der Werkleiter und sein KVP-Projektleiter haben täglich Rundgänge durch die Produktion eingebaut und vor Ort nachgefragt, wo die Probleme liegen und was die Schichtmannschaft nun unternimmt, um die Probleme abzustellen. Diese Maßnahmen wurden in letzter Konsequenz in die Zielvereinbarungen der Bereichsleiter überführt.

Die Maßnahmenlisten wurde also jeden Tag überprüft und Bestandteil des sog. Production Board, auf dem vor Ort an der Fertigungslinie sämtliche Einzelmaßnahmen und Kennzahlen visualisiert wurden. Jeden Morgen ist der KVP-Projektleiter mit den entsprechenden Bereichs- und Schichtleitern an das Production Board an der Fertigungslinie gegangen, hat das Ergebnis der letzten Schicht und des Vortages betrachtet und überprüft, ob sämtliche Maßnahmen, die man vereinbart hat, auch umgesetzt worden sind. Gemeinsam wurde dann entschieden, ob der Prozess in Ordnung ist oder ob noch etwas nachgestellt werden muss. Die Schichtleiter hatten in diesem Rahmen ebenso die Aufgabe, die Maßnahmen wiederum mit ihren Teams zu besprechen. Die hierfür notwendige Zeit zur Reflektion hat man der Mannschaft zu Schichtbeginn und -ende eingeräumt. Als Visualisierungshilfsmittel hat man auch hier wieder auf Flip Charts und White Boards zurückgegriffen.

Erfolgsmessung über die Implementierung hinaus: Der KVP „7-Weeks-Cycle"

Stellen Sie sich abschließend vor, Ihre Maßnahmen wären umgesetzt und Sie gehen mit Ihrer Mannschaft in das Tagesgeschäft über. Was passiert in der Praxis? Genau an dieser Stelle brechen viele Veränderungsaktivitäten in den Unternehmen ein. Wenn Sie einen kleinen Veränderungsprozess angestoßen haben, dann sind erste Prozessauflösungserscheinungen häufig bereits nach einer Woche zu beobachten. Bei größeren Veränderungsmaßnahmen dürfte dieser Punkt vielleicht nach einigen Monaten kommen. Was passiert also? Der KVP-Projektleiter ist abgezogen, das Projektteam aufgelöst und die Mitglieder in ihre Linienbereiche zurückgekehrt. Die Erfahrung zeigt: je schneller Sie Ihre Veränderungen anstoßen, desto größer ist die Gefahr, dass diese anschließend im Tagesgeschäft wieder zurückgedreht werden. Wie können Sie nun genau an diesem Punkt Change-Nachhaltigkeit sicherstellen?

Zunächst einmal wäre aus unserer Perspektive zu verinnerlichen, dass ein Verbesserungsprojekt nicht mit der Fertigstellung der Projektdokumentation, dem Tag bzw. der Woche der Umstellung der Fertigungslinie und damit dem Erreichen der ex-ante definierten Soll-Werte als abgeschlossen zu betrachten ist. Unabdingbar und damit unabhängig von der Größe des Unternehmens ist es, während und im Nachgang der Prozessverbesserungen Ihre Mitarbeiter aufzuqualifizieren und kontinuierlich zu prüfen, ob Ihre veränderten Prozesse stabil laufen. Und das über sämtliche Schichten hinweg. Wenn es Ihnen gelungen ist, diesen einen, neuen Prozess über drei bis vier Wochen stabil zu halten und keiner der „Betroffenen" zurückdreht, dann können Sie davon ausgehen, dass Ihr neuer Prozess eingeschliffen ist. In Anlehnung an den „7-Weeks-Cycle" für KVP-Prozesse sollte im Blick behalten werden, dass man im Allgemeinen für die Veränderung eines Prozesses in der Produktion die siebenfache Zeit für die Vor- und Nacharbeit veranschlagen sollte. Im Rahmen des „7-Weeks-Cycles" ist das KVP-Team schwerpunktmäßig in der Mitte aktiv, wird immer aktiver in der Vorbereitung und umgekehrt immer weniger in der Nachbereitung. Die Ressourcen disbzgl. sind in Ihrer Planung zu berücksichtigen. Die Veränderung selbst kann innerhalb einer KVP-Woche durchgeführt werden. Das Ziel dieser KVP-Woche ist es, dass man eben nach einer Woche einen veränderten Prozess realisiert, eine Dokumentation über die Veränderungen erstellt und bestenfalls auch noch die betroffenen Mitarbeiter trainiert hat. Das hängt allerdings von der Größe der betrachteten Fertigungseinheit ab. Das bedeutet für den Controlling-freudigen Manager-Typus (vgl. Kap. 3): es geht eben nicht, dass man heute ein Team nominiert und dann sagt: „Toll, dann können wir in einem Monat vier Prozesse verändern". Sie können sicherlich zwei Verbesserungsprozesse parallel bearbeiten. Sie werden in der Regel jedoch drei Wochen benötigen, um diesen einen Veränderungsprozess an der Fertigungslinie vorzubereiten, und weitere drei Wochen für die Nachbereitung veranschlagen müssen.

6.4 Wenn der Fisch vom Kopf stinkt: Oder wie das Paradigma des Top-Managements „alles" beeinflusst

Zum Abschluss unseres Kapitels wollen wir mit Ihnen die Rolle des Top-Managements, die Qualifikation von Projekt-Managern und die Rolle von Consultants mit Ihnen beleuchten.

Stellen Sie sich zunächst vor, Sie wären verantwortlich für ein Werk mit rund 400 Mitarbeitern. Wie viele KVP-Experten müssten Sie hier positionieren, um „spürbar" Veränderungsn vorantreiben zu können? Zugegeben: keine einfache Frage. Wenn wir allerdings heute in die Budgetierungen in der Praxis hineinblicken, dann sehen wir häufig nicht mehr als eine KVP-Ressource. Mit ein bisschen Glück sind es zwei KVP-Ressourcen – und dann Vollzeit und nicht „Teilzeit". Aus unserer Sicht wird an dieser Stelle bereits das Commitment eines Unternehmens und des Top-Managements für bzw. gegen Veränderungen und Verbesserungen sichtbar. Wir wollen das Beispiel noch einmal aufgreifen. Um in einem Werk mit ca. 400 Mitarbeitern die nötige Geschwindigkeit hinter Ihre Veränderungsprojekte zu bekommen, müssten Sie aus unserer Sicht mindestens vier KVP-Profis an Bord haben (Regel: n/100). Sie werden uns sicher zustimmen, dass auch diese vier Personen nicht sonderlich viel für ein solches Werk sind. Aus unserer Erfahrung in der Automotive- und Logistikindustrie heraus können wir Ihnen jedoch guten Gewissens versichern: ein Werkleiter, der vier Spezialressourcen budgetiert, um seine Verbesserungsthemen zu gestalten, wird sich das angesichts der heutigen Profitabilitätsziele vieler Unternehmen zweimal überlegen, ob er dieses Budget seinem Top-Management „offen" zeigt. D.h. das Top-Management macht die „Ansagen" und bestimmt das „Mindeset" einer Organisation. Der Fisch stinkt also vom Kopf.

Und genau hier liegt ein wesentlicher Punkt in der Arbeit mit und um Veränderungen. Es ist enorm wichtig, dass das Top-Management eine Entscheidung trifft – und zwar: „Wollen wir bewusst in solche Ressourcen investieren, um unser Ergebnis von Morgen zu sichern, - wohl wissend, dass uns diese Entscheidung heute Geld und damit EBIT-Marge kostet? Oder lassen wir es lieber sein und optimieren unsere Kostenstruktur so weit es noch geht – mit dem Risiko, in einigen Jahren festgefahrene Prozesse zu haben, die unter Umständen nicht mehr zukunftsfähig für weitere Aufträge und neue Kunden sind?" Wir haben zunehmend das Gefühl, dass der Drang im Top-Management nach Kurzfristergebnissen so hoch ist, dass man auf derartige Ressourcen verzichtet. Unser Respekt gilt daher all jenen Managern und Führungskräften, die es trotz Kostendruck schaffen, die entsprechende Anzahl an Ressourcen für ihre Veränderungen zu platzieren. Genau damit dürften sie ihren Mitanbietern gegenüber einen entscheidenden Schritt voraus sein.

Projektauftrag „Change": Wenn Manager externe Consultants anheuern

Wenn ein Manager der oberen oder mittleren Führungsebene den Auftrag erhält, seine Organisationseinheit zu verändern, dann realisiert er das im Allgemeinen. Auf welche Vorgehensweisen kann dieser Manager nun zurückgreifen?

Der erste Weg wäre, der Manager nimmt den Projektauftrag in die eigene Hand, stellt sich vor seine Mannschaft und erklärt mit breiter Brust: „So, jetzt fangen wir an!" Das wird unserer Erfahrung nach in der Praxis selten praktiziert. Weshalb? Der Manager ist der schuldige, wenn das Veränderungsprojekt schiefgelaufen ist. Sie haben heute einen enormen Druck, Ergebnisse zeigen zu müssen bei einer gleichzeitig minder ausgeprägten Fehlertoleranz-Kultur in den Unternehmen. Vor diesem Hintergrund liegt es für eine ganze Reihe von Managern nahe, einen externen Consultant „anzuheuern", dem man die Veränderungsaufgabe „einfach" vollständig überträgt und am Ende des Projektes fragen kann, ob „alles funktioniert" hat. Das ist zwar der zweitbeste Weg, jedoch derjenige, der in der Praxis sehr häufig zu beobachten ist. Der zweitbeste Weg deswegen, weil „gesunde" und damit wirksame Change-Prozesse unserer Überzeugung nach ausschließlich von Managern, Führungskräften und Projekt-Managern initiiert und gesteuert werden können, die sich innerhalb eines Systems befinden und mit der Branche, in die das Unternehmen eingebettet ist, ebenso wie mit der Organisationseinheit vertraut sind. Ein kritischer Erfolgsfaktor ist darüber hinaus das Verständnis dieser führenden Personen für die Kultur und das System der betroffenen Organisationseinheit. Eine wichtige Aufgabe bevor ein solcher Veränderungsprozess gestartet werden kann, wäre daher zunächst diejenige fähige Person zu identifizieren, die genau über diese „Kultur- und Organisationserfahrung" verfügt. Ohne diese „Schlüsselperson" dürfte Ihr Veränderungsprozess kaum von nachhaltigem Erfolg gekrönt sein. Und genau deswegen dürfen Change-Projekte nicht externen Strategy Consultants überlassen werden.

Ein Beispiel aus der Praxis: Stellen Sie sich vor, Sie als verantwortlicher Bereichsvorstand engagieren einen Strategy Consultant. Dieser nimmt Ihre Bilanz im Detail auseinander und schnürt Ihnen ein entsprechendes Maßnahmenpaket. In der nächsten Vorstandssitzung wird das Papier verabschiedet und liegt anschließend wieder auf Ihrem Schreibtisch. Und nun? Genau an dieser Stelle fängt in der Unternehmenspraxis eine ganze Reihe von Top-Managern an zu grübeln, wie sie dieses Papier nun ihren Führungskräften und Mitarbeitern vermitteln soll. Vor allen Dingen jedoch werden sie von der Frage getrieben, wie sie das Papier der Strategy Consultants umgesetzt bekommen. D.h. es wird ein „Vermögen" für Unternehmensberater ausgegeben mit einem Ergebnis, auf das man auch intern hätte kommen können bzw. dessen ex-ante definierten Projektziele man noch einmal formal hat extern „bestätigen" lassen (Gutachten). Doch die Umsetzung, auf die es unserer Ansicht nach mehr ankommt als eine 100 % vollständig und abgesicherte Analyse – falls dies überhaupt möglich ist – bleibt häufig außen vor (vgl. auch Kap. 1.).

Wir sind starke Verfechter davon, Change-Projekte mit eigenen Ressourcen durchzuführen. Um es nicht falsch zu verstehen: es ist durchaus akzeptiert, dass man einen Coach und Management-Begleiter hat, der ein Gefühl für die Ausgangssituation hat und dabei unterstützt, den Prozess zu reflektieren und mitzugestalten. Ein Change-Prozess kann allerdings unserem Verständnis nach allein von der Organisation selbst und damit von innen heraus entstehen. Führungskräfte einer Organisation – und davon sind wir völlig überzeugt – sind das Produkt einer Unternehmenskultur des Top-Managements, die sich über mehrere Jahre, wenn nicht sogar Jahrzehnte etabliert hat. Auf dieser Etage verdichtet sich eine „Atmosphäre" über den Köpfen der handelnden Personen, so dass ein bestimmtes Profil an Führungskräften rekrutiert und entwickelt wird. Das ist dann, so hart es für den ein oder anderen nun klingen mag, ein bestimmer „Typus einer Führungskraft", der innerhalb eines Unternehmens ein bestimmtes Muster entwickelt hat. Weshalb? Weil es Menschen sind.

Demzufolge glauben wir, dass genau hier und in Kombination mit dem Aspekt „Fehlertoleranz-Kultur" ein Knackpunkt im Change Management liegt. Sie müssen einen Veränderungsprozess starten, der in den Köpfen der Führungskräfte und Mitarbeiter einen Change erzeugt. Und zwar dahingehend, dass man eine Fehlertoleranz-Kultur lebt. Wenn Sie als Führungskraft natürlich den Druck haben, keine Fehler machen zu dürfen, dann suchen Sie sich natürlich den „Berater Ihres Herzens", auf den Sie zeigen können, wenn es nicht funktioniert hat. Wenn Sie als Manager jedoch eine Fehlertoleranz-Kultur gestalten, dann können Ihre Führungskräfte auch einen Veränderungsprozess mit allen Konsequenzen vorleben und sich vor Ihre Mannschaft stellen. Genau hier startet und endet vieles.

6.5 Change Management: Ein einfacher Satz an Regeln?

Was nehmen wir aus diesem Kapitel für uns mit? Change Management ist für uns in erster Linie ein relativ einfacher Satz an Regeln. Wir persönlich glauben allerdings, dass dieses Regelwerk jedesmal neu festgelegt werden muss: mal etwas strenger, mal etwas lockerer. Man kann viele Dinge über die Werkzeuge, die man einsetzt, gleichermaßen betrachten. Die Rahmenbedingungen werden allerdings jedesmal anders sein. Der Transformationsprozess, der dann nachfolgend folgt, ist dann eben Teil des Weges. Der Prozess und das Projekt müssen letztendlich von vorne bis hinten sorgfältig durchdacht und systematisch aufgebaut sein. Im Folgenden haben wir abschließend einige zentrale „Veränderungs-Gedanken“ aus den Kapiteln 3 bis 6 für Sie im Überblick zusammengeführt:

1. **Demut** als Manager vor der eigenen Gestaltungsaufgabe haben und Verantwortung nicht wegdelegieren
2. **Ehrlichkeit** an den Tag legen, feine **Antennen** in Richtung eigener Organisation entwickeln und die Kompetenz entwickeln, mit den Mitarbeitern vor Ort zu sprechen
3. Der **oberen und mittleren Führungsebene** verdeutlichen, dass Supporter unter allen Umständen gutiert (neue Rollen, Aufstieg, Gehaltserhöhung) und destruktive Bremser unter der Führungsmannschaft konsequent sanktioniert und ausgetauscht werden („Widerstands-Management by Examples“)
4. Projekt-**Erwartungshaltung** ganz klar kommunizieren, eine wasserdichte **Change-Story** sorgfältig vorbereiten und Konsequenz in der Umsetzung zeigen
5. Vor Projektstart die **richtigen Leute** mit dem richtigen **Mindset** in das **Veränderungs-Team** holen, die auch keine „Body-Kultur“ und gemeinsame Vergangenheit mit den betroffenen Führungskräften haben
6. **Informelle Kanäle** im Unternehmen ansteuern und **Mitarbeiter** identifizieren und in das Projekt einbauen, die stolz sind, für das Unternehmen zu arbeiten
7. Veränderungsprojekte mit radikaler **Geschwindigkeit** nach vorne bringen und nicht nachlassen
8. **Kampfgeist** und **Leidenschaft** für das eigene Unternehmen, Kunden und Produkte unter dem Führungsteam und den Mitarbeitern entwickeln
9. Parallel die **Personalabteilung** von „Support-Funktion“ hin zu einer unternehmerischen Personalentwicklung weiterentwickeln
10. **Veränderungsbereitschaft** und **Hunger nach Erfolg** als Dauerziel proklamieren und die Organisation permanent auf Trab halten (jedoch: keine Angst-Kultur errichten!)

Vieles von dem, was wir in der Praxis gelernt haben, hängt mit dem Schritt vor der eigentlichen Frontline Transformation zusammen. Es ist das Schaffen der notwendigen Gegebenheiten in den Unternehmen samt Einsetzen der richtigen Mannschaft. Profis und Change-bereite Menschen in Ihren Unternehmen kosten eben Geld. Doch es hält sich überschaubar. Weshalb? Diese Menschen sind rarer gesät als die Führungskräfte in Ihren Unternehmen.

Für Ihren wichtigen Strategic Change sollten Sie mindestens sechs Monate Vorlauf einplanen. Das hängt natürlich auch mit der Unternehmensgröße zusammen. Es gilt jedoch: umso mehr Zeit Sie im Vorfeld des Projektes haben, Ihre Führungskräfte und Mitarbeiter einzustimmen, desto mehr dürften Sie sich die folgende Projektarbeit erleichtern. Ihre Belegschaft wird dann zwar mitunter immer noch „schlecht gelaunt" sein. Sie können sich jedoch innerlich auf das kommende Projekt einstimmen. Glauben Sie uns: allein eine sorgfältige, systematische und professionelle Projektvorbereitung ist für sich schon ein „Sonderprojekt unter speziellen Rahmenbedingungen". Das ist nicht etwas, was Sie als „Hobby" nebenbei machen sollten. Das glauben nur viele. Wenn Sie es richtig und wirksam machen wollen, dann wird Ihre Vorbereitungsarbeit bereits weit in die Strukturen Ihres Unternehmens eingreifen. Es wird Spuren hinterlassen und genau das soll es auch.

Zum Abschluss: es gibt auf dem Markt und in den Unternehmen eine Vielzahl sog. „Lean Experten". Viele in den Unternehmen reden über die magischen Lean-Prinzipien wie „Flow", „Pull", „Tact" oder „Zero Defect Stop" (vgl. zu den Prinzipien Liker 2004 und Womack und Jones 2003). Machen Sie sich den Spaß und picken Sie sich in den Unternehmen samt Chef-Etage einmal Personen heraus und fragen Sie ganz gezielt, was diese Prinzipien konkret für Ihre Unternehmen bedeuten. Und das ganze ohne, dass die Personen anfangen „Flow" mit „Fluß" zu übersetzen. Sie werden staunen! Bei einer ganzen Reihe von Personen dürften Sie diese Übersetzung vom Englischen ins Deutsche erwarten.

Was bedeutet dieses Beispiel nun für Ihren Strategic Change? Das bedeutet, dass Sie zu Beginn durchaus einen externen Management-Begleiter haben sollten, der die Geschäftsleitung und Ihren Projekt-Auftraggeber dafür sensibilisiert, was sie hier eigentlich von ihrer Organisation einfordern und welches Projekt sie am Start haben. Aus Paradigmen, die man selbst nicht verinnerlicht hat, geschweige denn umreißen kann, könnnen relativ schnell Erwartungshaltungen innerhalb eines Unternehmens entstehen, die keine „Projektmannschaft der Welt" mit diesem gefährlichen „Halbwissen" auf den Chef-Etagen realisieren kann.

Literatur

Iskan, S. (2011). *E-Coaching in transnationalen Arbeitsgruppen: Wirkfaktoren und didaktisch-methodische Gestaltungsansätze – Dargestellt am Beispiel einer deutsch-türkischen und deutsch-französischen Arbeitsgruppe bei einem integrierten Logistikdienstleister*. Hamburg: Dr. Kovac.

Katzenbach, J. R., & Khan, Z. (2010). *Leading outside the lines: How to mobilize the (in)Formal organization, energize your team, and get better results*. San Francisco: Jossey-Bass.

Liker, J. K. (2004). *The Toyota way: 14 management prinicples from the world's greatest manufacturer*. New York: McGraw-Hill.

Womack, J. P., & Jones, D. T. (2003). *Lean thinking: Banish waste and create wealth in your corporation*. London: Simon & Schuster.

Volker Staab verantwortet bei einem internationalen Automotive Supplier die Aktivitäten rund um das Industrial Engineering und Operational Excellence in der Zentrale wie auch an den weltweiten Montagestandorten des Unternehmens. Der Six-Sigma-Black-Belt- und Lean-Experte kann auf eine langjährige Führungslaufban in der internationalen Automotive-Szene zurückblicken. So war der Diplom-Ingenieur etwa als Director Continous Improvement Europe, Plant Manager oder auch als Sales Director für einen Premium-OEM bei international führenden Tier-1-Automotive-Suppliern in verantwortlichen Positionen.

Prof. Dr. rer. pol. Stefan Iskan hat die Professur für Logistik und Wirtschaftsinformatik, inbes. Supply Chain Management und E-Business, im Fachbereich Dienstleistungen und Consulting an der University of Applied Sciences Ludwigshafen am Rhein inne. Der Hochschulprofessor ist Autor zahlreicher Veröffentlichungen, Top-Management- und Führungskräfte-Begleiter wie auch Academic Advisor der führenden türkischen Automotive und Logistik-Mediengruppe AYSBERG mit Sitz in Istanbul. Der promovierte Wirtschaftspädagoge war zuvor für den Deutsche Bahn-Konzern (DB Schenker) in verschiedenen vorstandsnahen Funktionen aktiv, u.a. in der Konzernleitung der DB ML AG in Berlin und Istanbul sowie als Leiter Strategische Projekte & Business Development einer der Direct Reports zum Vorstand Landtransport der Schenker AG in Essen. Zu seinen weiteren beruflichen Stationen zählen die Deutsche Post Consult GmbH und Daimler AG. Zusammen mit seinem Partner, Erwin Staudt, begleitet er Führungskräfte aus der Automotive Industrie und Logistik in Deutschland und in der Türkei, insbes. in strategischen Fragestellungen, Organisationsentwicklung, Change Management sowie Industrialisierung der Aufbau- und Ablauforganisation. Für seine akademischen Leistungen wurde er bereits ausgezeichnet.

Teil III
Change-Kommunikation

(Zeichnung: Knut Eckert)

7 Change-Kommunikation ist vor allem Strategie-Kommunikation: Also Chefsache

Heiner Reiners

7.1 Big Picture gesucht: Change-Kommunikation muss Einordnung und Sinnstiftung gewährleisten

Nichts bleibt, wie es war. Und das einzig Beständige ist der Wandel. Das sind zwar Binsenweisheiten – beide aber angesichts von Tempo und Qualität der Veränderungen, mit denen Unternehmen heutzutage umgehen müssen, alles andere als banal. Denn die Großwetterlage ist so wechselhaft wie nie und ein Hoch, das ruhige Bedingungen beschert, weit und breit nicht in Sicht. Erschwerend zum ökonomischen Klimawandel kommt hinzu: es geht längst nicht mehr nur darum, das operative Geschäft zu beherrschen, Märkte zu entwickeln oder einen Konzernumbau sauber zu managen. Sondern nicht zuletzt auch darum, den Stakeholdern – allen voran den Mitarbeitern – diese neue Welt und ihre fragilen Determinanten überhaupt begreiflich, fassbar zu machen.

Gefragt ist deshalb eine neue Dimension von Kommunikation und Leadership gleichermaßen: Ein Unternehmenschef auf der Höhe der Zeit muss trotz unsicherer Rahmenbedingungen in der Lage sein, ein Zukunftsbild zu entwerfen. Er muss so den großen Überbau schaffen, in dem alle vermeintlich losen Enden miteinander verknüpft sind. Dieses „Big Picture", überführt in eine langfristige Agenda, muss er anschaulich kommunizieren – wohlgemerkt nicht nur Richtung Medien, sondern zu allererst in sein Unternehmen hinein. Denn es sind die Führungskräfte und Mitarbeiter, die den wegweisenden Gedanken des Top-Managements Leben einhauchen müssen.

H. Reiners (✉)
Heidelberger Leben Service Management GmbH, Heidelberg, Deutschland
E-Mail: heiner.reiners@hlsm.de

S. Iskan, E. Staudt (Hrsg.), *Strategic Change*, DOI 10.1007/978-3-658-03287-6_7

Managern ohne erkennbaren Plan traut man nicht

Bei Restrukturierungs- und Reorganisationsprojekten gilt das noch einmal mehr: Denn unbequeme, oft schmerzliche Umbauprogramme ergeben nur dann Sinn, wenn sie im größeren Ganzen – der langfristigen Agenda – verortet werden. Warum? Restrukturierungen sind kein Selbstzweck! Vielmehr sind sie Mittel zum Zweck, Wegbereiter für etwas anderes, Größeres. Leider ist oft das Gegenteil zu beobachten: Operative Initiativen werden mit nichts anderem als wirtschaftlichen, finanziellen Erwägungen begründet. Kein Wunder, dass sie dann gesichts- und konturlos in der Luft hängen und als seelenlose Fremdkörper empfunden werden – egal, wie groß die empfundene oder tatsächliche Rationalität des Change auch sein mag. Deshalb: Sind Vorstände und ihre Kommunikatoren außer Stande, sich schlicht und ergreifend zu erklären, dann sägen sie am gern zitierten Ast, der sie doch tragen soll. Denn Unternehmen, die nicht in der Lage sind, die Zeichen der Zeit zu deuten, ihre Entscheidungen einzuordnen und ihre Daseinsberechtigung zu erklären, werden von ihren Stakeholdern als führungslos eingeschätzt – gemäß der immer wieder beobachteten Praxis: Unternehmen, die nicht kommunizieren, werden als nicht geführt wahrgenommen.

Im Klartext: Unternehmen ohne Zukunftsgeschichte und Managern ohne erkennbaren, nachvollziehbaren Plan traut man nichts, oder jedenfalls kaum etwas zu. Das hat verheerende Folgen, was öffentlich-politischen Rückhalt, das Vertrauen der Kapitalmärkte und nicht zuletzt die interne Gefolgschaft betrifft.

„Großes Denken" statt institutionalisierter Risikovermeidung

Deshalb gilt ohne wenn und aber: Wer als Top-Manager nicht auf dem Radar hat, dass Kommunikation in der heutigen Zeit ein Management-Tool erster Güte ist, der riskiert die Zukunft seiner Unternehmung – und setzt auch gleich noch seine eigene Reputation aufs Spiel. Die Zahl von CEOs, die in jüngster Zeit aufgrund mangelhaft kommunizierter, mitunter fehlender Strategieentwürfe oder wegen unzulänglich positionierter Restrukturierungsvorhaben ihren Hut nehmen musste, sollte Mahnung genug sein! Das Top-Management, allen voran der CEO, muss heute in großen Kategorien denken – thematisch und zeitlich. Nur dann werden Perspektiven wieder frei oder erst geschaffen, die neue Kräfte mobilisieren. Für Restrukturierungen bedeutet das: Sie müssen mobilisieren statt einschüchtern. Sie müssen Lust machen statt Angst verbreiten. Lust darauf, eine Hürde zu nehmen, zu etwas Neuen aufzubrechen. Doch „in der deutschen Konzernwelt ist Planung immer noch viel zu sehr auf den Krisenmodus fixiert" (vgl. Arndt 2013, S. 10). Doch wer will von Managern geführt werden, denen der „Mut zum großen Wurf" fehlt, die lediglich Probleme balancieren und das Schlimmste verhindern?

Folgerichtig muss sich auch die Kommunikationswelt weiterentwickeln. Interpretieren, einordnen und lenken anstatt bloß begleiten und berichten – das muss heutzutage der Anspruch an Change-Kommunikation sein. Noch einmal: Wie (und ob überhaupt) eine Organisation sich nach innen und außen mitteilt, kann schnell zu einer Frage von existenzieller Bedeutung werden. Dann nämlich, wenn die Unternehmen sich als unfähig erweisen, ihr Handeln zu erklären und ihre Rolle in Richtung Wirtschaft, Politik und Gesellschaft immer wieder neu zu legitimieren (vgl. Arndt 2013, S. 10).

Ein kurzer Blick zurück

Die Zeiten haben sich geändert – für die Unternehmen und ihre Kommunikatoren: Unternehmenskommunikation steht heute vor ganz anderen Herausforderungen als noch vor fünfzehn oder zwanzig Jahren. Damals war die Welt der Wirtschaft im Vergleich zu heute ein „langer ruhiger Fluss". Technologien, Geschäftsmodelle, Strategien, Wettbewerbsstrukturen – all das hatte bis weit in die 1980er Jahre hinein eine relative Beständigkeit. Veränderungen vollzogen sich in mehr oder weniger geordneten Bahnen, folgten langfristig angelegten Pfaden und waren insofern einigermaßen absehbar. Der Grund: Sie folgten der inneren Logik einzelner Märkte oder Industrien, die zumal bis dahin kaum miteinander verzahnt waren. Die entsprechenden unternehmerischen Anpassungsprozesse waren weitgehend überschaubar und berechenbar.

Doch dann ist es plötzlich vorbei mit der Übersichtlichkeit: Deregulierung und Liberalisierung befeuern den Wettbewerb, die Globalisierung erfasst die Wirtschaft, das Internet stellt unsere Lebens- und Arbeitswelt auf den Kopf. Diese Megatrends setzen Unternehmen unter enormen Anpassungsdruck. Wer mithalten, Chancen nutzen und nicht der Konkurrenz das Feld überlassen will, muss selbiges jetzt schleunigst neu bestellen. Getrieben von den weltweiten Entwicklungen, stemmen Wirtschaftsorganisationen binnen kurzer Zeit gewaltige Veränderungen. Man erinnere sich nur an die fulminante Transformation des Telekommunikationssektors. Diese hatte in den frühen 80er Jahren in den USA mit der Zerschlagung des damaligen Monopolisten AT&T in so genannte „Baby Bells" ihren Anfang genommen und erreicht nun mit Wucht auch Europa. Eindrückliches Beispiel hierzulande ist die Privatisierung der Deutschen Telekom: Ende der 1980er Jahre noch ein Staatsunternehmen, folgt binnen kurzer Zeit die Abspaltung von der Bundespost und schon 1996 der Börsengang.

„Wind of Change" bläst unaufhörlich

Und als hätten die Unternehmen mit dieser dynamischen Verwandlung ihres Umfelds nicht schon genug zu tun, zieht wie aus dem Nichts ein „Wind of Change" ganz anderen Kalibers auf: Gleich drei Krisen in nur einem Jahrzehnt machen der Weltwirtschaft schwer zu schaffen. Kaum hat sie sich von der Kapitalmarktkrise erholt, die zur Jahrtausendwende durch das Platzen der Dotcom-Blase ausgelöst worden war, wird sie 2008 von der globalen Finanz- und Bankenkrise überrollt. Deren Erschütterungen wiederum münden beinahe übergangslos in eine bis heute schwelende, multiple Staatsschulden- und Eurokrise. Auch wenn es aktuell, 2014, oberflächlich betrachtet den Anschein hat, die Zeichen stünden auf Erholung: De facto bewegen Unternehmen sich weiterhin im Ausnahmezustand. Die derzeit einzige Gewissheit lautet: Die Wirtschaft kann jederzeit wieder einbrechen, langfristige Prognosen sind kaum möglich, ergo ist Fahren auf Sicht angezeigt.

Disruptive Einflüsse an der Tagesordnung

Wir halten fest: Unternehmen müssen sich verändern, weil die Welt sich immer schneller dreht – und das auch noch auf gesamtökonomisch äußerst schwankendem Grund. Das verlangt den Organisationen zusätzliche Kondition und Beweglichkeit ab, die aber zugleich durch ein immer enger geschnürtes Korsett regulatorischer Eingriffe eingeschränkt wird. Eine Gesamtkonstellation, die zwangsläufig zu Kurzatmigkeit bei den Unternehmen führt. Die Folge: In immer kürzerer Taktung werden strategische Kurswechsel von immer größerer Tragweite vollzogen – mit dem Effekt, dass tragende Fundamente und identitätsstiftende Selbstverständnisse ins Wanken geraten. Kurzum: Wo einst Beständigkeit, Klarheit und Orientierung geherrscht haben, sind in vielen Unternehmen nun Verwerfungen, Verunsicherung und ein banger Blick in die Zukunft an der Tagesordnung.

Falsche Reflexe allerorten

Genau diesen bedrohlichen Gemütszustand ignorieren aber viele Unternehmenslenker. Sie sind sich wohl bewusst, dass es Erklärungs- und Klärungsbedarf gibt. Doch scheuen sie meist die Anstrengungen, wenn sie realisieren, welche kommunikative Aufgabe da auf sie wartet. Stattdessen ist häufig die gleiche Reaktion zu beobachten: Reflexartig werden in der Umbruchsituation vor allem Zahlen und die Logik der Kapitalmärkte bemüht – eine Folge der lange vorherrschenden Shareholder-Fixierung, aber auch eines erstarkenden Compliance-Regimes. Zusätzlichen Druck von außen üben die Medien aus: Jede nervöse Zuckung, jede inhaltliche Unschärfe, jede unbeantwortete Frage wird skandalisiert und findet binnen Sekunden ihren Weg in die Weiten des Internets. Die kommunikative Marschrichtung lautet deshalb meist: Nur über das sprechen, was gesichert ist. Und das auch nur, wenn es unbedingt notwendig ist.Getrieben von der Furcht vor „schlechter Presse“ mit negativen Auswirkungen auf den Aktienkurs, flüchten Vorstände sich in inhaltsleere „Teflon“-PR. Deren Markenzeichen: Glattgeschliffene Pressemitteilungen mit austauschbaren Strategie-Floskeln, Verweise auf operative Notlagen und Ankündigung des x-sten Reorganisationsprogramms. Dazu setzen sie – vordergründig konsequent – bevorzugt auf Kommunikationschefs, die ihr Handwerk auf der vermeintlich feindlichen Seite gelernt haben, in den Wirtschaftsmedien. Sie kennen schließlich die Welt der Börsenkurse und Renditen und wissen, wie man Anhaltspunkte für Schlagzeilen vermeidet. Sie werden deshalb die mediale Abwehrschlacht schon schlagen. Die Crux: Kommunikatoren dieses Typus bauen Geschichten meist so, dass sie der Finanz- und Wirtschaftspresse schmecken, recyceln den Plot allenfalls noch für die Mitarbeiterzeitung oder das Intranet. Sinnstiftendes Storytelling? In der Regel Fehlanzeige.

Bedürfnis nach Orientierung

Stattdessen wird auch nach drinnen mit glattgeschliffenem Business-Kauderwelsch operiert, von wirtschaftlichen Zwängen, drohenden Szenarien und zwingender Logik geredet. Die Taktik: suggerieren, dass es keine andere Wahl gebe. Und darauf hoffen, dass die Situation murrend hingenommen wird. Was bei diesem Verständnis von Kommunikation billigend in Kauf genommen wird: Die Bedürfnisse der eigenen Mannschaft bleiben weitgehend auf der Strecke. Das aber ist eine ungeheure Leichtfertigkeit. Denn unzufriedene und desillusionierte Mitarbeiter stellen eine noch größere Gefahr für den Change dar als kritische Journalisten. Was nützt schließlich eine glänzende Fassade, wenn das Gebäude angesichts fahnenflüchtiger Führungskräfte und frustrierter Mitarbeiter im Innern längst dem Verfall preisgegeben ist?

Genau eine solche Situation kann aber schnell entstehen, wenn kein Stein auf dem anderen bleibt. Schließlich gibt es heute kaum ein großes Unternehmen, in dem nicht gleichzeitig eine Vielzahl von Baustellen zu bewältigen ist. Während den Führungskräften gerade erst die veränderte Führungsstruktur erläutert wird, krempelt eine Taskforce schon den Vertrieb um. An anderer Stelle sollen alle Bereiche Einsparpotenziale melden, zugleich soll das Time-to-Market drastisch verkürzt werden. Kurzum: Für schrittweises Vorgehen ist selten Zeit, alles muss parallel angepackt und insbesondere sofort begonnen werden. Kein Wunder daher: Je heftiger die Turbulenzen, je unübersichtlicher die Lage, desto größer das Bedürfnis nach Einordnung und Orientierung. Fragen, Ängste, Widerstände – all das muss aufgefangen werden, sonst drohen Depression und Apathie.

Zukunftsprojektion unerlässlich

Worauf es jetzt ankommt, ist das Unternehmen im Innern zusammenzuhalten. Mitarbeiter müssen verstehen, welchem roten Faden Entscheidungen folgen. Einschnitte und Zumutungen für Einzelne müssen im Rahmen der übergeordneten Unternehmensstrategie schlüssig verortet und mit einer langfristigen Perspektive vor allem für jene hinterlegt werden, die diese Zukunft miteinander bewerkstelligen sollen. Denn nur durch Sinnstiftung lässt sich Gefolgschaft auf dem steinigen Pfad der Neuaufstellung sicherstellen. Bleibt jedoch eine solche Einordnung aus, wird sich auch keine Einsicht in Notwendigkeiten einstellen. Eine Change-Kommunikation, die – wie es allzu häufig noch der Fall ist – auf Prozesse und Strukturen fixiert ist, kann diese Sinnstiftung nicht leisten. Denn was den heutigen Changebedarf in Organisationen ausmacht, hat eben immer seltener mit zeitlich wie inhaltlich überschaubaren Veränderungen zu tun. Vielmehr geht es aufgrund der Komplexität der Gemengelagen, die es zu bewältigen gilt, um richtiggehende Transformationen, an deren (vorläufigem) Ende eine Organisation mit anderem Gesicht, veränderten Grundregeln – eben einer modifizierten DNA – steht. Anstelle von abstrakten Workflows und Organigrammen muss Kommunikation deshalb eine anschauliche Vorstellung davon geben, was für ein Gebilde ihr Unternehmen nach dem Wandel sein und wofür es in der Zukunft stehen will.

Es geht aus kommunikativer Sicht daher um eine völlig andere Größenordnung – nämlich darum, die mentale Verfasstheit des Unternehmens, seine Denk- und Verhaltensmuster zu begreifen und neu zu codieren. Um das zu erreichen, malt Change-Kommunikation das große Bild, hinter dem sich alle versammeln. Sie erweckt zum Leben, was dürre Strategiecharts, endlose Zahlenkolonnen und optisch aufgehübschte Organigramm-Serien nicht ansatzweise zu transportieren vermögen. Change-Kommunikation von heute ist damit nicht länger nur Berichterstatter des Wandels, sondern wird zum Gestalter und Motor des Change. Mehr noch: Kommunikation bereitet den Boden, auf dem sich überhaupt erst Neues entfalten kann.

Und dahinter? Erneuerung

Immer mehr Unternehmen müssen jedoch nicht nur transformiert werden, sondern gänzlich erneuert. Denn nicht wenige Wirtschaftszweige sehen sich heute gezwungen, ihre gesamtes Geschäftsmodell auf den Prüfstand zu stellen – und damit ihre Daseinsberechtigung. Weil sie strategisch in einer Sackgasse stecken oder auf disruptive Veränderungen in ihrem Umfeld reagieren müssen (vgl. Deekeling 2013, S. 27). So zum Beispiel die Verlagsbranche, die dringend Antworten auf die Digitalisierung und einen veränderten Medienkonsum finden muss. Oder die Autoindustrie, die sich von dem Phänomen bedroht sieht, dass die mobile Gesellschaft sich weg von einer „Status Economy" hin zu einer „Sharing Economy" entwickelt. Ein weiteres Beispiel für solche kategorischen Veränderungen ist, wenigstens aus deutscher Sicht, die sogenannte Energiewende; sie stellt die Energiebranche ebenfalls vor eine Erneuerungsaufgabe, die weit über einen Transformationsprozess hinausreicht.

Allen diesen Erneuerungsvorhaben ist gemein, dass ein Weg beschritten werden muss, dessen Ende vollkommen offen ist. Hier ist also der Weg das Ziel – denn erst unterwegs wird schrittweise klar werden, wohin die Reise geht. Hierin steckt die besondere kommunikative Qualität: Wie erkläre ich als CEO, dass ich einen länger dauernden Findungsprozess benötige, bevor ich mich erklären kann? Und: Wie moderiere ich diesen? Wie stimuliere ich das dafür erforderliche neue Denken? Wer ist zu beteiligen? Hier ist jedenfalls Erwartungsmanagement gefragt, das die kurzatmigen Planungs- und Beurteilungshorizonte des Kapitalmarkts zwar weiter im Blick haben, in der Sache aber über Bord werfen muss. Die traditionelle 100-Tage-Frist hat hier jedenfalls ausgedient. Und während also das Management neues Denken stimulieren muss, um sich überhaupt erst neue Horizonte zu erschließen, soll weiter Geld verdient werden. Mit Strategien, die erkennbar Auslaufmodelle sind. Nicht nur gegenüber dem Kapitalmarkt bedeutet dies kommunikativ eine große Herausforderung. Mindestens ebenso brisant ist dies Richtung Mitarbeiterschaft. Wie motiviere ich eine Mannschaft – allen voran die Führungskräfte – die nicht mehr weiß, ob sie zukünftig noch gebraucht wird? Vor allem, wenn nicht einmal klar ist, für was überhaupt! Vorstandschefs jedenfalls, die die Antwort darauf schuldig bleiben, wie sie ihr Unternehmen angesichts der rasanten Evolution von Technologien, Verbraucher-Bedürfnissen und gesellschaftlichen Werten zukunftsfähig machen wollen, geraten schneller denn je ins Kreuzfeuer. Prominente Ex-CEOs wie die von Siemens und Microsoft können ein leidvolles Lied davon singen– ob die wohlfeile Kritik nun berechtigt war oder nicht. Wie auch immer, eines ist sicher: Jemandem, der keinen erkennbaren Plan hat, folgt auch keiner. Erst Recht nicht in schwierigen Zeiten.

Runderneuerung betrifft auch Führungsverständnis

Wenn ein Unternehmen sich nicht nur in Teilen verändern, sondern runderneuern muss, dann braucht es dazu das richtige Mindset: Dazu gehört eine kompromisslose Offenheit für Neues und Fremdes sowie die Bereitschaft, sich mit Entwicklungen draußen in der Welt und im eigenen Unternehmen kritisch auseinanderzusetzen. Und auch das gehört dazu: Die Fähigkeit, vor den Unwägbarkeiten der Zukunft nicht zu resignieren, sondern souverän mit ihnen umzugehen. Unternehmen müssen lernen, Unschärfen am Horizont als Realität und kollektive Herausforderung anzunehmen. Denn nur so gedeihen Kreativität und mutige neue Ideen, werden die Menschen sich auch in widrigen Zeiten mit ihrer Organisation identifizieren. Das bedeutet in der Konsequenz auch einen Paradigmenwechsel in der Führung: Weg vom zentrierten, hierarchischem Denken hin zu offeneren und unkonventionellen Formaten. Kollaborative Elemente etwa werden zukünftig noch mehr Raum in der Change-Kommunikation einnehmen. In den kommenden Jahren wächst die digital sozialisierte Generation in die Führungsverantwortung hinein. Sie wird mit ihrem ausgeprägten Bedürfnis nach Mitgestaltung und Teilhabe, aber auch mit ihrem neuen Verständnis von Sinnhaftigkeit und Selbstbestimmung auch dem Change ihren eigenen Stempel aufdrücken.

7.2 Als gäbe es kein Morgen mehr: Schweigen ist der Risikofaktor Nr. 1 jeder Restrukturierung

Wenn für Unternehmensberater Büros freigeräumt werden und die wichtigsten Führungskräfte ohne Kalendereintrag stundenlang in Meetings verschwinden, macht schnell ein Schreckensbegriff die Runde: Restrukturierung! Ein Szenario, das über alle Hierarchiestufen hinweg immer noch einen emotionalen Ausnahmezustand im Unternehmen auslöst. Denn allen ist klar: Bei Restrukturierungen – welcher Art auch immer – geht es um Arbeitsplätze, um Verluste, geht es um Einschnitte und Nachteile. Vor allem geht es darum, dass von nun an keiner mehr sicher sagen kann, was die Zukunft bringen wird. Die

Mitarbeiter beschleichen existenzielle Ängste. Und aus der Erfahrung wissen sie, dass sie jetzt erst einmal für lange Zeit nichts Verbindliches mehr hören werden. Für die Führungskräfte ist die Situation keinen Deut besser: Zuerst wird ihnen mitgeteilt, dass ihre eigene Zukunft im Unternehmen in Frage steht. Und dann werden sie mit Fragen und Vorwürfen bestürmt und sollen zugleich Motivation und Stimmung hoch halten – sprich: den Betrieb am Laufen halten.

Und die oberste Chefetage? Ganz darauf konzentriert, die Probleme betriebswirtschaftlich in den Griff zu bekommen und gleichzeitig Mitbestimmung und Medien in Schach zu halten, gerät die Belegschaft oft völlig aus dem Blick. Mit fatalen Folgen: Die angesichts des drohenden Ungemachs ohnehin völlig paralysierten Mitarbeiter fühlen sich durch das Schweigen der Führungsriege zusätzlich bedroht. Tiefe Verunsicherung, nackte Existenzangst und innere Kündigung sind das Ergebnis, die besten Köpfe vielleicht schon auf dem Absprung. Damit aber droht dem Management sein wichtigstes Kapital abhanden zu kommen: die Menschen, auf deren Einsatz es bei der Überwindung der Krise angewiesen ist und die dem Unternehmen nach der Restrukturierung wieder eine Zukunft geben sollen. Denn genau darum geht es ja: Die Organisation soll nicht etwa dem Boden gleich gemacht werden, sondern durch das auferlegte Effizienz- und Sparprogramm soll eine solide, neue Perspektive geschaffen werden. Unabhängig davon, ob Wirtschaftlichkeit und Liquidität akut gefährdet sind, oder ob absehbar ist, dass bestimmte Entwicklungen im Markt zum Handeln zwingen – Restrukturierungen dienen immer dazu, eine Krise noch rechtzeitig abzuwenden und das Unternehmen für die Zukunft zu wappnen. Auch wenn die situativ gefühlte Wahrnehmung in der Organisation eine andere sein mag: Ein Unternehmen, das restrukturiert wird, ist (noch) kein Sanierungsfall!

Nur leider erzählt das den Mitarbeitern in der Regel niemand. Allein gelassen mit der Situation, begreifen sie nicht, dass in der Neuaufstellung eine Chance liegt und warum es sich überhaupt lohnt, den entbehrungsreichen Weg auf sich zu nehmen. Und der geht in der Tat an die Substanz. Daran ändern auch noch so dynamisch klingende Namen wie „Fit for Exellence", „Shape" oder „Power 2015" nichts, können sie doch über den wahren Charakter des anstehenden Arbeitsprogramms nicht hinwegtäuschen.

Mehr als Zahlen, Recht und Ordnung

Minus 20 % Sachkosten, minus 20 % Personalkosten – so die Zielsetzung eines gängigen Restrukturierungsprojekts. Denn unter dem Strich wird immer an der Kostenschraube gedreht. Dafür werden Arbeitsbereiche outgesourct oder zusammengelegt, ganze Abteilungen zur Verhandlungsmasse erklärt und neue Führungsstrukturen und -modelle implementiert.Selbstverständlich soll der Stellenabbau sozialverträglich ablaufen: Ruhestandsregelungen, Abfindungen für Freiwillige, eine Auffanggesellschaft; betriebsbedingte Kündigungen nur im Notfall. Projektdauer: drei, sechs oder zwölf Monate, je nach Umfang und Komplexität. Alles ist sauber berechnet, im Ablauf präzise geplant und juristisch wasserdicht. Das Projekt kann starten und verkündet werden: klar, logisch und zwingend.

Weit verbreitetes Aufgabenverständnis von Kommunikation ist es, das Projekt in einem geordneten Prozess zu begleiten und einer möglichen negativen Berichterstattung in den Medien vorzubeugen. Letztlich ein technisch-aseptischer Prozess, an dessen Ende nichtsdestotrotz wieder ein kraftvolles Unternehmen stehen soll.

Um Missverständnissen vorzubeugen: Bei Restrukturierungen geht es um Zahlen, Organisation und Recht. Das muss so sein. Das Unternehmen soll sich wieder rechnen und muss sicherstellen, dass das „Sichrechnen" auch organisatorisch und rechtlich umzusetzen ist. Der fatale Fehler: Bei Restrukturierungen reduzieren sich Unternehmen in ihrer Selbstwahrnehmung und Daseinsberechtigung auf diese betriebswirtschaftlichen Faktoren. Sie verlieren aus dem Blick, welche unternehmerische Idee dem Unternehmen zugrunde liegt und was es im Inneren zusammenhält. Im normalen Arbeitsalltag sprechen Menschen mit Menschen. In der Ausnahmesituation Restrukturierung trifft die Kennzahl auf den Produktionsfaktor. Bei diesem Prozessverständnis entwertet sich das Unternehmen selbst und seine Führungskräfte und Mitarbeiter gleich mit. Die zu Produktionsfaktoren Degradierten lehnen sich auf gegen die Quelle des Unheils und der Missachtung: das Restrukturierungsprojekt. Sie stellen nicht nur die Rationalität des Projektes infrage, sondern unterwandern und verwässern es, wo sie nur können. Ihre Motive sind klar und legitim. Sie wehren sich gegen ihre Entwertung und kämpfen für den Erhalt „ihres Unternehmens". Gerät ein Unternehmen in dieses Fahrwasser, wird es das Ziel der Restrukturierung logischer Weise verfehlen.

Mittelständler und regionale Player besonders gefordert

Große, international agierende Konzerne kennen – nicht zuletzt aufgrund ihrer in der Regel engen Verflechtungen mit dem Kapitalmarkt – solche Situationen. Für sie sind Themen wie Verwaltungsumbau, Reorganisationen der Führungsstruktur und Ausgliederung von Geschäftseinheiten de facto Alltag. Insofern gehen sie mit großen Zahlen und Veränderungen großer Tragweite routiniert um.Demgegenüber haben hundert Arbeitsplätze, die bei einem Mittelständler in der Provinz zur Disposition stehen, dort eine Tragweite eruptiven Ausmaßes – jedenfalls potenziell! Denn dies sind auch hundert Gesichter, die jeder kennt und die nicht „hinter der Größe, Überregionalität und Unfassbarkeit des global agierenden Konzerns verschwimmen" (vgl. Reiners 2013, S. 68).

Licht am Ende des Tunnels aufzeigen

Wer seine Mannschaft durch ein Tal der Tränen schickt, ist gut beraten, sein Tun zu erklären und in einen größeren Sinnzusammenhang zu stellen. Nicht nur aus moralischer Verantwortung gegenüber den Mitarbeitern. Sondern gerade auch deshalb, weil am Ende der Faktor Kommunikation über Erfolg oder Misserfolg der Restrukturierung entscheidet. Mit einer Belegschaft, die jeden Glauben an die Zukunft und das Vertrauen in die eigene

Geschäftsleitung verloren hat, ist kein Blumentopf zu gewinnen. Was es jetzt braucht, ist eine Mannschaft, die allen Schwierigkeiten zum Trotz mutig weiter vorwärts geht. Vertrauen, Zuversicht, Loyalität – all das lässt sich nur herstellen, indem man sich die Menschen in der kollektiven Ausnahmesituation zu aktiven Verbündeten macht und sie nicht zu passiven Objekten der Veränderung degradiert.

Das gelingt jedoch nicht mit den technokratischen Powerpoint-Charts der Unternehmensberater und auch nicht mit den üblichen Sprachregelungen der Presse- und IR-Abteilung, die zuallererst Kommunikation verhindern statt ermöglichen sollen. „Erfolgspotenziale“, „Synergieeffekte“, „Optimierungshebel“ – dieses sprachliche Inventar taugt allenfalls dazu, sich mit Grausen abzuwenden, aber bestimmt nicht dazu, sich mit dem Geschehen zu identifizieren. Um die Mühseligen und Beladenen im eigenen Haus bei der Stange zu halten, muss eine „Geschichte“ her, die glaubhaft von Hoffnung und Neuanfang erzählt, die Mut macht und Akzeptanz für den eingeschlagenen Weg schafft und die den Durchhaltewillen stärkt. Kurz: die das Licht am Ende des Tunnels aufzeigt.

Ein solches inhaltliches Fundament ist auch deshalb wichtig, weil es den Führungskräften mit den daraus abgeleiteten Instrumenten ganz praktische Hilfestellungen an die Hand gibt. Für sie ist die Restrukturierung eine besondere Zerreißprobe. Qua Jobbeschreibung sollen sie jetzt, in der Phase der denkbar größten Unsicherheit, ihren Leuten Halt und Orientierung geben, sie motivieren und zugleich das Geschäft am Laufen halten. Tatsächlich sind Führungskräfte mit der Situation häufig überfordert. Zum einen, weil ihnen schlichtweg das Rüstzeug fehlt, um angemessen zu moderieren, was in den kommenden Monaten an Zumutungen auf die Belegschaft zukommt; den Sorgen und Nöten ihrer Mitarbeiter stehen sie daher oft völlig hilflos gegenüber. Aber auch, weil sie im Zuge der Restrukturierung selbst um Machteinfluss, Privilegien oder sogar ihre Zukunft im Unternehmen bangen müssen. Es ist deshalb wichtig, sich immer wieder vor Augen zu führen, dass sich die Veränderungen, die eine Organisation während einer Restrukturierung so verwundbar machen, vor allem unter der Oberfläche – auf taktischer, machtpsychologischer Ebene – abspielen.

Wozu das alles?

Ob Führungskraft oder Mitarbeiter: Kommunikation kann dem Einzelnen nicht ersparen, was das Sparprogramm ihm persönlich an Veränderungen aufbürdet. Aber Kommunikation kann helfen, in einer als besonders druckvoll empfundenen und von Ängsten überlagerten Situation den Blick der Organisation wieder zurück auf die übergeordnete strategische Bedeutung der Restrukturierung zu lenken. Wozu das alles? Bringt uns das wirklich weiter? Was haben wir am Ende überhaupt davon? Mit einer Kommunikation, die so drängende und berechtigte Fragen wie diese zu beantworten weiß und die alle gefühlten Einzelschicksale einem Puzzle gleich in den großen Rahmen setzt, ist viel gewonnen. Restrukturierung ist schließlich kein Selbstzweck und auch kein isolierter Vorgang, sondern beruft sich immer auf das gesamte Geschäftsmodell und die zu Grunde liegende Unternehmensstrategie.

Mitarbeiter, die einordnen können, warum jetzt harte Zeiten anbrechen und wohin die unbequeme Wegstrecke führen soll, sind eher bereit, das Unausweichliche mitzutragen und Opfer zu bringen. Diese Sinnstiftung ist eine der zentralen Aufgaben von Restrukturierungs-Kommunikation. Sie schützt das Unternehmen in einer extrem sensiblen Phase nach innen wie nach außen, indem sie Perspektiven aufzeigt, Rückhalt sichert und Leistungsbereitschaft mobilisiert.

Führungskräfte in ihrer Rolle stärken

Damit Kommunikation diese Wirkung entfalten kann, muss sie professionell aufgeplant werden. Dramaturgie, Inhalte, Formate: all das muss sorgfältig vorbereitet und aufgesetzt werden. Das gilt zunächst einmal für den Prozess, der alle rechtlichen Vorgaben Genüge tun und die Erwartungen aller Anspruchsgruppen bedienen muss. Wo Prozesssicherheit herrscht, kann sich das Kommunikationsteam ganz auf die Erarbeitung und Bereitstellung von Inhalten konzentrieren. Auf eben dieser Inhaltsebene muss der abstrakte unternehmerische Plan in ein griffiges Zukunftsbild übersetzt werden, das zu allererst Köpfe und Herzen der Mitarbeiter erreicht, aber auch allen übrigen Stakeholdern eine schlüssige und souveräne Interpretation der Sachlage liefert. Denn auch Kunden, Lieferanten und die Standortöffentlichkeit bleiben von der Restrukturierung nicht unberührt. Sie müssen ebenfalls versichert werden, dass das auferlegte Programm einem großen Plan folgt und neue Spielräume eröffnet. Auf diese Weise organsiert sich das Unternehmen intern und extern Gefolgschaft, beweist Handlungshoheit und sichert so seine Reputation.

Nicht zuletzt müssen die Führungskräfte in ihrer Doppelrolle als Überbringer schlechter Nachrichten und gleichzeitig Botschafter und Vorbilder des anstehenden Wandels gestärkt werden. Dazu müssen entsprechende Werkzeugkoffer bereit gestellt und bei Bedarf Coachings organsiert werden. Zudem müssen Foren für den Austausch mit dem Top-Management geschaffen werden, von dem die Führungskräfte jetzt zu Recht besondere Unterstützung erwarten dürfen. Alle diese Aufgaben müssen als originärer Bestandteil der Neuausrichtung und damit als oberste Managementaufgabe verstanden werden – zumal Restrukturierungen in Deutschland mitbestimmungspflichtig sind.

Deutungshoheit bewahren

Eine prototypische Restrukturierung folgt ähnlichen Mustern: Nachdem das Optimierungspotenzial identifiziert und in ein Konzept überführt worden ist, wird das Vorhaben den Führungskräften und Mitarbeitern angekündigt. Der genaue Ankündigungszeitpunkt und der Gehalt der Information können, abhängig von der terminlichen und taktischen Gemengelage, variieren: Es kann angemessen sein, die Organisation bereits weit im Vorfeld konkreter Verhandlungen – während der Sondierungs- oder Informationsphase zu informieren: Die Mitarbeiter werden darüber in Kenntnis gesetzt, dass der Arbeitgeber substanzielle Veränderungen plant und sich vorab mit den Gremien, insbesondere mit dem Betriebsrat, dazu abstimmt. Es kann aber auch opportun sein, direkt auf unmittelbar oder im weiteren Verlauf anstehende Verhandlungen über einen notwendigen Interessenausgleich und Sozialplan zu verweisen.

Zu welchem Zeitpunkt wie konkret über Zielsetzung, Umsetzungsoptionen und mögliche Konsequenzen einer Restrukturierungsmaßnahme informiert wird, muss gleichfalls nach sorgfältiger Analyse der Rahmenbedingungen entschieden werden. Zu berücksichtigen sind neben der faktischen Tragweite und dem daraus resultierenden Konfliktpotenzial der Maßnahmen Sekundärfaktoren wie beispielsweise die Erfahrung der Organisation im Umgang solchen Situationen, die Beziehungsqualität zwischen Unternehmensführung und Arbeitnehmervertretung sowie die Identifikation der Führungskräfte mit der Unternehmensführung und ihrem Kurs, außerdem die Verlässlichkeit der Kommunikationswege und die Kontaktqualität zu Schlüsselmedien. Die Auseinandersetzung mit den Organen der Mitbestimmung kann zu einer überaus konfliktträchtigen und zermürbenden Angelegenheit werden. Noch zu selten wird bereits im Vorweg die Chance genutzt, mit Hilfe von strategisch geplanter Kommunikation die Meinungsbildung zu lenken und verhärtete Fronten zwischen Unternehmensleitung und Betriebsrat aufzuweichen. Dabei kann auch auf dieser Beziehungsebene das große Zukunftsbild dazu beitragen, Reibungsverluste zu mindern und schneller zu einem für alle Beteiligten konstruktiven Ergebnis zu kommen.

Ob es gelingt, einen solchen Konsens bereits im Vorfeld herzustellen oder nicht: Die Deutungshoheit über die Restrukturierung bereits in dieser sensiblen Startphase zu behalten und Prozesse zu steuern, gehört zu den wichtigsten Aufgaben der Kommunikation. Um zu verhindern, dass die Mitbestimmung die interne Meinungsbildung an sich reißt, müssen die Führungskräfte einbezogen und für den kaskadischen Dialog mit ihren Mitarbeitern befähigt werden. Sie stehen jetzt vor der herausfordernden Aufgabe, über den Prozessverlauf zu informieren, ohne sich jedoch schon auf Details beziehen zu können. Denn während der Verhandlungen, die sich unter Umständen über Monate hinziehen können, darf über deren konkrete Inhalte nichts verlautbart werden. Umso wichtiger ist eine kontinuierliche Prozesskommunikation, die zeigt, aus welchen Umfeldbedingungen der Entscheidungs- und Handlungsdruck resultiert, wieso dieser so hoch ist und welche Schritte als nächstes folgen sollen. Für diese „quiet period" sollte also frühestmöglich ein Themenfahrplan entwickelt werden. Dessen Geschichten sollten sich auch mit dem Gesamtkontext der Restrukturierung befassen und unter dem Strich immer wieder auf das große gemeinsame Zukunftsbild einzahlen. Schlussendlich muss verhindert werden, dass Unternehmen in der zermürbenden, oft spannungsgeladenen Verhandlungsphase in eine informative und kommunikative Lähmung verfallen. Wird kaum etwas berichtet und das im Stil und Duktus der Rechtsabteilung, dann nährt das die Wahrnehmung von Lähmung, Führungslosigkeit und Perspektivmangel.

Empathisch und sachlich kommunzieren

Die vielleicht größte Kunst liegt darin, es in punkto Sprache und Bildwelt mit der Mitbestimmung aufzunehmen. Eskaliert der Konflikt, hat die Mitarbeitervertretung im Zweifelsfall als Interpret der Situation die Nase vorn: Sie bemüht in der verbalen Schlacht oft assoziationsstarke und per se tendentiöse Vokabeln wie „Kahlschlag“, „Managementversagen“ oder „Sündenbock“, die ihre Wirkung nicht verfehlen. Und: Sie kann mit Motiven aufwarten, mit denen ebenfalls schnell Stimmung zu machen ist: Bilder von Mahnwachen vor den Werkstoren, Unterschriftenaktionen oder den Edellimousinen der Vorstandsriege. Die Unternehmenskommunikation kann selbstredend nicht mitziehen, was diese Form der Inszenierung betrifft. Aber sie sollte sich trotzdem bemühen, ihre Botschaften ähnlich konsequent an den Gefühlen und der Betroffenheit der Menschen auszurichten: mit einer klaren, einfachen Sprache, die weder dramatisiert noch beschönigt. Mit authentischen Beispielen und mit eingängigen, plakativen Zukunftsszenarien. Nicht mit abstrakten, technokratischen Floskeln, sondern mit lebendigen, nachvollziehbaren Inhalten, die sich nah an der Arbeits- und Lebenswirklichkeit der Mitarbeiter bewegen. Erst so wird aus der nüchternen Zahlen-Story eine Herzblut-Geschichte, die Zuversicht verbreitet, Mut macht und anspornt.

Restrukturierungskommunikation: 4 Erfolgsfaktoren

In der Praxis heißt all das: Damit eine Restrukturierung erfolgreich ist, muss die Kommunikation vier Aufgaben erfüllen (vgl. Abb. 7.1, 7.2).

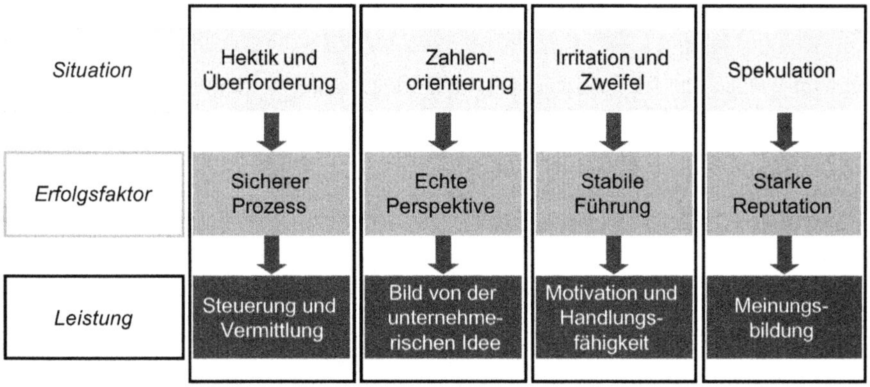

Abb. 7.1 Mehrwert Kommunikation. (Quelle: Eigene Darstellung)

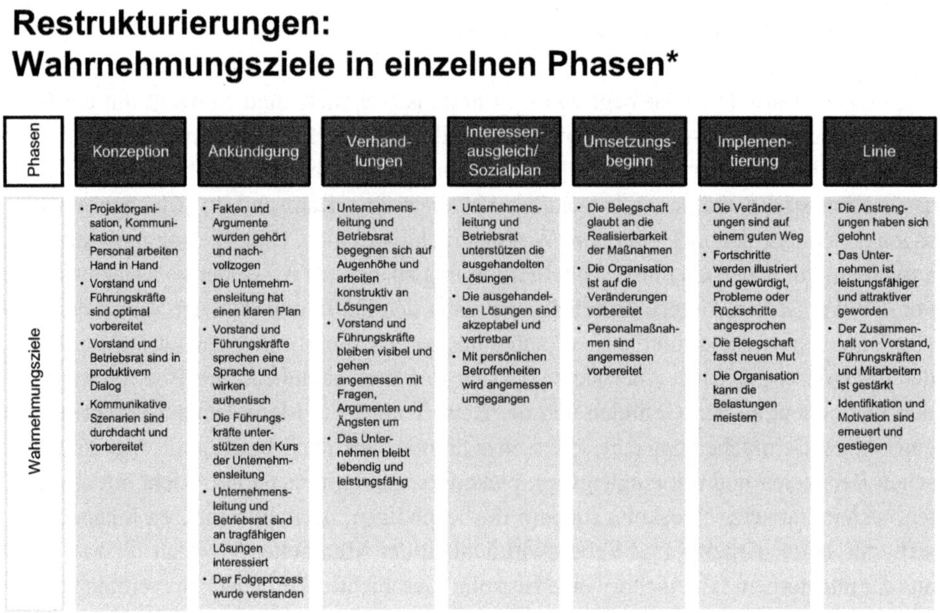

Abb. 7.2 Kommunikation im Projektverlauf der Restrukturierung. (Quelle: Eigene Darstellung)

Erfolgsfaktor 1: Sicherer Prozess

Restrukturierung verursacht Unsicherheit und Nervosität, es kommt zu Kurzschlussreaktionen statt zu durchdachten Entscheidungen. Mit einem sicheren Kommunikationsprozess, der allen rechtlichen und inhaltlichen Vorgaben entspricht und der die Anforderungen aller Anspruchsgruppen berücksichtigt, signalisiert das Unternehmen: alles unter Kontrolle, alles stabil. Das Kommunikationsteam sorgt für die Vernetzung aller Beteiligten und unterstützt das Top-Management im Dialog mit der betrieblichen Mitbestimmung, der Presse und der Politik.

Erfolgsfaktor 2: Echte Perspektive

Um die Belegschaft für die Ziele eines Restrukturierungsprojekts zu gewinnen und um den Medien ein tragfähiges Motiv zu liefern, braucht es die unternehmerische Idee. Diese muss so formuliert sein, dass sie für alle Beteiligten vorstellbar ist, ein inneres Bild erzeugt. Auf dieses Bild müssen sich alle Beteiligten beziehen können: bedeutend genug, um dafür auch Opfer zu bringen. Aufgabe der Kommunikation ist es, dieses Bild in die langfristige unternehmerische Geschichte einzubetten und die Belegschaft darauf einzuschwören. So gewinnt jede Führungskraft und jeder Mitarbeiter eine Vorstellung vom Sinn des Unternehmens, von der Restrukturierung und vom eigenen Beitrag.

Erfolgsfaktor 3: Stabile Führung

Das typische Phänomen: An dem Tag, an dem die Restrukturierung angekündigt wird, stellen die Führungskräfte ihren ungeschriebenen Loyalitätskontrakt in Frage. Findet die Kommunikation mit Inhalt und Sprache keinen Anschluss an die Führungskräfte als denkende, fühlende Menschen, kündigen sie den Kontrakt auf, entziehen sich ihrem Auftrag und solidarisieren sich mit ihren Mitarbeitern gegen den Vorstand. Die Restrukturierung gerät in Gefahr. Die Maxime für den Vorstand: Loyalität erhalten, die Handlungsfähigkeit sichern. Der Beitrag der Kommunikation: zusätzliche Auftritte und Foren schaffen, in denen das Top-Management seine Führungsstärke demonstrieren kann. Hier gibt der Vorstand seiner Führungsmannschaft Rückendeckung – und die Rückversicherung, dass die alten Regeln und Loyalitäten auch in der Ausnahmesituation gelten. Damit erhalten die Führungskräfte einen Orientierungspunkt, von dem aus sie die Restrukturierung vorantreiben und gleichzeitig das Tagesgeschäft stabil halten können. Zudem sollte die Kommunikation die Führungskräfte im Arbeitsalltag mit Kommunikationsmaterial, gegebenenfalls auch mit Coaching dabei unterstützen, gegenüber den Mitarbeitern als Botschafter und Vertreter der Geschäftsführung aufzutreten und Vorbild zu sein, trotz der Ungewissheit über das eigene berufliche Schicksal.

Erfolgsfaktor 4: Starke Reputation

Mit der Ankündigung einer Restrukturierung beginnen üblicherweise die Spekulationen und Gerüchte. Alle Beteiligten stehen unter großer Anspannung. Oft fehlt die kritische Distanz, und dann wird falsch eingeschätzt: Welche Nachricht ist morgen schon wieder vergessen? Und welche entfaltet erst übermorgen ihre volle Sprengkraft? Hier gilt es, Ruhe zu bewahren. Lässt sich die Geschäftsführung aus dem Konzept bringen und liefert sie keine tragfähige Interpretation der Sachlage, erklären Betriebsräte und Journalisten den Kunden und Geschäftspartnern, wie die Dinge stehen. Hier kommt es darauf an, in der öffentlichen Wahrnehmung ein starkes Profil des Unternehmens und seiner Führung zu verankern, Meinung zu machen und so Unterstützung für das Unternehmen zu sichern. Kommunikation schafft Meinungsbildung, indem sie relevante Anspruchsgruppen und Akteure aus Politik, Medien, Wirtschaft und Gesellschaft identifiziert und das Restrukturierungsprojekt für sie interpretiert. Kommunikation gewichtet Themen und Ereignisse und platziert sie in den Medien, bindet Politik und gesellschaftliche Vertreter ein, stabilisiert die Beziehungen zu den Geschäftspartnern und organisiert die Vorstandskommunikation gegenüber den Gremien und der Belegschaft – auf der Grundlage eines Sets an klaren, verbindlichen und sinnhaften Botschaften.

Sicherer Prozess, echte Perspektive, stabile Führung, starke Reputation – vier Faktoren, die auch darüber entscheiden, ob sich ein Unternehmen am Ende wieder rechnet und in der Lage ist, seine Zukunft zu gestalten.

7.3 Du sollst dir ein Bild machen! Leitbilder materialisieren die Unternehmensstrategie

Wer Visionen hat, sollte zum Arzt gehen. So lautet eines der gern zitierten Bonmots von Altkanzler Helmut Schmidt. Für Unternehmen gilt das genaue Gegenteil: Fehlt die Vision, krankt die ganze Organisation. Wenn zum x-ten Mal die Organisationsstruktur reformiert wird, das Unternehmen von einem Effizienzprogramm durchs nächste getrieben wird und das Personalkarussell nicht aufhört, sich zu drehen, dann sehen Mitarbeiter meist den Wald vor Bäumen nicht mehr. Wo aber der Blick für das große Ganze abhandenkommt, bleiben auch Motivation und die Loyalität für die gemeinsame Sache auf der Strecke. Gleichgültigkeit und Renitenz machen sich breit, das Unternehmen erstarrt innerlich und wird seiner eigenen Gestaltungskraft beraubt – die es doch gerade jetzt so dringend braucht. Im Fahrwasser andauernder Veränderungen sehnt die Besatzung sich nach einem Fixstern, der den Weg weist. Nur, wenn die Mannschaft erkennen kann, dass es hinter dem Horizont tatsächlich weiter geht, wird sie die Kraft aufbringen, sich der Zukunft zu stellen und unbekanntes, auch unbequemes Terrain zu betreten.

Wer Mitarbeiter und Führungskräfte dazu bewegen und ermutigen will, muss einerseits ihre Phantasie beflügeln, aber ihnen gleichzeitig auch geeignetes Kartenmaterial an die Hand geben. Leitbilder – lange Zeit missverstanden als dekorative Ornamente für Flagschiffpublikationen und Homepage – haben sich als Managementinstrument bewährt, weil sie beides leisten: Als Gegenentwurf zur abstrakten Logik der Zahlen und Kennziffern machen sie plastisch, was die große, gesamthafte Idee des (zukünftigen) Unternehmens ist und mit welcher strategischen Agenda dieses Ziel verfolgt werden soll. Und sie beschreiben, von welchen Grundsätzen das Unternehmen sich dabei leiten lässt. Das Leitbild visualisiert den Zukunftszustand einer Organisation, zeigt auf, wie Geschäftsbereiche, Abteilungen und Ressorts darauf einzahlen und welchen Beitrag der einzelne Mitarbeiter dazu leisten muss. In Summe ist das Leitbild damit so etwas wie eine Verfassung eines Unternehmens, auf die sich vom Vorstand bis zum Pförtner alle Mitglieder berufen.

Top-down-Prinzip

In Leitbildern materialisiert sich die Strategie eines Unternehmens. Ihre Entwicklung ist daher als hoheitliche Aufgabe zu begreifen und muss immer von der Führungsspitze des Unternehmens ausgehen. Leitbilder gehören auch deshalb in die Verantwortung des Top-Managements, weil während des Entwicklungsprozesses Schwachstellen oder Unschärfen in der Strategie offenbar werden können, die unter Umständen nachjustiert werden müssen. Leitbilder als Vehikel zur Strategiebildung anzusehen, wäre allerdings ein grandioses Missverständnis. Ein Leitbild bezieht sich stets auf eine bereits definierte Unternehmensstrategie und transponiert diese in eine allgemein verständliche, konsumierbare Beschreibung der angestrebten Ziele und des dazu notwendigen Wertegerüstes. Seine Gestaltungs- und Bindungskraft entfaltet das Leitbild nicht erst mit der Implementierung, sondern bereits während des Entwicklungsprozesses. Beim Ringen um die Inhalte können durchaus Reibung, Widerspruch und Diskussionen entstehen. Das ist sogar erwünscht, weil erfahrungsgemäß genau diese Kontrastierung hilft, sich dem Wesenskern des Leitbildes zu nähern und sich schließlich auf eine einheitliche Ausformung zu verständigen.

Wen und wie einbinden? Eine Gratwanderung

Die Formulierung eines Unternehmensleitbildes fällt in die Verantwortung des Managements und ist keine demokratische Veranstaltung. Auch soll der Prozess die ohnehin schon strapazierte Organisation in Tagesgeschäft nicht über Gebühr in Beschlag nehmen. Gleichwohl müssen Menschen im Unternehmen hinreichend an der Entwicklung beteiligt werden, um eine breite Akzeptanz für das Leitbild sicherzustellen. In welchem Umfang diese Partizipation erfolgt, hängt von den Gegebenheiten und den kulturellen Erwartungen der jeweiligen Organisation ab.

In einem Unternehmen mit einer ausgeprägten Tradition der Mitsprache und Beteiligung werden mehr Personen einzubinden sein als in einem hierarchisch, gar autokratisch geführten Haus. Mit der zunehmenden Bedeutung der sozialen Medien verschwimmen die Konturen zwischen vermeintlich traditionell und fortschrittlich geführten Organisationen zwar zusehends und es gibt inzwischen kommunikative Beteiligungsformate, die unter Beweis gestellt haben, dass sie einen solchen fundamentalen Findungsprozess, aber auch die generelle Kultur von Austausch und Kollaboration positiv stimulieren können. Dennoch muss man bis auf Weiteres festhalten, dass sich die ganz überwiegende Zahl der Unternehmen – wenigstens in Deutschland –nach wie vor an das Fortschrittsthema Partizipation erst herantastet. Eindeutig hingegen ist: Wo eine Organisation eine fundamentale Identitäts- und Sinnkrise zu bewältigen hat (etwa nach Aufgabe eines bisherigen Kerngeschäftsbereichs), wird das Bedürfnis an Mitwirkung deutlich höher sein als in einer Situation, in der lediglich einzelne Prozessstrukturen des Unternehmens neu organisiert wurden.

Unabhängig davon, wie groß der Kreis der Beteiligten letztlich ist – bei der Auswahl ist Fingerspitzengefühl gefragt. Werden zum Beispiel Persönlichkeiten außen vor gelassen, die im Unternehmen aufgrund ihrer Erfahrungen, Beziehungen oder ihrer Einflussposition als natürliche Autoritäten gelten, schürt das schnell den Verdacht, es ginge nicht um Inhalte, sondern um Machtpolitik. Besonderes Augenmerk gilt denn auch der Arbeitnehmervertretung. Nicht selten scheitern aufwändig angeschobene Leitbildprozesse daran, dass die Mitbestimmung ihre Unterstützung versagt und das Unterfangen torpediert. Weil unterstellt wird, mit den grundlegenden Inhalten und Themen einer solchen Zukunftsprojektion würden Fakten und Sichtweisen in die Organisation getragen, die dem internen Diskussions- und Verhandlungsstand weit voraus seien. Anders ausgedrückt: Das „Machtinstrument Kommunikation“ soll kalt gestellt werden.

Eine solche Zuspitzung und Polarisierung ist unnötig! Gerade wenn es darum geht, die Werte und Führungsleitlinien des Unternehmens neu zu definieren, sollte der Betriebsrat eng eingebunden werden. Denn diese Ebene berührt Fragen der Haltung und Leistung von Mitarbeitern – und damit häufig eine Konfliktlinie zwischen Geschäftsführung und Arbeitnehmervertretung. Mit ihrem ausgeprägten Verständnis der Unternehmenshistorie und damit verbundener sozialer oder kultureller Eigenheiten kann die Mitbestimmung wiederum wichtige Impulse in Sachen Wertefundament liefern. Sie beizeiten in den Entwicklungsprozess einzubeziehen, dürfte sich daher in den meisten Fällen als strategisch wertvoll erweisen.

Unverzichtbar: Einbindung und Rückkopplung

Die Ausarbeitung eines Leitbilds beginnt stets mit der Festlegung der Zielhypothese. (Was ist unser übergeordnetes unternehmerisches Ziel?) Diese Vision ist der Anker, an dem sich alle weiteren Aspekte inhaltlich festmachen lassen. Daraus abgeleitet wird in einem nächsten Schritt die Mission (Welchen Nutzen stiften wir mit unserem unternehmerischen Handeln?). Vision und Mission wiederum bilden die Grundlage, auf sich das Unternehmen verbindliche Wertvorstellungen gibt und seine Führungsleitlinien formuliert (Welche Prinzipien leiten uns? Wie leben wir diese miteinander im Unternehmensalltag?).

In der Praxis hat sich es sich bewährt, jedes dieser Leitbild-Bestandteile in einem vierstufigen Entwicklungsprozess zu konkretisieren. Am Beginn steht dabei immer die Entwicklung der Inhalte, die an bestehende Wahrnehmungslagen und Denk- und Kulturmuster anknüpft. Im Falle der Visionsbestimmung erfolgt sie zum einen mittels Sichtung und Auswertung vorhandener interner Dokumente (Strategiepapiere, Reden, Mitarbeiterbefragungen u.ä.) und Wettbewerbsanalysen (z. B. Leitbilder konkurrierender Marktteilnehmer) und wird durch Tiefeninterviews und (Vorstands-)Workshops validiert. Je nach Tradition und Kommunikationskultur eines Unternehmens können auch Wissen und Ansichten der Belegschaft abgefragt und einbezogen werden – dies setzt voraus, dass es darüber Einigkeit mit den Arbeitnehmervertretern gibt und dafür geeignete Kommunikationsformate bereits erprobt sind.

Die anschließende Formulierung verschriftlicht die erarbeiteten Inhalte in Form von Textangeboten, die wiederum in Workshops diskutiert und bewertet werden, bevor die Geschäftsführung sich verbindlich auf eine Formulierung festlegt. Diese orientiert sich meistenteils an der Corporate Language des Unternehmens. Unter Umständen kann es jedoch sinnvoll sein, Sprache und Tonlage bewusst zu verändern, um so Einfluss zu nehmen auf bestehende Einstellungen und Verhaltensmuster bzw. eine Kehrtwende in Sachen Haltung auch rhetorisch zu markieren. Angesichts der Wirkmacht von Sprache sollte ihr bei der Entwicklung von Leitbildern in jedem Fall besondere Sorgfalt zuteilwerden.

Keine Scheu vor großen Gesten

Ist der Inhalt redaktionell aufbereitet, wird er in einem dritten Arbeitsschritt einem Plausibilitätscheck unterzogen. Überzeugt der Textentwurf sprachlich? Wird seine Botschaft von Sender (Management) und Empfängern (Führungskräfte, Mitarbeiter, Arbeitnehmervertretung, ggf. externe Stakeholder) auf gleiche Weise interpretiert? Erreicht er die relevanten Kreise auf der rationalen und emotionalen Ebene? Durch die Einbindung entsprechender Fokusgruppen und deren Rückmeldung lassen sich diese erfolgskritischen Fragen verlässlich beantworten. In einem vierten und letzten Arbeitsschritt findet das eingeholte Feedback dann Eingang in den Textentwurf, der anschließend der Unternehmensleitung zwecks Verabschiedung präsentiert wird. Diese verbindliche finale Version zusätzlich mit einem symbolischen Commitment Act zu besiegeln, kann dem Prozess zusätzliche Gewichtung verleihen. Die Scheu vor großen Gesten ist dabei vollkommen unberechtigt, denn schließlich geht es bei der Entwicklung eines Leitbildes um nichts weniger als die Zukunft des Unternehmens. Das Leitbild (inklusive der Wegstrecke dorthin) ist ein zentrales Kommunikations- und Führungsinstrument, weil es auf die kollektive Selbstwahrnehmung einer Organisation, ihre Gesinnung und Leistungsbereitschaft – und somit auf den langfristigen wirtschaftlichen Erfolg der gesamten Unternehmung abzielt. Mit einem strukturierten Entwicklungsprozess und dem abschließenden gemeinsamen Bekenntnis zum Leitbild sendet das Management ein wichtiges, bisweilen sogar überlebenswichtiges Signal Richtung Mitarbeiter, und zwar: „Wir haben einen großen Plan – und du bist Teil unserer Mission!"

Ein Leitbild in die Organisation zu tragen und dort zu verankern, ist ein weiterer und mindestens ebenso anspruchsvoller, komplexer Prozess, dessen Beschreibung den Rahmen dieser Betrachtung zweifelsohne sprengen würde. Deshalb sei hier nur auf eines hingewiesen: Wie bei der Entwicklung des Leitbilds als inhaltlicher Nukleus der Zukunftsgeschichte sollten Führungskräfte und Belegschaft auch beim Design des Vermittlungsprozesses frühzeitig einbezogen werden. Denn sie wissen am besten, was erwartet wird, was funktioniert – und welche Fehler der Vergangenheit tunlichst vermieden werden sollten (vgl. Stolzenberg; Reiners 2012, S. 80 ff.).

Literatur

Arndt, O. (2013). Die neue Rolle der Kommunikationschefs. *Börsen-Zeitung, 116*(2013), 10.

Deekeling, E. (2013). Wandel allein reicht nicht. *Handelsblatt, 149*(2013), 27.

Reiners, H. (2013). Restrukturierungen begleiten – Damit aus der unternehmerischen Herausforderung keine kommunikative Krise wird. In T. Schulz. (Hrsg.), *Krisenkommunikation* (S. 63–82). Berlin: Prismus Communications.

Stolzenberg, K., & Reiners, H. (2012). Visions- und Leitbildentwicklung. *OrganisationsEntwicklung: Zeitschrift für Unternehmensentwicklung und Change Management, 4*(2012), 80–85.

Heiner Reiners ist Leiter Kommunikation bei der Heidelberger Leben Gruppe und war zuvor langjährig als Managing Partner für Deekeling Arndt Advisors (DAA) tätig, eine der führenden Kommunikations-beratungen in Deutschland in Fragen anspruchsvoller Veränderungs- und Erneuerungsprozesse. Dort leitete er den Beratungsbereich „Transformation & Restructuring" und beriet Top-Management und Kommunikationsverantwortliche. Vor seiner Tätigkeit bei DAA war Heiner Reiners u.a. viele Jahre in einem der weltweit führenden Beratungsunternehmen für Finanz- und Kapitalmarktkommunikation tätig.

8 Die Veränderung innerhalb der Veränderung: Oder Patient Führungskraft kommuniziert nicht

Anja Knippel

Die Symptome werden oft zu spät erkannt. Das Veränderungsvorhaben zeigt nicht die im Projektplan festgeschriebenen Fortschritte zu bestimmten Meilensteinen. Was zunächst so aussieht, als könnte es noch aufgeholt werden, wird immer hoffnungsloser. Das Change-Projekt erreicht die gesteckten Ziele nicht oder nicht im Zeitplan und wenn doch, dann mit einem höheren Aufwand. Schuld sind die Mitarbeiter – alles Blockierer. Oder die Führungskräfte. Denn man weiß ja: ihre Kommunikation mit den Mitarbeitern ist erfolgskritisch. Waren die Führungskräfte selbst zu wenig überzeugt? Haben sie zu selten, zu spät, unverständlich, das Falsche, nicht authentisch und engagiert, zu rational, oder gar wenig empathisch und Zielgruppen-gerecht kommuniziert? Das mittlere Management ist ja gemeinhin auch als Lähm- oder Lehmschicht bekannt (vgl. Huy 2002; Langen und Schwabe 2009). Ist es um die unteren Führungskräfte besser bestellt? Ergebnisse aus der Forschung zeigen, dass mit absteigender Hierarchie die Change-Kompetenz und das Commitment zu Veränderungsvorhaben abnimmt (vgl. Capgemini 2010, S. 46 f.). Und natürlich wird die Frage aufgeworfen: Können die das überhaupt (vgl. Rawlinson et al. 2008)?

Im vorliegenden Kapitel soll nicht in das Klagelied der unzureichenden Kommunikation zwischen Führungskräften und Mitarbeitern eingestimmt werden. Die reduzierte Wahrnehmung der Führungskraft als „Patient", der kuriert werden muss, wird abgelehnt. Stattdessen wird in diesem Kapitel in einem ersten Schritt eine Anamnese erstellt, also das „Drumherum" erhoben, das die Situation des „Patienten" Führungskraft abbildet und das Gefüge in dem die Dysfunktionalität sich zeigt. Vor dem Hintergrund der systemischen Zusammenhänge werden Knackpunkte identifiziert, die dazu führen, dass der „Patient" nicht bzw. zu wenig, das „Falsche" etc. kommuniziert. Diese Knackpunkte oder Schwach-

A. Knippel (✉)
Freiberufliche Trainerin, Fürth, Deutschland
E-Mail: anja.knippel@freenet.de

S. Iskan, E. Staudt (Hrsg.), *Strategic Change*, DOI 10.1007/978-3-658-03287-6_8

stellen im Gefüge bilden Ansatzpunkte für eine mögliche Therapie. Dabei bleibt jedoch das Ganze im Blick und es wird nicht ausschließlich auf etwaige Defizite bei den „Patienten" fokussiert. Quasi mit Farbstift wird skizziert, wie der Input für Führungskräfte aussehen könnte. An dieser Stelle – bei Informationen, Ressourcen und Feedback für Führungskräfte – wird die größte Veränderung vorgenommen und somit nicht am mutmaßlichen „Patienten" selbst operiert. Im Sinne eines Ausblicks werden Reha-Maßnahmen beschrieben, wie erste Schritte in der Umsetzung, also in der Praxis Ihres Unternehmens aussehen könnten. Wie sich die verschriebene Therapie im „richtigen Leben" integrieren lässt, mit dem Ziel, die Change-Kommunikation zwischen Führungskräften und Mitarbeitern zu optimieren. Letztlich wird die Praxis zeigen, ob die Therapie erfolgreich war und künftige Veränderungsvorhaben erfolgreicher umgesetzt werden können. Und weil es sich eben nicht um eine Routine-Untersuchung handelt, sondern um eine komplexe Prozedur für Diagnose, Therapievorschlag, Intervention und Reha, wird hier nicht von der mechanistischen Sicht eines Eingriffs in eine Maschine ausgegangen. Sondern – in Anlehnung an das bereits eingangs in diesem Buch beschriebene Lewin-Modell – von einem mehrstufigen Veränderungsprozess. „Change innerhalb eines Change-Vorhabens?", werden Sie jetzt vermutlich fragen. Tatsächlich soll die Optimierung der Kommunikation zwischen Führungskräften und ihren Mitarbeitern hier als eine Art eigenes Veränderungsvorhaben gedacht und beschrieben werden.

8.1 Die Anamnese des Leistungssystems

Was wird bei einer Anamnese alles erhoben? Vom „Drumherum" wurde eingangs gesprochen. Es geht also darum, abzubilden, in welchen Wirkungszusammenhängen sich die Führungskraft mit ihrer Change-Kommunikation bewegt. Sie agiert nicht im luftleeren Raum, sondern ist in der Regel Teil eines funktionierenden Unternehmenssystems mit operativem Tagesgeschäft und meist zusätzlichen Change-Aufgaben zur Umsetzung im eigenen Zuständigkeitsbereich. Nehmen wir also mal an, wir haben es mit Mitarbeitern in der Fertigung zu tun, mit Verwaltungs-Teams oder einem internen Dienstleister wie die Hausdruckerei. Das hört sich unspektakulär an, denn hierbei handelt es sich um die sog. Basis einer Organisation – also der Ausschnitt, an dem in vielen Fällen die Veränderung (die sich kluge Köpfe an anderer Stelle ausgedacht haben) umgesetzt und mit Leben gefüllt werden soll. Dazu fertigen wir zunächst eine Art Röntgenbild des Leistungssystems auf unterer Ebene an, nehmen das gesamte System in den Blick und diagnostizieren, was auffällt.

Output, Change Performance und Veränderungserfolg

Starten wir mit dem angestrebten Ergebnis, dem Soll – also dem, was als erfolgreich umgesetzte Veränderung heraus kommen soll. Nennen wir es Change Performance, weil es

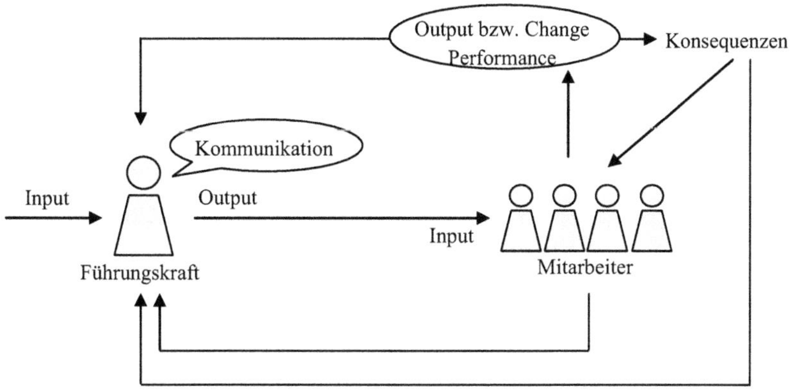

Abb. 8.1 Das Leistungssystem auf Umsetzungeebene. (Quelle: Eigene Darstellung)

die im Change-Vorhaben angestrebte Leistung ist. Die Mitarbeiter produzieren einen Output (Ist), der mit der Vorgabe (Soll) abgeglichen wird. Ist das Soll (nahezu) erreicht, wird von Veränderungserfolg gesprochen, weichen Ist und Soll stark voneinander ab, wird von Flop, Fehlschlag, Misserfolg o. ä. gesprochen. Erstaunlicherweise zeigt sich in der Praxis oft, dass Führungskräfte und Mitarbeiter nicht genau wissen, was als konkretes Ergebnis von ihnen erwartet wird. Insofern ersetzen oft (als ungeschriebene Regel) die Konsequenzen die Präzisierung des Solls, denn Abweichungen werden in der Regel unmissverständlich kommuniziert.

Die Abb. 8.1 zeigt das Leistungssystem auf Umsetzungsebene. Die Art der Analyse ist dabei dem amerikanisichen Performance Improvement (PI) entlehnt. Performance Performance Improvement ist ein systematischer Ansatz, um die menschliche Leistung in Organisationen zu verbessern. Eine der wesentlichen Grundannahmen ist, dass Unternehmen Systeme sind, und Mitarbeiter ihre Leistung im Zusammenspiel mit anderen Elementen des „Human Performance Systems" erbringen. Alle Leistungsprozesse sollten auf die Unternehmensziele hin ausgerichtet sein. Insofern steht im Zentrum der Arbeit eines Performance Consultants immer die Optimierung der sogenannten Outputs. Ausgangspunkt ist immer der Abgleich zwischen Soll- und Ist-Ergebnissen. Sofern ein Delta besteht – eine sogenannte Performance Gap oder Lücke – wird eine systematische Analyse durchgeführt, um die Ursachen zu identifizieren. Dabei steht, im Gegensatz zur Personalentwicklung, nicht der Mensch im Mittelpunkt der Betrachtung, sondern das ganze System. Dabei werden mehrere Ebenen unterschieden, wie beispielsweise Rummler (2007), dessen Analyse an der Organisations-, der Prozess- oder der Job- bzw. Performance-Ebene ansetzt. Als Vertreter des Performance Improvement seien hier exemplarisch genannt: Robinson und Robinson (1996), Stolovitch und Keeps (2006) und Rummler und Brache (1995) bzw. Rummler (2007) in den USA sowie aus Deutschland Lorenz und Oppitz (2001 und 2003) und Wittkuhn und Bartscher (2001).

Konsequenzen

Je nach Soll-Ist-Abweichung fallen die Konsequenzen aus: Im Erfolgsfall (oder wenn erste Erfolge und sog. „Quick wins" sichtbar werden), wird es idealerweise Anerkennung, vielleicht ein kleines Fest oder eine Prämie für das Team und die Führungskraft geben. Die Führungskraft wird am Ergebnis der Mitarbeiter gemessen, für die sie verantwortlich ist. Wird das Soll deutlich unterschritten, ist mit Sanktionen zu rechnen.

Diese Konsequenzen sind sehr mächtig: Sie lassen jeden spüren, was geht und was nicht, was im Rahmen ist oder rausfällt. Sie geben Führungskräften und Mitarbeitern Orientierung, denn hier findet viel symbolisches Management statt. Konsequenzen sind Taten, weniger Worte: Hier wird jemand befördert oder aus der Führungsverantwortung entbunden. Auch Daüberhinwegsehen – also wenn nichts passiert, obwohl jemand sich nicht an die Vorgaben hält – ist eine Konsequenz. Daran zeigt sich deutlich, was vom System als „richtig" und „falsch" verstanden, toleriert, geduldet oder unterstützt wird. Leider hinken die Konsequenzen in Change-Prozessen oft deutlich den neuen Soll-Vorgaben hinterher, d. h. sie belohnen zum Teil Verhalten und Ergebnisse, die vom Ideal abweichen und sorgen damit für massive Irritation bei allen Beteiligten.

Output-Feedback bezogen auf Mitarbeiter

Der obere Pfeil von der Change-Performance zur Führungskraft ist eine Rückmeldung über den Output der Mitarbeiter. Was im Tagesgeschäft in der Fertigung Stückzahlen oder Qualitätskennzahlen sind, können in einem Change-Vorhaben durchaus schwer fassbare Ergebnisse gemeint sein. Bei einer Fusion wäre das Zusammenwachsen und die neue gemeinsame Identität ein mögliches Ergebnis einer erfolgreichen Post-Merger-Integration. Am Beispiel wird deutlich, wie wichtig klare Zielvorgaben und -kriterien sind, weil sich daraus ableiten lässt, wie ein Umsetzungsfortschritt beobachtet werden kann. Denkbar wären Ergebnisse einer Mitarbeiterbefragung, die der Führungskraft zeitnah für ihren Zuständigkeitsbereich als Auswertung zur Verfügung gestellt werden.

Output der Führungskräfte = Input der Mitarbeiter

Der mittlere Pfeil bezieht sich auf den Output bzw. die Performance der Führungskraft. An der Darstellung wird deutlich, dass der Output der Führungskraft dem Input der Mitarbeiter gleichzusetzen ist. Das mag zunächst verwundern, aber bei genauer Betrachtung besteht der Führungs-Job im Wesentlichen darin, die notwendigen Voraussetzungen zu schaffen, dass die Mitarbeiter das Soll erfüllen können. Beschränken wir uns hier zunächst auf die gängige Praxis: Welchen Input bekommen Mitarbeiter von ihrem Chef zu Veränderungsvorhaben? Meist gibt es eine Information zum Change-Projekt, zu Hintergründen, zu Neuerungen, zum Zeitplan, zu Auswirkungen auf das Tagesgeschäft.

Das Verhalten der Führungskraft, der Führungsstil, die Persönlichkeit und Ähnliches sind in dieser Betrachtung zunächst nicht relevant. Der Fokus liegt auf Ergebnissen, also nicht auf „was tut XY?", sondern „was kommt heraus?". In der PI-Logik wird das Verhalten dann analysiert, wenn nach positiven Abweichungen gesucht wird. Übertragen auf Change-Kommunikation hieße das, der „beste Change-Kommunikator" wird gesucht, um zu ergründen, was er/sie anders macht als die meisten Kollegen. Wenn die Abweichungen ermittelt sind, kann überlegt werden, wie das Verhalten als Standard auf andere übertragen werden könnte, ob es dazu z. B. Schulungen braucht oder einen anderen Prozess oder bestimmte Hilfsmittel.

Output-Feedback bezogen auf Führungskräfte

Woran merkt die Führungskraft, ob ihr Output den Soll-Anforderungen entspricht? Das ist bei Führungskräften in der Regel schwer nachvollziehbar. Daher werden oft relativ undifferenziert Rückschlüsse aus dem Output der Mitarbeiter gezogen: „Passt schon!" heißt es da beispielsweise, verbunden mit der Botschaft „weiter so…". Mit Blick auf die Kommunikation von Veränderungen kann die Führungskraft sich ein Output-Feedback bei den Mitarbeitern einholen. Dies kann explizit erfolgen, indem eine Führungskraft nach der Vorstellung eines Change-Projekts Fragen an die Mitarbeiter stellt, wie z. B. „Was ist bei Euch angekommen? Was habt Ihr verstanden? Was ist noch unklar?". Es kann aber auch durch Interpretation non-verbaler Reaktionen erfolgen. Wenn also nach der Information alle mit gesenktem Kopf den Raum verlassen, kann die Führungskraft annehmen, die angestrebte Motivation bei den Mitarbeitern nicht erreicht zu haben.

Input für die Führungskraft

Auch die Führungskraft ist angewiesen auf Infos und Ressourcen, die ihr zur Verfügung gestellt werden. Bei Change-Vorhaben, die „von oben" in der Hierarchie oder aus der Zentrale kommen, ist dies unerlässlich. Anspruchsvoll ist, dass es hier grundsätzlich mehrere Organisationseinheiten sind, die als „Zulieferer" für die Führungskraft in Frage kommen: neben dem eigenen Vorgesetzten können Ansprechpartner aus der fachlichen Projektleitung stammen, aus dem Change Management, Human Ressources, oder aus der Unternehmenskommunikation bzw. Internen Kommunikation. Was zunächst wie eine rein akademische Betrachtung anmutet, wird gleich Praxis-relevant, wenn im nächsten Abschnitt die Knackpunkte für heraus gearbeitet werden.

8.2 Die Diagnose: Knackpunkte und Ansätze für Veränderungen

Bei der Betrachtung des Gesamtsystems lassen sich einige Knackpunkte ausmachen, die es – vorsichtig formuliert – Führungskräften erschweren, ihre Aufgabe der Change-Kommunikation wahrzunehmen. Für ein besseres Verständnis der Wechselwirkungen wird die Verortung wieder am Leistungssystem vorgenommen (Abb. 8.1).

Veränderungserfolg oder Change Performance

Mit Blick auf das Soll, also die angestrebte erfolgreiche Umsetzung des Change-Vorhabens, fallen folgende Knackpunkte auf. Zum einen sind die Kriterien für einen Erfolg oft nicht klar und einheitlich formuliert. Viele Führungskräfte haben kein klares Bild davon, worin genau eine erfolgreiche Umsetzung besteht, was die Mindestanforderung ist, was erste Anzeichen für Erfolg oder Schieflage sein können usw. Damit fehlt ihnen zum einen die Grundlage, ihre Mitarbeiter zu beauftragen und in der Umsetzung anzuleiten, ihnen Feedback zu geben und frühzeitig gegenzusteuern. Es fehlen auch die Voraussetzungen für ein eigenständiges Monitoring der Umsetzungsfortschritte. Dadurch sind Führungskräfte auf äußere „Messungen" und Rückmeldungen angewiesen, was womöglich ihr Gefühl der Abhängigkeit und des Ausgeliefertseins verstärkt.

Zum anderen ist der Zusammenhang zwischen Veränderungserfolg und Kommunikation der Führungskraft für die mittleren und unteren Führungskräfte oft nicht unmittelbar nachvollziehbar. Wir sprechen beispielsweise von einem Meister, Teamleiter, Einrichter, Vorarbeiter oder dergleichen in der Fertigung. Wie viele Change-Fachbücher wird die durchschnittliche Führungskraft wohl gelesen, wie viele Trainings zu diesen Themen besucht haben? Das ist kein Vorwurf, es beschreibt lediglich die Zielgruppe. In einem Industrieunternehmen ist der Großteil der Führungskräfte nicht akademisch ausgebildet – auch wenn die Leser dieses Buchs vielleicht einen anderen Background mitbringen.

Gehen wir also davon aus, dass in der Fläche wenig Bewusstsein über die eigene Bedeutung als Führungskraft im Change vorhanden ist. Wenn dem so ist, dann wird die Führungskraft ihre Kommunikationsziele (also im Sinne von „Was muss meine Kommunikation bei den Mitarbeitern bewirken?") nicht aus dem avisierten Soll „rückwärts" ableiten („Welche Infos brauchen meine Mitarbeiter, damit… rauskommt?").

Konsequenzen für Mitarbeiter

Teilweise sind die Systeme kontraproduktiv, weil sie meist zeitversetzt angepasst werden. Somit kann es sein, dass „altes" Verhalten belohnt wird. Selbst wenn die Mitarbeiter ein klares Bild davon hätten, was von ihnen erwartet wird, untergraben die Konsequenzen den formalen Auftrag, wenn beides nicht auf dasselbe Ziel ausgerichtet ist. Die meisten Führungskräfte sind als Einzelperson machtlos gegenüber dem System und haben nicht die Befugnis, Belohnungs- und Anreizsysteme für ihren Mitarbeiterkreis zu gestalten. Selbst in den Fällen, in denen es im Zuständigkeitsbereich der Führungskraft liegt, braucht es Rückendeckung von oben. Jeder kennt Fälle im eigenen Unternehmen, in denen Mitarbeiter für ein krasses Underperformen nicht zur Rechenschaft gezogen werden. Wenn einfach weggeschaut wird. Das ist demoralisierend für alle Leistungsträger, denn die Signalwirkung ist nicht zu unterschätzen. Oder eine Führungskraft hat nicht die Mittel, besondere Leistungen zu honorieren, andere Aufgaben zuzuweisen oder ähnliches. Das ist ein Knackpunkt, weil es den Einfluss der Führungskraft schwächt und das System an dieser Stelle gegen den direkten Chef arbeitet.

Konsequenzen für Führungskräfte

Viele mittlere und untere Führungskräfte nehmen Change-Aufgaben zusätzlich zum laufenden Tagesgeschäft wahr. Ohne, dass der operative Druck verringert würde. Konsequenterweise sollten wichtige Change-Aufgaben in die persönliche Zielvereinbarung mit aufgenommen werden. Auch dann, wenn MbO (Management by Objective) nicht verfolgt wird, sollte eine Gegenüberstellung vorgenommen werden: Was sind die laufenden Aufgaben? Was sind Projektaufgaben?

Zum einen erhalten die Change-Aufgaben dadurch eine Aufwertung und werden sichtbar. Was genau wird eigentlich von der Führungskraft erwartet? Welche Konsequenzen hat es bei Erfolg oder Nicht-Erfolg? Ist es entgeltwirksam? Wenn es Konsequenzen gibt, dann werden meist auch Messinstrumente erdacht. Woran machen wir Erfolg fest? Und wie wird der Umsetzungsprozess im Auge behalten? Gibt es ein laufendes Berichtssystem?

Zum anderen ergibt sich daraus fast zwangsläufig eine sinnvolle Diskussion über Prioritäten z. B. gegenüber dem operativen Tagesgeschäft: Wie wird priorisiert? In welchem Umfang ist was zu erledigen? Können Aufgaben verschoben, delegiert, outgesourct werden…? In der Praxis wird oft erwartet, dass Führungskräfte den in Change-Prozessen erhöhtem Kommunikationsaufwand quasi „ehrenamtlich“ nachkommen. Also die wichtige Kommunikationsaufgabe zusätzlich bewältigen. Wenn jetzt Konsequenzen nur am Tagesgeschäft orientiert sind – raten Sie mal, was eher zu kurz kommt! (Verstärkt wird diese Tendenz dadurch, dass sich viele Führungskräfte im Tagesgeschäft relativ sicher fühlen, auf der Change-Baustelle aber eher unerfahren oder unbeholfen. Da geht es um Emotionen und kritische Fragen, denen sich manche Führungskräfte nicht gewachsen fühlen. Sie sollen offen, authentisch kommunizieren, dialogisch, empathisch und begeistern sollen sie auch… Würden Sie eher das machen, was Sie gut können, oder das, was diffus und neu ist, und wovon Sie deutlich weniger Ahnung haben? Sehen Sie.)

Auch für Führungskräfte gilt: Sie orientieren sich daran, was Konsequenzen hat. „Komme ich mehr in Schwierigkeiten, wenn die Produktivität oder Qualität sinkt, weil wir den Change vorantreiben, oder wenn ich die Neuerungen nicht erfolgreich umsetze?“ (Sie merken: Je ungenauer die Beschreibung des Soll ist, desto leichter ist es für eine Führungskraft sich nur auf ihren Input zu konzentrieren. Dann verschiebt sich der Fokus von „XY ist rausgekommen.“ auf „Das-und-das habe ich gemacht.“ Dann sind Sie im Bereich von „Wir haben das neue Produktionssystem eingeführt!“ und nicht bei „Die Mitarbeiter nutzen die Tools aus dem Produktionssystem.“ oder „Fehlerquote und Durchlaufzeit sind um X % gesunken auf XY %.“)

Capgemini (2010, S. 81) hat erhoben, dass im Durchschnitt bei den betroffenen Mitarbeitergruppen 25 % Produktivitätseinbuße zu verzeichnen sind, wenn systematisches Change Management fehlt oder Veränderungen unzureichend begleitet werden. Entsprechend weiter gedacht, kann der Nutzen von Change Management errechnet werden (Claßen 2008, S. 59 ff. und insb. S. 277 ff.). Platt formuliert – fernab von Rechenspielen: Investiert die Führungskraft Zeit in die Kommunikation leidet u. U. das Tagesgeschäft kurzfristig. Wenn der Plan aufgeht, dann fallen die Produktivitätseinbußen und andere bekannte „Nebenwirkungen“ von Veränderungen (wie z. B. Fehlzeiten, Fluktuation, sinkende Identifikation) durch gute Change-Kommunikation geringer aus. Dann war die Zeit gut investiert. Es setzt aber voraus, dass eine solche Priorisierung transparent gemacht und bewusst entschieden wird. Weiter oben wurde thematisiert, dass eine Aufnahme der veränderungsbezogenen Aufgaben in die persönliche Zielvereinbarung die Change-Kommunikation aufwerte. Spannend ist, zu hinterfragen, ob eine solche Art der Aushandlung über Konsequenzen und Ressourcen und eine Präzisierung der Soll-Anforderungen nicht für eine Aufwertung der Führungskraft sorgen kann. Weiter oben wurde unterstellt, dass Viele sich der hohen Verantwortung nicht bewusst sein. Sie werden auch meist nicht als wichtige Zielgruppe behandelt, dann nehmen sie sich selbst auch nicht so wahr. Wir wissen aus der Praxis, dass gerade mittlere und untere Führungskräfte oft als „Lähmschicht“ (Huy 2002; Langen und Schwabe 2009) gescholten werden, wenn die Veränderung nicht erfolgreich umgesetzt wurde. Diese Abwertung ist auch eine Konsequenz und trägt nicht zu einer Stärkung dieser erfolgskritischen Zielgruppe bei.

Output-Feedback für die Führungskräfte (zu Output der Mitarbeiter)

Hauptknackpunkt an dieser Stelle ist, dass für die Führungskräften oftmals die Voraussetzung fehlt: Klarheit über konkrete Ziele und Kriterien. Damit soll nicht behauptet werden, die Change-Vorhaben hätten keine Ziele. Die Frage ist, sind sie den umsetzenden Führungskräften transparent und verständlich.

Welche Möglichkeiten der „Messung“ gibt es und welche Unterstützung können Führungskräfte beim Monitoring für Umsetzungsfortschritte erwarten? Sind sie auf sich allein gestellt, gibt es eine zentrale Erfassung und Bündelung durch Change Management (und sind dadurch interne Bechmarks erhältich)? Auch hier gilt wieder die bereits benannte Problematik: In der Praxis dominieren Messinstrumentarien und Statistiken zum Tagesgeschäft. Insofern verschieben sich die Prioritäten allein durch die Rückmeldung zu Ergebnissen auf das Operative. Wenn der Change-Erfolg aber etwas Zusätzliches verlangt (und nicht das Tagesgeschäft zum Gegenstand hat), dann gibt es konkurrierende Ziele. Durch die Sichtbarkeit der Ergebnisse bleibt das auf der Tagesordnung, was ohnehin Führungskräfte an der Basis umtreibt: operatives Tagesgeschäft, für Change bleibt da wenig Luft.

Ein weiterer Knackpunkt ist: wie kommuniziert die Führungskraft das Output-Feedback als erneuten Input für die Mitarbeiter. Insbesondere bei Soll-Ist-Abweichungen ist wichtig, ob die Führungskräfte z. B. aus dem KVP oder Lean Management Mittel und Wege kennen, gemeinsam mit ihrem Team die Ursachen zu suchen und an einer Lösung zu arbeiten. Sollen die Mitarbeiter lernen können und sich kontinuierlich verbessern, ist es unerlässlich, dass die Führungskraft zeitnah Ergebnisse rückmeldet und entsprechende Maßnahmen ableitet.

Output-Feedback der Führungskräfte (von Mitarbeitern)

In Führungskräfte-Trainings wird oft der Wunsch nach mehr Feedback geäußert, was verdeutlicht, dass die Chefs nicht recht wissen, wie ihr Führungsverhalten bei den Mitarbeitern ankommt, ob sie es für ihre Tätigkeit als hilfreich oder als problematisch empfinden. Unterstellen wir eine weit verbreitete Unbeholfenheit: Selbst bei Offenheit für Feedback, gibt es wenig Phantasie, wie so etwas vonstattengehen könnte. Zudem beschleichen Führungskräfte manchmal Zweifel, ob es nicht ein Eingeständnis von Unsicherheit und Schwäche ist, sich gezielt und explizit Feedback von Mitarbeitern einzuholen. Dabei geht es natürlich nicht um die Frage „Und – wie war ich?"!

Sofern klare Ziele vorliegen und das Soll konkretisiert ist, lassen sich sinnvolle Fragen formulieren. Angenommen, Mitarbeiter sollen wissen, dass ein Projekt geplant ist zum Fabrikneubau. Was sollen die Mitarbeiter hinterher wieder geben können? Woran sollen sie sich erinnern? Geht es allein um Wissen und Fakten, oder möglicherweise auch um ein positives Gefühl. Das Unternehmen investiert in den Produktionsstandort Deutschland, wir bekommen eine neue und moderne Fabrik. Technologie auf dem neuesten Stand, international wettbewerbsfähig… Diese Botschaften lassen sich allesamt abfragen, ohne dass sich die Führungskraft als „Weichei" blamiert. Aber der Fokus beim Thema Feedback liegt in Trainings auf der anderen Richtung: Feedback geben und nicht einholen.

Zentral am Output-Feedback für die Führungskraft zu ihrer Change-Kommunikation ist folgendes: Der häufigste Irrtum besteht darin, Kommunikation als Aufgabe zu sehen, die ich wie in einer To-do-Liste abhaken kann. Mitarbeiter-Info durchgeführt – Haken dahinter. Die Betrachtung von Kommunikation liegt zu sehr auf der Erledigung und nicht auf einem Zielbeitrag. Aber genau das würde in der Change-Kommunikation ein neues Verständnis befördern: Was muss Kommunikation erreichen, damit sich das Verhalten der Mitarbeiter ändert? Wie muss die Kommunikation dann gestaltet werden?

Auch hier sei kein Vorwurf an die Führungskräfte adressiert. So lange Projektleiter, Change Manager und Kommunikationsfachleute Kommunikationspläne erstellen, in denen Termine, Themen, Botschaften und Medien unterschieden werden, aber die Ziele unrealistisch oder grobkörnig formuliert sind, so lange kann von Führungskräften nicht erwartet werden, dass sie anders agieren. Die meisten Unternehmen leben in der Illusion der Input-Orientierung („Botschaft ist kommuniziert.", „Haben wir denen schon gesagt..."), anstelle einer dringend notwendigen Neuorientierung auf Output („Ist die Botschaft verstanden und akzeptiert?", „Wissen die, was sie tun sollen...?"). So lange Kommunikationspläne Punkt für Punkt abgearbeitet werden, ohne dass einzelne Kommunikationsziele über Feedback-Kanäle abgeprüft werden, so dass ein zeitnahes Lernen oder Nachsteuern möglich wäre, so lange werden auch Führungskräfte ihre Kommunikationsaufgaben lediglich abarbeiten. Sie sind Teil des Systems.

Output der Führungskräfte = Input der Mitarbeiter

Mit Blick auf die tatsächliche Change-Kommunikation einer Führungskraft mit ihren unterstellten Mitarbeitern fallen die folgenden Knackpunkte auf. Zum ersten fehlt ein Auftrag an die Mitarbeiter, was zu tun ist, oder ist zu wenig konkret. Was so simpel klingt, hat eine gravierende Wirkung. Bitte fragen Sie sich selbst für einen Moment: Weiß ich, was ich tun muss, damit mein Chef sagt, ich mache einen guten Job? (vgl. hierzu auch Stolvitch und Keeps 2006, S. 27 f.)

Zum zweiten erfolgt ein Angebot zur Unterstützung durch die Führungskraft selbst oder durch andere (z. B. von der Führungskraft initiiertes Training für die Mitarbeiter, gegenseitige Unterweisungen, Experten aus dem Unternehmen als Ansprechpartner für Fragen, Verweis auf Key User) meist nicht. Dabei hat Lewin in seinem Drei-Phasen-Modell bereits auf Lernangst hingewiesen und Schein (2003 sowie 2006, S. 123 f.) betont, wie wichtig die psychologische Sicherheit ist, die eine Führungskraft als Voraussetzung für Lernen und Veränderung schaffen muss. Und zum dritten wird Feedback wird nicht ausreichend genutzt – in beide Richtungen. Gemeint ist, dass Führungskräfte meist sehr sparsam mit Feedback umgehen.

Die oben genannten Punkte beziehen sich sehr stark auf die Inhalte der Change-Kommunikation, also auf das, *was* eine Führungskraft an ihre Mitarbeiter kommuniziert. Hierin wird ein großer Hebel gesehen, der sich relativ leicht vermitteln lässt und durch den die Ergebnisse deutlich optimiert werden können (Knippel 2012, S. 432 ff.). Daneben gibt es aber noch die Art und Weise der Kommunikation, das *Wie* (ebenda, S. 449 ff.). Aus Gründen der Vereinfachung und Verkürzung wird an dieser Stelle auf weitere Ausführungen verzichtet, auch wenn in der Sensibilisierung und Schulung der Führungskräfte für authentische und empathische Kommunikation ein wichtiger Beitrag zum Change-Erfolg gesehen wird (vgl. weitergehende Modelle bei Schulz von Thun 1981, 1989, 1998; Schulz von Thun et al. 2000 und angewendet auf Change-Kommunikation bei Knippel 2012, S. 473 ff.).

Input der Führungskräfte

Wenig überraschend: die Liste der Knackpunkte beim Input für die Führungskräfte ähnelt der Aufstellung beim vorherigen Punkt zum Input für Mitarbeiter. Der Zusammenhang liegt auf der Hand – Führungskräfte geben das weiter, *was* sie selbst erfahren haben (und übrigens meist auch in ähnlicher Art und Weise, also mit Blick auf das *Wie*). Auftrag an Führungskräfte fehlt oder ist zu wenig konkret. Mit Blick auf die Change-Kommunikation heißt das, dass entweder nur die „Ausführung“ beauftragt wird. Wie weiter oben bereits beschrieben, kann die Führungskraft die Aufgabe als erledigt betrachten, wenn sie die Mitarbeiter zum anstehenden Change-Vorhaben informiert hat. Oder, in den wenigen Fällen, in denen in Form von Kommunikationszielen und Botschaften beauftragt wird, werden von Führungskräften wahre Wunderdinge erwartet und es sind teilweise unrealistische Vorgaben.

Übrigens kann mit einer konkreten Beauftragung auch das in der Praxis verbreitete Konsistenz-Problem gelöst werden. Je konkreter der Auftrag für die Führungskräfte ist, desto konsistenter sollten sie agieren. Auch für Führungskräfte fehlt vielfach die Unterstützung im Veränderungsprozess. Das wäre aber Voraussetzung dafür, dass Führungskräfte ihren Mitarbeitern Unterstützung anbieten können. Zum einen, weil sie es selbst erfahren haben und zum anderen, weil sie durch die Unterstützung so gestärkt sind, dass sie auch in emotionalen Phasen präsent sind und auf ihre Mitarbeiter zugehen können.

Bereits an anderer Stelle wurden einige Einheiten erwähnt, die für Führungskräfte „zuliefern“ könnten – wie beispielsweise das Projekt-Team liefert Fakten zur geplanten Veränderung (Warum, was genau, wann…?). Diese sind idealerweise so aufbereitet, dass sie nicht nur der Führungskraft als Hintergrundinformation dienen, sondern auch als Medium für die Zielgruppe Mitarbeiter genutzt werden können. Die Interne Kommunikation könnte für die Zielgruppen-gerechte Formulierung und Aufmachung sorgen. Die Führungskräfte-Entwicklung organisiert Trainings und Workshops zum Erfahrungsaustausch.

Feedback wird zwar grundsätzlich von Kommunikationsverantwortlichen eingeplant. Aber dann handelt es sich meist um zentrale Formen der Erhebung wie z. B. in Form von Mitarbeiterbefragungen. Hier ist allerdings gemeint, dass auf allen Ebenen Stimmungsbilder und Fragen aggregiert werden, dass Führungskräfte gefragt werden, wie ihre Mitarbeiter auf die angekündigten Veränderungen reagiert haben. Wenn Führungskräfte wissen, dass sie regelmäßig nach den Reaktionen ihrer Mitarbeiter gefragt werden, dann werden sie mit hoher Wahrscheinlichkeit selbst Feedback einholen. Außerdem steigt die Motivation, selbst aktiv Feedback einzuholen, wenn deutlich ist, dass es genutzt werden kann. Was nutzt Feedback, wenn ich mich nicht in der Lage sehe, Probleme abzustellen, die meine Mitarbeiter mir rückmelden? Insofern ist die Voraussetzung dafür, dass Führungskräfte ihre Mitarbeiter fragen, dass sie wissen, an wen sie kritische Rückmeldungen oder Vorschläge weitergeben können.

Die andere Feedback-Richtung entspricht der klassischen Führungsaufgabe, nur kommt ihr in Lern- und Veränderungsprozessen eine besondere Rolle zu. Aufgabe jeder Führungskraft sollte sein, ihre Mitarbeiter dabei zu ertappen, wenn sie etwas Neues versuchen. Für einige kann das der größte Schritt sein, sich zu überwinden und das Neue auszuprobieren. Dann ist wichtig, dass sie positives Feedback von der Führungskraft bekommen, nicht nur, wenn der Versuch auch glückt. Natürlich braucht es auch Ermunterung, wenn etwas nicht klappt. Und Lob, wenn das Neue erfolgreich umgesetzt wird. Die Praxis zeigt, dass bereits im Normalbetrieb zu wenig Feedback gegeben wird. Umso wichtiger wäre es in Change-Prozessen, Feedback zu nutzen. Aber es stellt sich die Frage, wie viel Neues von Führungskräften im Wandel umgesetzt werden kann. Insofern wäre es wichtig, dass Führungskräfte (auch im normalen Tagesgeschäft) den Wert von Feedback immer wieder am eigenen Leib erfahren und sie viele Erinnerungen erhalten, wie Feedback funktioniert.

Mit Blick auf Change-Kommunikation brauchen Führungskräfte Feedback zu ihrem Umgang mit den Mitarbeitern. Was setzen sie richtig um, wo braucht es ggf. mehr Wiederholungen, damit die Mitarbeiter verstehen, worum es geht? Wo sollte die Führungskraft anders kommunizieren – lieber im Team, als nur Einzelgespräche oder umgekehrt?

Schließlich fällt auf, dass es einen deutlichen Logik-Bruch beim Input gibt: Change-Kommunikation für Führungskräfte folgt vielfach anderen Gesetzmäßigkeiten als Change-Kommunikation für Mitarbeiter. Gerade weil Unternehmen wissen, wie wichtig Führungskräfte sind, wird mehr Geld in die Führungskräfte-Kommunikation investiert. Mit dem Ziel, die Führungskräfte ins Boot zu holen, sie zu überzeugen und mit ihnen Botschafter für das Thema gewonnen zu haben. Nachvollziehbar, aber dennoch schwierig. Es bleibt dann nämlich alleinige Aufgabe der Führungskräfte, die Inhalte für ihre Mitarbeiter zu „übersetzen" (Meiffert 2005), die Wortwahl anzupassen, Beispiele aus dem Arbeitskontext zu finden und zu konkretisieren, was sich ändern soll. Auch die Kommunikationsformate können gänzlich andere sein. Während Führungskräfte möglicherweise bei einem internationalen Town Hall Meeting in einer externen Location mit Event-Charakter (wie der Stadthalle oder einem Fußballstadion) mit dem Top-Management zusammen kommen, findet die Mitarbeiter-Info in Ermangelung von Besprechungsräumen ggf. im Pausenraum statt.

Auch in der Situation der Führungskräfte-Kommunikation sollten alle Teilnehmer ihre spätere Anwendungssituation vor Augen haben: „Wie bringe ich das meinen Leuten rüber? Was werden die fragen? Was bewegt die?" Dann ziehen sie den größten Nutzen aus der Info. Dazu wiederum bräuchte es einen konkreten Auftrag für Change-Kommunikation durch die Führungskräfte. Bei der Beschreibung der Knackpunkte beim Input für Führungskräfte wird der Zusammenhang deutlich: Kommunikation pflanzt sich über die Ebenen von oben nach unten fort. Wir sollten nicht erwarten, dass Führungskräfte in der Eingespanntheit des operativen Tagesgeschäfts Zeit und Muße haben, etwas neu auszuarbeiten (Reichwald und Hensel 2007). Insbesondere, wenn es nicht ihr eigenes Thema ist, sondern die Veränderung von anderer Stelle angestoßen wurde.

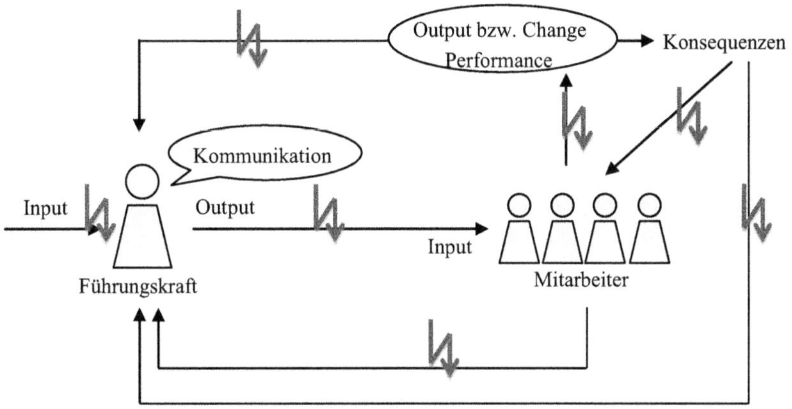

Abb. 8.2 Kennzeichnung der Knackpunkte im System. (Quelle: Eigene Darstellung)

Zusammenfassung der Knackpunkte

Die Zusammenfassung der Knackpunkte lässt sich kurz fassen: wenn wir im Rahmen der Anamnese das gesamte System in den Blick nehmen, dann werden an allen Stellen Brüche und Blitze sichtbar (Abb. 8.2). Es wäre also zu kurz gegriffen, allein bei den Führungskräften und ihren Kompetenzen anzusetzen. Wenn in der Praxis teilweise in der Rückschau eines Projekts vereinfachend so ausgewertet werden mag, so lässt dies auf eine mangelnde Offenheit für Lernprozesse (i. S. v. Lessons learned) schließen (vgl. auch das Double Loop Learning und Single Loop Learning bei Argyris 1996 und 2008).

8.3 Der Therapievorschlag: Das System verändern

Wenn das Ergebnis (der Veränderungserfolg) deutlich anders ausfallen soll als in der Vergangenheit bei Change-Vorhaben, dann muss das ganze System in den Blick genommen und verändert werden. Isolierte Maßnahmen ergeben nicht annähernd den gewünschten Effekt. Natürlich ließe sich mit Führungskräfte-Trainings etwas ausrichten. Die Führungskräfte würden bei der Umsetzung des Gelernten aber schnell an ihre Grenzen (bzw. an die des Systems) stoßen, so dass der Transfer erschwert würde und ein Rückfall in altes Verhalten wahrscheinlich ist.

Nachdem eingangs die Veränderung der Change-Kommunikation als eigenes Wandelvorhaben betrachtet wurde, soll hier aufgezeigt werden, dass der weitere Blickwinkel – Gesamtsystem statt einzelne Führungskräfte – die Umsetzung erleichtern sollte. Zum einen zeigt die Analyse des Systems mit seinen Zusammenhängen, dass es mit einer tatsächlichen Änderung ernst ist. Es geht nicht um eine Alibi-Maßnahme. Deshalb gibt es keine linearen Wirkungszusammenhänge wie etwa „Defizite in der Kommunikation festgestellt und die betreffende Zielgruppe der Führungskräfte geschult". Dies entspräche der üblichen Denke in Aufgaben, wie sie in einer To-do-Liste abgehakt werden können. Dabei wird zu wenig auf Ergebnisse geschaut. Hier wird hingegen das System neu ausgerichtet auf ein bestimmtes Ergebnis – die nachhaltige Umsetzung von Veränderungen.

Durch den erweiterten Blick auf Zusammenhänge und nicht auf Personen entsteht bei der Zielgruppe weniger der Eindruck, dass ihnen ein Vorwurf gemacht wird und Kompetenzdefizite behoben werden sollen. Das könnte Abwehr gegen die Maßnahmen erzeugen. Und schließlich entstehen Veränderungen am System nicht auf dem Reißbrett, sondern im Austausch mit Beteiligten. Insofern gibt es nicht einen fertigen Plan, der „übergestülpt“ wird, sondern die Führungskräfte sind eingebunden in Überlegungen, was die Umsetzung begünstigen kann.

Bereits bei der Analyse der Knackpunkte wurden Ansatzpunkte aufgezeigt, so dass hier darauf verzichtet wird, die einzelnen Punkte nochmals zu benennen. Vielmehr soll an einem Beispiel aufgezeigt werden, welche Elemente sich wechselseitig beeinflussen und warum es sinnvoll ist, das Gesamtbild im Auge zu behalten.

Praxisbeispiel: Einführung von Gruppenarbeit

Ein Automobilzulieferer will Gruppenarbeit einführen und den vorherrschenden Einzelakkord abschaffen. Am Standort sind ca. 1400 Mitarbeiter in der Fertigung tätig, die von der Veränderung betroffen sind. Verantwortliche Führungskräfte vor Ort sind die Meister, die allerdings eine Führungsspanne von bis zu 100 oder im Einzelfall 120 Mitarbeiter haben. Daher wird fachlich durch sog. Einrichter oder Vorarbeiter geführt. Mit dem Betriebsrat wurde lange über die Gruppenprämie verhandelt und dabei – als Entgegenkommen von Unternehmensseite vereinbart, dass Gruppensprecher gewählt werden, um als Ergänzung zur fachlichen Führung durch Einrichter und Vorarbeiter eine Ansprechperson für zwischenmenschliche Belange zu schaffen. Es wurde davon ausgegangen, dass mit der Umstellung der Arbeitsform Spannung innerhalb der Gruppen zunehmen können. Mit der Wahl des Gruppensprechers/der Gruppensprecherin durch die Kollegen sollen Vertrauenspersonen berufen werden, die Themen der Zusammenarbeit dem Meister gegenüber vertreten. Des Weiteren sind Workshops und Trainings angesetzt, um die Mitarbeiter auf die Veränderung vorzubereiten und sowohl die Einrichter/Vorarbeiter als auch die Gruppensprecher in Themen rund um Kommunikation, Zusammenarbeit und Konflikte zu schulen.

Die Meister waren als Führungskräfte grundsätzlich vorinformiert über die geplanten Veränderungen, die erste Information an die Mitarbeiter erfolgte dann aber durch die Werkleitung. In ganztägigen Workshops erfahren die Mitarbeiter Details der neuen Arbeitsform, wählen Gruppensprecher und vereinbaren Spielregeln für die neuen Aufgaben, die jetzt in der Verantwortung der Gruppe liegen und bisher vom Meister wahrgenommen worden waren. Die Meister kommen bei den Mitarbeiter-Workshop für die letzte Stunde dazu und beantworten Fragen der Mitarbeiter. Dabei fällt auf, dass die Meister unterschiedlich gut inhaltliche Fragen beantworten können und nur teilweise hinter der neuen Arbeitsform zu stehen scheinen.

Nach einigen Wochen funktioniert die Umstellung bei einigen Gruppen ganz gut, bei anderen hingegen hinkt sie deutlich hinter den erwarteten Ergebnissen hinterher. Bei den Trainings für Vorarbeiter/Einrichter und Gruppensprecher werden Anekdoten berichtet, dass Meister die Veränderung teilweise massiv unterlaufen und getroffene Entscheidungen der Gruppe außer Kraft setzen – auf Nachfrage der Gruppensprecher mit der Begründung „Weil ich es so will!". Etwa ein halbes Jahr zeitversetzt nach Start der Gruppenarbeit, so der Plan, kommen die Mitarbeiter nochmals für einen Halbtag zusammen, um den Status quo auszuwerten und Maßnahmen für die weitere Umsetzung zu vereinbaren. Ein Jahr nach dem Startschuss haben noch nicht alle Gruppen den zweiten Workshop absolviert, die Ergebnisse sind breit gestreut, die Stimmung teilweise am Boden.

Das Beispiel ist als Fallstudie ausführlich dokumentiert und analysiert bei Knippel 2012, S. 359 ff. Für dieses Kapitel wurde der Fall aus didaktischen Überlegungen stark vereinfacht.

Kommentierung des Praxisbeispiels

Das Beispiel zeigt auch in seiner komprimierten Darstellung sehr deutlich, dass es mehrere Knackpunkte gibt, an denen angesetzt werden sollte. Wenngleich es einen identifizierten Schulungsbedarf gab, handelt es sich nicht um ein klassisches PE-Projekt, sondern um eine OE-Maßnahme. Für die folgende Betrachtung liegt der Fokus auf dem Ausschnitt Meister und Mitarbeiter, also die Basis, an der die Gruppenarbeit umgesetzt und mit Leben gefüllt werden soll. Folgende Veränderungen am System sind denkbar – wobei mit Wechselwirkungen (zu einer Verstärkung des Effekts und einem höheren Umsetzungserfolg) zu rechnen ist. Für das Beispiel wird eine andere Reihenfolge der Kommentierung gewählt – quasi eine chronologische, beginnend beim Input für Führungskräfte (von links in nach rechts):

Der Input für die Meister (und Vorarbeiter/Einrichter) war offenbar nicht ausreichend. Der Wissenstand über Hintergründe und Fakten der Veränderung war nicht ausreichend. Offenbar hatten die Meister auch wenig Gelegenheit, sich im geschützten Raum offen und kritisch zur geplanten Veränderung auszutauschen, so dass viele Meister noch keinen eigenen Standpunkt zum Change-Vorhaben gefunden hatten, als sie mit ihren Mitarbeitern diskutierten. Jedenfalls waren die Meister für die Aufgabe der Change-Kommunikation schlecht präpariert und waren sich augenscheinlich auch nicht der besonderen Rolle bewusst. Geholfen hätten sicher gut aufbereitete Informationspakete für die Meister. Am wichtigsten scheinen jedoch im Beispiel dialogische Kommunikationsformate, in denen die Meister sich auf die Diskussion mit ihren Mitarbeitern konkret vorbereiten können. Denkbar unklar war für die Meister, was ihre Aufgabe und ihr Auftrag ist. Auch gab es für die Meister zu wenig Feedback. Sie waren sich in ihrer Aufgabe allein überlassen und hatten wenig Chance, im Veränderungsprozess zu lernen. Auch ein offener Erfahrungsaustausch wird als hilfreich erachtet. Voraussetzung wäre ein Klima gewesen, in dem Fragen gestellt werden können, unterschiedliche Meinungen nebeneinander stehen dürfen und Lernen nicht „peinlich“ ist oder als Ausdruck eines Defizits wahrgenommen wird.

Die Change-Kommunikation der Meister und gleichsam der Input für die Mitarbeiter fiel dann alles andere als Lehrbuch-mäßig aus. Unklare und wenig engagierte Kommunikation, inkonsistente Botschaften, für Mitarbeiter sichtbare und spürbare Unsicherheit oder Skepsis zum Thema. Einige Meister wichen den kritischen Fragen der Mitarbeiter aus und machten keine Angebote, wann sie für Rückfragen der Dauer-Nachtschicht zur Verfügung stehen würden. Für die Mitarbeiter vermittelte sich zwischen den Zeilen: „Unser Chef weiß auch nicht genau Bescheid, aber er scheint von der Sache nicht überzeugt.“ Die Reaktionen der Mitarbeiter waren entsprechend verhalten, skeptisch oder im besten Fall optimistisch – aber nicht euphorisch. An der Reaktion der Mitarbeiter (Output-Feedback für Meister) hätten die Führungskräfte feststellen können, dass sie kommunikativ nachsteuern müssen. Nachdem sich jedoch niemand über die Ziele der Change-Kommunikation im Klaren war, gab es auch kein konkretes Soll, an dem ein Meister für sich hätte kritisch das Ist hätte abgleichen können.

Wie nicht anders zu erwarten, blieb der Output bzw. die Performance der Mitarbeiter (bzw. der Gruppen im Durchschnitt) deutlich hinter den gesteckten Zielen zurück. Die sog. „Nebenwirkungen“ der Veränderung schlugen sich mit voller Wucht in Produktivitätseinbußen, Krankenstand und abnehmender Identifikation nieder. Es gab auch Gruppen, die besser abschnitten – direkt korreliert zum Verhalten der Führungskraft –, aber in der Fläche wurde das Ziel einer lebendigen Gruppenarbeit nicht annähernd erreicht. Auch nach zwei Jahren wurde noch nachgesteuert und versucht, die begonnenen Veränderungen zu stabilisieren. Bei den Konsequenzen für Mitarbeiter und Meister zeigten sich ebenfalls Ansatzpunkte zur Optimierung: Die Meister wurden an den üblichen Produktionskennzahlen gemessen und die Umsetzung der Gruppenarbeit fand keinen Niederschlag in persönlichen Zielvereinbarungen. Das Thema war nicht regelmäßiger Punkt auf der Agenda der Meisterrunde, sondern nur, wenn akute Probleme zu beheben waren. Insofern waren die Konsequenz-Systeme deutlich auf die Erhaltung des Tagesgeschäfts ausgerichtet.

Für die Mitarbeiter war die Performance als Gruppe entgeltrelevant, d. h. anders als Einrichter, Vorarbeiter und Meister, spürten die Kollegen in der Gruppe am Monatsende, wenn das Soll nicht erreicht worden war. Die Kennzahlen zum Output der Mitarbeiter lagen den Meistern zwar zeitnah vor, wurden aber stark zeitversetzt an die Gruppen kommuniziert (= Input). Dadurch wurde Lernen aus Erfahrungen erschwert, weil die Zuordnung mit langer Verzögerung nicht mehr nachvollziehbar. Nachdem für die Gruppen ein variabler Anteil vom Gruppenergebnis abhängig war, ohne dass es nachvollziehbar gewesen wäre, entstand der Eindruck, „über den Tisch gezogen worden zu sein“. Dieses Empfinden hat sich vermutlich auf die Motivation der Mitarbeiter und das Ergebnis ausgewirkt.

Das Beispiel zeigt auch auf, dass es nicht um eine „Schuldfrage“ geht, die in der Praxis manchmal rückblickend gestellt wird. Anstatt den Meistern schlechte Change-Kommunikation vorzuwerfen, erscheint es vielversprechender den Input für Führungskräfte in den Blick zu nehmen. Wie gesagt, Training kann ein Bestandteil davon sein. Es wird aber nur dann den gewünschten Effekt zeigen, wenn es eingebettet ist in ein Maßnahmenbündel, das an unterschiedlichen Stellen im Leistungssystem ansetzt. Also z. B. Information + Schulung + Anpassung der Konsequenzen.

8.4 Der chirurgische Eingriff: Rekonstruktion des Inputs

Der Vorschlag lautet also nicht, zum Messer zu greifen und die „Patienten" Führungskräfte zu operieren, sondern stattdessen mit Farbstift zu skizzieren, welcher Ansatzpunkt im Gesamtsystem am erfolgversprechendsten erscheint. Hier soll noch einmal betont werden, dass es nicht um eine einzelne Entweder-oder-Maßnahme geht. Vielmehr soll der Schwerpunkt der Aktivitäten auf dem Input liegen (siehe Abb. 8.3). Damit wird die Ursache für bisherige Umsetzungsschwierigkeiten in wesentlichen Teilen außerhalb der Führungskraft verortet. Die Anpassungen beim Input können zudem durch weitere, gezielte Veränderungen ihre Wirkung für eine bessere Change-Kommunikation (mit dem Ziel eines höheren Umsetzungserfolgs bei Change-Vorhaben) entfalten.

In Fallstudien wurde nachgewiesen, dass der Input für Mitarbeiter in Veränderungsprozessen idealerweise fünf Bestandteile haben sollte, die „rückwärts gedacht"auch den Führungskräften als Voraussetzung zur Verfügung stehen müssten (Knippel 2012). Informationen zum Hintergrund der Veränderung, zu Daten und Fakten. Die sogenannte Change-Story. Ein Auftrag, der konkret und möglichst an Beispielen benennt, was als Soll erwartet wird. Wichtig sind hierbei auch Kriterien, an denen Erfolg oder Misserfolg festgemacht wird. Unterstützung anbieten oder auf andere Ansprechpartner bzw. Angebote verweisen. Feedback zur Umsetzung bzw. zu Lernfortschritten auf dem Weg zur Umsetzung geben. Dabei ist z. B. Bestärkung und Ermunterung gemeint, Lob oder Anerkennung, konkrete Hinweise zur Verbesserung, Nachfragen zum Vorgehen, Eindrücke aus der Beobachtung. Feedback einholen. Die Zuordnung zum Input mag zunächst verwundern. Allerdings wird

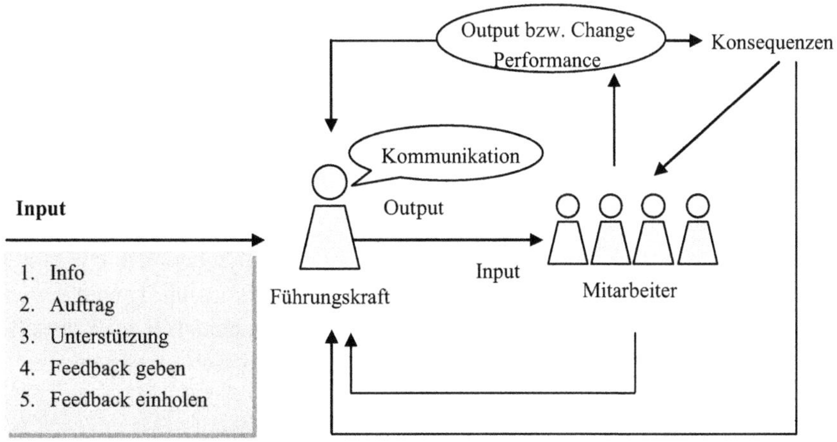

Abb. 8.3 Input als Ansatzpunkt für den Eingriff. (Quelle: Eigene Darstellung)

bereits in der Fragestellung beim Feedback-Einholen ein Impuls gesehen, der Ausgangspunkt für Reflektionen beim Gegenüber sein kann.

Illustriert werden die fünf Punkte an einem Beispiel aus der Praxis, bei dem der Input für Führungskräfte ausgehend von den Kommunikationszielen rekonstruiert wurde. Hier wurde also tatsächlich „rückwärts" geplant – ausgehend von einer erfolgreichen Umsetzung der Veränderung über die Kommunikationsziele zu den Voraussetzungen, die es braucht, damit Führungskräfte ihre Mitarbeiter entsprechend auf die Neuerungen vorbereiten können.

Ein Beispiel zum Input: Führungskräfte-Trainings zur Kommunikation

Ein Elektronikkonzern bietet seinen Führungskräften im Vorfeld der Einführung eines Produktionssystems gezielte Trainings an, um die weitgehend standardisierte Präsentation für Mitarbeiter einzuüben. Das Training ist für einen ganzen Tag angesetzt, was viele Teilnehmer verwundert, weil die Präsentation vor Mitarbeitern nur etwa 45 min dauern soll.

Die Teilnehmer bekommen zunächst die PowerPoint-Folien mit interaktiven Elementen von externen Beratern präsentiert. Dann werden Unterlagen verteilt und die Führungskräfte übernehmen selbst Teile der Präsentation, wobei die anderen jeweils Mitarbeiter spielen. Natürlich macht es sichtlich Spaß, dem Kollegen einmal aus der Mitarbeiterrolle kritische oder unbequeme Fragen stellen zu dürfen. So trainieren die Teilnehmer nicht nur die Präsentation, sondern auch den Umgang mit Einwänden zum Thema. Außerdem erhalten sie die Aufgabe, Beispiele aus dem eigenen Verantwortungsbereich in die Präsentation zu integrieren. Am Ende des Tages resümieren die Teilnehmer: Es war wertvoll, die Zeit war gut investiert, mit der Vorbereitung können sie ihre Mitarbeiter zum Produktionssystem informieren, der Austausch unter Kollegen war im Sinne der Konsistenz hilfreich und jeder hat nun einen eigenen Standpunkt zum Thema entwickeln können.

Die Erfolgsfaktoren des Inputs

Ein Tag Training verdeutlicht die hohe Bedeutung des Produktionssystems für den Werkleiter. Außerdem würdigt es die Rolle der Führungskräfte für die Umsetzung und schärft das Bewusstsein für die Aufgabe der Change-Kommunikation. Allen Teilnehmern ist klar, was von ihnen erwartet wird (= Auftrag) und der Tag dient dazu, sich konkret auf die anstehenden erfolgskritischen Kommunikationssituationen vorzubereiten. Die Führungskräfte erhalten Gelegenheit, sich außerhalb des Tagesgeschäfts ausführlich mit dem neuen Produktionssystem zu beschäftigen, inhaltliche Fragen zu klären und einen eigenen Standpunkt zu entwickeln. Damit sind sie nach eigener Aussage deutlich besser vorbereitet, als sie es wären, wenn die PowerPoint-Präsentation per E-Mail verschickt worden wäre. In den Übungssequenzen versetzen sich alle Teilnehmer abwechselnd in die Mitarbeiter- und die Führungs- bzw. Unternehmensperspektive. Sie nehmen damit gedanklich mögliche

Bedenken ihrer Mitarbeiter vorweg und können mit Kollegen eine konsistente Beantwortung absprechen. Die eigenen Argumente werden im geschützten Raum getestet und es gibt Feedback von Kollegen und externen Trainern zu Glaubwürdigkeit, Standing, Überzeugungskraft etc. Auch Feedback einholen wird geübt und konkrete Fragen sind in den Unterlagen enthalten (im Notizenmodus bei den PowerPoint-Folien hinterlegt). Die teilstandardisierte Präsentation enthält interaktive Elemente, in den Unterlagen finden sich viele Hintergrund-Informationen für die Führungskraft sowie Regiehinweise und Tipps für die Durchführung der Mitarbeiter-Info. Daneben ist gekennzeichnet, an welchen Stellen jede Führungskraft ihre eigenen Inhalte einfügen soll. Die PowerPoint-Präsentation war vorab mit repräsentativen Mitarbeitergruppen getestet und daraufhin nochmals grundlegend überarbeitet (vor allem vereinfacht und gestrafft) worden. Die Führungskräfte erleben die Veranstaltung als Unterstützung für ihre Aufgabe und sind sich anschließend bewusst, wie wichtig sie für eine erfolgreiche Einführung des Produktionssystems sind. Außerdem fühlen sie sich gestärkt in ihrer Führungsrolle.

Will man gedanklich überschlagen, wie hoch die Investition für die skizzierten Maßnahmen sind, so fallen folgende Kosten an: externe Berater für die Entwicklung der Präsentation (inkl. Testläufe mit Mitarbeitergruppen) und Schulung der Führungskräfte sowie Zeit der Führungskräfte (je ein Tag Training), Catering, Raummiete und interne Koordination. Stellt man demgegenüber zusammen, was bereits in das neue Produktionssystem investiert wurde und wie viel Zeit dafür verwendet werden soll, alle Mitarbeiter zu informieren, dann erscheint der Aufwand für den ausgefeilteren Input im Verhältnis mehr als gerechtfertigt. Denn: Welcher Effekt mit Blick konsequente auf die Nutzung des Produktionssystems wäre zu erwarten gewesen, wenn jede Führungskräfte (ohne gezielte Vorbereitung und Unterstützung) nach Gutdünken ihre Mitarbeiter dazu informiert hätte.

Abbildung 8.4 zeigt die Auswirkungen des optimierten Inputs für die Führungskräfte im Beispiel zum Thema Produktionssystem. Fett bzw. farblich hervor gehoben sind die Veränderungen, die sich dann positiv auf die Umsetzung des Change-Vorhabens auswirken.

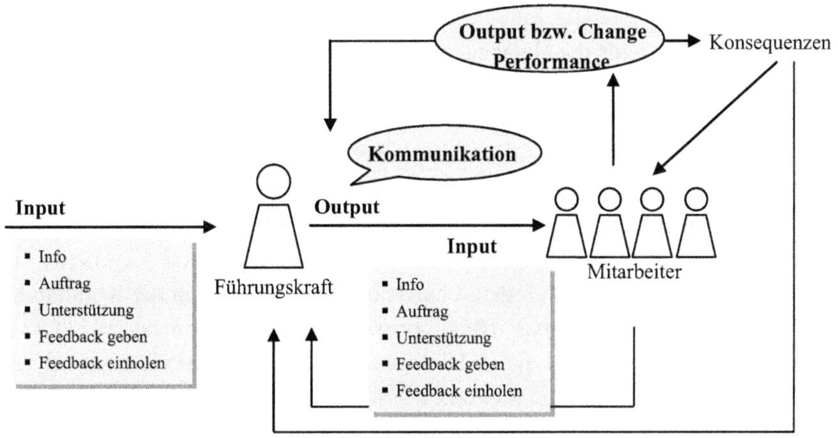

Abb. 8.4 Auswirkungen des veränderten Inputs für Führungskräfte. (Quelle: Eigene Darstellung)

8.5 Die Reha: Erste Schritte im richtigen Leben

Lassen sich die hier vorgestellten Gedanken bei Ihnen im Unternehmen 1:1 umsetzen? Und was sind die ersten Schritte dazu? Natürlich gibt es keine allgemeingültige Liste, wie Sie die Kommunikation mit und von Führungskräften bei sich im Unternehmen Punkt für Punkt verändern. Vieles leitet sich aus dem übergeordneten Change-Vorhaben ab. Aber, wie bereits eingangs ausgeführt wurde, kann die Kommunikation der Führungskräfte auch als kleines Change-Projekt betrachtet werden. Diese Betrachtung hilft dabei, nicht mit einem fertigen „so soll es sein" im Kopf loszustürmen – beseelt von der Idee, die Führungskräfte endlich zu befähigen, die Change-Kommunikation professioneller voran zu treiben. Denn dann haben Sie das „Unfreezing" vergessen. Daher sehen die ersten Schritte in jedem Unternehmen idealerweise wie eine Art Bestandsaufnahme oder Diagnose aus, an denen die vermeintlichen „Patienten" selbst beteiligt werden.

Formulieren Sie möglichst konkret, welche Kommunikationsziele Sie verfolgen. Am besten, Sie arbeiten sich „rückwärts" vor: Starten Sie mit der angestrebten Change Performance, also mit dem, was als Ergebnis anders sein soll. Welches Verhalten von Mitarbeitern als Umsetzer braucht es, damit das Ziel erreicht wird? Was müssen die Mitarbeiter dazu wissen, verstanden haben, akzeptieren…? Was ist also das Ergebnis einer gelungenen Change-Kommunikation durch Führungskräfte mit ihren Mitarbeitern? Wenn Sie das klar und präzise formuliert haben, können Sie sich den nächsten Schritt vornehmen.

Laden Sie Führungskräfte ein und stellen Sie ihnen die Kommunikationsziele vor. Diskutieren Sie, ob das realistisch ist und was die Führungskräfte brauchen, damit sie die gesteckten Ziele erreichen können. Sie können dazu einen Workshop durchführen und Arbeitsgruppen-Ergebnissen auch eigene Überlegungen und Vorschläge für Angebote gegenüber stellen.

Möglicherweise wird der Workshop allen Beteiligten verdeutlichen, dass die Aufgabe der Change-Kommunikation bisher weder konkret formuliert wurde, noch die Führungskräfte als wichtige Schlüsselfiguren in Veränderungen behandelt wurden. Viele mittlere und untere Führungskräfte fühlten sich eher als Befehlsempfänger und Getriebene im Spannungsfeld konkurrierender Interessen von Unternehmen und Mitarbeitern und unter enormem Erfolgsdruck für die Balance zwischen Tagesgeschäft und Change-Vorhaben. Aber erst wenn klar ist, was heraus kommen soll, kann partnerschaftlich ausgehandelt werden, unter welchen Bedingungen das leistbar ist. (Hier geht es nicht um „wünsch' Dir was" oder Basisdemokratie. Aber wenn Führungskräfte die diffusen Anforderungen schlicht nicht erfüllen können, dann werden die Ziele nicht erreicht. Ganz einfach.)

Vereinbaren Sie, welche Informationen die Führungskräfte brauchen und in welcher Form (mündlich – kurzes Briefing, 1:1 oder schriftlich per E-Mail Newsletter, als gedruckte Unterlage, im Intranet…), damit sie selbst gut präpariert in die Kommunikation mit den Mitarbeitern gehen können. Denn nur wenn sich die Führungskraft selbst sattelfest in der Materie fühlt, wird sie aktive Dialoge mit den Mitarbeitern führen und der Aufgabe der Change-Kommunikation nicht (bewusst oder unbewusst) ausweichen.

Konkretisieren Sie den Auftrag an die Führungskräfte. Bitte prüfen Sie hierbei auch: Wie ist die Kommunikationsaufgabe im Change-Prozess mit dem Tagesgeschäft vereinbar? Was hat Vorrang? Welche Zeit können Sie den Führungskräften einräumen? Ist Change zusätzlich? Kann etwas anderes weggelassen, abgegeben, verringert, outgesourct oder zurück gestellt werden? Finden die Kommunikationsziele und die Umsetzung des Change-Vorhabens Eingang in die Zielvereinbarung und/oder andere Systeme, an denen die Führungskraft gemessen wird? Das sollte transparent sein, denn es setzt den Rahmen für die Aufgabe und beeinflusst das Commitment der Führungskraft zur Umsetzung.

Welche Unterstützung können Sie den Führungskräften anbieten? Gibt es Gelegenheit, die Hintergründe der Veränderung zu diskutieren und kritisch zu hinterfragen, Kamingespräche mit hohen Managern, Erfahrungsaustausch im Kollegenkreis, Trainings zum Thema Change Management und Change Leadership, zu Kommunikation als Führungsaufgabe und Change-Kommunikation, ausgearbeitete Unterlagen und Präsentationen, Unterstützung durch geschulte Moderatoren, Erinnerungshilfen und konkret ausgearbeitete Vorschläge, wie das Change-Thema immer wieder im Tagesgeschäft eingebracht werden kann.

Feedback an Führungskräfte: Machen Sie deutlich, dass Change-Kommunikation wichtig ist, indem Sie den Führungskräften ermöglichen, durch gezieltes Feedback zu lernen. Auch hier braucht es eine Art Zuständigkeit bzw. einen Auftrag: Liegt die Aufgabe für Feedback in der Führungsverantwortung der jeweils höheren Ebene oder gibt es andere Organisationseinheiten, die Teile beitragen können, wie etwa die Führungskräfte-Entwicklung. Anzukündigen, dass Feedback genutzt werden soll, steigert die Verbindlichkeit, erhöht die Transparenz und reduziert eventuelle Vorbehalte bei den Führungskräften.

Machen Sie transparent, wie Feedback von Mitarbeitern und Führungskräften eingeholt werden soll und bitten Sie um Vorschläge, wie das aus Sicht der Führungskräfte organisiert werden kann. Gibt es einfache Tests, die Sie mit Führungskräften durchführen, um zu überprüfen, ob die Führungskräfte die wesentlichen Fakten im Kopf haben (als Voraussetzung dafür, sie in die Aufgabe mit Mitarbeitern zu schicken)? (vgl. Larkin und Larkin 1994, S. 72 f.). Können Sie bei Mitarbeitern Abfragen durchführen, die sich sowohl auf Wissen beziehen (was wissen Mitarbeiter über die anstehende Veränderung?), als auch darauf, wie Mitarbeiter zum Change-Vorhaben stehen, ob sie sich dafür engagieren wollen, welche Fragen sie beschäftigen…? Wie können Sie die Führungskräfte ermuntern, regelmäßig dazu mit ihren Mitarbeitern zu sprechen? Beispielsweise indem Sie ankündigen, von Führungskräften Stimmungsbilder einzuholen und es ein regelmäßiger Punkt auf der Agenda von Führungskräfte-Besprechungen wird: Nicht nur Hard Facts wie Umsetzungsfortschritt und Grad der Zielerreichung, sondern auch Soft Facts. Wie kann mit dem Feedback dann umgegangen werden?

Die hier gemachten Ausführungen beziehen sich vorrangig auf den Input für Führungskräfte, was ja den Kern des Eingriffs ins System ausmachte. Wechselwirkungen mit anderen Systembestandteilen sind durchaus gewollt und zum Teil in den Stichpunkten hier oder an vorheriger Stelle benannt.

8.6 Zum Abschluss: Diagnose-Checklisten für die Praxis

Am Ende dieser Überlegungen stehen zwei Checklisten für die Diagnose des Inputs in der Change-Kommunikation: eine mit Fokus auf den Input für Führungskräfte und die andere nimmt die Mitarbeiter und deren Input in den Blick.

Im Fokus: Kommunikation mit den unteren Führungskräften

Information: Sind die Führungskräfte bis zur untersten Ebene ausreichend informiert? Haben sie verstanden, warum die Veränderung notwendig ist, sind ihre Fragen beantwortet und sind sie in den Fakten fit, damit sie ihre Mitarbeiter informieren können?

Auftrag: Gibt es einen konkreten Auftrag zur Umsetzung: Wissen die Führungskräfte, was die Mitarbeiter genau anders machen sollen und wie? Wissen die Führungskräfte, welchen Auftrag sie selbst im Rahmen der Umsetzung haben? Haben die Führungskräfte die Mitarbeiter entsprechend beauftragt?

Unterstützung: Gibt es Unterstützung für die Führungskräfte z. B. in Form von Materialien, die zur Mitarbeiterinformation genutzt werden können und sind diese Zielgruppen-gerecht (also für die Information von Mitarbeitern konzipiert und gestaltet)? Haben die Führungskräfte ausreichend Zeit für die Kommunikation mit den Mitarbeitern?

Feedback einholen: Gibt es Feedback-Kanäle von der Basis an die Projektleitung und gibt es z. B. im Rahmen der Führungskräfte-Regelkommunikation einen regelmäßigen Austausch über die Umsetzung des Veränderungsvorhabens? Können die Führungskräfte die Rückmeldung ihrer Mitarbeitern zu Zwischenständen der Umsetzung und zu deren Befinden direkt an die Projektleitung weiter geben? Gibt es dort benannte Ansprechpartner, die dezentrale Feedbacks kanalisieren und monitoren?

Feedback geben: Haben die Führungskräfte ein Verständnis für ihre Rolle als Personalentwickler und Lernbegleiter der Mitarbeiter? Sind die Führungskräfte geschult darin, den ihnen unterstellten Mitarbeitern Feedback zu geben? Erhalten die Führungskräfte selbst konstruktives Feedback zum Umsetzungsfortschritt?

Im Fokus: Kommunikation mit Mitarbeitern

Information: Sind die Mitarbeiter entsprechend informiert, haben verstanden, worum es geht und was sie in ihrer täglichen Arbeit ändern müssen? Akzeptieren sie die Veränderung? Sind sie motiviert, die Umsetzung voran zu treiben?

Auftrag: Kennen die Mitarbeiter präzise das Soll? Wissen die Mitarbeiter, woran sie selbst festmachen können, ob sie das Neue korrekt umgesetzt haben?

Unterstützung: Bieten die Führungskräfte ihren Mitarbeitern Unterstützung an?

Feedback einholen: Holen die Führungskräfte bei ihren Mitarbeitern Zwischenstände zur Umsetzung und zu deren Befinden ein?

Feedback geben: Geben die Führungskräfte ihren Mitarbeitern regelmäßiges Feedback (positives, korrigierendes, ermunterndes)? Agieren die Führungskräfte als Personalentwickler und Lernbegleiter ihrer Mitarbeiter?

Literatur

Argyris, C. (1996). Defensive Routinen und eingeübte Inkompetenz. In G. Fatzer (Hrsg.), *Organisationsentwicklung und Supervision: Erfolgsfaktoren bei Veränderungsprozessen, Darin* (S. 109–148). Köln: Edition Humanistische Psychologie.

Argyris, C. (2008). *Teaching smart people how to learn*. Boston: Harvard Business Review Press.

Capgemini Consulting. (Hrsg.). (2010). *Change management-studie 2010: Business transformation – Veränderungen erfolgreich gestalten*. www.capgemini.com.

Claßen, M. (2008). *Change Management aktiv gestalten. Personalmanager als Architekten des Wandels*. Köln: Luchterhand.

Huy, Q. N. (2002). Ein Loblied auf die mittleren Manager. *Harvard Business Manager, 2*, 72–81.

Knippel, A. (2012). Denkwerkzeuge für Führungskräfte zur Kommunikation von Veränderungen. Konkretisierung der Anforderungen an Führungskräfte für Change-Kommunikation und Übertragung kommunikationspsychologischer Modelle auf veränderungsspezifische Situationen für gezielten Kompetenzaufbau, Hamburg.

Langen, R., & Schwabe, K. (2009). Die gelähmte Schicht. Ein positiver Blick auf die Kommunikationserfordernisse moderner Führung. In L. Dörfel & U. E. Hinsen (Hrsg.), *Führungskommunikation. Dialoge. Kommunikation im Wandel – Wandel in der Kommunikation* (S. 82–90). Berlin: SCM Prismus Communications.

Larkin, T. J., & Larkin, S. (1994). Communicating change: Winning employee support for new business goals. New York: Mcgraw Hill.

Lorenz, T., & Oppitz, S. (Hrsg.). (2001). *Vom Training zur Performance. Improving performance – Nutzen für Mitarbeiter und Unternehmen.*

Lorenz, T., & Oppitz, S. (Hrsg.). (2003). *Leading to Performance. Führungs- und Trainingserfolge nachhaltig umsetzen und messen*. Offenbach: GABAL-Verlag

Meiffert, T. (2005). Lost in Translation? Der Manager als Übersetzer. OrganisationsEntwicklung, *Zeitschrift für Unternehmensentwicklung und Change Management, 24*(4), 46–53.

Rawlinson, R., Hannegan, C., Harshak, A., & Suarez, D. (2008). *Change management graduates to the boardroom. From afterthought to prerequisite*. London: Booz & Co.

Reichwald, R., & Hensel, J. (2007). Kommunikation als Teil der Führungsaufgabe. In M. Piwinger & A. Zerfaß (Hrsg.), *Handbuch Unternehmenskommunikation* (S. 649–659). Wiesbaden: Gabler Verlag.

Robinson, D. G., & Robinson, J. C. (1996). Performance consulting. Moving Beyond Training.

Rummler, G. A. (2007). *Serious performance consulting. According to rummler*. San Francisco: Pfeiffer.

Rummler, G. A., & Brache, A. P. (1995). Improving Performance. How to manage the white space on the organization chart (2. Aufl.). Jossey Bass.

Schein, E. H. (2003). Angst und Sicherheit. OrganisationsEntwicklung. *Zeitschrift für Unternehmensentwicklung und Change Management, 22*(3), 4–13.

Schein, E. H. (2006). Organisationskultur. The Ed Schein corporate culture survival guide (2. korrigierte Auflage). EHP, Edition Humanistische Psychologie.

Schulz von Thun, F. (1981). *Miteinander reden 1. Störungen und Klärungen. Allgemeine Psychologie der Kommunikation*. Hamburg: rororo.
Schulz von Thun, F. (1989). *Miteinander reden 2. Stile, Werte und Persönlichkeitsentwicklung*. Hamburg: Rowohlt Taschenbuch Verlag.
Schulz von Thun, F. (1998). *Miteinander reden 3. Das ‚Innere Team' und situationsgerechte Kommunikation*. Hamburg: rororo.
Schulz von Thun, F., Ruppel, J., & Stratmann, R. (2000). *Miteinander reden: Kommunikationspsychologie für Führungskräfte*. Hamburg: Rowohlt Taschenbuch Verlag.
Stolovitch, H. D., & Keeps, E. J. (2006). Beyond training ain't performance fieldbook. Strategies, tools, and guidance for effective workplace performance. Alexandria: ASTD Press.
Wittkuhn, K., & Bartscher, T. (2001). *Improving performance. Leistungspotenziale in Organisationen entfalten*. Neuwied: Luchterhand.

Dr. Anja Knippel arbeitet als Trainerin und Beraterin u. a. für KICK: Consulting zu den Themen Change Management, Führung und Kommunikation. Sie begleitet Führungskräfte in Veränderungsprozessen und trainiert sie praxisnah in Change-Kommunikation. Zur Kommunikation von Veränderungen hat Anja Knippel an der Friedrich-Alexander-Universität Erlangen-Nürnberg promoviert. Darüber hinaus hat sie heute einen Lehrauftrag zu Veränderungsmanagement an einer Hochschule. Anja Knippel verfügt über mehrjährige Praxis- und Führungserfahrung, u. a. als Personalerin, und bringt einen PR-/Marketing-Background mit.

Teil IV

Restrukturierung der Aufbau- und Ablauforganisation

(Zeichnung: Knut Eckert)

Der „Change-Spezialfall" Restrukturierung 9

Sikko Böhm und Oliver Weirauch

Bereits im Wort „Restrukturierung" schwingt die Notwendigkeit eines umfassenden Wandels mit. Das zu restrukturierende Unternehmen muss neu ausgerichtet, neu aufgestellt und neu geordnet werden. Dieser grundlegende Veränderungsanspruch stellt höchste Anforderungen an das begleitende Change Management. Die Rahmenbedingungen für die Restrukturierung eines Portfoliounternehmens einer Beteiligungsgesellschaft, die ausschließlich in Unternehmen in „Special Situations" investiert, sind komplex. Dies birgt sowohl Herausforderungen als auch Chancen. Im folgenden Kapitel wollen wir daher anhand umfassender eigener Erfahrungen die wesentlichen Aspekte sowie die Bedeutung von Change Management bei der Restrukturierung von Unternehmen in Krisensituationen herausarbeiten.

9.1 Restrukturierung als Ausnahmesituation im Unternehmen

Der Auslöser einer Restrukturierung ist immer eine Unternehmenskrise – entweder bereits spürbar oder mittelbar absehbar. Nicht selten sind es externe Ereignisse, die Unternehmen überraschend treffen und in Alarmbereitschaft versetzen, wie z. B. ein Konjunktureinbruch in den relevanten Absatzmärkten (wie im Fall der Automobil- oder der Maschi-

S. Böhm (✉)
Weltbild Retail GmbH & Co. KG, Augsburg, Deutschland
E-Mail: sikko.boehm@weltbild.com

O. Weirauch
Droege Group Internationale Unternehmer-Beratung GmbH, Düsseldorf, Deutschland
E-Mail: oliver.weirauch@droege-group.com

S. Iskan, E. Staudt (Hrsg.), *Strategic Change*, DOI 10.1007/978-3-658-03287-6_9

nenbauindustrie während der Finanz- und Wirtschaftskrise ab 2009), drastische Veränderungen der Wettbewerbssituation (z. B. im Fall der deutschen Solarindustrie infolge des immensen Wettbewerbsdrucks aus Asien) oder aber politische Einflüsse (wie die kurzfristige Abkehr von der Kernenergie in Deutschland infolge der Nuklearkatastrophe von Fukushima 2011).

Allerdings sind externe Schocks fast nie die alleinigen Verursacher von Unternehmenskrisen. Es sind in der Regel interne Versäumnisse, die erst durch einen der oben genannten externen Einflüsse zu Tage treten. Ob produktstrategische Fehlentscheidungen, schlecht vorbereitete regionale Expansionen oder aus dem Ruder gelaufene Kostenstrukturen: Mögliche interne Ursachen für Unternehmenskrisen sind vielfältig, lassen sich – aus der Retrospektive – zumeist Jahre in die Vergangenheit zurückverfolgen und auf Management-Fehler zurückführen. Je früher solche Fehlentwicklungen wahr- und ernst genommen werden, desto besser ist die Erfolgsaussicht, „das Schiff wieder auf Kurs zu bringen". Nicht selten wurden auch schon in der Vergangenheit Programme zur Neuausrichtung aufgesetzt, aufgrund halbherziger Umsetzung jedoch ohne durchschlagenden Erfolg.

Der unmittelbare Ausbruch einer Unternehmenskrise folgt häufig einem einheitlichen Muster: Spürbar und unübersehrbar tritt die Krise in Form kurzfristiger Ergebnis- und Liquiditätsengpässe an die Oberfläche. Das Management wird hiervon – mehr oder minder – überrascht und sieht sich einem extremen Handlungsdruck ausgesetzt. Einzelne Ursachen und zu bearbeitende Problemherde sind zunächst nicht klar. Man weiß nicht, wo man als erstes anpacken soll. Auf Top-Level-Ebene können kennzahlen-technisch die Quick-Kennzahlen in der Abb. 9.1 eine Hilfestellung bieten. Diese sind situativ weiter zu detaillieren und ergänzen.

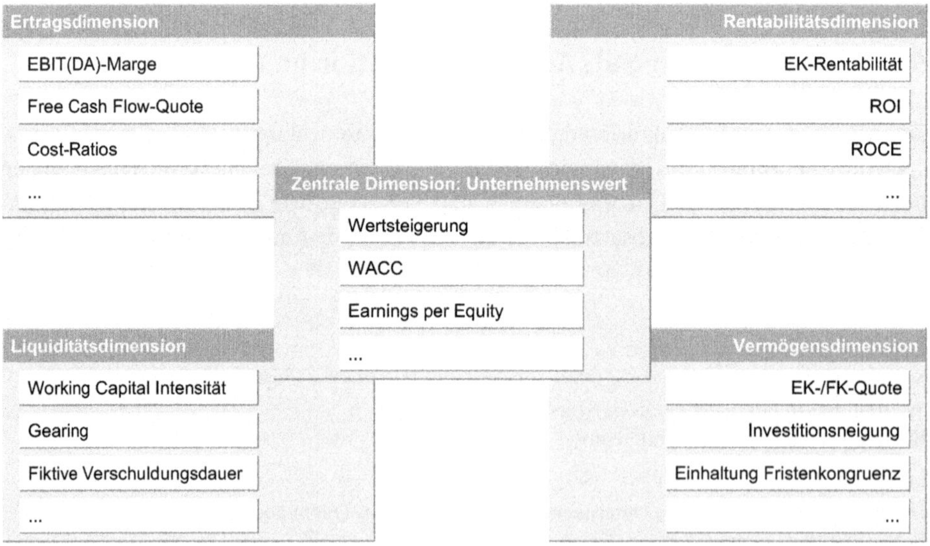

Abb. 9.1 Quick-Kennzahlen auf Top-Level-Ebene. (Quelle: Droege Group)

Liquiditätsprobleme ziehen unweigerlich Druck von außen nach sich: Misstrauisch gewordene Banken oder Anteilseigner verlangen detailliert Auskunft über die Sachlage. Lieferanten drohen mit Einstellung der Belieferung, wenn die aufgelaufenen Rechnungen nicht kurzfristig beglichen werden. Ggf. bestehen auch externe Berichtspflichten an den Kapitalmarkt, die fristgerecht und gesetzeskonform bedient werden müssen. Fehlt Liquidität, wird gleichzeitig auch der Handlungsspielraum für das Management immer kleiner: Aufgezehrte Reserven, ausgereizte Kreditlinien und schwindendes Vertrauen von Kapitalgebern bzw. Geschäftspartnern lassen dem Management keine Zeit mehr, sich detailliert mit den einzelnen Problemfeldern auseinanderzusetzen. Etwas muss passieren, das ist klar! Aber was genau? Und womit anfangen?

9.2 Restrukturierung im Beteiligunsportfolio

In einer solchen Situation entscheiden sich Anteilseigner und Kapitalgeber oft für die Einbindung eines externen Partners mit Expertise in der Restrukturierung und Neuausrichtung von Unternehmen. Ein wichtiger Erfolgsfaktor ist hierbei, dass der Partner nicht nur bei der Erarbeitung eines Restrukturierungsprogramms beratend zur Seite steht, sondern auch mit erfahrenen Führungskräften die Umsetzung begleiten und idealerweise auch in Refinanzierungsfragen unterstützen kann. In einer solchen Konstellation – Know-how in Sachen Restrukturierung, erfahrene (interimistische) Managementressourcen sowie die Möglichkeit zur kapitalseitigen Unterstützung aus einer Hand – sind wichtige Voraussetzungen für die nachhaltige Gesundung des Unternehmens gegeben. Auf Restrukturierung und Wertsteigerung spezialisierte Beteiligungsgesellschaften bieten genau dies (vgl. Abb. 9.2).

Bereits während der Due Diligence analysieren Mitarbeiter der Beteiligungsgesellschaft im Rahmen einer Vorstudie die Ausgangslage des Unternehmens, um erste Ansatzpunkte für die folgende Restrukturierung erarbeiten sowie deren Potenziale abschätzen zu können. Die Absicherung der weiteren Zahlungsfähigkeit des Unternehmens hat dabei höchste Priorität, um die nötige Zeit für die Erstellung eines tragfähigen Restrukturierungskonzepts zu gewinnen. Hierbei ist zu klären, welchen Beitrag Anteilseigner, Management und Belegschaft, Lieferanten und Banken leisten können. Zur Identifikation möglicher operativer Stellhebel müssen die Umsatz- und Ergebnissituation der vergangenen Jahre sowie die Markt- und Wettbewerbslage analysiert werden. Eine Restrukturierung gegen den Markt wird kaum gelingen. Auch die aktuelle Aufbau- und Ablauforganisation wird durchleuchtet, um Überkapazitäten und Ineffizienzen zu erkennen. Kostenpotenziale sind konsequent zu heben. Stellhebel aus diesen und noch weiteren Feldern sind möglichst früh zu formulieren, zu quantifizieren und zu einem integrierten Restrukturierungsprogramm zu konsolidieren.

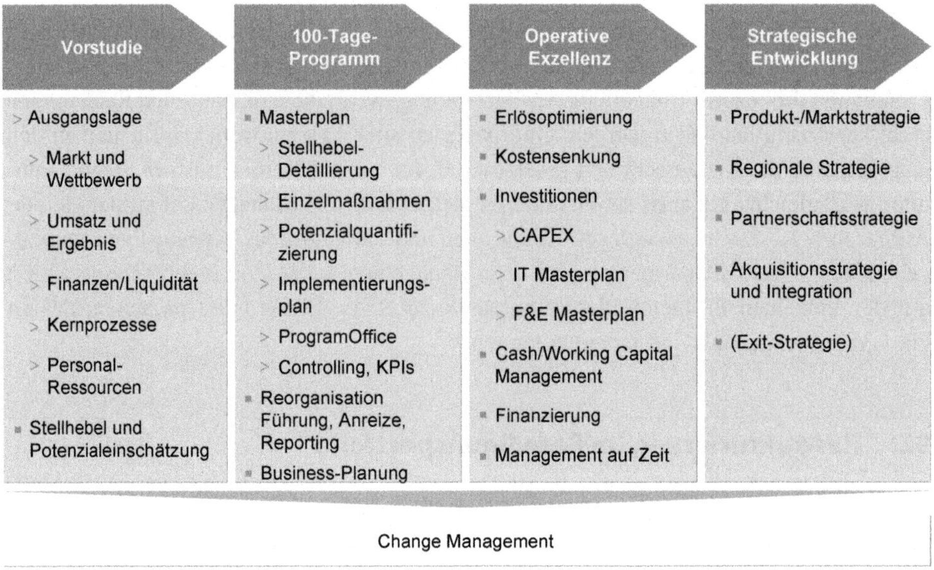

Abb. 9.2 Ansatz zur Restrukturierung und Neuausrichtung von Beteiligungen. (Quelle: Droege Group)

Unmittelbar nach Übernahme des Unternehmens wird in der Regel dessen Führungsmannschaft durch Experten der Beteiligungsgesellschaft verstärkt, z. B. als Chief Restructuring Officer (CRO). So werden die Voraussetzungen geschaffen, die im Zuge der Restrukturierung nötigen Maßnahmen nicht nur auf Ebene der Anteilseigner anzuweisen, sondern im operativen Geschäft auch einsteuern und umsetzen zu können. Im Rahmen eines 100-Tage-Programms werden die in der Vorstudie identifizierten Stellhebel weiter konkretisiert und auf Führungskräfte- bzw. Mitarbeiter-Ebene verbindliche, nachprüfbare Umsetzungspläne aufgestellt. Die federführende Beteiligung von Interim-Managern sorgt für die notwendige Umsetzungserfahrung und Geschwindigkeit. Einen besonderen Stellenwert hat der rasche Umbau der Führungsorganisation. Von hoher Bedeutung für die Effizienz der Unternehmensführung ist hierbei die Festlegung eindeutiger Verantwortlichkeiten und Kommunikations-/Informationsstrukturen, welche durch die Implementierung entsprechender Kennzahlen ergänzt wird. Wesentliches Ergebnis eines Restrukturierungskonzepts ist zudem eine belastbare mehrjährige Business-Planung. Durch Transparenz und zu erwartende Verbesserung wird das Vertrauen der beteiligten Banken gestärkt und deren weiteres Engagement sichergestellt.

Nachdem das unmittelbare Überleben des Unternehmens gesichert wurde, ist der Fokus auf Initiativen für operative Exzellenz zu legen, um die Ertragskraft dauerhaft abzusichern. Ein konsequentes Zurückschneiden der Kostenstrukturen ist zumeist unerlässlich, insbesondere in den Bereichen Einkauf, Personal und Sachkosten. Neben den kostenseitigen Maßnahmen darf aber keinesfalls die Stabilisierung des Umsatzes durch Vertriebsoffensiven vernachlässigt werden. Gezielte, in der Vergangenheit unterlassene Investitionen z. B. in die Entwicklung neuer Produkte oder eine effizientere IT-Infrastruktur sind anzugehen. Unerlässlich ist die Professionalisierung und Verstetigung von Cash- und Working Capital Management, um eine weitere Optimierung der Liquiditätssituation sowie eine verlässliche Planung künftiger Finanzierungsbedarfe sicherzustellen. Bei all diesen und noch weiteren Initiativen zur operativen Exzellenz bietet es sich an, auf den interimistischen Einsatz funktionaler Experten aus der Beteiligungsgesellschaft zu setzen.

Die Dynamik, die durch die Krise im Unternehmen ausgelöst und durch die Restrukturierung kanalisiert wurde, muss nun für die strategische Weiterentwicklung genutzt werden. Alle „Heiligen Kühe", die in der Vergangenheit unantastbar waren, werden konsequent auf den Prüfstand gestellt. Dieses Aufbrechen alter Muster gibt den Blick für Neues frei – ob in Sachen Produkt-/Marktstrategien, regionale Ausrichtung oder Portfolioentwicklung durch Zukäufe. Gerade hierbei bietet die langfristige Zusammenarbeit mit einer Beteiligungsgesellschaft große Chancen, z. B. in Form einer Buy & Build-Strategie für planvolles und professionell abgewickeltes anorganisches Unternehmenswachstum: vom Targeting bis zur Post Merger Integration.

Dieser kurze Abriss des Restrukturierungsprogramms eines Unternehmens im Portfolio einer Beteiligungsgesellschaft verdeutlicht vor allem eines: Eine Restrukturierung bedeutet extremen Stress für eine Organisation. Von der schockartigen Realisierung der Krise, der unmittelbaren Überlebenssicherung sowie gegebenenfalls einem Eigentümer- und Managementwechsel, bis hin zur operativen und strategischen Neuausrichtung: Nichts scheint mehr sicher, vieles ändert sich oder wird zumindest auf den Prüfstand gestellt. Dies geschieht mit hoher Geschwindigkeit, denn Tempo ist in der Restrukturierung oberstes Gebot. Klar ist aber auch: Wird nicht dem Change Management in jeder Phase einer Restrukturierung höchste Aufmerksamkeit geschenkt, kann keine Organisation diesem Parforceritt standhalten.

9.3 Change Management bei der Restrukturierung im Beteiligunsportfolio

Das Verständnis von „Change" ist im Restrukturierungskontext weit gefasst: Was ist nach Konzeption und Umsetzungsplanung der Restrukturierung zu tun, um das Unternehmen von A nach B zu bewegen? Wie können Management und Belegschaft mobilisiert werden, um die Ziele zu erreichen? Abb. 9.3 fasst die restrukturierungs-spezifischen Herausforderungen und Erfolgsfaktoren kurz zusammen.

Vorstudie und 100-Tage-Programm	Operative Exzellenz	Strategische Entwicklung
▪ Zunächst undurchsichtige Gesamtsituation bei hohem Zeit- und Handlungsdruck ▪ Verunsicherung, ggf. Schockstarre bei Mitarbeitern & Führungskräften ▪ Mangel an etablierten Kanäle für wirksame Krisenkommunikation	▪ Verlust wichtiger Mitarbeiter als Gestalter des Wandels ▪ Fehlende Zielorientierung in Programmbearbeitung; keine etablierte „Liefer -Kultur" ▪ Mangel an Führungsressourcen bei operativer Neuausrichtung	▪ Abnahme der Umsetzungsgeschwindigkeit und verfrühtes „back to normal" ▪ Fehlende Ressourcen und Kompetenzen für strategische Weiterentwicklung ▪ Keine Akquisitions- und Integrationserfahrung im Unternehmen
▪ Unmittelbare Krisenkommunikation: Ernst der Lage offen legen ohne Überreaktionen zu motivieren ▪ Rasche Erarbeitung und Vermittlung des kurz- und mittelfristigen Fahrplans ▪ Etablierung zielgruppengerechter Kommunikationskanäle	▪ Bindung und Entwicklung wichtigster Mitarbeiter ▪ Konsequentes Umsetzungs-Controlling und Vorbildfunktion der Unternehmensführung ▪ Einsatz erfahrener Funktionsexperten als Interims Manager	▪ Laufendes Sparring und Coaching durch Experten aus dem Netzwerk der Beteiligungsgesellschaft ▪ Identifikation und Bewertung strategischer Optionen durch Investment Manager ▪ Unterstützung von M&A-Aktivitäten durch erfahrene Integrations-Teams
Begleitung der Restrukturierung durch Beteiligungsgesellschaft von Anfang bis Ende liefert Lösung aus einem Guss und beste Voraussetzungen für nachhaltigen Change		

Abb. 9.3 Herausforderungen und Erfolgsfaktoren von Change Management im Beteiligungsportfolio. (Quelle: Droege Group)

9.4 Der Einstieg: Fahrplan vermitteln und Vertrauen schaffen

In den ersten Phasen der Restrukturierung, unmittelbar nach Ausbruch der Krise, steht ein Change Management vor der sicherlich größten Schwierigkeit der Krisenbewältigung. Diese ist bedingt durch die Unübersichtlichkeit der Situation, den extremen Handlungsdruck und die große Verunsicherung, möglicherweise sogar die vereinzelte Schockstarre bei Mitarbeitern und Führungskräften.

Wenn externe Kräfte, z. B. als Chief Restructuring Officer (CRO), erstmals im in das Tagesgeschehen eines Unternehmens eingreifen, schlägt diesen „Ruhestörern" oft Skepsis oder gar Ablehnung entgegen. Da ein CRO eine schnelle Entscheidungsfindung verfolgen muss und somit keine ausgiebigen Diskussionen zulassen kann, ist gerade im Bereich der Führungsebene vermehrt mit solchen Reaktionen zu rechnen. Im Kreise der Führungskräfte ist dies schon allein deswegen fast vorprogrammiert, da ein CRO keine ewigen Diskussionen zulassen kann und zügig auf Entscheidungen drängen muss. Bei manchen Führungskräften mangelt es möglicherweise in dieser Situation an „sense of urgency", d. h. die Einsicht, dass schnell und kompromisslos gehandelt werden muss, ist noch immer nicht gereift. Es wird versucht, die Krisensituation zu beschönigen, Lösungsvorschläge mit Verweis auf allerlei Bedenken zu zerreden oder gar zu torpedieren. Um Change an dieser Stelle überhaupt erst anstoßen zu können, ist – wie es ein erfahrener CRO einmal ausdrückte – „eine schnelle Identifikation von Freund und Feind nötig und eine Neuaufstellung der Führungsmannschaft oft unerlässlich". Eine nicht in sich geschlossene Führungsmannschaft, die auch nach außen, insbesondere gegenüber der Belegschaft, nicht als Einheit auftritt, muss unbedingt vermieden werden.

Der Großteil der Mitarbeiter und Führungskräfte nimmt den Ruck, der mit dem Eintritt Externer entsteht, als lange erhofften Aufbruch und Chance auf Neuanfang wahr. Um diesem Vertrauensvorschuss gerecht zu werden, ist zunächst die Unternehmenssituation möglichst klar und offen intern zu kommunizieren. Allen Mitarbeitern muss der Ernst der Lage vermittelt und zukünftige Veränderungen verdeutlicht werden. Gerade in den ersten Tagen und Wochen eines Restrukturierungsprogramms sind zumeist Ausmaß des Problems und Lösungswege noch nicht vollständig klar. Es hat sich bewährt, rasch, regelmäßig und knapp über neue Entwicklungen zu informieren, anstatt (zu) spät eine einzelne, vermeintlich umfassende Erklärung abzugeben. Zu keiner Zeit ist es gefährlicher, eine durch „Flurfunk" paralysierte und führungslose Belegschaft zu riskieren, als in der Unternehmenskrise. In Sachen Mitarbeiterkommunikation ist aber unbedingt darauf zu achten, dass die Balance gewahrt bleibt zwischen einer zielgruppengerechten, vertrauensbildenden Offenheit und einer ungefilterten, möglicherweise Unruhe und Überreaktionen erzeugende Transparenz sämtlicher Sachverhalte und laufender Diskussionen.

Nur die wenigsten Unternehmen, gerade im Mittelstand, sind jedoch in Sachen Krisenkommunikation geübt. Stringente und zielgruppenspezifische Kommunikation, nicht nur in Richtung Mitarbeiter und Betriebsrat, sondern auch gegenüber Kapitalgebern, Kunden, Lieferanten und der Öffentlichkeit, stellt hohe Anforderungen. Bestehen nicht bereits im Unternehmen etablierte Kommunikationskanäle und Positionen, die diese steuern, ist die Einbindung von Spezialisten ein probates Mittel. Auf diese Weise wird die Geschäftsführung entlastet, Professionalität in diesem wichtigen Bereich sichergestellt und gleichzeitig werden möglichst frühzeitig funktionierende Kommunikationskanäle geschaffen, die für die Begleitung der Restrukturierung auch in folgenden Phasen unerlässlich sind. Der Geschäftsführer eines mittelständischen Maschinenbauers drückte dies folgendermaßen aus:

„Die Entlastung durch die Kommunikationsspezialisten ist im Nachhinein nicht hoch genug einzuschätzen. Bei der schnellen Abfolge von Bankenterminen, Gesellschafterausschüssen und Abstimmungsrunden mit Beratern und Geschäftsleitung war fast täglich eine neue Lageeinschätzung nötig. Diese mit Fingerspitzengefühl und wohldosierter Taktung in Kommunikationsinhalte und -formate zu übersetzen, um nicht die Belegschaft auf dem Weg zu verlieren, wäre ohne Hilfe nicht zu schaffen gewesen."

Für ein gelungenes Change Management in der Restrukturierung sind die oben beschriebenen Maßnahmen sehr wichtig und grundlegend für das weitere Change Management in der Umsetzung. Denn vor allem anderen muss in den ersten Phasen der Restrukturierung ein inhaltlich tragfähiger Fahrplan zur Neuausrichtung des Unternehmens entwickelt werden. Der sicherste, Weg diesen in eine erfolgreiche Umsetzung zu führen, ist bei der Ausarbeitung der Stellhebel diejenigen Führungskräfte und Mitarbeiter, die die Verantwortung für die Implementierung tragen werden, eng einzubinden und von Anfang an für den Fahrplan zu gewinnen. In diesem Sinne ist Umsetzungsorientierung schon in der Planung der wichtigste Grundstein für gelungenen Change.

9.5 Die Neuausrichtung: Perspektiven aufzeigen und Umsetzung vorleben

Nachdem sich die Hektik der ersten Wochen und Monate gelegt hat und die Bearbeitung der Stellhebel in eine funktionierende Projektarbeit überführt wurde, treten neue Herausforderungen für das Change Management in einer Restrukturierung auf.

Einerseits fällt in diese Zeit häufig die Umsetzung notwendiger Personalabbauprogramme, was eine große Belastung für Mitarbeiter aber auch Führungskräfte darstellt. Es ist unbedingt anzustreben, dass dies in einem – wenn auch schmerzhaften – einzigen, gebündelten Schnitt umgesetzt und auch so kommuniziert wird. Es ist Gift für Mitarbeiterproduktivität und Glaubwürdigkeit der Geschäftsführung, wenn die latente Angst vor weiteren Freisetzungen nicht minimiert wird. Auch spürbarer Komfortverlust in Folge von Maßnahmen zur Sachkostenreduktion wird naturgemäß nicht nur positiv von allen Mitarbeitern aufgenommen (z. B. Anpassung von Reisekosten- oder Dienstwagenrichtlinien). Ein Gehaltsverzicht der Geschäftsführung oder der Austausch des Oberklasse-Dienstwagens mit einem günstigeren Modell sind hierbei wichtige Signale für Glaubwürdigkeit. Sichergestellt werden muss dabei, dass besonders wichtige Führungskräfte oder Know-how-Träger, die für die Umsetzung aktuell laufender Initiativen oder auch künftiger Entwicklungspläne vorgesehen sind, an das Unternehmen gebunden werden. Es kann zweckmäßig sein, für diese „Gestalter des Wandels" besondere, mitarbeiterindividuelle Anreize zu setzen, insbesondere in Form von konkreten persönlichen Entwicklungschancen.

Eine zweite, grundlegendere Gefahr in dieser Phase einer Restrukturierung ist eine zu langsame oder unvollständige Umsetzung der gesetzten Ziele. Sofortmaßnahmen zur unmittelbaren Behebung existenzgefährdender Probleme sind hiervon weniger betroffen, da die hohe Management Attention (u. a. durch den CRO) eine Verschleppung verhindert. Sobald sich jedoch die Projekte zur Bearbeitung der Stellhebel ausdetaillieren und die thematische sowie personelle Komplexität steigt, kann eine Steuerung des Gesamtprogramms nur mehr mit einem gewissen Aggregationsgrad erfolgen.

Die Erfahrung zeigt, dass ein Grund für Krisen in restrukturierungsbedürftigen Organisationen häufig geringe Disziplin in der Projektbearbeitung bzw. eine mangelnde „Liefer-Kultur" ist. Schon beim Projektdesign ist dies zu berücksichtigen, indem Ressourcen und Prozesse für das Umsetzungs-Controlling in Form eines Projektbüros etabliert werden. Für alle Stellhebel sind Projekt-, Teilprojekt-, Arbeitspaket- und Maßnahmenverantwortliche eindeutig zu benennen sowie Ergebnisse und Liefertermine verbindlich abzustimmen. Das Projektbüro begleitet die Umsetzung und erfasst regelmäßig alle Bearbeitungsstände. Das konsequente Offenlegen von Umsetzungsverzug in der Programmbearbeitung erzeugt Transparenz für die Gesamtverantwortlichen und erlaubt, Probleme direkt und zügig zu beheben. Gleichzeitig kann das Projektbüro die Rolle eines Change Agents einnehmen. Da es engen Kontakt zu allen Projektbeteiligten hält, ist es in der Lage das Gesamtprogramm und den aktuellen Umsetzungsstand immer wieder zu erklären. Es kann zudem die Bedeutung einzelner Maßnahmen im Kontext hervorheben, Informationen über neue Entwicklungen weitergeben und so insgesamt für Akzeptanz werben. Diese Eigenschaften sind für das Change Management von hohem Wert. Eine Einschätzung, die der Chief Process Officer eines internationalen Dienstleistungsunternehmens teilt:

„Unser Unternehmen war zu schnell gewachsen, ohne Wert auf eine solide Prozessorganisation zu legen. Dieses Versäumnis rächte sich in der Krise: Die Komplexität wuchs uns über den Kopf. Da der laufende Betrieb nicht einfach ausgesetzt werden konnte, war es das Ziel, eine Kultur der kontinuierlichen Prozessoptimierung über kleine, schnelle Erfolge zu schaffen. Die disziplinierte und hartnäckige Verfolgung der zahlreichen Einzelmaßnahmen, aus denen das Gesamtprogramm bestand, war dabei ein absolut kritischer Erfolgsfaktor. Nicht zu vergessen die unschätzbare Arbeit des Projektbüros als Informationsdrehscheibe, Erklärer und Enabler für die Maßnahmenverantwortlichen."

Es ist also nicht nur bloße Kontrolle, die Umsetzungsdisziplin und -schnelligkeit sichert. Auch eine proaktive Information aller Beteiligten über den Projektfortschritt, die Einbindung der Projektmitglieder in Entscheidungsfindungen (im Rahmen zuvor definierter Prozesse) und regelmäßiger Austausch über Umsetzungserfolge sind unerlässlich. Denn persönliches Commitment der Projektmitglieder und Identifikation mit den Programmzielen sind zweifellos die stärksten und nachhaltigsten Garanten für Umsetzungserfolg. Dies zu erreichen kommt in vielen Organisationen einem Kulturwandel gleich, der nur gelingen kann, wenn auch die Unternehmensführung ihrer Vorbildfunktion in Sachen Umsetzungsdisziplin und -geschwindigkeit nachkommt.

Ein großer Vorteil, den die Einbindung eines Beteiligungsunternehmens in dieser Phase einer Restrukturierung bietet, ist das Engagement funktionaler Experten zur Bearbeitung einzelner Initiativen der operativen Exzellenz. Im Unternehmen selbst sind nicht immer alle Kompetenzen und Ressourcen intern verfügbar, die für eine nachhaltige Neuausrichtung im operativen Bereich nötig wären. Ebenso fehlt in der Regel die Zeit für die externe Suche nach dem perfekten geeigneten Kandidaten sowie die Finanzkraft für kostspielige Beratereinsätze. Aus dem breiten Netzwerk des Beteiligungsunternehmens können dagegen bewährte Interim-Manager engagiert werden, die Erfahrung in Funktion und Branche mitbringen. Auf diese Weise wird Zeit für die Suche oder interne Entwicklung von Kandidaten gewonnen, selbst passende Kandidaten zu suchen oder aber intern zu entwickeln. Nebenbei verringert die Existenz eines Pools schnell einsatzbereiter Interim-Manager auch die Abhängigkeit von einzelnen Mitarbeitern, die zwar essentiell für den Programmerfolg sind, diesen aber aktiv torpedieren, um Besitzstände zu wahren oder Vergünstigungen für sich zu erzwingen.

9.6 Die Weiterentwicklung: Zukunft sichern und Wert steigern

Jede Krise bietet auch Chancen, etwas Neues und Besseres zu schaffen. Die Stärkung der operativen Exzellenz in der vorherigen Phase der Restrukturierung hat hierfür die Grundlagen gelegt. Die positiven Auswirkungen dieser Maßnahmen sind zu diesem Zeitpunkt i. d. R bereits sichtbar. Nun gilt es, die Zukunft zu gestalten. Ein Fehler, der in einer solchen Situation aber unbedingt vermieden werden muss, ist ein verfrühtes „Back-to-

Normal“, d. h. ein Zurückfallen in Verhaltensmuster, welche mit zur Krisenentwicklung beigetragen haben. Die Strukturen, die im Laufe der Restrukturierung aufgebaut wurden, z. B. in Sachen Liquiditätsmanagement, Multiprojektsteuerung, Umsetzungscontrolling oder Kommunikation, dürfen deswegen nach einer augenscheinlichen Erholung des Unternehmens nicht einfach aufgegeben und beiseite gelegt werden. Auch die bereits weiter oben erwähnte „Lieferkultur“, d. h. eine konstante hohe Umsetzungsdisziplin in der täglichen Arbeit miteinander, muss weiter gepflegt werden. Was hierbei hilft, ist der enge Kontakt zur Beteiligungsgesellschaft. Im engen Miteinander wird ein laufendes Sparring und Coaching in funktionalen Fragen geboten, welches sich aus dem internen Know-how des Beteiligungsunternehmens speist. Gleiches gilt für die strategische Weiterentwicklung des Unternehmens. Interne Ressourcen für umfassende Analysen oder Finanzmittel für die kostspielige Unterstützung externer Berater sind kurz nach der überstandenen Unternehmenskrise knapp. Während in großen Konzernen noch am ehesten Stabsstellen oder Abteilungen für die Betreuung strategischer Initiativen vorgesehen sind, ist dies bei Mittelständlern die absolute Ausnahme. Die „Inhouse-Kompetenz“ von Investment Managern und Branchen- bzw. Funktionsexperten der Beteiligungsgesellschaft hilft dabei z. B. aktuelle und künftige Geschäftsfelder (neu) zu bewerten oder Optionen zur Erweiterung des Produktportfolios zu planen. Auch zu nennen sind in diesem Zusammenhang die Synergien, die sich aus der Zusammenarbeit mit weiteren Portfoliounternehmen der Beteiligungsgesellschaft ergeben, z. B. bei Expansionsplänen in Regionen, in denen das Schwester-Unternehmen bereits etabliert ist. So der Leiter Unternehmensentwicklung eines Herstellers von Special-Pharma: „Der regelmäßige Austausch mit den Kollegen aus der Unternehmensgruppe gibt uns immer neue Impulse. Es hält einerseits natürlich die Spannung hoch: Man ist stets angehalten weiter zu denken, sich als Unternehmen weiter zu entwickeln. Andererseits ist aber die Zusammenarbeit absolut vertrauensvoll: Hat man bei externen Dienstleistern oft das Gefühl, etwas verkauft zu bekommen, was man gar nicht will, haben die Initiativen aus der Gruppe allein die Fortentwicklung des Unternehmens im Fokus.“ Gerade auch im Bereich des anorganischen Wachstums ist die Einbindung in eine Beteiligungsgesellschaft ein unschätzbarer Vorteil. Erfolgreich restrukturierte Unternehmen werden im Rahmen von „Buy & Build-Strategien“ durch ergänzende Firmenzukäufe weiterentwickelt. Investment Manager des Beteiligungsunternehmens identifizieren potenzielle Übernahmekandidaten und prüfen gemeinsam mit der Geschäftsführung der Beteiligungsgesellschaft. Die Expertise und Erfahrung des Beteiligungsunternehmens in Due Diligence, Verhandlung und Vertragsgestaltung nach erprobten Abläufen und Standards weist in der Regel keine Beteiligungsgesellschaft auf. Die Integration nach dem Unternehmenskauf birgt dabei die größten Risiken: Die Komplexität der operativen Integration wird oft unterschätzt. Der operative und kulturelle Fit entpuppen sich als schwächer als gedacht. Die erwarteten und fest eingeplanten Synergien halten einer nachträglichen Bottom-up-Validierung nicht vollumfänglich stand. Ein erfahrener Manager, der die Integration als Projektleiter möglichst schon vor Tag eins der Fusion begleitet, kann solche Gefahren früh erkennen und durch entsprechende Change-Maßnahmen abfangen.Diese und weitere Punkte stellen für ein Unternehmen, das sich nach einer erfolgreichen Restrukturierung strategisch neu aufstellen möchte, wichtige Erfolgsfaktoren dar. Die Beteiligungsgesellschaft agiert als „Enabler" und stellt so einen Garanten für gelungenen Change dar.

Eine Restrukturierung ist eine absolute Stress-Situation für eine Organisation. Mehr als bei anderen Veränderungsprojekten kommt es darauf an, proaktiv Widerstände, unvorhergesehene Stolpersteine oder Unzulänglichkeiten abzufangen. Gewiss: es muss klare Ziele, eine verbindliche Planung und eine disziplinierte Umsetzung geben. Aber nicht alles ist planbar, gerade in einer Restrukturierung. Entlang des Weges muss intensiv kommuniziert, mobilisiert, unterstützt und immer wieder auf Unplanbares reagiert werden. Auf Restrukturierung und Wertsteigerung spezialisierte Beteiligungsgesellschaften bieten für die oben beschriebenen Punkte Lösungen „aus einer Hand", d. h. das Unternehmen wird nicht durch eine Vielzahl unterschiedlicher Dienstleister bevölkert, die unkoordiniert isolierte Pakete bearbeiten. Die Begleitung der Restrukturierung von Anfang bis Ende aus einem Guss ist der beste Garant für nachhaltigen Change und einen sicheren Weg aus der Krise in eine profitable Zukunft ist.

Sikko Böhm ist Geschäftsführer der Weltbild Gruppe und in dieser Position u.a. verantwortlich für Prozesse und Effizienz. Der Diplom-Wirtschaftsingenieur leitete zuvor als Mitglied der Geschäftsleitung der Droege Group – Internationale Unternehmer-Beratung das Competence Center „Organisation, Prozesse und Kosten". Die Droege Group versteht sich als unabhängiges Beratungs- und Investmenthaus mit Sitz in Düsseldorf und agiert als Spezialist für maßgeschneiderte Transformations-Programme mit dem Ziel der Steigerung des Unternehmenswertes. Sie ist Hauptgesellschafter der heutigen Weltbild Gruppe.

Oliver Weirauch ist Geschäftsführer der Droege Group – Internationale Unternehmer-Beratung. Der Diplom-Ingenieur verfügt über rund zwanzig Jahre Erfahrung in der Reorganisation, Restrukturierung und strategischen Weiterentwicklung von Unternehmen sowohl in mittelständischen Strukturen als auch in internatiionalen Konzernen. Die Droege Group versteht sich als unabhängiges Beratungs- und Investmenthaus mit Sitz in Düsseldorf und agiert als Spezialist für maßgeschneiderte Transformations-Programme mit dem Ziel der Steigerung des Unternehmenswertes.

10 Die Prozessorientierte Organisation: Logistik als Organisationsaufgabe und Organisationseinheit

Wolf-Rüdiger Bretzke

10.1 Die Ausgangssituation: Logistik als Querschnittsfunktion

„The major barrier to the implementation of the logistics concept is organizational". (Christopher 2005, S. 262). Die Fachliteratur in der Logistik wie auch zum später behandelten Thema „Supply Chain Management" konzentriert sich gleichwohl ganz überwiegend auf Fragen der Prozessgestaltung und Ablauforganisation. So gab es etwa auf die Frage, ob man die Logistik eher als Stabs- oder als Linienfunktion aufstellen sollte, noch bis weit in die neunziger Jahre des vorigen Jahrhunderts kaum klare Antworten. In Fragen der Aufbauorganisation hat die Wissenschaft die Praxis mit allgemeinen Leitideen wie der Forderung nach einer Verankerung der Logistik als „Querschnittsfunktion" oder dem Postulat einer prozessorientierten Organisation abgespeist und damit weitgehend allein gelassen. Selbst in dem zitierten, weltweit anerkannten Standardwerk von Christopher finden sich nur wenige Seiten über Fragen der Aufbauorganisation mit eher vagen und fragmentarischen Anregungen. Es macht aber keinen Sinn, den richtigen Prozess in einer falschen Struktur ablaufen zulassen. Wenn man sich nicht richtig aufstellt, kann man sich noch so sehr anstrengen und kommt trotzdem nicht zum Ziel.

„Die wirkliche Struktur eines Betriebes ist die eines Stromes" (Nordsieck 1972, S. 9). Mit diesem erstmalig schon 1934 vorgetragenen Gedanken hat Nordsieck spätere Ideen wie die von Klaus (1999) als „dritte Bedeutung der Logistik" ausgerufene Vorstellung, Logistik müsse im Kern als „Flow-Management" verstanden werden, schon früh vorweggenommen. Allerdings sind die Implikationen dieser Leitidee in der Logistik nie bis zur Beschreibung eines umsetzbaren Organisationsmodells zu Ende gedacht worden. Klar

W.-R. Bretzke (✉)
Barkawi Management Consultants GmbH, Krefeld, Deutschland
E-Mail: w.bretzke@t-online.de

S. Iskan, E. Staudt (Hrsg.), *Strategic Change*, DOI 10.1007/978-3-658-03287-6_10

war nach dem Auftauchen der Logistik als eigenständige betriebswirtschaftliche Aufgabe in den siebziger Jahren des vorigen Jahrhunderts nur, dass sie im Verhältnis zu den klassischen, funktionalen Organisationsbereichen Einkauf, Produktion und Marketing/Vertrieb irgendwie funktionenübergreifend verankert werden müsste (in ihren davor liegenden ersten Anfängen wurde Logistik als physische Distribution verstanden, war damit dem Vertrieb untergeordnet und warf keine neuen Organisationsfragen auf).

Die Idee einer „Querschnittsfunktion" verbindet sich mit der (nie wirklich ausgearbeiteten) Vorstellung, die etablierten Schnittstellen in einer Organisation zu ignorieren, zu überwinden oder zumindest an eine weniger störende Stelle zu verlegen, so dass sie einem anderen, fundamentalen Prinzip der Logistik nicht mehr im Wege stehen: dem Fließprinzip. Dem Fließprinzip zufolge dient die Logistik primär der Verhinderung oder Überwindung von zwei Problemen: Arbeitsunterbrechungen und Staus. Im ersteren Falle kommt es infolge zu spät gelieferten Materials zu stehende Prozessen und Anlagen, im anderen Falle kommt es infolge vorzeitiger Lieferungen zu liegendem Material (Beständen) oder wegen unzureichender Kapazitäten zu temporär wartenden Aufträgen. Logistik offenbart sich so als Kunst des Timings von Aktivitäten. Das hat erhebliche Auswirkungen auf die Organisation, die sich eben nicht auf die alte Weisheit von Heraklit verlassen kann, derzufolge alles fließt („panta rhei"). Fließfähigkeit, also die Fähigkeit, Objekte im Fluss zu halten, muss in Organisationen durch Organisation erst hergestellt werden.

Konkreter: das Leitbild stetiger Flüsse von Objekten bedingt zu seiner Realisierung offensichtlich einen stetigen, nicht von Schnittstellen unterbrochenen Fluss von Arbeit („integrated workflows") und von Informationen, über alle vormals entkoppelten Prozesseigner hinweg vereinheitlichte Ziele und Anreizsysteme sowie flache Hierarchien mit lokalen Entscheidungskompetenzen, also eine gänzlich neue Organisation. Da viele Wissenschaftler wegen der scheinbaren Selbstevidenz dieser Grundidee an dieser Stelle mit dem Denken aufgehört haben, haben sie übersehen, dass man zu diesem Zweck nicht nur die Logistik selbst, sondern immer das ganze Unternehmen umbauen muss, und zwar nach logistischen Gesichtspunkten. Dazu sind viele Unternehmen aber offensichtlich bis heute nicht bereit.

Manche Autoren sind aber auch so weit gegangen, unter Umgehung des Phänomens der Pfadabhängigkeit von Organisationsentwicklungen genau das unmittelbar zu fordern oder zu prophezeien. Damit werden die Probleme, vor denen die aus der alten Welt funktionaler Organisationsstrukturen kommende Praxis steht, in einem revolutionären Akt gleichsam übersprungen. Paradoxerweise kann das in der Welt der Theorien entweder in einer dramatischen Aufwertung der Logistik zu einer übergeordneten Leitfunktion resultieren oder umgekehrt zu deren weitgehender Abschaffung führen. In der ersten Variante ist die Logistik aufgefordert, „die auf einzelne Leistungshandlungen spezialisierten Teilbereiche des Leistungssystems flussorientiert aufeinander abzustimmen" (so Kummer (1999, S. 34) zur Aufgabe der Logistik). Damit hätte die Logistik als „Führungsfunktion" (Weber 1999, S. 12) immer das letzte Wort. Die zweite Variante basiert mehr oder weniger unausgesprochen auf einem Bildungsprogramm.

„Wenn Logistik mehr und mehr zu einer Weltsicht der Menschen in den Unternehmen wird", sagte Klaus schon 1999 (S. 31), dann macht es weniger und weniger Sinn, diese in „organisatorischen Kästchen“ von Abteilungen und Funktionen einbinden zu wollen“. Der Reiz dieser Idee besteht darin, dass auch andere Funktionsträger mit der Idee des Fließprinzips infiziert würden und in der Folge den Logistikern das Leben erleichterten (etwa, indem sie sich als Marketing- und Vertriebsleute mit dem Zulassen eines „Continuous Replenishment“ der Verkaufsregale von der Hektik dauernder Absatzpromotionen verabschieden und/oder durch schmalere Sortimente höhere Umschlagshäufigkeiten und Verfügbarkeitsgrade von Beständen ermöglichen).

Ob sich die Frage der institutionellen Einbindung von Logistik eines Tages erübrigt, weil infolge der Verankerung der Logistik als Führungskonzept „sämtliche an der Wertschöpfung direkt oder indirekt beteiligten Prozesse nach logistischen Prinzipien ausgerichtet werden“, ist sehr fraglich. Wildemann (2008, S. 164 ff.), der die so beschriebene Funktion der Logistik als 4. Phase der Logistikentwicklung einstuft, ordnete ihren Eintritt optimistisch dem Jahr 2008 zu und folgerte, man könne dann „den institutionellen Einfluss der Logistik auf ein notwendiges Mindestmaß ... beschränken“. Am Ende des Evolutionspfades der Logistik stünde dann nicht ein Platz an der Spitze der Unternehmenshierarchie, sondern die weitgehende Verabschiedung aus derselben. Offen bleiben bei einer solchen Substitution von Organisationsstrukturen durch Weltsichten die Fragen, wie die Logistik besser werden soll, wenn niemand mehr für sie zuständig ist, und wie man verhindern will, dass eine träge und nur mäßig veränderungsbereite Organisation wieder in ihr altes, „bewährtes“ Schema zurück fällt, wenn es keine mit eigener Macht ausgestatteten Logistiker mehr gibt, die sie daran hindern könnten.

Gelegentlich kann man angesichts solcher Vorstellungen den Eindruck gewinnen, dass innerhalb der Logistik nicht alle Wissenschaftler hinreichend mit den Besonderheiten der Organisation von Unternehmen vertraut sind. Unabhängig von der Frage ihrer Orientierung am Fließprinzip wirkt die Aufbauorganisation eines Unternehmens immer als zugleich befähigende bzw. fördernde und begrenzende Vorsteuerung logistischer Prozesse. Als „Gestaltung“ im Sinne einer vorlaufenden Systematisierung von Aktivitäten ist Organisation immer ein in Teilen gewolltes und in Teilen hingenommenes, jedenfalls auf Dauerhaftigkeit zielendes Eingrenzen von Entscheidungsspielräumen und Problemdefinitionen, mit dem zugunsten von „Entscheidbarkeit“ ursprünglich vorhandene oder zumindest denkbare Möglichkeitsräume verkleinert oder verschlossen und Interdependenzen zugleich geschaffen und gekappt werden. Einschränkung der Komplexität, sagt der Soziologe Luhmann (2006, S. 100), ist „Voraussetzung für eine Steigerung von Komplexität“ (hier in der Gestalt von Spezialisierung). Die Vorteile, Interdependenzen durch Bildung abgegrenzter Verantwortungsbereiche auf das Niveau einer beherrschbaren Komplexität zu reduzieren, fordern ihren Tribut in Gestalt einer nur schwer kontrollierbaren Eigenkomplexität des Gesamtsystems, bei dem immer wieder „die Linke gerade nicht weiß, was die Rechte tut“. Insoweit steckt in jeder arbeitsteiligen Organisation und in jeder Hierarchie eine Form der Legitimation von Ignoranz. Logistiker haben hier immer wieder von zwanghaft erzeugten „Suboptimierungen“ gesprochen, oft vorwurfsvoll und nicht selten in einem Ton, der ihre Leser glauben machen konnte, sie hätten das Gegenmittel in der Tasche. Diesem Dilemma kann man aber nicht entkommen. Man kann es nur entschärfen.

Schnittstellen sind wie Stehaufmännchen: Man kann alte Schnittstellen nur beseitigen, indem man gleichzeitig neue schafft oder zumindest vertieft (z. B. zwischen strategischem und operativem Einkauf). Diese Desintegration durch Respezialisierung (auch Logistik ist letztlich eine Funktion) zeitigt immer auch dysfunktionale Wirkungen, aus denen die Gegner von Reorganisationen sich munitionieren können. Dass diese neuen Schnittstellen, die die Organisation des Unternehmens insgesamt verändern, in Summe weniger schädlich sind als die alten, kann nicht einfach aus einem logistischen Systemdenken gefolgert, sondern muss im Einzelfall begründet werden. Eine schnittstellenlose Organisation ohne Brüche mit dem Systemdenken (d. h. ohne abgekapselte Interdependenzen) ist kein betriebswirtschaftliches Ideal, in dem es nichts mehr zu koordinieren gibt, sondern ein Widerspruch in sich: sie würde nicht infolge der Verhinderung von Interdependenzunterbrechungen die denkbar besten Entscheidungen ermöglichen, sondern das Entscheiden selbst vollständig unmöglich machen (abgesehen davon, dass sie die über Arbeitsteilung gesuchten Spezialisierungsvorteile vernichten würde). An der grundlegenden Ambiguität jeder Art von Arbeitsteilung („Abteilung" kommt von „abteilen") kann man sich durch die Berufung auf ein übergeordnetes Systemdenken nicht vorbeimogeln.

Man kann das verallgemeinernd auch so formulieren: Wer, wie das immer wieder zu lesen war, Schnittstellen nur als zu überwindende oder zu eliminierende Störquellen betrachtet und in ihnen nicht die nicht aufhebbare Doppelfunktion von „enabling limits" und damit das für Reorganisationen charakteristische Wechselspiel von Einschränkung und Freiheit erkennt, hat das Thema „Organisation" nicht verstanden. Organisieren heißt immer Abgrenzen, und das ist immer riskant. Vielleicht hat man dem Thema „Aufbauorganisation" in der Logistikliteratur deshalb so wenig Aufmerksamkeit geschenkt, weil man die dort verborgenen Schwierigkeiten grundsätzlicher Natur geahnt hat. Organisation ist kein Feld für Optimierungen. Eher geht es hier darum, unter Berücksichtigung von Opportunitätskosten jeweils das kleinste Übel zu finden: eine Organisationsform, in der Schnittstellen, an die richtigen Stellen verschoben, mehr „enablen" als limitieren. Das ist auch aufgrund der gerade angesprochenen Pfadabhängigkeit dieser Aufgabe eine große Herausforderung.

Hinzuzufügen ist dem nämlich noch, dass jeder Eingriff in die Aufbauorganisation eines Unternehmens insofern heikel ist, als Reorganisation immer auch mit einer Umverteilung von Macht, Einfluss und Ansehen verbunden ist, d. h. es kommt häufiger zu Territorialverteidigungsstrategien, und es gibt – zumindest aus der subjektiven Sicht der Betroffenen – in aller Regel Gewinner und Verlierer. Daraus, und aus der nie ganz aufhebbaren Unsicherheit über die Ergebnisse von grundlegenden Reorganisationen, speist sich die „normative Macht des Üblichen" (Ortmann 2009, S. 87). Die Argumente für eine Restrukturierung müssen deshalb besonders überzeugend darlegen, dass das neue Konzept das Unternehmen insgesamt nach vorne bringt. Das erweist sich in der Praxis oft auch deshalb als schwierig, weil Veränderungen einer Aufbauorganisation in der Regel nur indirekt auf das betriebswirtschaftliche Ergebnis eines Unternehmens wirken: in dem sie effizientere Prozesse ermöglichen, deren Wertbeitrag die dysfunktionalen Nebenwirkungen der Schnittstellenverlagerung deutlich übersteigt. Das kann man zwar einzelfallbezogen argumentativ begründen, aber kaum je mit eindeutigen Zahlen belegen.

10.2 Das Konzept einer prozessorientierten Aufbauorganisation

Eine Präzisierung der Idee von einer Querschnittsfunktion ist die Forderung, die in Organisationsstrukturen abgebildete Verteilung von Verantwortung möge sich primär nicht an Funktionen, sondern an Prozessen ausrichten („structure follows process"). Abbildung 10.1 veranschaulicht das hinter diesen Ideen steckende Organisationsmuster, das in zwei Varianten praktiziert werden kann.

1. In einer Matrixorganisation agieren in den Knotenpunkten die Entscheidungsträger der alten, funktionalen Organisation gleichberechtigt mit den neuen Verantwortlichen für das logistische Prozessgeschehen und agieren dabei Zielkonflikte aus. Das ist wegen der Doppelverantwortlichkeiten und Mehrfachunterstellungen im Alltag nicht leicht zu leben, es ist etwas umständlich, und es kann dazu führen, dass sich die Organisation zu sehr mit sich selbst beschäftigt und damit verlangsamt.
2. In der konsequenteren Variante werden alle logistischen Entscheidungstatbestände aus den alten Funktionsbereichen herausgelöst und unter logistischer Leitung neu zusammengefasst. Logistik ist dann etwas anderes und wesentlich mehr als nur eine Ergänzung bestehender Strukturen. Das „Empowerment" der Logistik ist weitgehend vollzogen, die organisationsorientierte Logistik wird im Wege der Entspezialisierung und Respezialisierung durch eine logistikorientierte Organisation ersetzt.

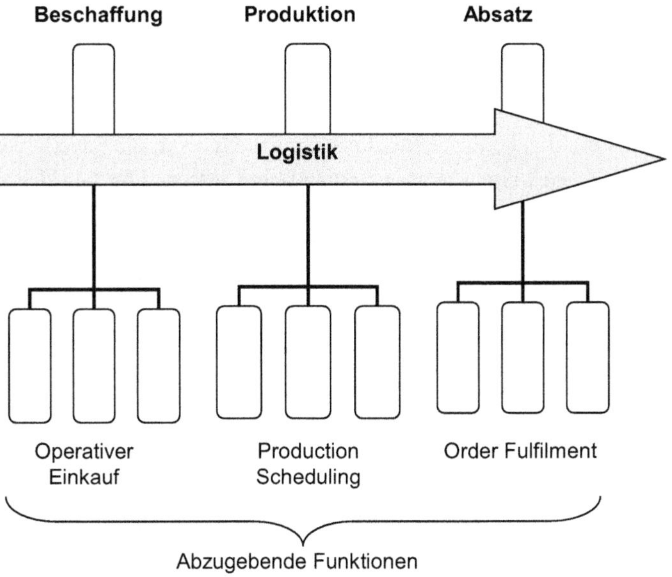

Abb. 10.1 Logistik als Querschnittsfunktion. (Quelle: Eigene Darstellung)

Für viele Logistiker ist die Idee einer prozessorientierten, die herkömmlichen funktionalen Silos überwindenden Organisation gleichsam selbstevident (zumal sie nicht nur eine bessere Ausbalancierung konfliktärer Ziele und damit ein unternehmensweit einheitliches Verständnis von „Effizienz" verspricht, sondern auch verbesserte Reaktionsgeschwindigkeiten und eine durchgehende Kundenorientierung). Das kann auch der Unternehmensführung das Leben erleichtern: In einer durchgehend prozessorientierten Organisation gibt es unabhängig vom Ort der jeweils aufgetretenen Störquelle (fehlendes Verpackungsmaterial, am Kundenbedarf vorbei gezielte Produktionsplanung, zu spät bereit gestellte Transportkapazitäten….) für Einschränkungen im Lieferservice nur noch eine(n) Verantwortliche(n). Die Konzentration der Verantwortung für das Bestandsmanagement wird erleichtert. Das für funktionale Organisationen typische wechselseitige Schuldzuweisen („Finger Pointing") entfällt, weil alle logistischen Abstimmbedarfe in eine Hand gelegt sind. Damit wird auch erstmalig der gesamte logistische Prozess einer durchgehenden Schwachstellenanalyse und einem kontinuierlichen Lernprozess zugänglich. Und da alle gegen dieselben Kennzahlen arbeiten, kann sich niemand mehr verstecken. Nicht nur wird so die durchgehende Prozesskoordination erleichtert. Unternehmen können sich erfahrungsgemäß bei dieser Gelegenheit auch einer Reihe bürokratischer Unsinnigkeiten entledigen. Warum machen es dann nicht alle?

Die einfache Antwort lautet: weil die Praxis komplizierter ist als diese Theorie sich vorstellt. Obwohl sich die praktische Umsetzung dieser Leitidee ungeachtet aller Fortschritte in der Informations- und Kommunikationstechnologie und trotz legitimierender Erfolgserwartungen als unerwartet schwierig und langwierig erwiesen hat, gelten so genannte „Insellösungen" bis heute als Inkarnation eines überholten Designs logistischer Systeme. Dabei wird gelegentlich übersehen, dass man – wie oben schon angedeutet – für die Implementierung der Logistik als Querschnittsfunktion nicht nur die Logistik selbst, sondern das ganze Unternehmen umbauen muss. Das setzt wiederum voraus, dass auf der obersten Führungsebene schon in logistischen Kategorien gedacht wird, obwohl die Logistik in vielen Fällen dort noch gar nicht angekommen bzw. installiert ist.

Wie immer auch man eine Führungsorganisation strukturieren mag: man wird immer erleben, dass sich praktische Probleme nicht ohne weiteres in die jeweils vorab festgelegten Organigramme eines Unternehmens einsortieren lassen. Die Leitidee einer prozess- oder flussorientierten Organisation kann darüber hinwegtäuschen, dass in der Praxis immer wieder Entscheidungen getroffen werden müssen, die auch, aber nicht ausschließlich (manchmal noch nicht einmal primär) logistische Aspekte umfassen. Anschauliche Beispiele hierfür sind die Wahl zwischen einer Einquellen- und einer Mehrquellenversorgung („Multiple Sourcing") und die Bestimmung eines Netzwerkes von Produktionsstandorten. Praktische Probleme halten sich nicht an die vorausgedachten fachlichen Spezialisierungen, über die eine arbeitsteilige Organisation Effizienzgewinne zu gewinnen sucht. Aber auch wenn es gelänge, alle logistischen Entscheidungstatbestände aus den „klassischen" Funktionsbereichen herauszulösen und unter der Hoheit der Logistik neu zusammen zu fassen, wäre das aus mehreren Gründen noch nicht unbedingt und in jedem Falle die perfekte Lösung.

Es ist nämlich keineswegs sicher, dass die störenden Zielkonflikte nach vollzogener Reorganisation nicht an den neuen Schnittstellen wieder aufleben bzw. fortbestehen. Wenn man etwa den Einkauf vom operativen Beschaffungsmanagement abkoppelt und auf die Aufgabe des strategischen „Sourcing" zurecht stutzt, dann ist damit noch keineswegs sichergestellt, dass die Einkäufer von nun an ihre einseitige Fixierung auf Preis- und Produktqualitätsvorteile aufgeben und jenseits der bisher praktizierten Nullsummenspiele damit anfangen, im Sinne eines „Total-Cost-of-Ownership"-Prinzips gleichwertig auch logistische Fähigkeiten und Prozesse nachzufragen sowie Rabatte und Logistikkosten in eine ausgewogene Balance zu bringen. Um dieses in den Zeiten von „Global Sourcing" immer wichtiger werdende Ziel ohne ergänzende Organisationsmittel wie crossfunktionale Teams zu erreichen, müsste man anderen Funktionsträgern „logistisches Denken" beibringen (wir landen an dieser Stelle wieder bei dem oben schon erwähnten Bildungsprogramm).

Im Übrigen muss man wohl davon ausgehen, dass eine durchgehende, prozessorientierte Organisation nicht in allen Unternehmen (und in vielen Unternehmen auch nicht an allen Stellen) gleich nützlich ist. Wenn sich ein Chemieunternehmen etwa Vorprodukte in Silotanks liefern lässt, um daraus losgrößengetrieben Feinprodukte in Kanistern zu machen (etwa Additive für die Lackproduktion), dann sind Beschaffung und Distribution durch zwei Bestandsebenen so stark entkoppelt, dass ihre Zusammenfassung unter einer einheitlichen logistischen Leitung zwar zur Ausschöpfung einer zentralisierten Fachkompetenz beitragen kann. Prozessbrüche an Schnittstellen und schädliche Suboptima sind da aber kein brennendes Thema. (Typisch für solche Unternehmen ist, dass sich hier isolierte logistische Funktionsbereiche wie „Materialwirtschaft" besonders lange halten).

Zu anderen Ergebnissen kann man kommen, wenn man die Auftragsabwicklungsprozesse desselben Unternehmens betrachtet. Hier werden zunehmend innovative Leistungsmerkmale wie belastbare, gegen alle Restriktionen geprüfte Lieferzeitzusagen („Available to Promise") verlangt, wobei zur Verbesserung der Kundensituation dabei auch die Schnelligkeit der Auskunft gehören sollte (vgl. zu diesem Konzept vertiefend Bretzke 2007). Das geht nur, wenn man, unbeschadet vormaliger Grenzen zwischen Vertrieb und Logistik, den gesamten Auftragsabwicklungsprozess (und damit einen wesentlichen Teil der Kundenkontakte) gegen das Prinzip „One Face to the Customer" in eine Hand legt und damit die Umständlichkeiten einer funktionalen Organisation überwindet, in der sich der Vertrieb immer erst in der Logistik rückversichern muss, bis er seinem Kunden gegenüber bei einer Terminanfrage in einem zeitversetzten Rückruf auskunftsfähig wird.

Damit wird deutlich, dass der Wertbeitrag einer durchgängig prozessorientierten Aufbauorganisation im Prinzip bereichs- bzw. situationsabhängig ist und man insoweit Konfigurationsmuster entwerfen müsste, die diese Idee mit förderlichen Randbedingungen in Verbindung bringen (dieser Umgang mit Kontingenz findet sich schon verallgemeinernd ausformuliert bei Harvey 1982). Tatsächlich hat die Logistik solche Bedingungen allerdings vielfach schon selbst geschaffen (und insofern ihr eigenes Bett gemacht). Es gibt kaum noch ein namhaftes Unternehmen, das sich in der jüngeren Vergangenheit nicht einem Projekt zur Reduktion des „Working Capital" und zur Verkürzung seiner „Cash to

Cash Cycles“ unterworfen hat. Die mit Lean-Management-Konzepten verbundenen Bestandssenkungen auf allen Stufen haben zu einer erheblich engeren Kopplung von Prozessen geführt, die ihrerseits eine übergreifende Verantwortung schon fast provozieren.

Aber auch schon die eingangs erwähnte, zunehmende Verlagerung des Wettbewerbs auf logistische Servicequalitäten zählt zweifellos zu diesen prägenden Randbedingungen. Wenn ein Unternehmen sich im Rahmen seiner Marketingstrategie vornimmt, in der Einhaltung zugesagter Liefertermine ein Muster an Zuverlässigkeit zu werden, dann muss auch der Einkauf diese Strategie unterstützen und im Wege eines geeigneten Lieferantenmanagements sicherstellen, dass Lieferzeitvarianzen nicht in radikal verschlankten Ketten von den Beschaffungsquellen her über verschobene Produktionstermine „nach vorne“ auf die eigenen Kunden durchschlagen. Die Übertragung des Teilprozesses „Auftragsabwicklung“ vom Vertrieb an die Logistik reicht dann nicht mehr aus.

Ob man Einkäufer allein durch Appelle, den eigenen (internen) Prozessnachfolger als Kunden zu betrachten, zu einer nachhaltigen Änderung ihrer Prioritäten bringen kann (so dass sie zugunsten logistischer Vorteile gegebenenfalls einem teureren Lieferanten den Vorzug geben), ist fraglich. Eine durchgehende Verantwortung für alle Aktivitäten, die auf das strategische Ziel größtmöglicher Termintreue einwirken und damit für den Kunden spürbar werden, erscheint als der konsequentere Weg. Wenn man nicht gleich den ganzen Einkauf der Logistik unterordnen will (was die umgekehrte Gefahr der Vernachlässigung einkäuferischer gegenüber logistischen Aspekten – also einen anderen Verstoß gegen das Systemdenken – heraufbeschwören würde), bleibt die Gestaltung der Schnittstelle zwischen diesen Funktionen freilich als Problem erhalten. „Interdepartmental Integration“ schafft Abteilungen nicht ab, sondern setzt sie voraus.

10.3 Die Rolle von crossfunktionalen Arbeitskreisen

Nicht wenige Unternehmen versuchen, den Zwängen einer funktionalen Organisation fall- bzw. projektweise zu entkommen, indem sie für eine geplante Job Rotation sorgen und/oder für die Lösung bestimmter Aufgaben jenseits ihrer formalen Organigramme funktionsübergreifende Teams bilden. Diese ergänzenden Koordinationsorgane sollen diejenigen Probleme lösen, die ansonsten zwischen den Kästchen des Organigramms unbearbeitet liegen bleiben oder infolge verzögert und verzerrt weiter gegebener Informationen schlecht gelöst werden. Auf diese Weise kann man etwa bei der Reduzierung der Anzahl der Zulieferer sicherstellen, dass logistische Aspekte (Konsolidierung von Beschaffungsströmen, Standardisierung von Schnittstellen, Integration von Prozessen,…) und Einkaufspotenziale (Margen) im Zusammenhang betrachtet werden. Die Frage, wie eine Trennung von strategischem Einkauf und operativer Beschaffung im Tagesgeschäft so gelebt werden kann, dass der infolge einer immer weiter abnehmenden Fertigungstiefe immer häufiger auftretende Zielkonflikt zwischen Einkaufspreis- und Prozesskostenminimierung in einem Totalkostenvergleich („Total Cost of Ownership“) aufgehoben wird, bleibt damit freilich strukturell ungelöst.

Man kann Teams zur Förderung eines crossfunktionalen Systemdenkens und zur partiellen Überwindung der in der alten Silo-Organisation für viele Mitarbeiter steckenden „Sinnbremse“ einsetzen, auch in Gestalt regelmäßig tagender Abstimmungsgremien. Aber auch wenn man die Mitarbeiter so aus den Kästchen eines Organigramms herausholt und die strukturell vorgegebene, lineare Kommunikation über „Dienstwege“ entlastet: man kann Hierarchien nicht vollständig durch ein „Boundary Spanning“ in Ausschüssen an runden Tischen auflösen. Am Ende des Tages muss jemand für Fehlsteuerungen und schlecht balancierte Zielkonflikte persönlich verantwortlich gemacht und an der Entwicklung von Kennzahlen gemessen werden können. Das könnte zwar - im Widerspruch zum motivationsfördernden Prinzip der Selbstabstimmung in Gruppen - ein zum Leiter eines crossfunktionalen Teams ernannter Mitarbeiter der Logistik sein, aber auch das ist nicht ganz ohne Risiko. Jedenfalls könnte dieser Mitarbeiter infolge gruppendynamischer Einigungszwänge der Gefahr ausgesetzt sein, später für Fehler verantwortlich gemacht zu werden, die er in alleiniger Verantwortung nicht begangen hätte.

Man sollte das Abtasten von Organigrammen nach Fehlorientierungsrisiken aber auch nicht zu weit treiben. Eine Organisation ohne solche Risiken gibt es nicht. Letztlich kommt es außerdem immer darauf an, wie eine Organisation gelebt wird. Funktionenübergreifende Teams erscheinen hinsichtlich der „Führbarkeit“ einer Organisation zwar auf eine andere Weise ambivalent als Hierarchien. Um ein schnittstellenübergreifendes Denken zu ermöglichen und zu fördern, sind sie aber gelegentlich unerlässlich – auch in einer prozessorientierten Organisationsstruktur, deren Herausschälen aus den Aufgabenumfängen der alten Funktionen eben nicht alle ehemals vernachlässigte Koordinationsbedarfe vollständig löst, gleichzeitig aber auch neue, andersartige schafft.

Ein gravierender Vorteil einer prozessorientierten Aufbauorganisation liegt im Prinzip darin, die Verantwortung für zentrale Prozessergebnisse wie eine hohe Lieferbereitschaft und Termintreue und niedrigst-mögliche Bestände an einer Stelle zusammenzufassen. Aber selbst diejenigen, die diese Idee gemäß Abb. 12.1 konsequent verwirklichen, werden am Ende des Tages feststellen, dass die Logistik nicht ohne eine starke Unterstützung durch die selbständig verbliebenen Teile von Einkauf und Vertrieb zum Erfolg kommen kann. Wer zwischen unzuverlässigen Lieferanten und nicht belastbaren Absatzprognosen eingeklemmt ist, kann mit der ihm zugewiesenen Gesamtverantwortung für das Bestandsmanagement nicht glücklich werden. Früher war die Logistik aufgerufen, Einkauf und Vertrieb zu unterstützen. Jetzt müssen Einkauf und Vertrieb aufgefordert werden, aus einem geänderten Rollenverständnis heraus die Logistik zu unterstützen. Das kann nur von Oben durchgesetzt werden. Cross-funktionale Abstimmungsgremien können hierfür als „Sekundärstrukturen“ jenseits der Kästchen von Organigrammen eine geeignete Plattform bieten und dabei, gleichsam als Nebeneffekt, die Lernfähigkeit einer Organisation erhöhen.

Deutlich wird dabei wiederum, dass das von der Logistik immer wieder als disziplinspezifisch reklamierte „Systemdenken“ erst dann wirklich zur Geltung kommt, wenn es auf die Logistik und auf die traditionellen Segmente einer funktionalen Organisation (bzw. das, was davon übrig bleibt) gleichzeitig angewendet wird. Wer Systemdenken für ein

Spezifikum der Logistik hält, hat weder die Logistik noch die Systemtheorie verstanden. Allerdings darf man den Systemgedanken nicht allzu wörtlich nehmen. Dann führt er nämlich nicht nur aus der Welt logistischer Problemtatbestände hinaus, sondern droht, an Überforderung zu scheitern oder sich infolge der so aufgespannten Komplexität im Diffusen zu verlieren. Das „Denken in Systemen" ist vernünftigerweise nicht als ein neuer, klarer Königsweg zu „ganzheitlichen" Lösungen, sondern bescheidener als regulative Leitidee zu begreifen („Denke an Interdependenzen!").

10.4 Organisation und Entscheidungslogik

Die Idee einer Verankerung der Logistik als Querschnittsfunktion lässt sich sowohl mit der Interdependenz von Prozessen als auch mit der Interdependenz zwischen Planungsproblemen bzw. Entscheidungstatbeständen begründen, wobei die Grenzen oft fließend sind. Im Rahmen einer rein entscheidungslogischen Betrachtung spielen die Beschränkungen einer Organisation bestenfalls insoweit eine (versteckte) Rolle, als sie Problemsichten präjudizieren können. Im Übrigen kann in der Konstruktion von Entscheidungsmodellen im Prinzip zunächst weitgehend in einem organisationsfreien Raum gedacht werden.

Hier geht es bei der Frage einer angemessenen Behandlung interdependenter Sachverhalte zunächst um die Vergrößerung von Lösungsräumen, in denen diese Abhängigkeiten aufgehen. Innerhalb der betriebswirtschaftlichen Entscheidungstheorie ist deshalb schon sehr früh der Gedanke entwickelt worden, dass man für eine wahre Optimierung eigentlich so etwas wie ein „Totalmodell" bräuchte (Vgl. etwa Hax 1974, S. 15). Dabei geht es modelltheoretisch um die Erweiterung der Mächtigkeit von Entscheidungskalkülen durch eine Umwandlung von Annahmen und Restriktionen in Gestaltungsvariable.

Beispielhaft stelle man sich ein Bestandsmanagement in einem Handelsbetrieb vor, dass seine Nachschubpolitik nicht nur an einer artikelbezogenen Bestellmengenoptimierung, sondern auch an der größtmöglichen Auslastung der bei der Wiederbeschaffung eingesetzten Transportkapazitäten ausrichtet und dabei gegebenenfalls, dem so genannten Pushprinzip folgend (und damit gegen das Fließprinzip verstoßend!) leicht erhöhte Bestandsreichweiten in Kauf nimmt, um Laderaumangebote auf dem Weg zum Lagerort nicht ungenutzt verfallen zu lassen. Die versteckte Annahme beliebig verfügbarer Transportkapazitäten wird ersetzt durch die Berücksichtigung des tatsächlich eingesetzten Fuhrparks, und bei der Fahrzeugdisposition werden Bestellmengen und daraus resultierende Sendungsgrößen nicht mehr als von außen vorgegebene Parameter betrachtet. Eine funktionenübergreifend integrierte Planung und eine durchgehende Prozessverantwortung sind offensichtlich Ausprägungen desselben Denkansatzes.

Entscheidend an dieser Stelle ist, dass die integrierte Problembehandlung in der Praxis meist unterbleibt, weil beide Entscheidungsprobleme verschiedenen Organisationseinheiten zur Lösung überantwortet worden sind (bei einem Frei-Haus-Bezug von Ware durch ein Handelsunternehmen sogar verschiedenen Firmen). Damit landet man auch am Ende entscheidungslogischer Argumentationen unvermeidlich wieder bei Fragen der Organisation.

10.5 Ein praxisorientiertes Organisationsmuster

Wer sich in der Praxis mit dem hier beschriebenen Organisationsproblem befasst, wird dabei immer wieder auf ein elementares Definitionsproblem zurückgeworfen. Denn eine innovative organisatorische Eingliederung kann nur gelingen, wenn man eindeutig sagen kann, was man unter „Logistik" versteht – oder mit Blick auf eine geplante Reorganisation verstehen will. Oft wird dann deutlich, dass die üblichen Lehrbuchdefinitionen von „Logistik" zwar deren Sinn gut erfassen, sich gleichwohl aber als zu unscharf erweisen, wenn man mit ihrer Hilfe einzelne reale Aktivitäten wie etwa die Absatzprognose und Bedarfsplanung, das Bestandsmanagement oder die Maschinenwartung (die ja eindeutig etwas mit der Herstellung von Verfügbarkeit zu tun hat), zweifelsfrei dem Aufgabengebiet der Logistik zuordnen will.

Mit der Empfehlung, alle Prozesse, die nach einem gewachsenen Begriffsverständnis „logistischer Natur" sind, aus den Kästchen funktional bestimmter Organigramme herauszuholen und in einer Verantwortung zu bündeln, ist die Aufgabe des Unternehmensumbaus insofern noch nicht erledigt, als diese Funktion noch nicht hierarchisch eingeordnet ist. Manche Unternehmen fügen in ihren Organigrammen auf der obersten Führungsebene einfach eine weitere Funktion hinzu. Andere fügen die Logistikfunktion bereits bestehenden Führungsaufgaben hinzu (die neue Funktion heißt dann etwa „Produktion und Logistik"). Die in der Praxis wohl noch mehrheitlich anzutreffende Ansiedlung auf der zweiten Führungsebene kann dem Leitbild einer durchgehend prozessorientierten Organisation jedenfalls aus den vorgenannten Gründen nicht vollständig Rechnung tragen. Solange die Logistik nur neben den alten Funktionsbereichen Platz findet, bleibt ihr auf ganzheitliche Lösungen gerichteter Einfluss beschränkt. (Nach Baumgarten und Walter (2000) hatte es die Logistik vor 13 Jahren es erst in 28 % der angesprochenen Unternehmen auf die Vorstandsebene gebracht). Systemübergreifend ganzheitlich Denken und Handeln kann man in einem Unternehmen immer nur von ganz oben.

Wo ist nun das Positive? Da dieser Beitrag Orientierungshilfe für praktische Entscheidungen liefern soll, wollen wir es an dieser Stelle nicht bei unabgeschlossenen Argumentenbilanzen und kritischen Einwänden belassen. Abbildung 10.2 beinhaltet den Versuch, aus praktischen Beispielen von fortschrittlichen Unternehmen und aus dem hier zusammengetragenen Wissen eine Musterorganisation abzuleiten, die geeignet ist, Prozessunterbrechungen zu verhindern und über reduzierte Abstimmungsbedarfe Transaktionskosten zu senken eine durchgehende Kundenorientierung auf der Prozessebene zu fördern die Lernfähigkeit eines Unternehmen zu steigern eine bessere Ausbalancierung von Zielkonflikten zu unterstützen und dabei die Spezialisierungsvorteile der funktionalen Organisation in wesentlichen Teilen noch zu erhalten.

Der an anderer Stelle ausführlicher diskutierte Begriff „Supply Chain Management" (vgl. Bretzke 2009 sowie Bretzke 2010, S. 22 ff.) umfasst hier aus pragmatischen Gründen Logistik und Einkauf, wobei das SCM auf der höchsten Unternehmensebene verankert ist. Damit ist qua Organisationsstruktur auch gewährleistet, dass Zielkonflikte zwischen Einkauf und Logistik (Einkaufspreisminimierung versus Prozesskostenminimierung) in

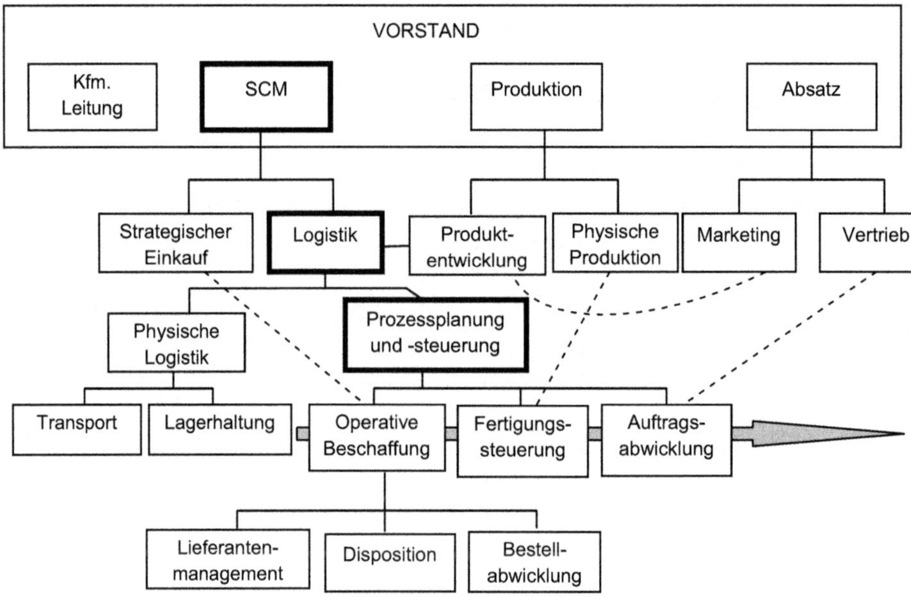

Abb. 10.2 Muster einer prozessorientierten Organisation. (Quelle: Eigene Darstellung)

einem Gesamtkostendenken aufgelöst werden können und der „Total-Cost-of-Ownership"-Ansatz hierarchisch durchgesetzt werden kann.

Alle Aktivitäten der Gestaltung, Planung, Steuerung und Kontrolle von logistischen Operationen liegen in einer Hand. Aus einer vormals vertikalen wird eine an entscheidender Stelle horizontale Organisation, die ihr Gesicht vom Stellenplan ab- und dem Markt zuwendet. Die Trennung zwischen Aufbau- und Ablauforganisation verliert an Bedeutung. Mit der durchgehenden Prozessorientierung gelangen vormals ausgeblendete Entscheidungsinterdependenzen ins Bewusstsein, und damit entstehen erweiterte Optimierungsspielräume (bei Unternehmen mit einer selbst kontrollierten Beschaffungslogistik könnten diese etwa in einer transportkostenorientierten Bestellpolitik liegen, mit der die Losgrößen in der Nachschubsteuerung auch unter dem Gesichtspunkt maximaler Laderaumauslastung bestimmt werden).

Die gestrichelten Linien zwischen einzelnen Verantwortungsbereichen markieren im Organigramm nicht ausdrücklich berücksichtigte Abstimmungsbedarfe, die gegebenenfalls durch funktionenübergreifende Arbeitskreise abzudecken sind. Zum Beispiel ist es sinnvoll, die Logistik schon im Produktentwicklungsprozess einzubeziehen, etwa um für modularisierte Produkt zu sorgen, die dann später über Postponement- und Late-Fit-Strategien eine verzögerte Variantenbildung ermöglichen und unterstützen und/oder die am Ende ihrer Lebensdauer auf eine einfache Weise umweltverträglich entsorgt bzw. in Teilen in Wertstoffkreisläufe zurückgeführt werden können. (Nicht zu vergessen: in der Produktentwicklung werden generell häufig Vorentscheidungen getroffen, die später die Umschlagshäufigkeit von Beständen beeinflussen).

Es folgt aus dem vorab Gesagten, dass eine solche „Musterorganisation" nicht alle Fragen löst, und schon gar nicht kann man sie in der Praxis beliebigen Unternehmen einfach „überstülpen". Organisatorische Veränderungen sind immer „pfadabhängig", was bedeutet, dass jedes neue Organisationskonzept – oft unter Schmerzen – in historisch gewachsene Strukturen eingepasst oder zumindest aus diesen heraus entwickelt werden muss. Es gibt kein realistisches „Grüne-Wiese-Szenario", und es passiert so gut wie nie, dass eine neue Organisationsstruktur in einem Wurf bzw. aus einem Guss entsteht. Methodisch bedeutet das für Praktiker wie für Wissenschaftler: wir müssen immer in der Mitte anfangen.

Ein anschauliches Beispiel für diese Problematik hat das von Hammer und Champy (1994) entwickelte Konzept mit dem Namen „Business Process Reengineering" geliefert (Untertitel des Buches: „Die Radikalkur für das Unternehmen"). Mit mehr als drei Millionen verkauften Büchern und einer Flut von Folgepublikationen hat dieses Konzept ganze Heerscharen von Unternehmensberatern zum Umpflügen in das Land geschickt, bis das Konzept dann den traurigen Tod eines Schlagwortes gestorben und als Modeerscheinung in der Versenkung verschwunden ist. Haupttodesursache: Überforderung der zu reorganisierenden Unternehmen und Unfähigkeit, der Radikalität des eigenen Ansatzes in der Umsetzung gerecht zu werden. Übrig geblieben ist nur ein noch stärkerer Fokus auf das Prozessdesign, den im deutschsprachigen Raum vorher aber schon Gaitanides geliefert hatte (s. Gaitanides 2007).

10.6 Die Idee einer spartenübergreifend zentralisierten Logistik

In divisionalisierten Konzernunternehmen verbindet sich mit der Idee einer Verankerung der Logistik als Querschnittsfunktion oft auch die Idee, eine zentrale logistische Verantwortung über alle Geschäftsbereiche, Standorte und Regionen zu legen (vgl. Abb. 12.3). Dabei geht es nicht um die Integration von Prozessen, sondern um Skalen- und Synergieeffekte (z. B. durch einen konzernübergreifenden Einkauf von logistischen Dienstleistungen oder durch die gemeinsame Nutzung von Kapazitäten wie Lagerhäusern, Gebietsspediteuren oder Distributionssystemen), die gezielte Konzentration von logistischem Know how auf höchster Konzernebene, erhöhte Möglichkeiten einer konzernweiten Standardisierung von Prozessen auf „Best-Practice"-Niveau (z. B. in Gestalt einer Vereinheitlichung von Schnittstellen gegenüber Lieferanten) oder schlicht um die Reduzierung von Redundanz in Gestalt von Doppelfunktionen.

Der Landmaschinenhersteller Claas war beispielsweise erst nach einer entsprechenden Reorganisation seiner Logistik in der Lage, gruppenweit in allen 14 Werken die Anzahl der Behältertypen von 493 auf 26 zu reduzieren. Die Resultate sind beachtlich: Die Verwendung von Standardbehältern erhöht die Behälterverfügbarkeit, unterstützt die Prozessvereinheitlichung, erlaubt eine effizientere Nutzung von Flurfördergeräten, reduziert das benötigte Investitionsvolumen und ermöglicht eine signifikante Senkung laufender Kosten für Reinigung, Wartung und Instandhaltung. Abbildung 10.3 veranschaulicht den hier vorgenommenen Wechsel der Perspektive.

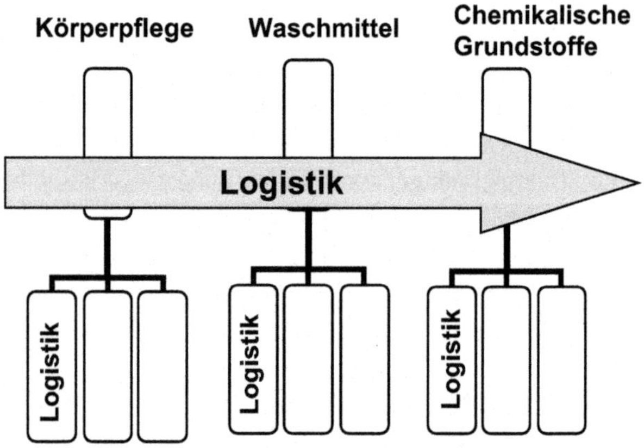

Abb. 10.3 Logistik als „Shared Service". (Quelle: Eigene Darstellung)

Der Grad der Zentralisierung kann dabei unterschiedlich gewählt werden. Bei einer Variante einer „milden" Zentralisierung wird nur die Verantwortung für strategisch-konzeptionelle Entscheidungen (also Arbeiten am System) spartenübergreifend zusammengefasst, während das operative Prozessgeschehen als Arbeit im System weiterhin innerhalb der „von oben" vorgegebenen Rahmenbedingungen in den Geschäftseinheiten lokal verantwortet wird. Ein solcher Ansatz, dem mit einer Trennung von (zentralisierter) fachlicher und dezentraler disziplinarischer Weisungsbefugnis entsprochen werden kann, nimmt der Zentralisierung bei der Implementierung ihre später noch näher erläuterte Brisanz und stellt gleichzeitig sicher, dass lokale Probleme auf der Basis eines lokalen Wissens gelöst werden können, welches einer Konzernzentrale in der Regel nicht zur Verfügung steht. Die entsprechenden operativen Entscheidungen werden im Rahmen einer solchen „Selbstorganisation" besser, und sie erfolgen schneller.

Eine striktere Zentralisierung führt zur Etablierung der Logistik als spartenübergreifend verantwortlichem Service Provider. Eine solche Implementierung von „Shared Services", bei denen zwischen den etablierten Sparten und einer zentralen Logistikeinheit eine Kunden-Lieferanten-Beziehung aufgebaut werden muss, erweist sich in der Praxis oft als besonders sensibel, weil man hier stärker in ein Profit-Center-Konzept eingreifen und dabei oft sehr selbstbewussten Spartengeschäftsführern einen Hebel zur Beeinflussung ihres Bereichsergebnisses wegnehmen muss. Die Einstufung der Logistik als ein zur Differenzierung im Wettbewerb beitragendes Marketinginstrument kann dabei zu einem Boomerang werden. Shared Services, die auf Konzernebene betrieben werden, stehen schnell unter dem Verdacht, nicht flexibel und kundennah genug zu sein und zu mehr Bürokratie zu führen.

Diese nicht intendierte Konsequenz würde dem Grundgedanken einer divisionalisierten Organisation in der Tat diametral entgegenstehen. Schließlich zählt die Idee der Schaffung kleinerer, weitgehend autonomer und marktnah operierender, quasi unternehmerisch handelnder Einheiten zu den Hauptmotiven der Bildung einer Spartenorganisation. Hinzu kommt, dass in einer zunehmend von Dynamik und Komplexität geprägten Welt „Agilität" und „Responsiveness" zu dominierenden neuen Anforderungen an jede Organisation aufgestiegen sind. Beide werden gefördert durch dezentral und weitgehend autonom agierende Einheiten).

Manche Unternehmen entschärfen diesen Konflikt, indem sie innerhalb der laufenden Aufgabenerfüllung noch nach einem Kriterium selektieren, das inhaltlich dem von Prahalad und Hamel (1990) eingeführten Begriff der „Kernkompetenz" entspricht. Ein typisches Beispiel hierfür liefern Unternehmen, die für bestimmte, besonders synergieträchtige Prozesse (etwa im Transportsektor) eine Shared-Service-Organisation aufbauen, dabei aber das Bestandsmanagement weiterhin in der Spartenverantwortung belassen. Auch hier sind freilich sorgfältige analytische Vorarbeiten erforderlich. Insbesondere ist hier die Frage nach logistisch relevanten „Ähnlichkeiten" bei den Produkten oder Kunden der einzelnen Sparten aufgeworfen. Wenn beispielsweise die eine Sparte mit palletierter und die andere mit loser Ware handelt, können die Anforderungen an die Lager- und Transporttechnologie so weit auseinander fallen, dass eine gemeinsame Ressourcennutzung oder ein gemeinsamer Einkauf logistischer Dienstleistungen wenig Vorteile verspricht oder gar ausgeschlossen ist.

Gegen die Befürchtung von Spartenleitern oder Geschäftsführern ehemals autonomer Landesvertriebsgesellschaften, eine Zentralisierung logistischer Aufgaben wäre zwangsläufig mit Servicerisiken verbunden, können Service-Level-Agreements helfen, die auf einer formalen Ebene den Kundenstatus der Sparten unterstreichen. Der darüber hinausgehende Bürokratisierungsverdacht ist schon deshalb nicht ganz einfach von der Hand zu weisen, weil eine spartenübergreifend verantwortliche Logistik in einer Profit-Center-Landschaft bei komplexeren Leistungen nur auf der Basis eines transparenten, idealerweise an Marktpreisen orientierten Verrechnungspreissystems funktionieren kann, ohne das zwischen den Sparten schnell der Verdacht von Quersubventionierungstatbeständen aufkommen kann. (Bei spezifischen Leistungen sind Marktpreise oft nicht verfügbar. Alternativ kann man der Shared-Service-Organisation Verrechnungspreise auf Ist-Kosten-Basis zugestehen, um dann ihre aus Synergien erzeugten Gewinne nachträglich auf die Sparten zu verteilen. Dann treten allerdings die konfliktträchtigen Zurechnungsprobleme oft an anderer Stelle wieder auf, etwa in der Gestalt einer Benachteiligung von Sparten, die effizienter und damit kostengünstiger arbeiten als andere. Außerdem kann die Zusage kostendeckender Preise zu einer Erlahmung der Bemühungen um weitere Effizienzsteigerungen führen).

Service-Level-Agreements und Verrechnungspreissysteme, die ja immer wieder an Veränderungen angepasst werden müssen, erhöhen in jedem Falle die internen Transaktionskosten eines Unternehmens (wobei manches Unternehmen zu berichten weiß, dass Verhandlungen mit internen Partnern oft langwieriger und häufiger sind als solche mit externen Marktpartnern). Diese Hürden kann man in einem Reorganisationsprojekt nur unter zwei Bedingungen überwinden: man muss den Nachweis führen, dass die zu erwartenden Synergieeffekte alle sonstigen Nachteile einer Zentralisierung schlagen, und dabei sicherstellen, dass diese Vorteile den Sparten auch unverzerrt zufließen werden, und man braucht die Unterstützung von der höchsten Führungsebene (weil so Bedenkenträgertum und Obstruktion zu einem persönlichen Karriererisiko werden).

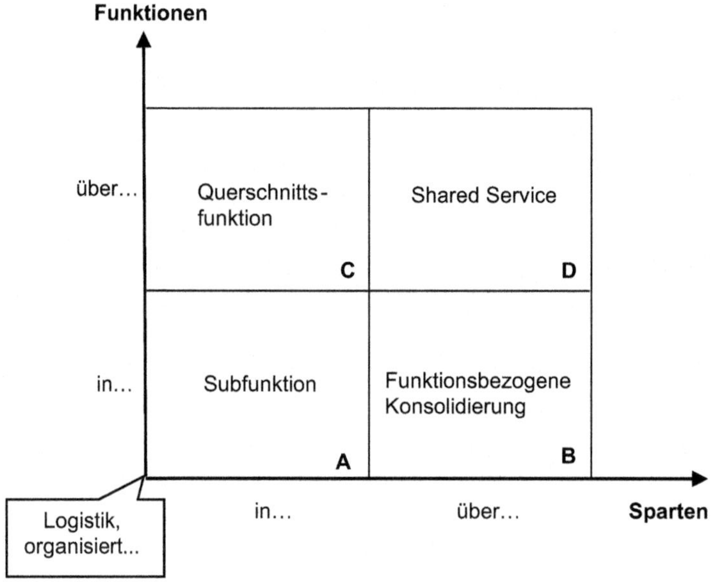

Abb 10.4 Formen der Organisation von Logistik. (Quelle: Eigene Darstellung)

Abbildung 10.4 zeigt die beiden möglichen Ansätze zur Überwindung von Schnittstellen in herkömmlichen, rein funktional geprägten Organisationsmustern.

In Feld A kommt die Bedeutung der Logistik nicht über die einer Unterabteilung innerhalb einzelner Funktionsbereiche hinaus. Anschauliche Beispiele, die auf die Ursprünge der Logistik zurückverweisen, sind eine dem Vertrieb unterstehende Distributionslogistik und eine dem Einkauf unterstehende Materialwirtschaft. Die Logistik kann sich hier nur innerhalb der Vorgaben und Entscheidungsfolgen der klassischen Funktionen bewegen, also beispielsweise Lagerbestände nur verwalten, aber nicht in ihrer Höhe beeinflussen. Die Migration von Feld A in Feld B ist schon relativ früh von divisionalisierten Konzernunternehmen beschritten worden, die z. B. in der Distribution Synergieeffekte durch den spartenübergreifenden Einkauf von Transportleistungen oder die synergetische Nutzung logistischer Ressourcen erschließen wollten. In einigen Großunternehmen der chemischen Industrie sind so z. B. schon relativ große Logistikbereiche entstanden, bevor die Entwicklung des modernen Logistikbegriffes eingesetzt hat (vgl. hierzu das Beispiel der Bayer AG in Endlicher und Bücker 1999). Die METRO hat als Handelskonzern Teilfunktionen der Logistik (i. W. die Organisation und Bündelung eingehender Warenströme) in eine eigene Tochtergesellschaft (MGL) ausgegründet, den logistischen Kernprozess „Bestandsmanagement“ dabei aber als Teil der Einkaufsfunktion bzw. als deren Kernkompetenz bewusst auf der Ebene der Vertriebslinien belassen (eine ausführliche Beschreibung des Logistikkonzeptes der METRO findet sich bei Bretzke 2010).

Die Bayer AG hat mit der späteren Auflösung des angesprochenen Zentralbereiches allerdings auch ein anschauliches Beispiel dafür geliefert, wie stark die Zentrifugalkräfte einer divisionalisierten, auf das Profit-Center-Konzept setzenden Organisation sein können. Die nach der Zerschlagung der Zentralfunktion übrig gebliebene Chemion Logistik GmbH hat schon allein deshalb große Schwierigkeiten, an die ehemals verfügbaren Synergien noch einmal heranzukommen, weil ihr hierfür neben der Bereitschaft der ehemaligen internen, nunmehr auf Autarkie setzenden Kunden inzwischen auch die Daten fehlen.

Mit der Ausgründung von Teilen der eigenen Logistik in eine rechtlich eigenständige Gesellschaft werden drei weitere Frage akzentuiert, die im Zusammenhang mit Shared-Service-Modellen geklärt werden müssen, nämlich die Fragen.

Ob man den Sparten die Freiheit geben soll, logistische Leistungen – gegebenenfalls auf der Basis einer Meistbegünstigungsklausel – auch an der eigenen Konzerntochter vorbei direkt im Markt einzukaufen. Eine derartige Substitution von hierarchischer durch marktliche Koordination kann eine solche Gesellschaft einem heilsamen Wettbewerbsdruck aussetzen und dem ansonsten zu befürchtenden Verhalten eines Monopolisten entgegen wirken, sie kann aber auch dazu führen, dass dem Konzern aufgrund von Eigensinnigkeiten Synergiepotenziale verloren gehen. Im Übrigen zeigt die Praxis, wie phantasievoll Sparten im Falle eines Zwangsbezuges konzernintern angebotener Leistungen oft den Markt nutzen – etwa indem sie dem internen „Partner" sehr spät einen dann nicht mehr einzuhaltenden Liefertermin vorgeben Auch an dieser Stelle zeigt sich wieder, dass die Qualität einer Organisation immer auch davon abhängt, wie sie gelebt wird.

Ob die eigene Logistikgesellschaft im Markt – z. B. zwecks besserer Fixkostenaufteilung – auch Drittgeschäfte akquirieren darf (oder gar soll – das wäre dann ein Diversifikationsentscheidung). Ob man bei der Ausgründung der eigenen Logistik in eine rechtlich selbständige Tochtergesellschaft nicht über ein Joint Venture mit einem namhaften Dienstleister dem Konzern zusätzliches Logistik-Know-how zuführen und gegebenenfalls auch einen breiteren Marktzugang verschaffen sollte (das wäre dann ein Semi-Outsourcing mit der Option, gegebenenfalls später auch noch den zweiten Schritt zu tun).

Der eingangs schon ausführlich beschriebene Weg in das Feld C zielt nicht auf Synergien durch Bündelung, sondern auf die Befähigung eines Unternehmens zu einem intelligenteren Umgang mit Zielkonflikten, auf die Überwindung der Schnittstellen zwischen „funktionalen Silos", auf die Erhöhung der Reaktionsfähigkeit des Unternehmens und/oder auf die Schaffung erweiterter Optimierungsspielräume durch die Berücksichtigung ehemals ausgeblendeter Interdependenzen. Dieser Weg ist oft zunächst nur abschnittsweise beschritten worden, z. B. in Gestalt der Etablierung einer „integrierten Materialwirtschaft". In Feld D werden beide Schritte zusammen vollzogen. Mit diesem Organisationsmuster wird gleichzeitig die Voraussetzung für eine unternehmensweite Standardisierung von logistischen Prozessen geschaffen. Das kann zusätzliche Effizienzgewinne hervorbringen, stößt aber an sachliche Grenzen, wenn spartenindividuelle Abläufe durch unterschiedliche Kundenbedürfnisse oder Produktanforderungen legitimiert sind.

Das Shared-Service-Konzept (Feld D) unterscheidet sich von Feld B dadurch, dass in allen Sparten die Logistik schon als Querschnittsfunktion installiert ist. Es kann sowohl sparten- als auch länder- und regionenübergreifend gedacht werden. In beiden Fällen geht es um eine Zentralisierung von Verantwortung (die im letzteren Falle praktisch immer eine

Trennung der Verantwortung für Vertrieb und Logistik bedingt). Über die Frage, ob die spartenweise Verankerung der Logistik als Querschnittsfunktion als notwendige Voraussetzung für die Schaffung einer Shared-Service-Organisation mit logistischer Gesamtverantwortung für alle Unternehmensbereiche und Regionen verstanden werden muss, kann diskutiert werden. Sie vereinfacht die Etablierung des Shared-Service-Konzeptes jedenfalls insoweit, als vorab schon eine Grundlage für die Beantwortung der Frage gelegt ist, was von dem Unternehmen als „Logistik" betrachtet wird und welche Funktionsumfänge und Prozesse von der neuen Zentraleinheit verantwortet werden sollen. Außerdem ist die Ausübung einer zentralen Führungsfunktion in der Logistik schwierig, wenn die Logistik innerhalb der Sparten organisatorisch jeweils ganz anders „aufgehängt" ist.

Auch bei einer spartenübergreifenden Konzentration von logistischer Verantwortung auf Konzernebene können Teams zu einer verbesserten Koordination beitragen. In diesem Falle entspringt ihr Zusatznutzen aber nicht einer verbesserten Ausbalancierung konfliktärer Zielsetzungen (beispielsweise der Durchsetzung des Totalkostendenkens im Einkauf), sondern der Sicherung einer möglichst weitgreifenden, konzernweiten Vereinheitlichung von Prozessen auf „Best-Practice"-Niveau.

Vorsicht geboten ist bei einer Einschätzung des Shared-Service-Modells als höchste Evolutionsstufe der Verankerung von Logistik in Unternehmen. Einem Nicht-Logistiker, der auf der überragenden Bedeutung der Anreizwirkungen eines uneingeschränkt praktizierten Profit-Center-Konzeptes beharrt, wird man jedenfalls mit bloßen Hinweisen auf die Nützlichkeit einer Know-how-Konzentration nicht so leicht beikommen. Gegen die Zentrifugalkräfte einer Spartenorganisation helfen letztlich nur ausgeprägte Synergieeffekte. Manchmal sind die dysfunktionalen Wirkungen paralleler Logistikeinheiten so offensichtlich, dass ein unabweisbarer Handlungsbedarf entsteht: so etwa, wenn ein Automobilkonzern trotz einer jahrelang betriebener Gleichteilepolitik nur mit sehr hohem Aufwand in der Lage ist, eine werksübergreifende, lieferantenbezogene Konsolidierung von Teilebedarfen und eine entsprechend konsolidierte Bestellung hinzubekommen. Hier wird anschaulich deutlich, dass Zentralisierung auch mit Prozessstandardisierung und IT zu tun hat. Im Verhältnis zu der Zentralisierung von Verantwortung sind diese mehr technischen Fragen aber der leichtere Teil der Übung.

10.7 Zusammenfassung und Ausblick

Während mit schnittstellenübergreifend konzipierten Planungsmodellen Logistikmanagern die geeigneten Werkzeuge für eine integrierte Behandlung logisch miteinander verbundener Entscheidungsprobleme an die Hand gegeben werden sollen, soll die prozessorientierte Organisation sie in die Lage versetzen, im täglichen Leistungsvollzug nicht nur ganzheitlich zu denken, sondern auch systemhaft zu handeln. In der Verfolgung derartiger Leitbilder könnte Logistik zu einem strategischen Organisationsmuster und damit zu einem Führungsleitbild werden, das auch der obersten Unternehmensführung das Leben erleichtern kann.

Wie oben beispielhaft erläutert, hat allerdings auch das Muster einer prozessorientierten Organisation einen Preis und ist nur unter Inkaufnahme dysfunktionaler Effekte zu haben. Vor dem Hintergrund dieser Komplexität sowie der bereits hervorgehobenen Tatsache, dass man für die Implementierung der Logistik als Querschnittsfunktion nicht nur die Logistik selbst, sondern das ganze Unternehmen umbauen muss, überrascht es nicht, dass sich die logistische Fachliteratur bevorzugt auf Fragen der Prozessgestaltung und -optimierung konzentriert hat und dass infolgedessen für das komplexe Zusammenwirken von Ablauf- und Aufbauorganisation noch keine überzeugenden Entwürfe vorgelegt worden sind. Dementsprechend uneinheitlich stellt sich die institutionelle Verankerung der Logistik in den Organisationsmustern von Unternehmen auch heute noch dar. Logistikorganisation ist insoweit ein „Moving Target" (was für Logistikforscher eigentlich einen besonderen Reiz ausmachen sollte).

Logistiker können eine integrative Rolle nur spielen, wenn sie selbst es schaffen, sich in das Wissen und die Problemsichten ihrer Kollegen aus Einkauf, Produktion und Vertrieb hineinzudenken. Nur so gewinnen sie einen angemessenen Blick auf die bereichsübergreifenden „Trade-Offs", über deren ungenügende Ausbalancierung sie sich immer wieder und oft zu Recht beschweren. Systemdenken bedingt auch die Fähigkeit, ein Problem aus verschiedenen Perspektiven beleuchten zu können.

Macht man die Logistik für alle Maßnahmen verantwortlich, die, wie Verfügbarkeitslücken und verletzte Liefertermine, am Ende des Tages bei Kunden als Servicemängel ankommen können, dann braucht die Logistik für die Realisierung einer durchgängigen Prozessverantwortung weiterhin den Zugriff auf Aufgaben, die ursprünglich anderen Funktionsbereichen zugeordnet wurden. Sie braucht dafür aber die Unterstützung und Durchsetzungsmacht von Organisationsmitgliedern, die über die Logistik hinaus in Systemen denken und handeln können. Die stolze Vorstellung, dass Logistik als Querschnittsfunktion „das Zusammenspiel der Funktionen optimiert" (Fiedel 1991, S. 6) und damit aus einer untergeordneten in eine übergeordnete Funktion aufsteigt, greift im Anspruch zu weit und im Denkansatz zu kurz. Letztlich setzt sie sich damit einem „Omnipotenzanspruch" aus (so Delfmann 1999, S. 44), der dem Systemdenken widerspricht und bei dieser Gelegenheit dessen utopischen Charakter offenlegt. Systemdenken impliziert, dass alle Funktionen die Perspektive der jeweils anderen in ihre eigene einbeziehen, anstatt für ihre eigene einen Dominanzanspruch zu erheben. Im Übrigen steht über den Funktionen nur die Unternehmensleitung, und deren entsprechende Missionierung steht wohl in einer Vielzahl von Firmen noch aus. Logistiker, die sich für eine organisatorische Aufwertung ihrer Disziplin einsetzen, müssen verstehen, dass hinter einem solchen Zögern nicht immer nur Unwissenheit oder gar eine eingeschränkte Rationalität steckt.

Die hier erörterte Problematik einer prozessorientierten Organisation ist übrigens auch im Hinblick auf das Thema „Supply Chain Management" relevant. Die dort erhobene Forderung, ganze Lieferketten unternehmensübergreifend vertikal zu integrieren, wird problematisch, wenn die logistischen Prozesse unternehmensintern noch durch eine funktionale Organisation entkoppelt sind. Durchgängigkeit fängt im Unternehmen an. Wenn Prozesse dort intern abreißen können, braucht man sich über ihre unternehmensübergreifende Integration keine Gedanken mehr zu machen. Im Hinblick auf das ein Unternehmen umgebende Netz ist vertikale Prozessintegration also eine Frage von „Supply Chain Readiness“: „If we cannot make collaboration work within the firm, there is little hope of it working across several firms in the supply chain“ (Speh 2008, S. 250).

Literatur

Bretzke, W.-R. (2007). „Available to Promise“: Der schwierige Weg zu einem berechenbaren Lieferservice. *Logistik Management, 2*, 8.

Bretzke, W.-R. (2009). Supply chain management: Notes on the capability and the limitations of a modern logistic paradigm. *Logistics Research, 1*(1), 71.

Bretzke, W.-R. (2010). *Logistische Netzwerke* (2., wesentlich bearbeitete und erweiterte Aufl. Berlin: Springer.

Christopher, M. L. (2005). *Logistics and supply chain management. Creating value-added networks* (3rd. Aufl.). London: Prentice Hall, Financial Time.

Delfmann, W. (1999). Kernelemente der Logistik-Konzeption. In H. C. Pfohl (Hrsg.), *Logistikforschung. Entwicklungszüge und Gestaltungsansätze* (S. 37 ff.). Berlin: Erich Schmidt Verlag.

Endlicher, A., & Bücker, H. (1999). Organisation der Logistik am Beispiel eines Unternehmens der chemisch-pharmazeutischen Industrie. In H. C. Pfohl (Hrsg.), *Logistikforschung. Entwicklungszüge und Gestaltungsansätze* (S. 149 ff.). Berlin: Erich Schmidt Verlag.

Fiedel, M. (1991). Beitrag des Change Managements zur systematischen Einführung der Logistik in die Unternehmensorganisation. In H. Baumgarten, M. Bliesener, E. Falz, & M. Schnorz (Hrsg.), RKW-Handbuch Logistik, Kennzahl 1130, 16. Lieferung/V/91. Berlin: Erich Schmidt Verlag.

Gaitanides, M. (2007). *Prozessorganisation. Entwicklung, Ansätze und Programme des Managements von Geschäftsprozessen* (2. Aufl.). München: Vahlen Verlag.

Hammer, M., & Champy, J. (1994). *Business Reengineering. Die Radikalkur für das Unternehmen.* Frankfurt a. M.: Campus

Harvey, D. F. (1982). *Strategic management.* Columbus: Merrill.

Hax, H. (1974). *Entscheidungsmodelle in der Unternehmung. Einführung in Operations Research.* Reinbek bei Hamburg: Rowohlt.

Klaus, P. (1999). Logistik als „Weltsicht“. In J. Weber & H. Baumgarten (Hrsg.), *Handbuch Logistik* (S. 15 ff.). Stuttgart: Schäffer-Poeschel.

Kummer, S. (1999). Berücksichtigung der Logistik in der Unternehmensführung. In J. Weber & H. Baumgarten (Hrsg.), *Handbuch Logistik* (S. 33 ff.). Stuttgart: Schäffer-Poeschel.

Luhmann, N. (2006). *Organisation und Entscheidung* (2. Aufl.). Wiesbaden: VS Verlag für Sozialwissenschaften.

Nordsieck, F. (1972). *Betriebsorganisation. Lehre und Technik. Textband.* Stuttgart: Poeschel.

Ortmann, G. (2009). *Management in der Hypermoderne.* Wiesbaden: VS Verlag für Sozialwissenschaften.

Prahalad, C. K., & Hamel, G. (1990). The core competence of the corporation. *Harvard Business Review, 68*(3), 79–91.

Speh, T. W. (2008). Assessing the state of supply chain management. In H. Baumgarten (Hrsg.), *Das Beste der Logistik. Innovationen, Strategien, Umsetzungen* (S. 245 ff.). Berlin: Springer.

Weber, J. (1999). Ursprünge, praktische Entwicklung und theoretische Einordnung der Logistik. In J. Weber & H. Baumgarten (Hrsg.) *Handbuch Logistik* (S. 3 ff.). Stuttgart: Schäffer-Poeschel.

Wildemann, H. (2008). Entwicklungspfade der Logistik. In H. Baumgarten (Hrsg.), *Das Beste der Logistik. Innovationen, Strategien, Umsetzungen* (S. 161 ff.). Berlin: Springer.

Prof. Dr. Wolf-Rüdiger Bretzke promovierte und habilitierte an der Universität zu Köln, hat Führungsfunktionen in namhaften logistischen Dienstleistungsunternehmen eingenommen, u. a. Thyssen Haniel Logistic GmbH, und für einige Jahre an der Universität Duisburg einen ordentlichen Lehrstuhl für Betriebswirtschaftslehre mit Schwerpunkt Logistik innegehabt. Dem Engagement in der Wissenschaft folgten, teilweise parallel, Arbeiten in der Unternehmensberatung, wie als Partner der KPMG Consulting AG oder als Mitglied des Beirats für die Barkawi Management Consultants GmbH. Darüber hinaus war Prof. Bretzke in verschiedenen Beiratsfunktionen aktiv und über viele Jahre hinweg Aufsichtsratsvorsitzender von zwei deutschen Aktiengesellschaften. Sein Fachwissen hat er in einer Vielzahl von international erschienenen Publikationen dokumentiert. Prof. Bretzke ist Ehrenmitglied auf Lebenszeit in der Bundesvereinigung Logistik e.V., deren Vorstand er jahrelang angehört hat.

11 Lean Administration: Lösungsansätze zur Gestaltung schlanker Zentralfunktionen

Tobias Liebscher

„Fünf Prozent Kostensenkung in der Produktion für das kommende Geschäftsjahr!" Diese Vorgabe haben in den letzten zehn Jahren Verantwortliche für operative Unternehmensbereiche regelmäßig im jährlichen Planungsprozess bekommen. Diese Erwartungshaltung zu erfüllen wird jedoch immer schwieriger.

Die Suche nach Effizienzpotenzialen in operativen bzw. Produktionsbereichen fördert in den letzten Jahren in vielen Unternehmen nur noch marginale Resultate. Die eingesetzten Instrumente zur Kostensenkung haben hier wenig Spielraum zur Identifikation von neuen Beiträgen zur Ergebnisverbesserung gelassen. Heute rücken die Zentralfunktionen wieder zunehmend in den Fokus der Optimierer. Unter Zentralfunktionen werden im Folgenden die unterstützenden Bereiche eines Unternehmens verstanden, zu denen insbesondere das Finanz- und Rechnungswesen, das Personalwesen, die IT und klassische Stabsstellen wie Kommunikation, Recht und Revision zählen. Im vorliegenden Kapitel sollen Vorgehensweisen zur Potenzialidentifikation, Maßnahmen für eine kurzfristige Kostensenkung sowie mittel- und langfristige Ansätze für eine nachhaltige Verschlankung der Zentralfunktionen aufgezeigt werden. Abschließend werden zwei alternative Szenarien gegenübergestellt, um die Herausforderungen in der Umsetzung zu verdeutlichen.

T. Liebscher (✉)
BearingPoint GmbH, Hamburg, Deutschland
E-Mail: tobias.liebscher@bearingpoint.com

S. Iskan, E. Staudt (Hrsg.), *Strategic Change*, DOI 10.1007/978-3-658-03287-6_11

11.1 Vorgehensweise zur Potenzialidentifikation

„An welchen Aufgaben wird eigentlich mit wieviel Ressourcen gearbeitet?“ Diese Kernfrage steht am Anfang der Verschlankung der Zentralbereiche (Overhead). Eine vermeintlich einfach zu beantwortende Frage stellt viele Unternehmen vor größere Herausforderungen. Ein kostenstellenbezogener Abzug aus dem HR-System spiegelt in den meisten Fällen nicht die Realität wider und gibt auch keine Auskunft über die tatsächlich wahrgenommen Aufgaben. In der Praxis hat sich allerdings als Einstieg in ein Optimierungsprojekt eine Analyse bewährt, die einem Aufgabenkatalog entsprechende Mitarbeiterressourcen im Ist-Zustand zuordnet (Funktionsanalyse). So kann beispielsweise eine Jahresarbeitszeitabschätzung durch Führungskräfte oder Mitarbeiter selbst vorgenommen werden. Abbildung 11.1 gibt ein Beispiel aus der Praxis der Unternehmensberatung wieder.

Zur Vermeidung doppelter Analysen sind mit dieser Erhebung idealerweise zugeordnete Leistungsmengen zu erfassen. Beispielsweise sind Fallzahlen oder bearbeitete Buchungsvorgänge geeignete Messgrößen, die eine sachgerechte Potenzialermittlung unterstützen.

Im nächsten Schritt muss die Adäquanz des Ressourceneinsatzes beurteilt werden. In der Praxis hat sich der Ansatz bewährt, Untersuchungsbereiche in zwei Cluster zu teilen. Trennungsmerkmal ist die strukturelle Möglichkeit eines Quervergleiches mit ähnlichen Elementen anderer Unternehmen. Kreditorenbuchhaltung, Personalabrechnung oder Betreuung der Bürokommunikationstechnik sind Bereiche, in denen der Personaleinsatz unproblematisch mit einem Fallzahlen bzw. Betreuungsquoten normierten Benchmark beurteilt werden kann. Aufwändiger ist diese Beurteilung für schwer vergleichbare Bereiche, beispielweise in Branchen mit wenigen Vergleichsunternehmen (beispielsweise Airlines oder Paketdienstleister), in denen wenige Benchmarks oder sehr unternehmensspezifische Ausprägung der Aufgabenwahrnehmung (beispielsweise kann die Aufgabe Controlling in

Aufgaben und Zeiterfassung Personaladministration

Hauptprozess/ Subprozess		Kernabläufe/ -tätigkeiten (Beispiele)	Mitarbeiter 1	Mitarbeiter 2	Mitarbeiter 3	Mitarbeiter 4	Mitarbeiter 5
			%	%	%	%	%
5	**Personaladministration**						
5.1	**Stammdatenpflege/ IT-Adiministration**	Pflege persönlicher Mitarbeiterdaten, Pflege Krankenkassenzugehörigkeit, tarifliche Umgruppierungen, Betreuung der Schnittstellen, IT Admin-Rollen, Berechtigungen etc.					
5.2	**Zeitwirtschaft**	SAP-Administration, Bearbeitung von Urlaubsmeldungen, Verwaltung von Sonderfällen (bspw. Abstimmung Kurzarbeit), Berücksichtigung von Krankmeldungen, Überstunden-Kontrolle					
5.3	**Personalabrechnung**	Eingabe Daten in SAP (manuelle Eingabe Reisekosten, Kurzarbeit, ATZ-Effekte), Durchführung der Abrechnung, Prüfung der Abrechnungen, Buchung der Abrechnungen, Vorbereitung der Abrechnungen zum Versand, Lohnsteuerbescheinigungen					
5.4	**Bescheinigungswesen**	Ausstellen von Bescheinigungen für Arbeitsagentur, BAföG etc.					
5.5	**Sonstiges/ Ad-hoc-Anfragen**	Bearbeitung von Anfragen der Mitarbeiter bzgl. verschiedener Themen z. B. Abrechnung, Steuer, Altersteilzeit, Betriebsrenten, Ausweiswesen					
5.6	**Gesundheitsmanagement/ Sozialwesen**	Anträge/ Beratung Schwerbehinderung, Arbeitssicherheit, Arbeitsplatz, Planung/ Abstimmung betriebsärztlicher Aktivitäten, Planung Mitarbeiterbereitstellung für Betriebsarzt, Kontrolle auf Vollständigkeit, Planung von Terminen					
5.7	**Austritt**	Beendigung Arbeitnehmer/ Arbeitgeber, Alsterteilzeit, Entlassungspapiere					

Abb. 11.1 Beispiel für eine Jahrearbeitszeitschätzung in einer Personalabteilung. (Quelle: Eigene Darstellung)

einer Gesetzlichen Krankenversicherung unterschiedlich weit interpretiert werden) vorliegen. Ein probates Mittel zur Dimensionierung des Personalansatzes sind KAIZEN-Workshops. Zielsetzung dieser zwei bis viertägigen Arbeitssitzungen ist, ein klares Bild der Ist-Situation, ein Soll-Konzept sowie entsprechende Maßnahmen zu entwickeln. Hierbei orientiert sich das crossfunktionale und Hierarchieebenen übergreifende Team am Wertstrom des Untersuchungsbereiches und identifiziert und eliminiert Verschwendung und Blindleistung.

Zur Verdeutlichung der Problematik werden im Folgenden zwei Beispielfälle skizziert. In IT-Abteilungen können oftmals Bereiche identifiziert werden, die stark unternehmensspezifisch geprägt sind. Beispielsweise ist der Personaleinsatz in Einheiten, die proprietäre Systeme entwickeln oder betreuen analytisch fast nicht zu bemessen. Eine entsprechende Vergleichsbasis ist nicht vorhanden und Kennzahlen wie „lines of code per day" liefern keine verlässliche Grundlage, d. h. es gibt kein quantitatives Maß für die Programmierleistung. Die Bestimmung des adäquaten Personaleinsatzes ergibt sich hier oftmals erst nach der Umsetzung entsprechender Optimierungsmaßnahmen. Im konkreten Beispiel könnte dies eine verbesserte Transparenz und Steuerung über ein Leitstandkonzept oder die Einführung agiler Entwicklungsmethoden wie „SCRUM" sein. Die wichtigsten Merkmale agiler Entwicklungsmethoden im Hinblick auf die Reduktion des Ressourceneinsatzes ist die Zerlegung der Programmieraufgabe in kurze Abschnitte, die transparent verfolgt werden können. Zudem wird durch den Einsatz quasi konkurrierender Teams ein sportlicher Wettbewerbsdruck erzeugt, der sich in Qualität und Quantität der Programmierleistung niederschlägt.

Ebenso ist die analytische Bemessung des Personaleinsatzes in einer Projektabteilung beispielsweise nahezu nicht möglich. Vergleichszahlen – wie Anzahl Projektressourcen zur Unternehmensgröße – sind nicht sachdienlich und stellen keine Entscheidungsgrundlage dar. Ein mittelfristiger Lösungspfad ist die konsequente interne Leistungsverrechnung auf der Grundlage von Marktpreisen. Die Entwicklung der Nachfrage nach Ressourcen der Projektabteilung wird sich im Zeitverlauf einpendeln. Eine kurzfristige Verschlankung einer Projektabteilung kann jedoch in der Regel nur durch eine strategische Entscheidung der Unternehmensleitung zur Ressourcenreduktion nach einer Repriorisierung des Projekteportfolios erreicht werden.

Ein in der Praxis in den letzten Jahren vermehrt zu beobachtender alternativer Ansatz ist der direkte Sprung in die Soll-Bemessung des Ressourceneinsatzes. Hierzu wird für Organisationselemente ein Produktportfolio definiert, das in einer Bezugsperiode erbracht werden muss. Diesen Produkten und entsprechenden Quantitäten werden die erforderlichen Mitarbeiter zugeordnet. Die Potenzialabschätzung erfolgt dann direkt aus der Differenz zu den Bestandsmitarbeitern. Problematisch an diesem Vorgehen ist, dass der direkte Blick auf die zukünftige Aufgabenwahrnehmung selten ein gutes Abbild der späteren Realität liefert. Vielmehr werden oft vorhandene Personalressourcen mit der gewünschten Soll-Aufgabenstruktur in Einklang gebracht.

11.2 Verschlankung von Servicefunktionen: kurzfristige Ansätze

Neben Instrumenten der Kostensenkung, die in allen betrieblichen Bereichen zum Einsatz kommen, haben sich für die Verschlankung der Servicefunktionen u. a. drei Maßnahmen als kurzfristig erfolgsversprechend bewährt. Hierzu zählen 1) Reduktion der Servicenachfrage, 2) Neuverhandlung von Verträgen sowie 3) Abbau von externem Personal.

Stellhebel (1): Reduktion der Servicenachfrage

Mit dem Verständnis der Verwaltung/Zentralfunktionen als internem Dienstleister muss deren Dimensionierung direkt von der internen Servicenachfrage abhängig sein. Schnell fassbare Beispiele sind die Nachfrage nach internen Trainings oder die Nachfrage nach Controllingberichten. Kurzfristige Einsparungen sind in der Regel von der Reduktion des Serviceangebotes getrieben – am Beispiel: angebotene Trainings werden gestrichen und die Anzahl der erstellten Berichte reduziert. Problematisch ist Herstellung einer Balance zwischen Servicenachfrage und -angebot. Außer in akuten Restrukturierungssituationen muss die Reduktion des Serviceangebotes mit Augenmaß vorgenommen werden, um mittelfristige Kolateralschäden – am Beispiel: Qualifikationsstau oder Einschränkung der Steuerungsfähigkeit – zu vermeiden. Jenseits der kurzfristigen Betrachtungsweise ist die Einführung von klaren internen Kunden-Lieferanten Beziehungen zielführend. Dies ist gut zu beobachten in Unternehmen, die internen Services budgetieren und die Nachfrage über Service Levels oder Kostenverrechnung steuern.

Stellhebel (2): Neuverhandlung von Verträgen

Zweiter kurzfristiger Hebel zur Potenzialabschöpfung ist die Neuverhandlung von Verträgen im Verwaltungsbereich. Entscheidend ist hierbei die gesamte Palette der Vertragsbeziehungen zu erfassen, über die nach praktischen Erfahrungen oftmals nicht einmal die Einkaufsabteilung einen Überblick hat. Einstiegspunkt in die Analysen sind idealerweise jahresbezogene Debitorenlisten aus dem Finanz- und Rechnungswesen. Neben den allgemeinen Sachausgaben sind insbesondere Mieten, Dienstleistungen und Marketingausgaben in die Betrachtung einzubeziehen. Neben der Beschaffungsvolumen bezogenen Priorisierung sollte die Schrittfolge der Neuverhandlungen maßgeblich durch die Fristigkeit der Wirkung (Bindefrist der Altverträge) bestimmt werden. Einer Neuausschreibung der Verträge sollte ein detailliert vorbereitetes Lieferantengespräch mit dem Alt-Lieferanten vorgeschaltet werden. Oftmals können hier gewünschte Einsparungen unter Vermeidung des Ausschreibungsaufwands direkt erzielt werden.

Stellhebel (3): Abbau von externem Personal

Dritter Bereich, in dem ein schneller Beitrag zur Verschlankung der Verwaltung geleistet werden kann, ist der Abbau von externem Personal. Der Festlegung des Vorgehenspfades kommt auch in diesem Bereich eine besondere Bedeutung zu, da Externe zuerst in Funktionen abgebaut werden sollten, die eine möglichst hohe Distanz zum Kerngeschäft haben. Am konkreten Beispiel veranschaulicht, ist die Reihenfolge Empfangspersonal, Aushilfe im Sekretariat zu temporärer Mitarbeiter in der Kreditorenbuchhaltung sinnvoller als umgekehrt.

11.3 Strukturelle Anpassungen: Mitel- und langfristige Gestaltungsoptionen

Jenseits der oben aufgezeigten kurzfristigen Möglichkeiten zur Verschlankung der Zentralfunktionen sollen auch grundsätzliche strukturelle Anpassungen untersucht werden. In den hier betrachteten Bereichen sind nahezu ausschließlich die Personalkosten bestimmend, so dass potenzielle Maßnahmen auf die Senkung des Personalbedarfes oder der Stückkosten zielen.

In dezentralen oder anorganisch gewachsenen Unternehmen ist die Prüfung auf zusammenführbare Verwaltungsaufgaben angeraten. Shared-Service-fähige Aufgabenbereiche können u. a. durch die oben angesprochene flächendeckende Jahresarbeitszeitanalyse identifiziert werden. Die Palette von Optimierungsmaßnahmen ist breit und kann in Kombinationen oder auch als Roadmap auf der Zeitachse realisiert werden. Zu den drei wichtigsten Hebeln zählen 1) Einrichtung von Shared Service Centern, 2) Nearshoring und Offshoring, 3) Outsourcing.

Die grundsätzliche Bündelung von administrativen Funktionen ist die Voraussetzung für nachgelagerte Optimierungsschritte. Die dahinterliegende Idee ist die Nutzung von Skaleneffekten durch eine höhere Professionalisierung und Standardisierung, wenn Aufgaben zentral und nicht verteilt wahrgenommen werden. In den Funktionsbereichen Finanz- und Rechnungswesen oder Personal hat bereits ein hoher Anteil von Unternehmen diese Zentralisierung vollzogen. Verbleiben jedoch die zentralisierten Services in Mitteleuropa – insbesondere in Deutschland – sollte in einem zweiten Schritt die Frage der Personalstückkosten analysiert werden. Selbst ein Nearshoring nach Osteuropa bietet momentan einen Kostenvorteil von bis zu 50 % bei vergleichbarer Produktivität. Eine weitergehende Verlagerung beispielsweise nach Asien sollte ebenso in Betracht gezogen werden. Neben Indien mit einer Jahrzehnte lang gewachsenen und sehr umfangreichen Dienstleistungspalette rücken Länder wie Malaysia und die Philippinen in den Fokus. Die teilweise extrem niedrigen Personalkosten von rund US$10.000 pro Mitarbeiter und Jahr sind im Zusammenspiel mit der erwarteten Produktivität zu betrachten. Ebenso spielen kulturelle Barrieren eine größere Rolle als bei einer Nearshoring Variante. Ausgeprägtes Hierarchie-Denken, die hohe Bedeutung der zwischenmenschlichen Beziehung und ein optimistisches Planungsverhalten erschweren häufig die transkontinentale Zusammenarbeit. Sprachanforderungen bestimmen ebenfalls die Standortwahl massiv. Für einen englisch-basierten Sprachdienst wird China sicherlich nicht die erste Wahl sein – deutschsprachige Mitarbeiter kann man beispielweise in Rumänien gewinnen. Letzter Prüfschritt ist die Evaluation, ob der Aufbau eigener Einheiten Nearshore/Offshore gegenüber einer direkten Outsourcinglösung wirtschaftlich ist. Hier spielen insbesondere die Länderkompetenz des Unternehmens, Fragen der Corporate Governance und die Nähe der betrachteten Aufgabe zum Kerngeschäft eine Rolle.

11.4 Umsetzungszenario: Wenn es keine Alternative zu Top-down gibt

In der Umsetzung der oben skizzierten Ansätze können zwei grundsätzliche Szenarien unterschieden werden. Einerseits eine rein Top-down getriebene Vorgehensweise, bei der Optimierungs- und Umsetzungsvorschläge aus einem kleinen zentralen Team heraus entwickelt werden. Andererseits ein partizipativer Bottom-up-Ansatz, wie zum Beispiel das klassische Lean Management. Treiber sowie Vor- und Nachteile beider Ansätze können wie folgt skizziert werden:

Top-down-Ansatz

Unternehmen wählen diese Vorgehensweise oftmals, um keine Unruhe bei betroffenen Mitarbeitern, der Personalvertretung und weiteren Stakeholdern zu erzeugen. Nachteil des Vorgehens können die Praxistauglichkeit der Konzepte und die mangelnde Akzeptanz im Unternehmen sein.

Bottom-up-Ansatz

Durch die Einbeziehung der im Prozess arbeitenden Mitarbeiter und ihres Wissens können gut umsetzbare Optimierungsvorschläge mit hoher Akzeptanz erarbeitet werden. Sobald jedoch die harte Umsetzung insbesondere von Personalreduktionen thematisiert wird, ist dieser Ansatz aus nachvollziehbaren Gründen untauglich.

„Was kann aus dieser summarischen Beurteilung gefolgert werden – was hat sich in der Praxis bewährt?" Eine belastbare Datengrundlage über Mengengerüste, Prozesse und Personaleinsatz ist – wie eingangs beschrieben – unverzichtbar. Hier ist auch ein echter Mehrwert eines breiteren – Bottom-up- – Vorgehens zu sehen. Ebenso ist die Involvierung Beteiligter zur Erarbeitung oder Validierung konzipierter optimierungsmaßnahmen (beispielsweise Prozessänderungen) sinnvoll. Übergreifend jedoch kann ein Projekt zur deutlichen Verschlankung der Verwaltung nur Top-down getrieben und gesteuert werden, da zwangsläufig Personalreduktion, Verlagerung ins Ausland oder Outsourcing eine Rolle spielen werden. Je nach Kultur des Unternehmens hat es sich bewährt, die Personalvertretungen frühzeitig, ggf. früher und intensiver als gesetzlich vorgegeben, in die Diskussion abgestimmter Optimierungsvorschläge einzubinden. Eine mögliche aufkeimende Unruhe im Unternehmen kann bei gutem Zusammenspiel so vermieden werden.

Tobias Liebscher ist Partner in der Hamburger-Niederlassung von BearingPoint. Der Diplom-Kaufmann wechselte nach einer Tätigkeit als Logistikplaner in der Pkw-Reifen Division der Hauptverwaltung der Continental AG 1995 in die Unternehmensberatung. Für Prof. Dr. Horst Wildemann, KPMG Consulting und Roland Berger Strategy Consulting hat er verschiedene Projekte verantwortet. Bei BearingPoint verantwortet Tobias Liebscher heute die Service Line Business Strategy and Transformation für die Branchen Government, Healthcare und Postal/Transportation.

12 Zentralisieren durch Shared Service Center: Eine kritierienbasierte Untersuchung geeigneter Bereiche

Stefanie Müller

12.1 Trotz Zentralisierung marktnah bleiben: Die Verheißung der Shared Service Center

In unserer heutigen Wirtschaft sind beim Versand von Gütern Transportzeiten und -kosten oft kaum mehr von Belang (vgl. hierzu auch Kap. 1.2). Noch stärker trifft dies auf den Versand von Daten und Informationen zu: Selbst große Datenmengen können heute praktisch in Null-Zeit und zu Null-Kosten überall hin auf der Welt verschickt werden. Angesichts hoch leistungsfähiger Verkehrs- und Informationssysteme haben Unternehmen heute sehr freie Wahlmöglichkeiten, wo bestimmte Aufgaben ausgeführt werden sollen – räumliche Trennung und geographische Distanzen spielen hier längst keine Rolle mehr. Die Entscheidung über einen geeigneten Ausführungsort richtet sich vielmehr nach standortbezogenen Faktorkosten (vor allem Lohnkosten) und wird bei großen Unternehmen zumeist auf globaler Ebene getroffen. Dieser Umstand betrifft nicht nur die Suche nach geeigneten Produktionsstandorten und Beschaffungsmärkten, die mit dem Trend zur Globalisierung typischerweise assoziiert wird. Auch die Entscheidung über Zentralisierung und Dezentralisierung – eine klassische Frage innerhalb der Organisationslehre – erhält durch die heutigen technischen Möglichkeiten neue Impulse.

S. Müller (✉)
Technische Hochschule Nürnberg, Nürnberg, Deutschland
E-Mail: stefanie.mueller@th-nuernberg.de

S. Iskan, E. Staudt (Hrsg.), *Strategic Change*, DOI 10.1007/978-3-658-03287-6_12

Das Rechnungswesen der Deutschen Post wird zentral in Köln durchgeführt (vgl. Mißler 2005, S. 39 f.). Die dänische Containerreederei Maersk Line lässt Frachtdokumentation und -buchung in Indien bzw. China erledigen (vgl. PR Newswire online 2011). Die Deutsche Lufthansa nutzt die Standorte in Krakau, Mexiko City und Bangkok für weltweit zentralisierte Dienstleistungen im Bereich Finanz- und Rechnungswesen sowie Personal (vgl. Furck 2005, S. 65; LGBS online 2013). Die Gehälter der deutschen und österreichischen Mitarbeiter des Halbleiterherstellers Infineon werden in Budapest abgerechnet (vgl. Becker et al. 2009, S. 30 f.). Dies sind nur einige Beispiele, die zeigen, wie räumlich flexibel die Durchführung auch administrativer und unterstützender Tätigkeiten inzwischen geworden ist und wie gezielt Großunternehmen die Standortbedingungen vorteilhafter Lohnregionen zu nutzen wissen. Nun ist eine Zentralisierung aber immer auch mit Risiken und Nachteilen verbunden: Mit der Distanz steigen die Kommunikations- und Koordinationskosten, die Reaktion auf Marktanforderungen verlangsamt sich und als Folge verlieren zentrale Organisationseinheiten schnell das Bewusstsein für den Markt und verhalten sich wie Monopolisten (vgl. Klimmer 2012, S. 28; Alicke 2005, S. 162; Krüger 1994, S. 105; Schertler 1995, S. 37).

Eine Lösung dieses Dilemmas verheißen Shared Service Center. Dieses vor allem in Großunternehmen angewandte Konzept basiert auf spezifischen Organisationseinheiten, die unternehmensinterne Dienstleistungen bereitzustellen (vgl. Seidenbiedel 2010, S. 258). Shared Service Center unterstützen dabei die operativen (also erfolgbestimmenden) Einheiten des Unternehmens (vgl. Krüger 2006, S. 83), indem sie Supportleistungen übernehmen – mit anderen Worten Leistungen, die nicht zum Kerngeschäft der operativen Einheiten gehören (vgl. Pérez 2008, S. 17 f.).

Die Leistungsbeziehung zwischen den Shared Service Centern und dem Geschäftsbereich, der die Leistung in Anspruch nimmt, ist entweder rein marktlicher oder zumindest marktähnlicher Natur: Die Geschäftsbereiche fungieren als (interne) Auftraggeber, die für die Leistung per interner Verrechnung bezahlen, den Leistungsumfang spezifizieren, Leistungspreise verhandeln und die Leistungsqualität überwachen, ähnlich wie sie dies auch bei (externen) Outsourcingpartnern tun würden (vgl. Seidenbiedel 2010, S. 283). So vielversprechend das Konzept der Shared Service Center auf der einen Seite erscheint, so wichtig ist es auf der anderen Seite, die in Frage kommenden Aufgaben und Prozesse im Unternehmen zu analysieren, um festzustellen, welche davon zu einer solchen Dienstleistungseinheit ausgelagert werden könnten (vgl. Sterzenbach 2010, S. 37; Seidenbiedel 2010, S. 37; Weber und Gschmack 2012, S. 44 f.).

Einen Beitrag für solche unternehmensinternen Analysen will das vorliegende Kapitel leisten, indem Kriterien untersucht werden, die für Shared Service Center geeignete Prozesse kennzeichnen.

12.2 Shared Service Center: Worum geht es bei diesem Konzept?

Der Begriff Shared Service Center impliziert bereits, dass es um Zentralisierungsfragen geht.

Zentralisierung als Aufgabe der Organisationsgestaltung

Unter Zentralisierung im ursprünglichen Wortsinn ist die Bewegung zu einem Mittelpunkt (Zentrum) hin zu verstehen. Dezentralisierung ist dementsprechend die Bewegung von einem Mittelpunkt weg (vgl. Weidner und Freitag 1998, S. 45 f.; Bauermann 1992, S. 2612). Bezogen auf Unternehmensorganisation bedeutet dies, dass bei Zentralisierung merkmalsgleiche Teilaufgaben in einer Organisationseinheit zusammengefasst werden; bei Dezentralisierung werden sie getrennt (vgl. Bühner 2004, S. 121). Die Zentralisierung stellt innerhalb der Organisationslehre ein schon sehr lange diskutiertes Thema dar. Sie findet sich bereits in den Organisationsprinzipien nach Fayol (vgl. Fayol 1929, S. 28; vgl. zur Diskussion auch Nordsieck 1934, S. 80; Schreyögg 2008, S. 11; Bea und Göbel 2010, S. 366; Vahs 2005, S. 79; Kieser und Walgenbach 2003, S. 255). Auch gehört sie zu den wesentlichen Dimensionen der Organisationsstruktur, die sich zusammensetzt aus 1) Spezialisierung (Arbeitsteilung), 2) Standardisierung (Anwendung von Regeln und Verfahrensrichtlinien), 3) Zentralisierung (Verteilung von Kompetenzen im Leitungssystem), 4) Formalisierung (Aktenmäßigkeit, schriftliche Fixierung von Anweisungen), 5) Konfiguration (äußere „Gestalt" der Struktur) (vgl. Pugh et al. 1968, zit. nach Kieser und Ebers 2006, S. 219, ähnlich z. B. bei Kieser und Walgenbach 2003, S. 77).

Innerhalb der Organisationstheorie wird Zentralisierung häufig nach der Zentralisierung von Aufgaben und der Zentralisierung von Entscheidungen differenziert (vgl. Hill et al. 1989, S. 175; Krüger 1994, S. 66; Bea und Göbel 2010, S. 293; Schreyögg 2008, S. 52; Jones und Bouncken 2008, S. 248 f.; Robbins 2001, S. 490; Grochla 1995, S. 100; Bauermann 1992, S. 2613). Aufgabenzentralisierung meint die Zusammenfassung gleicher Verrichtungen in einer Stelle (vgl. Weidner und Freitag 1998, S. 46 f.; Bühner 2004, S. 122) Bei der Entscheidungszentralisierung hingegen geht es um die Bündelung von Entscheidungen (vgl. Bühner 2004, S. 123). Damit betrifft Zentralisierung zwei Gruppen von Sachverhalten unterschiedlicher hierarchischer Einordnung: Entscheidungen stehen rangmäßig über der Ausführung, da aus einer Entscheidung, so sie nicht vom Entscheidungsträger selbst umgesetzt wird, immer auch eine Anordnung zur Ausführung folgt (vgl. Weidner und Freitag 1998, S. 49). Beides – Entscheiden und Ausführen – kann auch als zwei Phasen eines Prozesses gesehen werden. Beim einen geht es um das Vorbereiten und Treffen von Entscheidungen, beim anderen darum, die getroffenen Entscheidungen anzuwenden und auszuführen (vgl. Krüger 1994, S. 106). Die Tatsache, dass Entscheidung zentral und Ausführung dezentral stattfinden kann und umgekehrt, führt zum Entstehen zentraler Stellen und Bereiche.

		Aufgabenkompetenzen	
		dezentral	zentral
Entscheidungs-kompetenzen	zentral	*Typ A Zentralleitungs-Modell*	*Typ C Zentralbereichs-Modell*
	dezentral	*Typ B Autarkie-Modell*	*Typ D Servicecenter-Modell*

Abb. 12.1 Modelle der Aufgaben- und Entscheidungszentralisierung. (Quelle: Eigene Darstellung unter Verwendung von Systematisierungsansätzen nach Frese und Werder 1993, S. 38; Krüger 1994, S. 106 f.)

Abbildung 12.1 zeigt verschiedene Varianten von Zentralstellen im Unternehmen, systematisiert nach zentraler und dezentraler Entscheidungskompetenz einerseits sowie nach zentraler und dezentraler Aufgabenkompetenz andererseits. Diese Varianten werden im Anschluss an die Abbildung ausführlich diskutiert und dabei auch Aspekte der Diskussion um Zentralbereiche in der organisationstheoretischen Literatur aufgegriffen.

Bei der ersten dargestellten Konstellation, Typ A (Zentralleitungs-Modell), trifft die zentrale Instanz die Entscheidungen; die dezentrale Instanz führt aus. Hier werden von zentraler Seite vor allem Richtlinien und Rahmenvorgaben ausgegeben, mit dem Ziel, die Einheit der Führung sicherzustellen und die oberste Unternehmensleitung in ihren Führungsaufgaben zu unterstützen (vgl. Bühner 2004, S. 144; Kreikebaum 1992, S. 2606). Leitungsstellen, die solche „hoheitlichen" Aufgaben der bereichsübergreifenden Koordination und Steuerung wahrnehmen, wären Controlling, Unternehmensentwicklung, Compliance Management, Qualitätsmanagement oder eine zentrale Vertriebsleitung (vgl. Kreikebaum 1992, S. 2606; Schulte-Zurhausen 2010, S. 272; Klimmer 2012, S. 26).

Der dargestellte Typ B (Autarkie-Modell) beinhaltet sowohl Entscheidung als auch Umsetzung auf dezentraler Ebene – etwa der betreffende Sachverhalt spezifisch den Erfolg eines Standorts oder einer Sparte betrifft. Ein Beispiel wäre die Annahme oder Ablehnung eines Kunden zu bestimmten Konditionen: Hier wird sowohl die Entscheidung durch den dezentralen Vertrieb oder das dezentrale Management getroffen, als auch erfolgt die Umsetzung (Kommunikation, Nachverhandlung mit dem Kunden) auf dezentraler Ebene.

Der dritte Fall ist Typ C (Zentralbereichs-Modell). Hierbei handelt es sich um Aufgaben, die entweder von Anfang an zentral anfallen (Beispiele wären Öffentlichkeitsarbeit, Investor Relations, Steuern, Marktforschung, Merger and Acquisition oder Grundlagenforschung), oder um solche Aufgaben, die unteilbare – weil sehr teure – Ressourcen, wie etwa Forschung und Entwicklung, erfordern (vgl. Klimmer 2012, S. 26; Picot et al. 2012, S. 402).

Der letzte dargestellte Typ der Verteilung von Entscheidungs- und Aufgabenkompetenzen ist Typ D (Servicecenter-Modell). Hier geht es um die Erzielung von Spezialisierungs- und Größendegressionseffekten, indem unternehmensweit anfallende Routineaufgaben übernommen und für die hiervon entlasteten dezentralen Einheiten quasi als Dienstleistung erbracht werden (vgl. Bühner 2004, S. 144 f.; Klimmer 2012, S. 26) Typischerweise beziehen sich solche Dienstleistungen auf Aufgaben, die nicht zur operativen, wertschöpfenden Sphäre einer dezentralen Einheit gehören, und die damit für deren marktlichen Erfolg nicht von zentraler Bedeutung sind (vgl. Frese et al. 2012, S. 470 f.) Beispiele wären Aufgaben aus der Buchhaltung, dem Einkauf oder dem Finanzbereich. Im Fall der Buchhaltung können Größenvorteile durch höhere Routine und Spezialisierung erzielt werden; beim Einkauf bestehen sie (darüber hinaus) in einer besseren Verhandlungsposition gegenüber Lieferanten und in höheren Mengenrabatten (vgl. Schulte-Zurhausen 2010, S. 272) Im Bereich der Unternehmensfinanzierung können vorhandene Kapitalbedarfe einiger Einheiten mit eventuellen Kapitalüberschüssen aus anderen Einheiten gedeckt werden (vgl. Picot et al. 2012, S. 402)

Gerade im Zusammenhang mit Typ D, dem Servicecenter-Modell, stellen Shared Service Center eine innovative Form der Zentralisierung dar, weil bei diesem Konzept typische Probleme der Dezentralisierung reduziert werden (Synergieverluste, hohe Personal- und Infrastrukturkosten, viele Doppel- und Mehrfacharbeiten), es gleichzeitig aber nicht zu einer häufig auftretenden Folge starker Zentralisierung, nämlich einer unkontrollierten Aufblähung von Zentralstellen, kommt (vgl. Pérez 2008, S. 15).

Shared Service Center als innovative Form der Zentralisierung

Hierauf aufbauend soll nun das Konzept der Shared Service Center genauer beleuchtet werden – mit einem Blick auf deren Entwicklungsgeschichte, auf Begriff und Merkmale, sowie auf die Leistungen, die typischerweise in einem Shared Service Center erbracht werden.

Die Entwicklung der Shared Service Center geht zurück auf die 1980er und 1990er Jahre. Im Ausgangspunkt standen US-amerikanische Großkonzerne, die im Sinne flacher Hierarchie, schlanker Organisation und größerer Marktnähe über Jahre eine Dezentralisationsstrategie verfolgt hatten. Angesichts überbordender Mehrfachstrukturen, Synergieverluste und Koordinationsprobleme stellten solche Unternehmen damals Überlegungen an, wie gerade administrative und unterstützende Tätigkeiten dann doch wieder gebündelt werden könnten (vgl. Aguirre et al. 1998, S. 15; Westerhoff 2006, S. 57 f.; Pérez 2008, S. 23). Den Anfang machte ab 1985 die Firma General Electric, indem sie das Rechnungswesen von 50 Standorten auf vier große Shared Service Center konzentrierte (vgl. Kagelmann 2001, S. 69; Dressler 2007, S. 19 nennt hingegen die Firma Ford Motor Company als den Pionier in diesem Bereich, ebenfalls mit einer Zentralisierung des Finanz- und Rechnungswesens). Andere amerikanische Großunternehmen, wie etwa Exxon, folgten bald (Fischer und Sterzenbach 2006a, S. 5). Die USA als großer Binnenmarkt bildete aufgrund der Einheitlichkeit von Sprache, Währung und Rechtssystem eine günstige Umgebung für eine regions- und niederlassungsübergreifende Bündelung von Aufgaben in

Unternehmen. In Europa wurden die ersten Shared Service Center ab Mitte der 1990er Jahre implementiert, zunächst bei Tochtergesellschaften von US-Konzernen (vgl. Pérez 2008, S. 18) Inzwischen nutzen ca. 75 % der DAX-Unternehmen Shared Service Center (vgl. Arthur D. Little online 2010).

Wie bereits ausgeführt, verheißt das Konzept der Shared Service Center die Auflösung eines Zielkonflikts, der mit Zentralisierungs- bzw. Dezentralisierungsentscheidungen üblicherweise verbunden ist. Dezentralisierung führt zu flachen Hierarchien und einer oft größeren Zahl autonom agierender Organisationseinheiten. Vorteilhaft ist eine solche Organisation wegen der Nähe zum Markt und der Fähigkeit schnellen und flexiblen Handelns. Der Nachteil besteht in Redundanzen im administrativen Bereich, einem mehrfachen Bedarf an Ressourcen und Infrastruktur sowie einem Mangel an Standardisierung (vgl. Wißkirchen und Mertens 1999, S. 83 f.) Durch die Einrichtung von Shared Service Centern können den dezentralen, operativen Geschäftseinheiten administrative und sonstige unterstützende Tätigkeiten abgenommen und damit insgesamt ein besserer Ressourceneinsatz erreicht werden (vgl. Fischer und Sterzenbach 2006b, S. 124; Klingenbeil und Andreas 2006, S. 38).

Shared Service Center: Vier kennzeichnende Merkmale

Der Shared-Service-Center-Ansatz zeichnet sich durch folgende Merkmale aus (vgl. Seidenbiedel 2010, S. 269 ff.; Pérez 2008, S. 17 f.).

1. Prozessorientierung: Der (interne) Empfänger der Leistung wird als „Prozesskunde" gesehen; die Leistung wird konsequent an dessen Anforderungen ausgerichtet.
2. Marktliche Leistungsbeziehung: Zwischen dem Leistung erstellenden Shared Service Center und der Leistung beziehenden operativen Einheit findet eine Leistungsvereinbarung/Leistungskontrolle (auf Basis von Service Level Agreements) wie auch eine Leistungsverrechnung statt.
3. Wirtschaftliche und ggf. auch rechtliche Selbstständigkeit der Shared Service Center: Diese stellen eigenständige Organisationseinheiten dar, werden häufig als Profit Center geführt und bieten ihre Leistungen unter Umständen auch extern am Markt an.
4. Strategiefokussierung: Das Shared Service Center übernimmt Unterstützungs- und Administrationsprozesse; dies erlaubt der operativen Einheit eine konsequentere Ausrichtung auf deren Kerngeschäft. Insofern stellt der Shared-Service-Center-Einsatz im Rahmen einer Make-or-Buy-Entscheidung eine modifizierte Make-Entscheidung dar.

Der Shared-Service-Center-Ansatz als organisatorisches Konzept ist also zwischen Zentralisierung (als „traditionelle" Make-Entscheidung) und Outsourcing (als reine Buy-Entscheidung) positioniert (vgl. Ibold und Mauch 2006, S. 380) Mit Zentralisierung und Zentralbereichen im Sinne von Typ A und C hat das Shared Service Center gemein, dass es bei beidem um die Bündelung von Prozessen und um die Erzielung von Synergien geht. Unterschiede bestehen darin, dass das Shared Service Center – anders als die zentrale Einheit im Zentralleitungs- oder Zentralbereichs-Modell – v. a. Unterstützungsaufgaben übernimmt, seine Leistung unter Wettbewerbsbedingungen erbringt und dem Marktdruck unterliegt (vgl. Pérez 2008, S. 40 ff.) Beim Outsourcing besteht die Gemeinsamkeit mit dem Shared-Service-Center-Konzept in der Zielsetzung, dass sich die operative Einheit auf ihre Kernkompetenzen konzentrieren kann. Im Unterschied zum Outsourcing bedeutet eine Auslagerung eines Prozesses in ein Shared Service Center aber keinen Know-how-Verlust für das Unternehmen; anstelle eines (externen Vertrags) wird eine (interne) Servicevereinbarung geschlossen und die Preisbildung erfolgt beim Shared Service Center auf Markt- und Kostenbasis, nicht – wie beim Outsourcing – ausschließlich auf Marktbasis (vgl. Pérez 2008, S. 38 ff.). Die marktliche Leistungsbeziehung kommt auch dadurch zum Ausdruck, dass die operative Einheit ggf. keine zwingende Verpflichtung hat, das Shared Service Center einzusetzen. Abbildung 12.2 zeigt drei mögliche Abstufungen dieser Abnahmebeziehung, wobei das Steuerungselement „Zwang" (Hierarchie) zunehmend durch das Steuerungselement „Verhandlung" (Markt) ersetzt wird (vgl. auch Williamson 1992, S. 337).

Shared Service Center: Geeignete Prozesse

Wie bereits angesprochen, sind es vor allem Prozesse aus dem administrativen oder in anderer Hinsicht unterstützenden Bereich, die sich dafür eignen, von einem Shared Service Center als Dienstleistung bereitgestellt zu werden. Abbildung 12.3 zeigt eine Zusammenstellung von Prozessen, die sich für Shared Service Center eignen würden oder in der Unternehmenspraxis heute schon durch Shared Service Center erbracht werden.

Der Supportcharakter der in dieser (sicherlich nicht abschließenden) Liste enthaltenen „Shared-Service-Center-Kandidaten" wird beim Vergleich mit Porter's Wertkettenmodell deutlich: „Beschaffung" und „Personalwirtschaft" werden auch in jenem Modell als unterstützende (sekundäre) Aktivitäten gesehen. Gleiches gilt für eine größere Zahl der hier unter „Sonstiges" aufgeführten Prozesse, die zu den Infrastrukturleistungen gerechnet werden können – auch dies im Modell der Wertkette eine Gruppe sekundärer Aktivitäten (vgl. Porter 2010, S. 70 f.) Die unter „Auftragsabwicklung/Kundensphäre" aufgeführten Prozesse stehen dem operativen Kerngeschäft des Unternehmens zwar näher, gehören aber zu den Informations- und Finanzflüssen im Unternehmen und nicht zu den Güterflüssen. Die Prozesse der leistungs- und güterwirtschaftlichen Sphäre eines Unternehmens werden üblicherweise aber eher den Kernprozessen zugeordnet; die Prozesse im Bereich der Informationsverarbeitung und des finanzwirtschaftlichen Kreislaufs dagegen eher den Supportprozessen (vgl. Weiser et al. 2009, S. 188). Damit können auch die auftrags-/kundenbezogenen Prozesse in der obigen Abbildung als unterstützende Prozesse gesehen werden. Gleiches gilt für die Prozesse in der Spalte „Finanz-/Rechnungswesen".

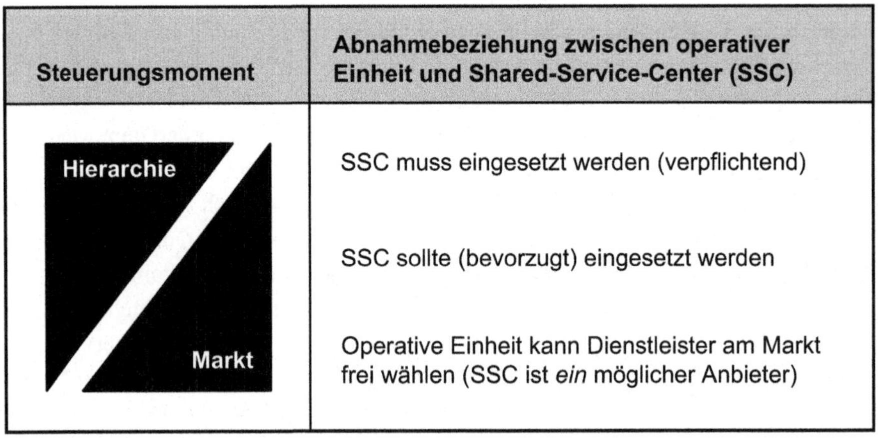

Abb. 12.2 Mögliche Abnahmebeziehungen zwischen operativer Einheit und SSC. (Quelle: Eigene Darstellung)

Personal-wirtschaft	Beschaffung/ Lieferantensphäre	Auftragsabwicklung/ Kundensphäre	Finanz-/ Rechnungswesen	Sonstiges
▪ Personalwirtschaft ▪ Lohn-/Gehalts-abrechnung ▪ Lohnbuchhaltung ▪ Versicherungen ▪ Renten ▪ Prämienberechnung ▪ Aus-/Weiterbildung ▪ Reisemanagement	▪ Beschaffung ▪ Bestandsführung ▪ Vertragswesen ▪ Anlagevermögen ▪ Kreditoren ▪ Angebotseinholung	▪ Telemarketing ▪ Auftragserfassung ▪ Rechnungsstellung ▪ Debitoren ▪ Mahnwesen ▪ Kundenservice, Beschwerde-management ▪ Cash Management ▪ Finanzmittel-disposition ▪ Devisenabsicherung	▪ Finanzbuchhaltung ▪ Anlagenbuchhaltung ▪ Reporting, Berichts-wesen ▪ Konzernverrechnung ▪ Steuern	▪ Facility Management ▪ IT-Service, Rechen-zentrum, PC-Support ▪ Archiv und Doku-mentation ▪ Büromaterial ▪ Catering, Verpflegung ▪ Interne Revision ▪ Inhouse Consulting ▪ Gesundheit und Arbeitsschutz ▪ Fuhrpark, Logistik

Abb. 12.3 Mögliche Shared-Center-Prozesse. (Quelle: Eigene Darstellung auf Basis einer Systematisierung von Shah 1998, S. 7 sowie Ergänzungen nach Aguirre et al. 1998, S. 6: Krüger 2006, S. 81; Klimmer 2012, S. 27.)

Shared Service Center: Center of Scale und Center of Expertise

Shared Service Center lassen sich nach zwei typischen Ausprägungsformen unterscheiden: Center of Scale und Center of Expertise (vgl. Kagelmann 2001, S. 86 ff; Becker et al. 2008, S. 11 ff.; Fischer und Sterzenbach 2006a, S. 8 f.) Während in Center of Scale massenhaft durchzuführende Standardaufgaben ausgelagert werden, stellen Center of Expertise wissensintensive Expertenzentren, die Spezialaufgaben übernehmen, dar.

Der erste Typus ist das **Center of Scale**. Bei diesem geht es darum, häufig auftretende Transaktionen aus dezentralen Einheiten zu bündeln, um sie effizienter ausführen zu können, und nicht zuletzt darum, die dezentralen Einheiten zu entlasten. Die Aufgaben die von einem Center of Scale übernommen werden, sind einfache, häufig vorkommende Routineaufgaben.

Ein Beispiel einer solchen für ein Center of Scale geeigneten Aufgabe wäre die Debitorenbuchhaltung in einem Industrieunternehmen. Dieses Beispiel soll im Nachfolgenden etwas genauer dargestellt werden; zur Verdeutlichung werden einige Zahlenwerte angenommen. Zum Aufgabenkreis der Debitorenbuchhaltung zählen das Führen der Debitoren- (Kunden-)Konten für die ausgelieferten Aufträge. Über 20 Standorte hat das Unternehmen, so wird hier angenommen, insgesamt 10.000 Kunden; pro Standort sind also 500 Konten zu führen. Auf diesen Konten sind die ausgelieferten Aufträge zu verbuchen und diese offenen Posten mit eingehenden Zahlungen abzugleichen. Zum Aufgabenkreis der Debitorenbuchhaltung gehört ferner die Klärung von Differenzen (wenn die Zahlung des Kunden vom Rechnungsbetrag abweicht); außerdem das Mahnwesen (wenn Zahlungen ausbleiben). Dezentral an einem Standort werden für die Bewältigung dieser Aufgaben zwei bis drei Buchhalter beschäftigt sein. In einem so kleinen Team ist es einerseits schwierig, Vertretungsregelungen zu schaffen (falls einer der Mitarbeiter urlaubs- oder krankheitsbedingt über mehrere Wochen abwesend ist), auch können Aufkommensschwankungen kaum abgefangen werden. Letzteres Problem betrifft vor allem jene Branchen, in denen die Unterschiede zwischen aufkommensstarken und -schwachen Zeiten erheblich sind (wie etwa – saisonbedingt – in vielen Teilbranchen der Konsumgüterwirtschaft). Wenn die Ressourcen dort so dimensioniert sind, dass das Aufkommen eines stärkeren Monats bewältigt werden kann, so wird es in einem schwachen Monat zu Auslastungsdefiziten kommen. Werden solche Aktivitäten dagegen nicht dezentral, sondern in einem Shared Service Center gebündelt, so bestehen wesentlich mehr Möglichkeiten, zum einen Aufkommensschwankungen an verschiedenen Standorten eventuell gegeneinander auszugleichen und zum anderen den Ressourceneinsatz in einer entsprechend größeren Einheit zu planen und zu optimieren.

Ein Center of Scale übernimmt also einfache, repetitive Aufgaben aus dem Grund, damit die operativen Geschäftseinheiten von solchen, nicht den eigenen Kernkompetenzen entsprechenden Aufgaben entlastet sind. Im Unterschied dazu sind in einem **Center of Expertise** Spezialaufgaben angesiedelt. Diese gehören ebenfalls nicht zu den Kernkompetenzen der operativen Einheiten. Während aber die dezentralen Einheiten für die einfachen Standardaufgaben, die ein Center of Scale übernimmt, das nötige Personal relativ leicht vorhalten könnten (eine entsprechendes Mengenaufkommen vorausgesetzt), ist dies bei Spezialistentätigkeiten nicht oder nur mit Problemen möglich.

Deutlich wird dies am Beispiel von IT-Dienstleistungen (Verwaltung der vorhandenen Software-Lizenzen, Wartung und Reparatur von Hardware, Verwaltung von Nutzern und Zugangsberechtigungen usw.). Das Aufgabengebiet ist hier sehr vielfältig und erfordert ausgeprägtes Spezialwissen bei den ausführenden Mitarbeitern. Ist nun in einem Unternehmen mit 20 Standorten, an denen jeweils 100 bis 150 Computerarbeitsplätze zu betreuen sind, diese Betreuung dezentralisiert, so wird es in jedem Standort ein kleines Team von IT-Spezialisten geben, um diese Aufgabe wahrzunehmen. Eine so kleine Betreuungseinheit wird aber möglicherweise nicht das nötige Wissen für jeden ausgefallenen Sonder- oder Problemfall haben; außerdem können unter diesen Umständen kaum Urlaubs- oder Krankheitsvertretungen organisiert werden. Ebenso wenig kann ein zeitlich umfassender

Service (24 h am Tag) aufrechterhalten werden. Findet die IT-Betreuung dagegen in einem Shared Service Center (Center of Expertise) statt, so wird es für die insgesamt 2000 bis 3000 Rechnerarbeitsplätze ein Team von 15 bis 20 Experten geben, das zum einen einen größeren „Wissenspool" verkörpert als die kleinere dezentrale Einheit und zum anderen viel einfacher die Einrichtung von Schichtbetrieb oder Vertretungsregelungen erlaubt. Ein Center of Expertise bietet in diesem Fall gegenüber einer dezentralen Lösung deutliche Vorteile – neben der besseren Kompensationsmöglichkeit von Aufkommensschwankungen, die schon weiter oben beim Center-of-Scale angesprochen worden war. Ein Nachteil der zentralen Durchführung besteht im IT-Beispiel freilich darin, dass eine Problemdiagnose und -behebung aus der Ferne oft schwieriger und langwieriger ist, dass trotz eines Remote-Zugriffs manche Probleme nicht zentral lösbar sind und dass dann gegebenenfalls zentrale Servicemitarbeiter zu einem dezentralen Standort anreisen müssen.

12.3 Shared Service Center: Welche Prozesse eignen sich?

Im Folgenden werden in drei Schritten Eignungskriterien für Shared-Service-Center-Prozesse entwickelt und mit Beispielen illustriert. Unabhängig davon, ob ein skalen- oder ein wissensbasiertes Shared Service Center eingerichtet werden soll, gibt es einige Kriterien, die immer erfüllt sein müssen, damit ein Prozess „Shared-Service-Center-tauglich" ist. Diese Kriterien werden in der Abb. 12.4 zunächst im Überblick gezeigt. Die grauen Bereiche in der Abbildung zeigen dabei diejenigen Ausprägungen, die für eine Shared-Service-Center-Eignung sprechen.

Nr.	Kriterium	Ausprägungen		= geeignet für SSC	= weniger/nicht geeignet für SSC
1.	Kundenbeziehung	keine	extern	intern	beides (extern und intern)
2.	Prozesstyp	Kernprozess		Supportprozess	
3.	Aufgabentyp	Entscheidungsaufgabe		Ausführungsaufgabe	
4.	Nähe zum lokalen Geschäft	erforderlich		nicht erforderlich	
5.	Schnittstellen zu Kernprozessen	viele	mittel	gering/wenige	
6.	Sprach-/kulturelle Barrieren	vorhanden		nicht vorhanden	
7.	Landes-/Regionsspezifika	hoch	mittel	gering/wenige	
8.	Nutzende Konzerneinheiten	viele	mittel	gering/wenige	

Abb. 12.4 Übergreifende Shared-Service-Center-Kritierien. (Quelle: Eigene Darstellung unter Verwendung von Kriterien nach Kagelmann 2001, S. 86.)

Ein erstes Kriterium für Shared Service Center ist die Natur der **Kundenbeziehung**, dass nämlich ein Shared Service Center seine Leistungen an interne Kunden richtet. Bei Shared Service Centern geht es darum, operative Geschäftseinheiten (also interne Stellen im Unternehmen) zu entlasten, die dann als Leistungsabnehmer (Kunden) auftreten. Das Shared Service Center steht hierbei in einer marktlichen oder marktähnlichen Leistungsbeziehung mit denjenigen Stellen im Unternehmen, die seine Leistungen in Anspruch nehmen. Das bedeutet, dass das Shared Service Center seine Leistungen *auch* anderen (externen) Nachfragern zur Verfügung stellen könnte, ebenso wie die Leistungsnachfrager diese Leistungen *auch* von anderen (externen) Anbietern beziehen könnten. Der eigentliche Zweck eines Shared Service Centers besteht aber zunächst darin, Supportleistungen für *interne* Kunden bereit zu stellen. Der Umstand, dass ein Shared Service Center seine Leistungen für interne Kunden erbringt, gilt im übrigen auch für solche Supportleistungen, die an der Schnittstelle zu externen Kunden stattfinden, wie etwa einem telefonischen Kundenservice: hier wird die Leistung zwar an einem externen Kunden erbracht, jedoch im Auftrag einer operativen Geschäftseinheit, die ansonsten diese Leistung selbst erbringen müsste.

Shared Service Center sollen Unterstützung schaffen, so dass die operativen Geschäftseinheiten sich auf ihre Kernaufgaben konzentrieren können und nicht in hohem Maße Ressourcen für administrative oder unterstützende Tätigkeiten vorhalten müssen. Aus diesem Grund richten sich Shared Service Center typischerweise auf **Supportprozesse**, während die Kernprozesse bei den operativen Geschäftseinheiten verbleiben. Solche unterstützenden Prozesse sind unter anderem in Bereichen wie „Personal" oder „Infrastruktur" zu finden; ferner bei solchen Aufgaben, die mit Informations- und Finanzflüssen im Unternehmen zu tun haben (weniger im Bereich der Güterflüsse). Die Kategorisierung verschiedener Unternehmensprozesse nach Kern- und Supportprozessen wurde bereits diskutiert (vgl. Abb. 12.4).

Des Weiteren ist für Shared Service Center bezeichnend, dass dort **Ausführungsaufgaben** und nicht Entscheidungsaufgaben übernommen werden. An einem Beispiel aus dem Personalbereich: ein Shared Service Center könnte beispielsweise die Lohn- und Gehaltsabrechnung übernehmen; Entscheidungen im Rahmen des Personalmanagements (wie etwa die Entscheidung über Art und Umfang von Traineeprogrammen) wäre nicht die Aufgabe eines Shared Service Centers, sondern eher eine „hoheitliche" Aufgabe im Sinne des Zentralleitungs-Modells (vgl. Abb. 12.2).

Wenn also Supportprozesse für ein Shared Service Center in Betracht gezogen werden, während Kernprozesse in den operativen Geschäftseinheiten verbleiben, dann stellt sich weiterhin die Frage, ob der entsprechende Prozess eine (räumliche) **Nähe zum lokalen Geschäft** erfordert (vgl. Klimmer 2012, S. 28). Ist dies der Fall, so wäre auch ein Supportprozess eher nicht für die Durchführung in einem Shared Service Center geeignet. Gründe, warum eine solche Nähe erforderlich ist, gibt es mehrere: Prozesse können eng mit der physischen Auftragsabwicklung (Güterflüsse im Unternehmen) verbunden sein; ein Beispiel für einen solchen Supportprozess wäre die Bestandsüberwachung und Inventur im Lager. Weiterhin können Prozesse eng an lokale Kunden gebunden sein, etwa Service-

oder Beratungstätigkeiten im Haus des Kunden (insbesondere dann, wenn Kunden auf einen Bezug zu den lokalen Geschäftseinheiten Wert legen, was v. a. bei kleinbetrieblicher und mittelständischer Kundschaft der Fall sein kann). Ein dritter Grund bestünde schließlich in der Notwendigkeit der Ortsnähe zu anderen lokalen Stellen, beispielsweise den Zollbehörden für eine Importverzollung (wo eventuell Dokumente persönlich vorgelegt oder Waren dem Zollamt vorgeführt werden müssen).

Ebenso wie die Nähe zum lokalen Geschäft und den dort stattfindenden Kernprozessen nicht erforderlich sein sollte, so sollten auch die **Schnittstellen zu den Kernprozessen** nur gering bzw. nur wenige sein, damit ein Prozess sich für ein Shared Service Center eignet. Dies gilt insbesondere für physische Schnittstellen, bei denen z. B. Waren oder Dokumente übergeben werden müssen; ebenso für Schnittstellen mit notwendiger persönlicher Abstimmung (die nur unzureichend durch eine telefonische Abstimmung ersetzt werden kann). Ein Beispiel für einen Supportprozess mit häufigen Schnittstellen zu den operativen Kernprozessen und ihren Mitarbeitern wäre die Lagerung und Ausgabe von Büromaterial.

Relevant für die Verlagerung in ein Shared Service Center ist auch die Frage, ob eine solche Verlagerung in einem bestimmten Prozess **sprachliche oder kulturelle Barrieren** aufwerfen würde oder ob regionale Besonderheiten zu beachten wären. Gerade bei Einrichtung eines internationalen Shared Service Centers sollte Englisch als Sprache akzeptiert (oder die Geschäftssprache generell irrelevant) sein. An zwei Beispielen: Im weltweiten Procurement ist Englisch als Geschäftssprache üblich, so dass die Sprache dort wahrscheinlich keine Barriere darstellen würde; beim Einkuvertieren von Serienbriefen in einer Telemarketing-Aktion ist die Sprache irrelevant. Doch auch ohne echte Sprachbarrieren kann es bei einer Shared-Service-Center-Kommunikation zu Hemmnissen kommen, etwa allein durch mangelnde Akzeptanz von Shared-Service-Center-Mitarbeitern aufgrund von Dialekt- und Mentalitätsunterschieden.

Um einen Prozess, egal wie komplex er ist und wieviel Fachwissen er erfordert, in einem Shared Service Center durchführen zu können, sollte dieser Prozess nicht durch viele **Landes- oder Regionsspezifika** gekennzeichnet sein (vgl. Klimmer 2012, S. 28). An einem Gegenbeispiel: wenn bei einer Kundenservice-Hotline die Anrufer auch in Rechtsfragen beraten werden, so wäre es für ein internationales Shared Service Center schwierig, mit den rechtlichen Feinheiten und deren laufenden Änderungen in den angeschlossenen Ländern stets vertraut zu sein; hier würde sich eine dezentralere Durchführung (zumindest auf nationaler Ebene) anbieten.

Ein letztes Kriterium für die generelle Eignung eines Prozesses für eine Durchführung in Shared Service Centern besteht darin, dass **möglichst viele Konzerneinheiten als Nutzer** einer solchen zentralisierten Einheit auftreten. Auch dies sei an einem Gegenbeispiel illustriert: ist ein Prozess täglich 200 mal durchzuführen und diese Durchführungen finden überwiegend in einer einzigen (oder wenigen) dezentralen Geschäftseinheiten ab, so kann dieser Prozess ebenso gut dort belassen werden, da eine Zentralisierung keine Bündelungsvorteile bringt (allenfalls den Effekt, dass die dezentrale Einheit von der betreffenden Aufgabe entlastet wird). Der Bündelungseffekt wird umso stärker greifen, je verteilter die Prozessdurchführung stattfindet. An dem gerade erwähnten Beispiel: es wäre effizienter, einen täglich 200 mal durchzuführenden Prozess in ein Shared Service Center zu verlagern, wenn er in 20 Standorten je zehnmal am Tag ausgeführt wird, als wenn er nur an zwei Standorten stattfindet – an einem 150 mal, am anderen 50 mal pro Tag.

Center-of-Scale-Prozesse: Auswahlkriterien

Neben den allgemeingültigen Kriterien, die unabhängig von der Art des Shared Service Centers immer relevant sind und bereits dargestellt wurden, gibt es ein Set weiterer Kriterien, die dafür entscheidend sind, ob sich ein Prozess für ein Center of Scale oder für ein Center of Expertise eignet. Dieses ergänzende Kriterienset ist für beide Arten von Shared Service Centern identisch; allerdings ist die Ausprägung dieser Kriterien bei einem Prozess entscheidend dafür, ob er sich eher für ein Center of Scale oder eher für ein Center of Expertise (oder für keins von beiden) eignet. Abbildung 12.5 zeigt Kriterien für Center-of-Scale-Prozesse zunächst im Überblick. Shared-Service-Center-geeignete Ausprägungen sind auch hier wieder grau hinterlegt.

Ein wesentlicher Anreiz für die Einrichtung von Shared Service Centern besteht, wie bereits ausgeführt wurde, darin, dass dezentrale Einheiten von Nicht-Kernprozessen entlastet werden und für solche Prozesse keine eigenen Ressourcen und Infrastrukturen vorhalten müssen. In dieser Hinsicht eine Entlastung stellen insbesondere solche Aufgaben dar, die häufig und regelmäßig anfallen, da hier der Ressourcenbedarf hoch ist und die operative Geschäftseinheit eigens für die Aufgabe abgestellte Mitarbeiter, Ausstattungen und Arbeitsplätze benötigen wird (vgl. Klimmer 2012, S. 28). Ein Beispiel für eine solche Aufgabe mit hoher **Aufgabenhäufigkeit** wäre die Auftragserfassung, die, je nach Branche, täglich etliche tausend- bzw. zehntausendmal anfallen kann. Jede dezentrale Einheit würde für die Erfassung der eigenen Aufträge vielleicht ein oder zwei Erfassungskräfte

Nr.	Kriterium	Ausprägungen	▒ = geeignet für SSC □ = weniger/nicht geeignet für SSC	
9.	Aufgabenhäufigkeit	hoch	mittel	gering
10.	Aufgabendivergenz	hoch	mittel	gering
11.	Änderungshäufigkeit der Aufgabe	hoch	mittel	gering
12.	Erforderliches Wissen	hoch	mittel	gering
13.	Einspareffekt	Economies of scale	Economies of scope	

Abb. 12.5 Kriterien für eine Center-of-Scale-Prozess. (Quelle: Eigene Darstellung unter Verwendung von Kriterien nach Kagelmann 2001, S. 86.)

beschäftigen. Bei einer Auslagerung dieser Aufgabe in ein Shared Service Center könnte zunächst die dezentrale Einheit um diese rein administrative Aufgabe entlastet werden. Des Weiteren könnten Bündelungs- bzw. Größendegressionseffekte erzielt und schließlich auch Servicequalität und Servicezeiten verbessert werden.

Neben der Aufgabenhäufigkeit liegt ein Eignungskriterium auch in der **Aufgabendivergenz**, die für ein Center of Scale gering sein sollte. In einem solchen Shared Service Center werden Standardaufgaben erledigt, die in der gleichen Weise immer wieder auszuführen sind (vgl. Klimmer 2012, S. 28) Da diese Organisationsheit auf die massenhafte Ausführung relativ einfacher Standardaufgaben ausgerichtet ist, würden Variationen bei der Aufgabenerledigung zur Störungen bei den Abläufen führen und auch die angestrebten Größendegressionseffekte beeinträchtigen.

Bei Aufgaben, die in einem Center of Scale durchgeführt werden, sollte es sich weiterhin um stetige Routineaufgaben handeln, die sich im Zeitverlauf nicht oder zumindest nur selten ändern. Wenn, beispielsweise getrieben durch wechselnde Kundenanforderungen, die **Änderungshäufigkeit** einer Aufgabe hoch ist, dann kann eine Ausführung in einem Shared Service Center (wegen der geringeren Marktnähe) zu einer verlangsamten Anpassungsgeschwindigkeit führen und die erforderlichen Änderungen wiederum zu Störungen in den Abläufen führen. Auch für Kontinuität beim Aufgabenvollzug als Kriterium für einen Center-of-Scale-Prozess mag die Auftragserfassung als Beispiel dienen: die Art der Ausführung wird durch das jeweilige IT-System, dessen Datenfeldstrukturen und Erfassungsmasken vorgegeben; zu Änderungen bei der Aufgabendurchführung wird es in erster Linie dann kommen, wenn im Auftragserfassungssystem etwas umgestellt wird (was nicht allzu häufig der Fall sein dürfte).

Die letzten drei der hier diskutierten Kriterien haben den typischen Center-of-Scale-Prozess als einen häufig stattfindenden, einfachen, wenig veränderlichen Routineprozess charakterisiert. Eng hiermit verbunden ist als weiteres Kriterium zu nennen, dass bei einem Prozess, wenn er in einem Center of Scale durchgeführt werden soll, das hierfür **erforderliche Wissen** gering (und standardisiert) sein sollte (vgl. Klingebiel 2005, S. 780). Ein Beispiel für eine solche Aufgabe mit relativ geringen Know-how-Anforderungen wäre das Mahnwesen in der Debitorenbuchhaltung. Für diese Aufgabe bedarf es einerseits des Wissens um einige Regeln, in welchen Zeitabständen nach Rechnungsstellung erste, zweite und weitere Mahnungen erstellt und verschickt werden sollen. Andererseits bedarf es des Know-hows, um im Buchhaltungssystem einen Mahnlauf anzustoßen. Die weitere Aufgabe beim Mahnwesen besteht dann lediglich noch im Ausdrucken und Versenden der Mahnungen. Einzig bei letzten Mahnungen und der Einleitung eventueller gerichtlicher Mahnverfahren oder der Einschaltung von Inkassobüros werden dann nochmals einige Regeln hinsichtlich der Vorgehensweisen benötigt.

Der letzte genannte Aspekt, der Einspareffekt, kann im Grunde auch als Ergebnis einer Bündelung im Shared Service Center gesehen werden. Bei einem Center of Scale besteht dieser Effekt – dem Namen entsprechend in **Economies of Scale**. Aufgrund des höheren Mengenaufkommens in einer zentralen Serviceeinheit werden die dort eingesetzten Ressourcen besser ausgelastet als bei dezentraler Durchführung und damit die (umgerechneten) Fixkosten pro erstellter Leistungseinheit reduziert. Des Weiteren resultieren aus einer steigenden Ausbringungsmenge höhere Spezialisierungs- und Lernkurveneffekte (vgl. Seidenbiedel 2010, S. 284 f.).

Center-of-Expertise-Prozesse: Auswahlkriterien

Nachfolgend wird nun auf die für ein Center of Expertise relevanten Kriterien und ihre Ausprägungen eingegangen. Diese werden wieder – in Abb. 12.6 – zunächst überblicksweise gezeigt und anschließend ausführlich kommentiert. Auch hier zeigt die Grauschattierung bei den Ausprägungen die Shared-Service-Center-Eignung an.

Das erste Kriterium, das für ein Center of Expertise (genauso wie für ein Center of Scale) relevant ist, wäre die **Aufgabenhäufigkeit**. Auch wenn – anders als beim Center of Scale – nicht der massenhafte Anfall, sondern vielmehr das erforderliche Spezialwissen das Zentralisierungsmotiv darstellt, so ist auch beim Center of Expertise eine bestimmte kritische Masse an Prozessdurchführungen erforderlich. Umgekehrt ausgedrückt: eine Aufgabe, die im gesamten Unternehmen nur zehnmal pro Jahr anfällt, kann auch in einem Shared Service Center nicht effizienter durchgeführt werden. Ein Beispiel wäre die Planung einer umfangreichen Investition. Hier sollte eher Consulting-Unterstützung denn ein Shared Service Center in Anspruch genommen werden.

Anders als beim Center of Scale, in dem Standardaufgaben bearbeitet werden und wo die Aufgaben daher möglichst gleichförmig sein sollten, erlaubt ein Center of Expertise eine mittlere oder hohe **Aufgabendivergenz**. Da hier, wie die Bezeichnung schon sagt, ein Team von Experten Aufgaben eines bestimmten Typs bearbeitet, können diese Aufgaben deutlich vielgestaltiger sein als die Standardaufgaben in einem Center of Scale. Wegen der höheren Aufgabenkomplexität sind sie dies in der Regel ohnehin.

Nr.	Kriterium	Ausprägungen	= geeignet für SSC = weniger/nicht geeignet für SSC	
9.	Aufgabenhäufigkeit	hoch	mittel	gering
10.	Aufgabendivergenz	hoch	mittel	gering
11.	Änderungshäufigkeit der Aufgabe	hoch	mittel	gering
12.	Erforderliches Wissen	hoch	mittel	gering
13.	Einspareffekt	Economies of scale	Economies of scope	

Abb. 12.6 Kriterien für einen Center-of-Expertise-Prozess. (Quelle: Eigene Darstellung unter Verwendung von Kriterien nach Kalgemann 2001, S. 86.)

Aus demselben Grund wäre ein Center of Expertise auch in der Lage, im Vergleich zum Center of Scale eine höhere **Änderungshäufigkeit der Aufgabe** zu bewältigen. Zwar sollten sich die Aufgaben nicht ständig (z. B. kundengetrieben) ändern, da ein Center of Expertise, ebenso wie jede Art der Zentralisierung, einen höheren Kommunikations- und Abstimmungsbedarf sowie langsamere Reaktionszeiten mit sich bringt. Jedoch kann dort ein gewisses Maß an Änderungen (mittlere Änderungshäufigkeit) problemlos umgesetzt werden, während sie im Center of Scale zu Problemen führen würde.

Die Tatsache, dass ein Center of Expertise komplexere, vielfältig auftretende Spezialaufgaben übernimmt, bedingt, dass das **erforderliche Wissen** für die Durchführung dieser Aufgaben hoch ist. Das im Rahmen der Einführung dieses Service-Center-Typs bereits diskutierte Beispiel der IT-Anwenderbetreuung macht dies deutlich: die Mitarbeiter müssen sich sowohl mit der Hardware als auch mit der eingesetzten Software auskennen; letzteres oft angesichts einer erheblichen Vielfalt von Softwareprodukten und Systemen, ferner mit der Netzwerkverwaltung, der Benutzerverwaltung und vielen anderen Themen in diesem Zusammenhang.

Der letzte Punkt und gleichzeitig das Ergebnis einer Bündelung im Center of Expertise ist der Einspareffekt, der in diesem Fall vor allem in **Economies of Scope** besteht. Solche Verbundeffekte entstehen dadurch, dass ähnliche Aktivitäten sinnvoll verknüpft werden, was unter anderem eine gemeinsame Nutzung von Basisressourcen (wie etwa von Geschäftsräumen oder EDV-Systemen) ermöglicht (vgl. Seidenbiedel 2010, S. 285). An einem Beispiel: wenn der Prozess „Reisemanagement" in einem Shared Service Center gebündelt wird, so kann für diese zentrale Durchführung eine unterstützende Software eingesetzt werden, die bei dezentraler Durchführung entweder überhaupt nicht möglich oder aufgrund einer großen Zahl erforderlicher Lizenzen relativ teuer wäre. Des Weiteren hat eine solche zentrale Einheit einen besseren Überblick über die gesamten Reiseaktivitäten im Unternehmen und kann Ineffizienzen (nicht bzw. schlecht abgestimmte Reiseaktivitäten, Wahl ungünstiger Verkehrsmittel u. a.) besser identifizieren als eine dezentrale Einheit dies könnte.

12.4 Anwendung an Prozessbeispielen: Geeignet für Shared Service Center?

Nachdem nun Kriterien entwickelt wurden, um die Eignung von Prozessen für Shared Service Center festzustellen, sollen diese Kriterien nun auf beispielhafte Prozesse in der Transport- und Logistikdienstleistungsbranche angewandt werden.

Zum Vergleich: Beispiel eines nicht geeigneten Prozesses

Ein Prozess, der als nicht Shared-Service-Center-geeignetes Beispiel zum Vergleich mit zwei anderen Prozessen herangezogen werden soll, ist derjenige des Vertriebs- und Kundenmanagements. Dieser Prozess ist dadurch charakterisiert, dass in regelmäßigen Abständen Kunden kontaktiert werden, um Neu- oder Folgegeschäfte zu akquirieren, bzw. um bestehende Kunden auf deren Zufriedenheit oder auf eventuelle Probleme mit Leistungen und Leistungserstellung anzusprechen. Diese Kontakte können persönlicher oder telefonischer (unter Umständen auch schriftlicher) Natur sein. Die resultierenden Gespräche können, je nach Situation oder aktuellen Kundenanforderungen den Charakter eines Beratungs-, eines Akquise- oder eines Problemlösungsgesprächs haben.

Die Eignung dieses Prozesses für die Durchführung in einem Shared Service Center zeigt die Abb. 12.7 zunächst im Überblick. Die Ausprägungen der verschiedenen Eignungskriterien werden im Anschluss an die Abbildung im Detail diskutiert. In der Abbildung zeigt der Vergleich der Lage des Prozessprofils mit den grau schattierten Feldern (= geeigneten Ausprägungen), hinsichtlich welcher Kriterien der Prozess „Vertrieb" für ein Shared Service Center geeignet wäre und hinsichtlich welcher nicht.

Nr.	Kriterium	Ausprägungen		= geeignet für SSC = weniger/nicht geeignet für SSC	
1.	Kundenbeziehung	keine	extern	intern	beides (extern und intern)
2.	Prozesstyp	Kernprozess		Supportprozess	
3.	Aufgabentyp	Entscheidungsaufgabe		Ausführungsaufgabe	
4.	Nähe zum lokalen Geschäft	erforderlich		nicht erforderlich	
5.	Schnittstellen zu Kernprozessen	viele	mittel	gering/wenige	
6.	Sprach-/kulturelle Barrieren	vorhanden		nicht vorhanden	
7.	Landes-/Regionsspezifika	hoch	mittel	gering/wenige	
8.	Nutzende Konzerneinheiten	viele	mittel	gering/wenige	
9.	Aufgabenhäufigkeit	hoch	mittel	gering	
10.	Aufgabendivergenz	hoch	mittel	gering	
11.	Änderungshäufigkeit der Aufgabe	hoch	mittel	gering	
12.	Erforderliches Wissen	hoch	mittel	gering	
13.	Einspareffekt	Economies of scale		Economies of scope	

nicht für SSC geeigneter Prozess (Vertrieb)

Abb. 12.7 Eignung des Prozesses „Vertrieb/Kundenkontakt" in der Transportbranche. (Quelle: Eigene Darstellung)

Was das erste Kriterium in der obigen Abbildung betrifft, so liegt hier keine Kundenbeziehung zu einem internen oder externen Dienstleister vor. Die Vertriebs- oder Betreuungsleistung wird für eigene Zwecke erstellt, um nämlich für die eigenen Produkte und Leistungen Kunden zu gewinnen (und zu halten). Dass der Prozess selbst in Kontakten zu (externen) Kunden besteht, ist dabei belanglos. Maßgeblich ist, in wessen Auftrag dieser Prozess abläuft – im eigenen Auftrag und für eigene Zwecke der fraglichen Geschäftseinheit.

Hinsichtlich des zweiten Kriteriums kann die Diskussion, ob es sich bei Vertrieb/Kundenkontakt um einen Kern- oder einen Supportprozess handelt, durchaus unterschiedlich geführt werden. Insgesamt aber gibt es starke Gründe dafür, diesen Prozess als Kernprozess zu sehen. Die Kunden und ihre Aufträge sind eine notwendige Voraussetzung für die operative Leistungserstellung und legen häufig auch die Anforderungen fest, denen die erstellten Leistungen genügen müssen. Kundenkontakte zur Feststellung von Kundenzufriedenheit und etwaigen Problemen stellen wiederum ein Feedback für die operative Leistungsqualität dar und fließen in das Management dieser Qualität ein. Insofern stellen solche Kundenkontakte Aktivitäten dar, die der eigentlichen Leistungserstellung im Unternehmen unmittelbar vor- oder nachgelagert sind und diese Leistungserstellung beeinflussen. Diese Einordnung von Vertriebs- und Kundenprozessen entspricht im Übrigen auch der gängigen Sichtweise der BWL, wo solche Aktivitäten als primäre (also wertschöpfende) Aktivitäten eingeordnet werden (vgl. Porter 2010, S. 70 f.)

Beim Kundenmanagement einer lokalen Geschäftseinheit kann es sich um Entscheidungs- *oder* um Ausführungsaufgaben handeln. Das Kontaktieren von Kunden, das Ausarbeiten von Preisvorschlägen und Angeboten oder das laufende Betreuungsgespräch wären eher ausführende Aufgaben. Ob aber ein Kunde zu bestimmten Konditionen angenommen werden, oder ob einer Kundenforderung nach Preisnachlass oder anderweitigen Zugeständnissen nachgegeben werden soll – dies wären typische Entscheidungsaufgaben. Die Schnittstellen zu den Kernprozessen der Leistungserstellung wären im vorliegenden Fall von mittlerer Häufigkeit und Intensität. Zwar sind Akquisetätigkeiten einerseits und Kundenbetreuungstätigkeiten andererseits der eigentlichen Auftragsausführung vor- bzw. nachgelagert. Jedoch kann es sehr wohl vorkommen, dass aus solchen Tätigkeiten heraus in die operative Leistungserstellung eingegriffen wird, beispielsweise durch nachträgliche Auftragsänderungen von Kundenseite oder durch qualitätsbeeinflussende Maßnahmen aufgrund von Kunden-Feedback. Die Nähe zum lokalen Geschäft ist insgesamt erforderlich, da der größere Teil der Kundenkontakte üblicherweise persönlich ist (Kundenbesuche). Für telefonische Kontakte bedürfte es dieser räumlichen Nähe grundsätzlich nicht. Jedoch muss davon ausgegangen werden, dass es bei solchen Kontakten sprachliche oder kulturelle Barrieren gibt. Ein lokaler, oft mittelständischer Kunde dürfte es in den seltensten Fällen gutheißen, dass Kundengespräche durch ein europaweites Shared Service Center in englischer Sprache geführt werden. Selbst Dialekte anderer Regionen bei einem deutschlandweiten Shared Service Center stellen hier möglicherweise bereits eine psychologische Kluft dar.

Die Frage, ob Vertriebs- und Kundenprozesse viele Landes- und Regionsspezifika zu berücksichtigen haben, wird auch von der jeweiligen Branche abhängig sein. Bietet ein Unternehmen auf internationaler Ebene Standardleistungen an (z. B. ein großer Telekommunikationsanbieter), so sind solche Besonderheiten nicht relevant. Für die Transportbranche, deren Kundenstruktur vorwiegend lokal aufgestellt ist (kleine und mittelständische Kunden vor Ort), werden solche Besonderheiten umfangreicher sein, da bei Kundenakquisition und -betreuung vielen lokalen Gepflogenheiten und Kundenwünschen Rechnung getragen werden muss. Die Zahl der nutzenden Konzerneinheiten wäre im Fall der kundenbezogenen Aktivitäten hoch, da jede Geschäftseinheit, in der Leistungserstellung stattfindet, auch Kunden benötigt, an die diese Leistungen abgesetzt werden. Aus denselben Gründen wäre auch die Aufgabenhäufigkeit hoch oder zumindest mittel. Eine

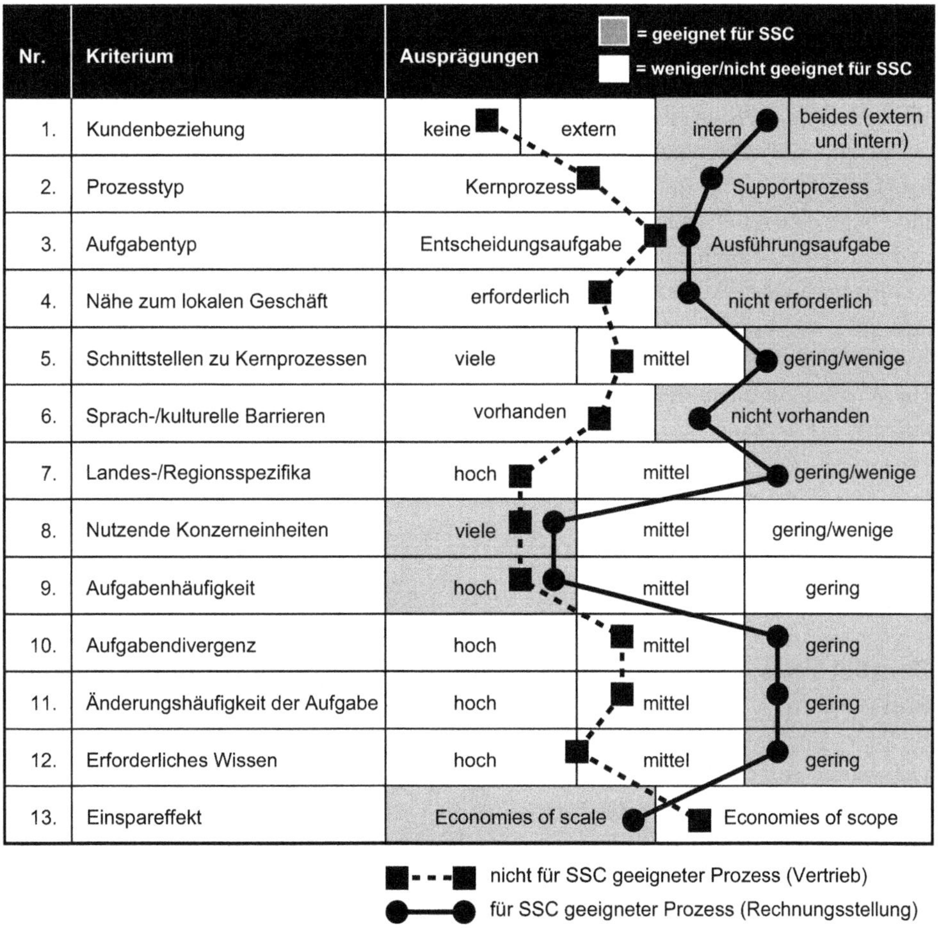

Abb. 12.8 Eignung des Prozesses „Rechnungsstellung" in der Transportbranche. (Quelle: Eigene Darstellung)

von diesem beschriebenen Prozess stark abweichende Art der Vertriebsaufgabe stellt hingegen das Key Account Management (KAM) dar, bei dem überregionale oder globale Großkunden durch zentrale Organisationseinheiten bearbeitet werden. Der Prozess des Key Account Management findet üblicherweise nicht in Shared Service Centern statt.

Bei Vertrieb und Kundenkontakten wäre des Weiteren die Aufgabendivergenz mittel bis hoch. Welche Bedarfe und Anliegen der kontaktierte Kunde aktuell hat, kann, je nach Situation, sehr unterschiedlich ausfallen. Auch Verlauf und Ergebnis solcher Gespräche sind häufig schwer vorhersehbar und können sich erheblich unterscheiden. Da die hier untersuchten Aktivitäten vom Kunden bestimmt werden und sich Kundenanforderungen jederzeit ändern können wird die Änderungshäufigkeit der Aufgaben zumindest als mittel angenommen. Das für die Ausführung der Aufgabe erforderliche Wissen ist hoch: Ein Mitarbeiter im Bereich Vertrieb und Kundenbetreuung muss das Leistungsspektrum des Unternehmens mit all seinen Besonderheiten und ggf. Varianten sehr gut kennen, um einen Kunden in der Vorkaufphase qualifiziert beraten zu können. Bei Störungen der Kundenbeziehung oder bei Kundenzufriedenheit muss ein solcher Mitarbeiter zu einer raschen Problemdiagnose und -behebung in der Lage sein; auch hierfür sind in der Regel profunde Kenntnisse der Leistungserstellungsprozesse erforderlich.

Aus den vier zuletzt diskutierten Kriterien ergibt sich ein Effekt, der für kundenbezogene Aktivitäten eher im Bereich der Economies of Scope liegt: Durch die Kundenkontakte in verschiedenen Belangen und das hierfür erforderliche Detailwissen können Ergebnisse und Erkenntnisse auch auf andere Kunden und Situationen übertragen werden; hierdurch werden Verbundeffekte erzielt. Insgesamt handelt es sich hier aber um einen Prozess, der sich unter den hier beschriebenen Bedingungen eher nicht für eine Shared-Service-Center-Organisation anböte, wie auch die Profildarstellung in Abb. 12.8 schon gezeigt hat. Hierfür sind vor allem die (allgemeinen) Kriterien 1. bis 8. verantwortlich. Was die Kriterien 9. bis 12. angeht, so wäre die Durchführung in einem Center of Expertise denkbar. Da es sich aber um einen Kernprozess handelt, relativ viele Schnittstellen zu anderen Kernprozessen vorhanden sind, die Nähe zum lokalen Geschäft erforderlich ist und einige weitere Gründe dagegen sprechen, sollte der Prozess nicht in ein Shared Service Center ausgelagert werden.

Beispiel eines Center-of-Scale-Prozesses: die Rechnungsstellung an den Endkunden

Der zweite Prozess, der im Rahmen der beispielhaften Prozessanalysen untersucht werden soll, ist einer, der sich für die Auslagerung in ein Center of Scale anbieten würde. Ein passendes Beispiel innerhalb der Transportbranche wäre die Rechnungsstellung an Kunden.

Nach Annahme und Ausführung eines Transportauftrags ist dieser an den auftraggebenden Kunden abzurechnen. Die kann per Einzelrechnung (also pro Auftrag) geschehen; bei größeren Kunden mit regelmäßigem Frachtaufkommen erfolgt die Rechnungsstellung aber häufig auch in gesammelter Form (einmal pro Tag, Woche, Monat o. ä.). Der überwiegende Teil dieser Abrechnungen bedarf lediglich des Anstoßens eines Rechnungsdrucks, da alle erforderlichen Daten (Kundendaten, Frachtkonditionen, Abrechnungsrhythmen) im IT-System hinterlegt sind. Für einen kleineren Teil der Aufträge und Rechnungen sind manuelle Eingriffe oder Nachbearbeitungen nötig, beispielsweise weil der Kunde keine generelle Frachtvereinbarung geschlossen hat und der Abrechnungsbetrag nachzutragen ist oder weil der Rechnung bestimmte Unterlagen (z. B. Ablieferbeleg oder Kopie des Auftragsvordrucks) beizufügen sind.

Nachfolgend wird analysiert, inwiefern der Prozess der Rechnungsstellung für ein Shared Service Center (Center of Scale) geeignet wäre. Abbildung 12.8 zeigt das Ergebnis im Überblick, wobei der nicht Shared-Service-geeignete Referenzprozess zum Vergleich ebenfalls (gestricheltes Profil) dargestellt und dem nun zu analysierenden Rechnungsprozess (durchgezogenes Profil) gegenübergestellt ist. Die Lage der beiden Profile (= Ist-Ausprägungen der untersuchten Prozesse) relativ zu den grau schattierten Feldern (= Soll-Ausprägungen für Center-of-Scale-Prozesse) zeigt die Eignung der beiden Prozesse für diese Art von Shared Service Centern.

Wenn davon ausgegangen wird, dass der Prozess der Rechnungsstellung aufgrund seiner Eignung in einem Shared Service Center durchgeführt wird, so besteht eine interne Kundenbeziehung zwischen der ausführenden Dienstleistungsstelle und der dezentralen Einheit: Die operative Geschäftseinheit, die den Transportauftrag physisch ausgeführt hat, ist der Auftraggeber; das Shared Service Center, das die Abrechnung des Transportauftrags übernimmt, ist in dieser internen Beziehung der Auftragnehmer. Der Prozess der Rechnungsstellung ist ein Supportprozess: er ist in der informations- und finanzwirtschaftlichen Sphäre des Unternehmens angesiedelt (nicht bei den güterwirtschaftlichen Flüssen, bei denen Kernkompetenzen operativer Einheiten vorrangig zu finden sind). Auch werden aus der nachgelagerten und rein administrativen Aufgabe der Rechnungsstellung keine Profilierungschancen am externen Absatzmarkt des Unternehmens resultieren – auch dies ein Merkmal, das eine Kernkompetenz auszeichnen würde. Beim Prozess der Rechnungsstellung handelt es sich zudem um eine rein ausführende Aufgabe, die durch die unterstützenden IT-Systeme und durch Vorgabe von Handlungsregeln vollständig determiniert ist und innerhalb der Entscheidungen daher nicht anfallen.

Darüber hinaus ist eine räumliche Nähe zum lokalen Geschäft für diesen Prozess nicht erforderlich. Die Pflege der relevanten Daten und der Rechnungsdruck geschehen über ein zentral verwaltetes IT-System. Beides kann an einem beliebigen Ort erfolgen. Allenfalls für die Beibringung ergänzender Dokumente und Belege kann ein Archivzugriff erforderlich werden. Dies betrifft jedoch nur einen kleinen Teil der abzurechnenden Aufträge und erfordert maximal zwei oder drei verschiedene (Standard-)Dokumente, bei denen davon ausgegangen werden kann, dass sie digital archiviert werden. – Aus denselben Gründen sind die Schnittstellen zu den Kernprozessen gering. Da die Rechnungsstellung ein standardisierter, rein schriftlich ausgeführter Vorgang ist, der keine (interaktive) Kommunikation mit Kunden erfordert, spielen weder Sprachbarrieren noch Landes- oder Regionsspezifika eine Rolle. Die Sprache des Rechnungstexts oder etwa eine landesspezifische Umsatzsteuer können in einem IT-System problemlos eingestellt werden.

Die Zahl der nutzenden Konzerneinheiten ist für den Prozess der Rechnungsstellung hoch. Speditions- und Transportanbieter sind typischerweise filialisiert aufgestellt. Um ein Absatzgebiet wie Deutschland flächendeckend bedienen zu können, ist ein Netzwerk von 35 bis 40 Standorten nötig; dies wäre auch die Zahl derjenigen operativen Geschäftseinheiten, die ein deutschlandweites Shared Service Center für die Rechnungsstellung nutzen würden. Die Aufgabenhäufigkeit wäre beim Prozess der Rechnungsstellung ebenfalls hoch. Um die soeben begonnene quantitative Betrachtung weiter fortzusetzen, soll angenommen werden, dass an jedem der 40 Standorte des Deutschlandnetzwerks täglich eine Zahl von 1000 Transportaufträgen bearbeitet wird (deutschlandweit also eine Zahl von täglich 40.000 Aufträgen). Je nachdem, wie hoch der Anteil an Sammelrechnungen ausfällt, werden täglich ca. 10.000 bis 15.000 Ausgangsrechnungen zu drucken sein, bzw. pro einzelnem Standort 250 bis 400 Rechnungen am Tag. Damit würde bei dezentraler Durchführung ein Team von zwei bis drei Abrechnungskräften zwar ausgelastet sein. Eine dezentrale Durchführung würde aber auch bedeuten, dass in jedem einzelnen Standort Ressourcen und Infrastruktur für eine solche, rein administrative Aufgabe vorzuhalten sind. Bei der Rechnungsstellung handelt es sich des Weiteren um eine sehr standardisierte Aufgabe von geringer Aufgabendivergenz. Auch die Änderungshäufigkeit der Aufgabe ist gering: Zu Änderungen wird es allenfalls im Rahmen von IT-Umstellungen kommen. Da es sich um eine Standardaufgabe handelt, deren Durchführung in hohem Maße durch ein IT-System und durch organisatorische Regeln bestimmt ist, sind schließlich die Anforderungen an das Know-how der Mitarbeiter gering.

Als Fazit der bisherigen Überlegungen kann festgehalten werden, dass der Prozess der Rechnungsstellung gut in ein Center of Scale ausgelagert werden kann. Die erzielten Effekte bestehen dabei vor allem in einer besseren Bündelung der erforderlichen Ressourcen und demzufolge in einer Fixkostendegression (Economies of Scale). Wenn der Prozess zentral nur an einem einzigen Ort durchgeführt wird, ist er besser kontrollierbar; eine hohe Servicequalität kann auf diese Weise leichter sichergestellt werden. Bei Durchführung des Prozesses in einem Shared Service Center kann außerdem mit Volumenschwankungen (z. B. im Jahresverlauf aufgrund saisonaler Einflüsse) besser umgegangen werden als bei dezentraler Durchführung in vielen kleinen standortgebundenen Teams. Ein weiterer Vorteil beim Einsatz eines Shared Service Centers gerade für diesen Prozess bestünde schließlich noch darin, dass Rechnungen mehrerer Filialstandorte an denselben Kunden zusammengefasst versandt werden können, was nicht nur Portokosten spart, sondern aus Kundensicht auch einen besseren Service darstellt.

Beispiel eines Center-of-Expertise-Prozesses: die Schadensbearbeitung

Als drittes soll schließlich das Beispiel eines Prozesses, der sich für ein Center of Expertise eignen würde, aufgezeigt werden. Ein typisches Beispiel eines solchen Prozesses wäre die Schadens- und Versicherungsbearbeitung in der Transportbranche.

Wenn ein Transportunternehmen im Auftrag eines Kunden eine Güterbeförderung durchführt und es hierbei zu einem Schadensfall kommt (zum Beispiel durch Verlust oder Beschädigung der Ware), so ist zunächst zu differenzieren, ob die Versicherung über die Spedition eingedeckt oder der Kunde Selbstversicherer ist. Ferner ist nach der Art des Schadensfalls (echte Güterschäden oder Vermögensschäden als Folge von Lieferverzug oder Falschauslieferung) zu unterscheiden. Dementsprechend können verschiedene Bearbeitungsverläufe resultieren. Innerhalb einer Schadensbearbeitung ist des Weiteren der Vorgang der Transportabwicklung vollständig (insbesondere hinsichtlich eventueller Schnittstellen zwischen den beteiligten Standorten und Unternehmen) zu dokumentieren und die erforderlichen Unterlagen zusammenzustellen. Der Prozess beinhaltet außerdem die Feststellung von Schadensursache und -verursacher, die Bewertung der rechtlichen Lage sowie die Abstimmung/Fallklärung mit der Versicherung. Zu den Aufgabengebieten

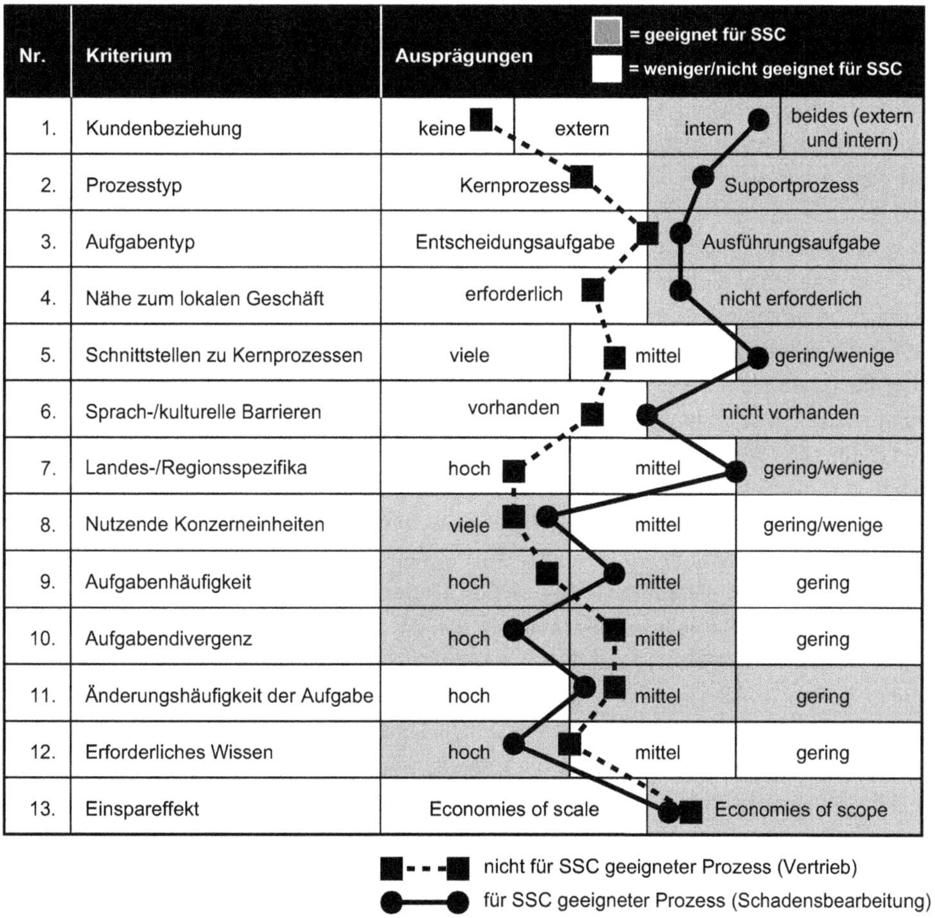

Abb. 12.9 Eignung des Prozesses „Schadesbearbeitung" in der Transportbranche. (Quelle: Eigene Darstellung)

der Schadens- und Versicherungsbearbeitung gehören nicht zuletzt eine Reihe von statistischen Auswertungen (Schadensquote, Häufigkeit bestimmter Schadensursachen) sowie das Ableiten von Maßnahmen zur Schadensvermeidung.

Wie schon in den beiden vorangegangenen Abschnitten, so wird auch dieser Prozess im Folgenden auf seine Eignung für Shared Service Center untersucht und das Ergebnis in Abb. 12.9 im Überblick gezeigt. Um eine bessere Vergleichsmöglichkeit zwischen einem geeigneten und einem ungeeigneten Prozess zu haben, wurde in die Abbildung neben dem aktuell untersuchten, geeigneten Prozess der Schadens- und Versicherungsbearbeitung in Transportunternehmen (durchgezogenes Profil) auch der eingangs diskutierte, nicht geeignete Prozess von Vertrieb und Kundenkontakt aufgenommen (gestricheltes Profil). In der Abbildung lässt der Vergleich zwischen den eingezeichneten Profilen (= tatsächliche Ausprägung der dargestellten Prozesse) und den grau schattierten Feldern (= Soll-Ausprägung für geeignete Prozesse) Rückschlüsse auf die Shared-Service-Center-Eignung der hier untersuchten Prozesse zu.

Wird der Prozess der Schadensbearbeitung in einem Shared Service Center durchgeführt, so liegt eine interne Kundenbeziehung vor. Das Shared Service Center übernimmt die Schadensabwicklung und Versicherungsregulierung für die operativen Geschäftseinheiten. Bei der Schadensbearbeitung handelt es sich weiterhin um einen Supportprozess, der dann greift, wenn es bei der eigentlichen Leistungserstellung zu Fehlern oder Abweichungen gekommen ist. Dieser Prozess ist der eigentlichen physischen Leistungserstellung deutlich nachgelagert. Da es bei diesem Prozess um ein Abarbeiten von Schadensfällen geht, handelt es sich um eine Ausführungsaufgabe. Zwar kann bei der Erfüllung dieser Aufgabe mitunter auch eine Entscheidung notwendig werden, dass zum Beispiel in einem bestimmten Fall eine Schadensregulierung abgelehnt wird. Für solche Situationen gibt es aber für gewöhnlich Entscheidungsregeln und -richtlinien, so dass die Aufgabe trotzdem nicht zu den Entscheidungsaufgaben zählt.

Ob für den Prozess der Schadensbearbeitung eine (räumliche) Nähe zum lokalen Geschäft erforderlich ist, richtet sich nach der Ausgereiftheit der technischen Systeme im Unternehmen. Werden dort alle Unterlagen ausschließlich in Papierform archiviert, so ist für die Zusammenstellung umfassender Auftragsdokumentationen ein physischer Zugriff zu diesen Archiven erforderlich. Bei großen Unternehmen der Branche jedoch (und es sind derzeit ausschließlich solche Unternehmen, die die Möglichkeit eines Shared Service Centers in Betracht ziehen) kann davon ausgegangen werden, dass sowohl der Transportablauf in den Auftragsabwicklungssystemen (Tracking und Tracing-Systemen) elektronisch dokumentiert ist als auch die relevanten Unterlagen digital archiviert sind. Nähe zum lokalen Geschäft in den operativen Einheiten ist daher nicht erforderlich.

Die Schadensbearbeitung besteht vor allem in einer schriftlichen Dokumentation der betreffenden Vorgänge. Es kann zwar vorkommen, dass gelegentlich eine Rückfrage in einer Fachabteilung erforderlich wird; dies ist aber bei einer entsprechenden elektronischen Dokumentation der Geschäftsvorgänge die Ausnahme. Die Schnittstellen zu den Kernprozessen sind daher gering. Bei der Durchführung des Prozesses der Schadensbearbeitung kann es gegenüber (lokalen) Kunden zu sprachlichen und kulturellen Barrieren kommen. Jedoch findet hier die Kommunikation mit Kunden überwiegend ebenfalls in schriftlicher Form statt. Insofern sind solche Barrieren hier deutlich weniger schwerwiegend als bei dem diskutierten Vertriebs-/Kundenkontaktprozess. Allerdings kann der Prozess durch Landes- bzw. Regionsspezifika gekennzeichnet sein. Dies gilt insbesondere auf internationaler Ebene (wenn ein europa- oder gar weltweites Shared Service Center erwogen wird). Hier können Unterschiede im Transportrecht der verschiedenen Staaten eine zentrale Durchführung dieses Prozesses verkomplizieren. Auf nationaler Ebene (für ein deutschlandweites Shared Service Center) besteht dieses Problem nicht.

Die Zahl der nutzenden Konzerneinheiten wird für den hier untersuchten Prozess relativ hoch sein. Das Deutschlandnetz eines großen Speditions- oder Transportunternehmens umfasst, wie bereits skizziert, typischerweise 35 bis 40 Standorte. Zu Schadens- bzw. Versicherungsfällen kommt es in jedem dieser Standorte. Von daher würden 35 bis 40 operative Geschäftseinheiten auf die Leistungen eines deutschlandweiten Shared Service Centers zurückgreifen. Die Aufgabenhäufigkeit würde im Fall dieses Prozesses im mittleren Bereich liegen. Das Auftragsvolumen des hier angenommenen fiktiven Unternehmens läge bei 40.000 Transportsendungen pro Tag (oder täglichen 1000 Transportsendungen für einen Standort). Für die weiteren Überlegungen wird von einer Schadensquote von einem Prozent ausgegangen. Die Zahl der täglich anfallenden, zu bearbeitenden Schadensfälle läge dann also bei 10 Fällen für einen Standort und 400 Fällen für die gesamte Deutschlandorganisation. Auf Basis dieser Zahlen wird deutlich, dass bei einer dezentralen Durchführung ein dort tätiger Schadensspezialist nicht ausgelastet und eine Bündelung in einem Shared Service Center daher sinnvoll wäre.

Die Schadensbearbeitung ist ein Prozess mit einer hohen Aufgabendivergenz. Die diskutierte Prozessbeschreibung hat etliche hier erforderliche Fallunterscheidungen und eine erhebliche Vielfalt unterschiedlicher Aufgaben deutlich gemacht. Insgesamt kann es für diesen Prozess viele verschiedene Bearbeitungsverläufe geben, die von sehr kurzen bis zu langen Bearbeitungszeiten reichen, schnelle wie auch langwierige Fallklärungen und einfache ebenso wie aufwändige Falldokumentationen umfassen. Die Änderungshäufigkeit der Aufgabe wurde für die Schadensbearbeitung in Abb. 12.9 als „mittel" eingestuft. Grundsätzlich handelt es sich zwar um eine komplexe, jedoch in der Durchführung relativ gleich bleibende Aufgabe. Änderungen bei der Aufgabendurchführung können jedoch einerseits durch geänderte Anforderungen und geänderte Versicherungsgepflogenheiten auf Kundenseite und andererseits durch Änderungen in den einschlägigen Rechtsnormen resultieren.

Das für diesen Prozess erforderliche Wissen ist im Fall der Schadensbearbeitung zweifelsohne hoch. Es finden sich innerhalb des Aufgabenspektrums der Transportdurchführung kaum Prozesse, die ein so qualifiziertes und erfahrenes Personal erfordern wie die Schadensbearbeitung. Es wird eine genaue Kenntnis des operativen Geschäfts und der beteiligten Akteure (einschließlich Versicherungen), der Kunden und ihrer Anforderungen, der rechtlichen Rahmenbedingungen und anderer Aspekte mehr benötigt.

Im Ergebnis lässt sich feststellen, dass sich dieser Prozess sehr gut für die Durchführung in einem Center of Expertise eignet und die Effekte aus Economies of Scope resultieren. Bei einer solchen zentralen Durchführung kann das erforderliche Wissen in einer zentralen Organisationseinheit quasi „gepoolt" werden, die Fälle mit einem entsprechend fundierten Fachwissen bearbeitet und die dezentralen Geschäftseinheiten somit von dieser Kernkompetenz-fernen Spezialaufgabe entlastet werden. Eine solche Zentralisierung entbindet die dezentralen Standorte auch von der Notwendigkeit Vertretungsregelungen zu schaffen, die für die hier benötigten hoch qualifizierten Experten nur schwer zu leisten sind.

12.5 Zusammenfassung und Fazit

Shared Service Center haben sich in der Praxis großer Unternehmen als wichtiges Element der Organisationsgestaltung fest etabliert, erlauben sie doch die zentrale Bündelung von strategisch nicht kritischen Prozessen bei gleichzeitig dezentraler und damit marktnaher Durchführung der kritischen Kernprozesse. Sowohl zur Entscheidung über Zentralisierung oder Dezentralisierung als auch zur Entscheidung über In- oder Outsourcing stellt der Shared-Service-Center-Ansatz daher eine interessante Alternative dar. Mit den beiden Ausprägungsformen Center of Scale und Center of Expertise deckt die Organisationsform der Shared Service Center auch Aufgaben unterschiedlicher Komplexität ab. Einfache Routineaufgaben können ebenso übernommen werden wie wissensintensive Spezialistenaufgaben. Jedoch gilt es für einen in Frage kommenden Prozess reiflich abzuwägen, inwieweit er sich für eine Verlagerung in ein Shared Service Center eignen würde. Die notwendige Nähe zum lokalen Geschäft, Sprachbarrieren, Aufgabendivergenz, Know-how-Anforderungen an die Mitarbeiter und andere Faktoren können hier eine Rolle spielen.

Über die in den obigen Ausführungen fokussierte Identifikation und Auswahl geeigneter Prozesse hinaus ist im Rahmen von Shared-Service-Center-Gestaltung und -Management eine Reihe weiterer Entscheidungen und Festlegungen zu treffen. Hierzu zählen etwa die Anzahl und Standorte der einzurichtenden Service Center und Gebietszuordnung (global – regional – national), das wirtschaftliche Steuerungskonzept (Cost Center, Revenue Center, Profit Center, Investment Center), Abnahmebeziehungen (obligatorisch-hierarchisch, freiwillig-marktlich), Leistungsspezifikationen (Service Level Agreements) sowie Verrechnungsmethode und Verrechnungssätze. Insofern handelt es sich beim Thema „Shared Service Center" um ein komplexes Aufgabenfeld, das eine Vielzahl von Fragen und Problemen aufwirft und innerhalb dessen die Entscheidung über die zu verlagernden Prozesse nur einen Aspekt darstellt.

Literatur

Aguirre, DeA., Couto, V., Disher, C., & Neilson, G. (1998). *Shared services: Management fad or real value?* Chicago: Booz Allen Hamilton.

Alicke, K. (2005). *Planung und Betrieb von Logistiknetzwerken: Unternehmensübergreifendes Supply Chain Management* (2. Aufl.). Berlin: Springer.

Arthur D. Little online. (2010). Schreiber, Bernd: Shared Services – the Next Generation, White Paper von 2010. http://www.adlittle.de/aktuelle-themen_de.html. Zugegriffen: 27. Nov. 2013.

Bea, F. X., & Göbel, E. (2010). *Organisation: Theorie und Gestaltung* (4. Aufl.). Stuttgart: Lucius & Lucius.

Becker, W., Bluhm, K., Kunz, C., & Mayer, B. (2008). *Gestaltung von Shared Service Centern in internationalen Konzernen, Bamberger Betriebswirtschaftliche Beiträge* (Bd. 158). Bamberg: Lehrstuhl für Unternehmensführung und Controlling.

Becker, W., Kunz, C., & Mayer, B. (2009). *Shared Service Center: Konzeption und Implementierung in internationalen Unternehmen.* Stuttgart: Kohlhammer.

Beuermann, G. (1992). Zentralisation und Dezentralisation. In E. Frese (Hrsg.), *Handwörterbuch der Organisation* (S. 2611–2625). Stuttgart: Schäffer-Poeschel.

Bühner, R. (2004). *Betriebswirtschaftliche Organisationslehre* (10. Aufl.). München: Oldenbourg.

Dressler, S. (2007). *Shared Services, Business Process Outsourcing und Offshoring: Die moderne Ausgestaltung des Back Office – Wege zu Kostensenkung und mehr Effizienz im Unternehmen.* Wiesbaden: Gabler.

Fayol, H. (1929). *Allgemeine und industrielle Verwaltung.* München: Oldenbourg.

Fischer, T., & Sterzenbach, S. (2006a). *Controlling von Shared Service Centers: Ergebnisse einer empirischen Studie in deutschen Unternehmen.* Nürnberg: Lehrstuhl für Rechnungswesen und Controlling (RECON).

Fischer, T., & Sterzenbach, S. (2006b). ZP-Stichwort: Shared service centers. *Zeitschrift für Planung & Unternehmenssteuerung, 17*, 123–128.

Frese, E., Graumann, M., & Theuvsen, L. (2012). *Grundlagen der Organisation: Entscheidungsorientiertes Konzept der Organisationsgestaltung* (10. Aufl.). Wiesbaden: Gabler.

Frese, E., & Werder, A. v. (1993). Zentralbereiche: organisatorische Formen und Effizienzbeurteilung. In E. Frese, A. v. Werder, & W. Maly (Hrsg.), *Zentralbereiche: theoretische Grundlagen und praktische Erfahrungen* (S. 1–50). Stuttgart: Schäffer-Poeschel.

Furck, K. (2005). Shared Services am Beispiel der Deutschen Lufthansa AG. *Zeitschrift für Controlling & Management, 49*(1), 64–71.

Grochla, E. (1995). *Grundlagen der organisatorischen Gestaltung.* Stuttgart: Schäffer-Poeschel.

Hill, W., Fehlbaum, R., & Ulrich, P. (1989). *Organisationslehre* (Bd. 1 und 2, 4. Aufl.). Bern: Haupt.

Ibold, F., & Mauch, H. (2006). Shared-Services zwischen Zentralisierung und Dezentralisierung. In F. Keuper & C. Oecking (Hrsg.), *Corporate Shared Services: Bereitstellung von Dienstleistungen im Konzern* (S. 377–386). Wiesbaden: Gabler.

Jones, G., & Bouncken, R. B. (2008). *Organisation: Theorie, Design und Wandel* (5. Aufl.). München: Pearson.

Kagelmann, U. (2001). *Shared Services als alternative Organisationsform. Am Beispiel der Finanzfunktion im multinationalen Konzern.* Wiesbaden: Deutscher Universitätsverlag.

Kieser, A., & Ebers, M. (2006). *Organisationstheorien* (6. Aufl.). Stuttgart: Kohlhammer.

Kieser, A., & Walgenbach, P. (2003). *Organisation* (5. Aufl.). Stuttgart: Schäffer-Poeschel.

Klimmer, M. (2012). *Unternehmensorganisation: eine kompakte und praxisnahe Einführung* (3. Aufl.). Herne: NWB.

Klingebiel, N. (2005). Shared service center. *Das Wirtschaftsstudium, 34*(6), 777–782.

Klingebiel, N., & Andreas, J. (2006). Outsourcingvarianten im Rechnungswesen. *Zeitschrift für Controlling & Management, 50*(1), 36–42.

Kreikebaum, H. (1992). Zentralbereiche. In E. Frese (Hrsg.), *Handwörterbuch der Organisation* (S. 2603–2610). Stuttgart: Schäffer-Poeschel.

Krüger, W. (1994). *Organisation der Unternehmung* (3. Aufl.). Stuttgart: Kohlhammer.

Krüger, W. (2006). Kernkompetenzbeiträge und Rollen von Shared Service Centern im strategiefokussierten Konzern. In F. Keuper & C. Oecking (Hrsg.), *Corporate Shared Services: Bereitstellung von Dienstleistungen im Konzern* (S. 75–96). Wiesbaden: Gabler.

LGBS online. (2013). Lufthansa global business services. http://www.lgbs.aero. Zugegriffen: 24. Nov. 2013.

Mißler, P. (2005). Shared Service Center im Rechnungswesen am Beispiel von Deutsche Post World Net. *Zeitschrift für Controlling & Management, 49*(1), 38–41.

Müller, S. (2005) *Kundenservice und seine Zentralisierung – Eine Untersuchung der Erfolgspotenziale für die Anbieter industrialisierter Logistikdienstleistungen.* Hamburg: Deutscher Verkehrs-Verlag.

Nordsieck, F. (1934). *Grundlagen der Organisationslehre*. Stuttgart: C.E. Poeschel.

Pérez, N. (2008). *Service Center Organisation: Neue Formen der Steuerung von internen Dienstleistungen unter besonderer Berücksichtigung von Shared Services*. Wiesbaden: Gabler.

Picot, A., Dietl, H., Franck, E., Fiedler, M., & Royer, S. (2012). *Organisation: Theorie und Praxis aus ökonomischer Sicht* (6. Aufl.). Stuttgart: Schäffer-Poeschel.

Porter, M. (2010). *Wettbewerbsvorteile: Spitzenleistungen erreichen und behaupten* (7. Aufl.). Frankfurt a. M.: Campus.

PR Newswire online. (2011). o.V.: The Biggest Shared Services Center in Chengdu – Maersk GSC. http://www.prnewswire.com. Zugegriffen: 15. Dez. 2011.

Pugh, D. S., Hickson, D. J., Hinings, C. R., & Turner, C. (1968). Dimensions of Organization Structure. *Administrative Science Quarterly, 13*(1), 65–105.

Robbins, S. (2001). *Organisation der Unternehmung* (9. Aufl.). München: Pearson.

Schertler, W. (1995). *Unternehmensorganisation: Lehrbuch der Organisation und strategischen Unternehmensführung* (6. Aufl.). München: Oldenbourg.

Schreyögg, G. (2008). *Organisation: Grundlagen moderner Organisationsgestaltung* (5. Aufl.). Wiesbaden: Gabler.

Schulte-Zurhausen, M. (2010). *Organisation* (5. Aufl.). München: Vahlen.

Seidenbiedel, G. (2010). *Organisation: leicht verständlich.* Stuttgart: Lucius & Lucius.

Shah. (1998). Shared services: Is it for you? *Industrial Management, 40*(5, 9–10), 10–15.

Sterzenbach, S. (2010). *Shared Service Center-Controlling: Theoretische Ausgestaltung und empirische Befunde in deutschen Unternehmen.* Frankfurt a. M.: Lang.

Vahs, D. (2005). *Organisation: Einführung in die Organisationstheorie und -praxis* (5. Aufl.). Stuttgart: Schäffer-Poeschel.

Weber, J., & Gschmack, S. (2012). Zentralisierung von Unterstützungsprozessen: Shared Service Center für finanznahe Funktionen. *Zeitschrift für Controlling & Management, 56*(3), 44–50.

Weidner, W., & Freitag, G. (1998). *Organisation in der Unternehmung: Aufbau- und Ablauforganisation, Methoden und Techniken der praktischen Organisationsarbeit* (6. Aufl.). München: Hanser.

Weiser, C., Balser, L., & Wappler, M. (2009). Controlling von Shared Service Centern. *Zeitschrift für Controlling & Management, 53*(3), 187–192.

Westerhoff. (2006). Corporate-Shared-Services: Das Geschäftsmodell aus strategischer Unternehmenssicht. In F. Keuper & C. Oecking (Hrsg.), *Corporate Shared Services: Bereitstellung von Dienstleistungen im Konzern* (S. 55–74). Wiesbaden: Gabler.

Williamson, O. E. (1992): Markets, hierarchies, and the modern corporation: An unfolding perspective. *Journal of Economic Behavior and Organization, 17*, 335–352.

Wißkirchen, F., & Mertens, H. (1999). Der Shared Services Ansatz als neue Organisationsform von Geschäftsbereichsorganisationen. In F. Wißkirchen (Hrsg.), *Outsourcing-Projekte erfolgreich realisieren* (S. 7). Stuttgart: Schäffer-Poeschel.

Prof. Dr. Stefanie Müller ist Dozentin für Speditions- und Transportwirtschaft an der Technischen Hochschule Nürnberg. Zuvor lehrte sie Speditions-, Transport- und Verkehrslogistik an der Hochschule Offenburg. Vor und während ihres Studiums der Betriebswirtschaftslehre sowie während ihres Promotionsstudiums war sie langjährig bei einem führenden deutschen Logistikunternehmen tätig, davon mehrere Jahre in leitender Position. Neben ihrer Dozententätigkeit berät sie Logistikunternehmen, insbesondere hinsichtlich Prozessmanagement, Kalkulation, Pricing und Performance Measurement.

13 Mit Kopf, Hand und Herz: Prozessoptimierung in technischen und sozialen Systemen

Thomas Krebs und Irene Wagner

13.1 Wenn neue Konzepte nicht gelebt werden: Der Faktor „Mensch" bei Prozessoptimierungen

Schlanke Prozesse und ein optimaler Ressourceneinsatz mit durchgängigen IT-Systemen ohne Medienbrüche sind Ziele, die viele Unternehmen heute verfolgen. Es soll Zeit und Geld sparen und gleichzeitig das Effizienz- und Qualitätsniveau der Arbeit steigern. Nicht selten werden in den Aufbau- und Ablauforganisationen der Unternehmen Arbeiten doppelt verrichtet, Entscheidungen verzögert umgesetzt, weil etwa die Rollen und Verantwortlichkeiten nicht eindeutig geregelt sind oder auch „Schatten-IT-Systeme" parallel zur offiziellen IT-Landschaft vorgehalten werden. Diese organisationalen Spannungsfelder prägen den Unternehmensalltag. Auch vor diesem Hintergrund sind Projekte zur Prozessoptimierung früher oder später bei fast allen Unternehmen auf der Tagesordnung – gleich welcher Größenordnung und Branche.

Viele Projekte zur Prozessoptimierung befassen sich überwiegend mit technischen und betriebswirtschaftlichen Aspekten. Neue Ablauforganisationen, die damit verbundenen Aufgaben und hierfür erforderliche Kompetenzen der Mitarbeiter werden exakt beschrieben. Und nach der Orgaisationsanweisung und Implementierung der veränderten Struk-

T. Krebs (✉) · I. Wagner
Miebach Consulting GmbH, Frankfurt am Main, Deutschland
E-Mail: krebs@miebach.com

I. Wagner
E-Mail: wagner@miebach.com

S. Iskan, E. Staudt (Hrsg.), *Strategic Change*, DOI 10.1007/978-3-658-03287-6_13

turen? Selbstredend: Sie als Manager erwarten vom Tag 1 an, dass Ihre Mitarbeiter die Notwendigkeit der Veränderung verstanden haben und gemäß der Organisationsanweisung umsetzen. Die Praxis zeigt allerdings: gerade bei Vorhaben, die vorrangig auf die Gestaltung der technischen Systeme abzielen, wird der erwartete Nutzen oft nicht realisiert. Was sind die Gründe hierfür? Häufig werden die neuen Konzepte entweder überhaupt nicht oder nicht wirkungsvoll genu umgesetzt. Sprich die Veränderungen werden von der eigenen Organisation nicht gelebt. Wie soll auch eine Umsetzung gelingen, wenn ein entscheidender Baustein außer Acht gelassen wird: der Faktor „Mensch".

Wichtig für eine dauerhafte und erfolgreiche Veränderung in Unternehmen sind daher Ansätze, die sowohl technisch-ökonomische als auch psychosoziale Komponenten beinhalten. Diese Ansätze bilden die Grundlage, um Prozesse entwickeln, Strukturen ordnen und Veränderungen bis zum Soll-Zustand voranbringen zu können. „Nicht im Formulieren trefflicher Prinzipien und Konzepte, sondern in deren konkreter Umsetzung liegt die eigentliche Bewährungsprobe für das Change Management (vgl. Berner 2010. S. V)." Vor diesem Hintergrund wollen wir Ihnen in diesem Kapitel ausgewählte Methoden bereitstellen, die zum einen die inhaltliche Projektarbeit unterstützen und zum anderen den Aspekt „Change" flankieren. Grundlage unserer Ausführungen bildet ein Consulting-Fall aus der Praxis der Baustoffindustrie.

13.2 Ein Beispiel aus der Baustoffindustrie: Ausgangssituation

Stellen Sie sich also ein Unternehmen aus der Baustoffindustrie vor, das mit rund 1000 Beschäftigten einen Jahrsumsatz von über 500 Mio. € erwirtschaftet.

Die wesentlichen Herausforderungen im Tagesgeschäft der Logistik des Unternehmens liegen in der schnellen und pünktlichen Anlieferng der Baustoffe bei den Baustoffgroßhändlern wie auch in der Direktbedienung von Großbaustellen. In diesem Rahmen gilt es, täglich im Durchschnitt über 1000 Lieferungen – an Spitzentagen bis zu 2000 Lieferungen – kostenoptimal zu organisieren. Mit knapp 40 Mitarbeiter in der Disposition werden täglich über 500 Touren mit bis zu 300 Fahrzeugen gesteuert. Aufgrund der Witterungsabhängigkeit der Baustellenprozesse kommt es häufig zu Auftragsanpassungen und damit zu Änderungen in den Lieferterminen und Liefermengen. Eine „atmende Transportplanung" wird daher zu einem erfolgskritischen Faktor auch gegenüber den Mitanbietern im Baustoffmarkt. Für die Versorgung des deutschen Marktes werden insgesamt drei Liefergebiete mit jeweils einem Zentrallager und 18 Regionallägern vorgehalten. Die Transportdisposition erfolgt nach den Dispositionsgebieten Nord und Mitte-Süd, das aus den vormals getrennten Dispositionsgebieten Mitte und Süd hervorgegangen ist. Die Kunden werden von den entsprechenden Regionallägern aus bedient.

Die regionale Vertriebsorganisation

Jedem Regionallager ist ein entsprechendes Vertriebsteam zugeordnet, das für die administrative Abwicklung der Kundenaufträge verantwortlich zeichnet. Zu den wesentlichen Aufgaben des Vertriebsinnendienstes zählen hierbei die Auftragsannahme sowie sämtliche damit einhergehende Kommunikations- und Informationsaufgaben gegebenüber den Kunden. Der Vertriebsinnendiesnst muss daher eng mit der Transportplanung zusammenarbeiten und über den Statugs der einzelnen Kundenaufträge im Bilde sein.

Die regionale Transportdisposition

Das Tätigkeitsspektrum der Disponenten in diesem Unternehmen ist vielschichtig und reicht von der Organisation der Transportkapazitäten, der Steuerung der Kundentouren bis hin zur Umlagerung von Kundenpositionen von den Zentrallägern in die Regionalläger im Zusammenspiel mit lokalen Lagerlogistik. Ihrer Aufgabe entsprechend prüfen sie die eingehenden Kundenaufträge und klären fehlende Informationen mit den Ansprechpartnern im Vertriebsinnendienst. Auf Basis der verfügbaren eigenen und fremden Fuhrparkkapazitäten werden die täglichen Auslieferungstouren geplant und zu Spitzenzeiten zusätzlicher Frachtraum über den Spot Markt eingekauft. Im Falle, dass Kundenauftragspositionen ausschließlich im jeweiligen Zentrallagerbestand vorhanden sind, veranlassen die Disponenten für diese Bestände eine Umlagerung an das zuständige Regionallager. Dafür sind Nachschubaufträge zu erfassen und in Abstimmung mit der zuständigen lokalen Logistikeinheit die Auslagerung und Bereitstellung der Waren für die Umlagerung zu koordineren. Auch müssen die Disponenten selbst die Bestandshöhen im Blick haben, um so Nachschübe in die Regionalläger rechtzeitig veranlassen zu können. Auf Basis der Auslieferungen und Umlagerungen setzen die Disponenten letztlich ihre Touren an. Diese sind grundlegend kostenoptimal bei gleichzeitiger Berücksichtigung der Kundenanforderungen auszugestalten. Im Hinblick auf den Vertriebsinnendienst müssen die Disponenten darüber hinaus jederzeit auskunftsfähig sein, um Rückfragen zu Terminen beantworten zu können.

Die lokale Lagerlogistik

Die Mitarbeiter für die Lagerlogistik sind dezentral in den Zentrallägern als auch in den Regionallägern allokiert. Kernaufgabe der lokalen Lagerlogistik ist das ordnungsgemäße Erfassen der dezentralen Bestände und das korrekte Verbuchen aller Ein- und Ausgänge. Darüber hinaus sind sie für sämtliche physische Lagervorgänge verantwortlich.

Abbildung 13.1 zeigt einführend das Liefernetzwerk und die skizzierten Dispositionsgebiete.

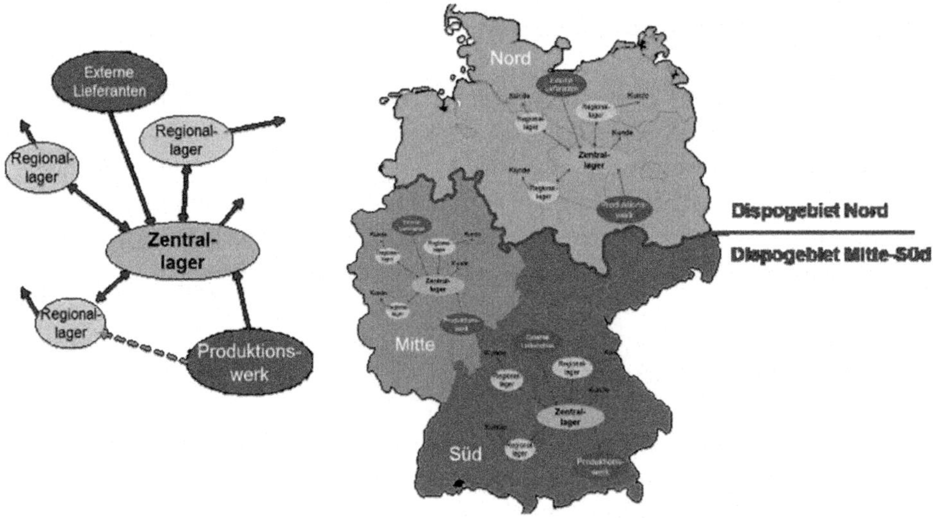

Abb. 13.1 Das Baustoffunternehmen und seine Dispositionsgebiete. (Quelle: Eigene Darstellung)

Die Problemstellung: Fehlende Softwareunterstützung und ungünstige Ablauforganisation

Was bereitete den Managern des Baustoffunternehmens nun „Kopfschmerzen"? Zum einen lag ein Schmerzpunkt in der fehlenden Softwareunterstützung innerhalb der Transportplanung. Dieser Bereich wies einen überproportional hohen Grad an manuellen und zeitintensiven Routinetätigkeiten auf. Die IT-unterstützten Aktivitäten endeten in dem Unternehmen mit der Erstellung des Kundenauftrages. Die Disponenten hatten anschließend die Frachtlieferungen an die Kunden manuell zu planen. Hierzu zählten nicht ganz triviale Fragestellungen wie etwa: „Können die vorgegebenen Lieferzeitfenster getroffen werden?", „in welcher Reihenfolge sollen die Touren abgefahren werden?" oder auch „wie gut ist der Laderaum der Fahrzeuge ausgelastet?". Erschwert wurde dieser Umstand zum anderen durch eine ungünstig ausgerichtete Ablauforganisation. In jenem Unternehmen war jeder Disponent für einen kompletten Auftragsdurchlauf verantwortlich. Sprich vom Auftragseingang über die Koordination der Werkslogistik bis hin zur Frachtprüfung. Das Ergebnis: die Disponenten mussten sich in einem komplexen Ablauffeld, bestehend aus den internen Bereichen Vertriebsinnendienst, Werkslogistik und Finanzbuchhaltung wie auch den externen „Parteien", Frachtführer und Kunden, koordinieren. Während einzelne Mitarbeiter selbst eine Spezialisierung herausgebildet haben, kümmerten sich anderen wiederum nahezu um alle Belange. Die Fertigkeiten und Erfahrungen der Mitarbeiter wurden von Seiten des Unternehmens kaum gewinnbringend eingesetzt, was sich in letzter Konsequenz auch in der Motivation vereinzelter Mitarbeiter zeigte. Mit Blick auf die Gesamtorganisation führte diese Situation zu vermehrt fehlerbesetzten Auftragsdurchläufen, einem verschlechterten Lieferservice und damit abnehmender Kundenzufriedenheit.

13.3 Die Auftragsklärung: Das Unternehmensleitbild als Ausgangspunkt für die Zieldefinition

Im Rahmen der Auftragsklärung wurden die Motivatoren und Ziele für das Veränderungsprojekt mit unserem Klienten herausgearbeitet. Zunächst stellte sich heraus, dass das Unternehmen insgesamt in einer guten wirtschaftlichen Lage war. Allerdings mehrten sich in der jüngsten Vergangenheit die Anzeichen für eine Verschlechterung des Lieferservices bei abnehmender Prozesseffizienz. So reklamierten die Kunden beispielsweise die Nichteinhaltung von Lieferterminen und die Anlieferung beschädigter Ware. Der Logistikleiter beobachtete weiterhin, dass die Frachtkosten mit 30 % zum Vorjahresvergleich zulegten, während das transportierte Volumen im selben Zeitraum um nur 20 % anstieg. Ein Merkmal dafür war die unbefriedigend niedrige Auslastung der Fahrzeuge von durchschnittlich 60 %. Ebenso waren die langen Durchlaufzeiten von der Auftragserteilung bis zur Rechnungsstellung nachteilig für die Liquidität des Unternehmens. Diese und weitere Indizien veranlassten das Management tiefgreifende Veränderungen in der Logistikorganisation anzugehen. Das Beharren auf dem Status quo war alternativlos, da dadurch die Gefahr bestand, einen nachhaltigen Imageschaden zu erleiden und möglicherweise Marktanteile an Wettbewerber zu verlieren.

Wie aber sollten die konkreten Ziele an das Veränderungsprojekt definiert werden? Wir luden unseren Klienten dazu ein, die Zieldefinition entlang des Unternehmensleitbildes zu erarbeiten und in einem Strategieworkshop mit dem Management zu vertiefen. Nachfolgend sind ausgehend von den Kernaussagen des Unternehmensleitbildes die daraus abgeleiteten Projektzielsetzungen beschrieben.

Unternehmensleitbild: Der Kunde ist unser wichtigster Partner. In allem was wir tun, orientieren wir uns an seinen Bedürfnissen.

Aus Sicht unseres Klienten sind Lieferfähigkeit und Liefertreue deutlich zu steigern, da diese Garanten für eine hohe Kundenzufriedenheit sind. Dieser Anspruch bedeutet die Umsetzung eines hohen Lieferservice mit den Aspekten: pünktliche Lieferungen aller benötigten Waren, in der richtigen Menge, in der richtigen Verpackung, mit dem richtigen Equipment sowie eine sorgfältige und kundenfreundliche Ausführung sämtlicher vor Ort zu tätigenden Arbeitsschritte. Vom Veränderungsprojekt wurde erwartet, eine verbesserte Warenverfügbarkeit zu erreichen, standardisierte Auftragsprozesse zur Erhöhung des Lieferservices zu gestalten sowie damit einhergehend effizientere Logistikabläufe von der Auftragsannahme bis hin zur Auslieferung an den Kunden zu realisieren.

Um die zukünftige Logistikorganisation auf eine hohe Kundenorientierung hin auszurichten, empfahlen wir, im Vorfeld der eigentlichen Organisationsgestaltung die „Antennen" der Mitarbeiter für einen guten Lieferservice zu sensibilisieren. Dabei sollen gute Eigenschaften für den Lieferservice festgehalten und die Prozessverantwortlichen für die Suche nach Verbesserungspotenzialen emotional aktiviert werden.

Unternehmensleitbild: Wir sind als Unternehmen erfolgreich, wenn jeder Mitarbeiter seine Funktion versteht und verantwortungsbewusst wahrnimmt.

Unserem Klienten ging es von Anfang an nicht nur darum die Lösungen technisch zu beschreiben. Ihm war es ebenso wichtig, dass der Berater dafür Sorge trägt, dass die gefundenen Lösungen in der Organisation akzeptiert und umgesetzt werden. Dazu musste beides betrachtet werden, die technische und die soziale bzw. emotionale Perspektive. Bezogen auf das Unternehmensleitbild gehört es daher zum Veränderungsprojekt, Antworten auf Fragen zu finden wie beispielsweise: „Wie ist die Aufmerksamkeit im Unternehmen für das Veränderungsprojekt herzustellen?“ Wie kann Handlungssicherheit in den neuen Abläufen für die Mitarbeiter erzeugt werden? Und wie können die Führungskräfte die Umsetzung unterstützen?

Ein wichtiger Punkt ist das Herstellen von Handlungssicherheit für Führungskräfte und Mitarbeiter. Dazu muss Vertrauen in die zukünftigen Prozesse geschaffen werden. Das wiederum gelingt vor allem durch transparentes Aufzeigen von Abhängigkeiten der am Logistikprozess beteiligten Organisationseinheiten. Ein weiteres Ziel ist die Klärung der Prozessschnittstellen zwischen den Akteuren und die klare Festlegung von Aufgaben und Verantwortlichkeiten entlang der Prozesskette.

Konkret wurde an das Veränderungsprojekt die Aufgabe adressiert, die Tätigkeiten in der Transportdisposition zu analysieren und eine schlüssigere Aufgabenteilung anzustreben. Von dieser stringenteren Aufgabenteilung wurde erwartet, dass die Kommunikationsschnittstellen nach innen (z. B. zur lokalen Logistik) und nach außen (z. B. zur Spedition) nachvollziehbarer und verständlicher werden. In der konkreten Ausprägung bedeutet dies: Einsatz von wenigen kompetenten Ansprechpartnern im Innen- und Außenverhältnis. Auf Basis der neuen Aufgabenteilung sollte erarbeitet werden, welche Mitarbeiter wie ihre individuellen Fähigkeiten optimal einsetzen können und wie die Zuständigkeiten entlang der Prozesskette zu regeln sind. Ziel des Veränderungsprojektes war somit, unklare Prozessschnittstellen zwischen den Beteiligten und daraus resultierende wenig zielgerichtete und ineffektive Kommunikation zu eliminieren. Ein weiteres wichtiges Ziel für das Veränderungsprojekt war, dass es durch eine hilfreiche und fördernde Haltung des Managements eine gute Umsetzungsunterstützung erfährt. Wir machten dem Management unseres Klienten deutlich, dass eine kontinuierliche Aufmerksamkeitsfokussierung durch die Führungskräfte gegeben sein muss, um immer wieder die Bedeutung des Vorhabens für das Unternehmen jedem Mitarbeiter vor Augen zu führen.

Unternehmensleitbild: Wir streben ein etragsorientiertes Wachstum an. Alle Arbeitsabläufe orientieren sich an den Bedürfnissen des Kerngeschäfts mit dem Ziel, die Effizienz des Unternehmens zu steigern.

Überträgt man diese Aussage aus dem Unternehmensleitbild auf die Anforderungen an das Veränderungsprojekt, so lassen sich daraus zwei grundsätzliche Projektziele ableiten. Einerseits ging es um den Nachweis, welche Ergebnisverbesserungen sich mit verbesserten Logistikprozessen und dem Einsatz einer Transportdispositionssoftware erzielen lassen. Dabei lag der Fokus vor allem auf einer höheren Auslastung des Fuhrparks und reduzierten Frachtkosten. Die zweite Zielstellung war, die bestehende Ablauforganisation effizienter zu gestalten. Die derzeitige Situation war gekennzeichnet durch fehlende Softwareunterstützung und einem hohen Grad an manuellen und zeitintensiven Tätigkeiten.

In der konkreten Ausgangssituation ging es beispielsweise darum, fehlerhafte Auftragsdurchläufe zu vermeiden, damit sich die Transportdisponenten mit den dann „sauberen" (d. h. geklärten und fehlerfreien) Aufträgen genauer befassen und ihr Augenmerk verstärkt auf die Planung von kosten- und serviceoptimierten Transporten richten konnten. Unser Klient erwartete vom Einsatz einer Transportdispositionssoftware, dass Umlagerungs- und Auslieferungstransporte schnell und wirtschaftlich unter Beachtung der zahlreichen Nebenbedingungen in optimierte Tourenpläne überführt werden. Auch sollte die Software dazu beitragen, den derzeit sehr hohen Aufwand für häufige, branchenbedingt erforderliche Umterminierungen deutlich zu reduzieren. Um die Auskunftsfähigkeit der Disposition gegenüber dem Verkaufsinnendienst zu erhöhen, sollte die Software den jeweiligen Auftragsstand jederzeit schnell und sicher transparent darstellen.

13.4 Der Wirtschaftlichkeitsnachweis: Die Rechtfertigung eines Change-Projektes

Der Nachweis der Wirtschaftlichkeit des Vorhabens ist das Fundament, auf dem das Veränderungsprojekt aufbaut. Dieser sichert die Refinanzierung des Projektes und liefert die quantitativen Argumente für das Management. Der Wirtschaftlichkeitsnachweis erfolgte mit Hilfe einer Tourenplanungsanalyse. Diese hatte zum Ziel unter einem vorgegebenen Servicegrad, die tatsächlich gefahrenen und die optimierten Transporte anhand von Kennzahlen miteinander zu vergleichen. Das Projektteam unseres Klienten war in der Tourenplanungsanalyse beteiligt, so dass die Mitarbeiter einen ersten Einblick in die Funktionsweise einer softwaregestützten Tourenplanung gewinnen konnten.

Zunächst wurden die Annahmen an die Tourenplanungsanalyse und die von unserem Klienten bereitzustellenden Datenanforderungen definiert. Der Anbieter der Tourenplanungssoftware lieferte die Ergebnisse in Form von Tourenstatistiken und bereitete die Ergebnisse für eine Live-Präsentation am System auf. Während der Präsentation bestand die Möglichkeit, bestimmte Szenarien „live" am System durchzuspielen. Somit konnte das Projektteam in einer sehr frühen Phase des Projektes das „Look & Feel" der Transportdispositionssoftware erleben. Im Ergebnis brachte die Tourenplanungsanalyse hervor, dass eine systemgestützte Tourenplanung u. a. zu 24 % weniger Touren und zu einer 31 % höheren Fahrzeugauslastung führt. Eine Abschätzung ergab, dass damit die jährlichen Frachtkosten von knapp 100 Mio. € pro Jahr um ca. drei Prozent reduziert werden können. Damit standen unserem Klienten 3 Mio. € mehr an liquiden Mitteln zur Verfügung. Mit dem Wirtschaftlichkeitsnachweis war der finanzielle Nutzen des Veränderungsprojektes gesichert.

Mit der Definition der Projektziele und dem Nachweis der Wirtschaftlichkeit waren die Voraussetzungen geschaffen, um das Veränderungsprojekt zu beginnen. Nachfolgend wollen wir das Projektvorgehen und die erzielten Ergebnisse vorstellen.

13.5 Vorneweg: Die Rolle von Change Management

Warum spielte Change Management eine wichtige Rolle in diesem Veränderungsprojekt? Diese etwas provokative Frage stellt sich deshalb, da entgegen anders lautender Meinungen, die betroffenen Mitarbeiter die Einführung von neuen IT-Systemen in der Regel nicht als Bedrohung sehen, da diese Vorhaben weder mit gravierendem Stellenabbau noch mit grundlegenden Restrukturierungen verbunden sind. Die Einführung von neuen IT-Systemen fordert vom Mitarbeiter auch keine grundlegenden Veränderungen ihrer Einstellungen oder gar einen Kulturwechsel.

Was waren also die Gründe, sich in diesem Veränderungsprojekt mit Change Management Themen zu befassen? In diesem Projekt ging es im Kern nicht um das IT-System selbst, sondern um die Umsetzung von schlanken und effizienten Geschäftsprozessen, welche der Erreichung der Geschäftsziele dienlich sind. Dafür wiederum war die Einführung eines unterstützenden IT-Systems essentiell erforderlich, um den Anwendern alle Funktionalitäten zur Verfügung zu stellen, die für die Prozesszielerreichung notwendig sind. Eine wesentliche Leistung des Change Managements bestand darin, Führungskräfte und Mitarbeiter für die Entwicklung des Zielbilds und die Gestaltung der zukünftigen Geschäftsprozesse zu mobilisieren und dafür Sorge zu tragen, dass am Ende das IT-System auch wirklich das leistet, was das Unternehmen braucht. Dazu bedarf es einer klaren Formulierung bezüglich der Notwendigkeit des Vorhabens, einer kontinuierlichen und zielgerichteten Information und Kommunikation während der gesamten Projektlaufzeit sowie der ressourcengerechten Beteiligung der Anwender. Da die Einführung von IT-Systemen mitbestimmungspflichtig ist, sind sowohl der Betriebsrat als auch die Datenschutzbeauftragten umfassend und zeitnah zu informieren. Hierin besteht die zweite Aufgabe des Change Managements, nämlich die Schnittstellen zu diesen Gremien zu koordinieren. Eine weitere Aufgabe des Change Managements bestand in diesem Projekt darin, die vorhandene Arbeitsorganisation innerhalb des Transportdispositionsteams so anzupassen, dass die Mitarbeiter ihre Erfahrungen und ihr Wissen innerhalb der neu definierten Aufgaben, Kompetenzen und Verantwortlichkeiten besser einbringen können. Zudem sollte für die einzelnen Mitarbeiter die Prozesssicherheit erhöht und damit das Vertrauen in ihre Leistungen gestärkt werden. Schließlich hatte Change Management auch deshalb einen hohen Stellenwert in diesem Projekt, da Führungskräfte und Mitarbeiter auf das zukünftige IT-System vorzubereiten waren. Dieses begann mit allgemeinen Informationen zum Vorhaben und mündet in spezifischen Qualifizierungsmaßnahmen.

13.6 Das Projektvorgehen, die eingesezten Werkzeuge und die erzielten Ergebnisse

Der vorliegende Abschnitt gibt einen Überblick über die Phasen der strategischen Initiierung bis zur erfolgreichen Softwareeinführung innerhalb des Veränderungsprojektes. Dabei gehen wir im Besonderen auf diejenigen Schritte ein, in denen es darum ging, die verschiedenen Interessensgruppen der Organisation („Stakeholder") in das Veränderungsprojekt einzubinden, und die Projektteammitglieder für das was erreicht werden soll zu sensibilisieren und zu begeistern. Dies wiederum weckt deren Bereitschaft am Veränderungsprozess mit Engagement und Leidenschaft mitzuwirken. Konkret stellen wir dabei dar, wie wir den Betriebsrat, der insbesondere bei solchen Projekten eine wichtige Stakeholder-Rolle im Unternehmen innehält, über das Vorhaben informiert haben. Mit einem Format aus der systemischen Beratung (Glaubenspolaritäten-Schema) gelang es uns, die Betriebsratsmitglieder auf verschiedenen Werte- und somit Wahrnehmungsebenen anzusprechen. So konnten wir die Botschaften für die unterschiedlichen Personen verständlich transportierbaren.

Wir zeigen unter anderem den Einsatz der Methode des „Magischen Dreiecks", mit der wir das Vorgehen der traditionell geprägten Projekt-Kick-off-Veranstaltung durchbrochen haben. Dieses Instrument setzten wir ein, um die Mitarbeiter auf die bevorstehenden Veränderungen emotional vorzubereiten. Ferner passte diese Methode gut zum Projekt, da mit der Förderung des kollektiven und vernetzten Denkens der Boden für eine abteilungsübergreifende Neuausrichtung der Ablauforganisation bereitet wurde. Schließlich zeigen wir Wege und Instrumente auf, um den Teammitgliedern die erforderliche Sicherheit für das Handeln in ihrem zukünftigen Arbeitsumfeld zu geben. Denn dieses bietet einerseits zwar spannende Perspektiven für das Team und jeden Einzelnen, andererseits sind mit dem Wandel eine Reihe von unbekannten Größen und somit Unsicherheiten verbunden. Veränderungen in einer Organisation bringen „Nebenwirkungen" mit sich, denen sich die Mitarbeiter mehr oder weniger bewusst sind. Typische Fragestellungen sind zum Beispiel: „Welche Aufgaben und Verantwortlichkeiten erhalte ich?" Bin ich in der Lage, mit der Transportdispositionssoftware sicher und fehlerfrei zu arbeiten? Werden die neuen Aufgaben gerecht auf die Schultern der Disponenten verteilt? Was erwarten die Führungskräfte eigentlich genau von mir?

Ferner gestalteten wir einen „Projekttag: Logistik", an dem das Management, Abteilungsleiter, Teamleiter und Mitarbeiter teilnahmen. Charakteristisch für diese ganztägige Klausur war, dass viele der zuvor genannten Aspekte fokussiert zum Tragen kamen. Der „Projekttag: Logistik", der nach der Verabschiedung des Konzeptes stattfand, erhöhte für eine breitere Mitarbeiterschaft die Aufmerksamkeit für das Veränderungsprojekt. Zum einen galt es, die Haltung des Managements, die voll und ganz hinter dem Projekt stand, darzustellen. Zum anderen wurden bei dieser Zusammenkunft Vereinbarungen mit den Führungskräften getroffen, um deren Mitarbeiter für weitere Projektarbeiten freizustellen. Dazu gehörten vor allem die Mitwirkung am Pflichtenheft, das Wahrnehmen von Prozess- und IT- Schulungen sowie das Testen der neuen Dispositionssoftware und die Unterstützung bei den IT-Tests. Insgesamt sollte der „Projekttag: Logistik" auch dazu genutzt werden, bisher Erreichtes und noch Bevorstehendes umfassend an die Mitarbeiter zu kommunizieren. Dazu stellen wir die Methode „Infomarkt" vor.

Die Aufgaben des Change Managements sind facettenreich. Im hier beschriebenen Projekt ging es zunächst einmal darum, die Bedeutung der Notwendigkeit und Zielsetzung des Veränderungsprozesses zu konkretisieren und für die Mitarbeiter und Führungskräfte

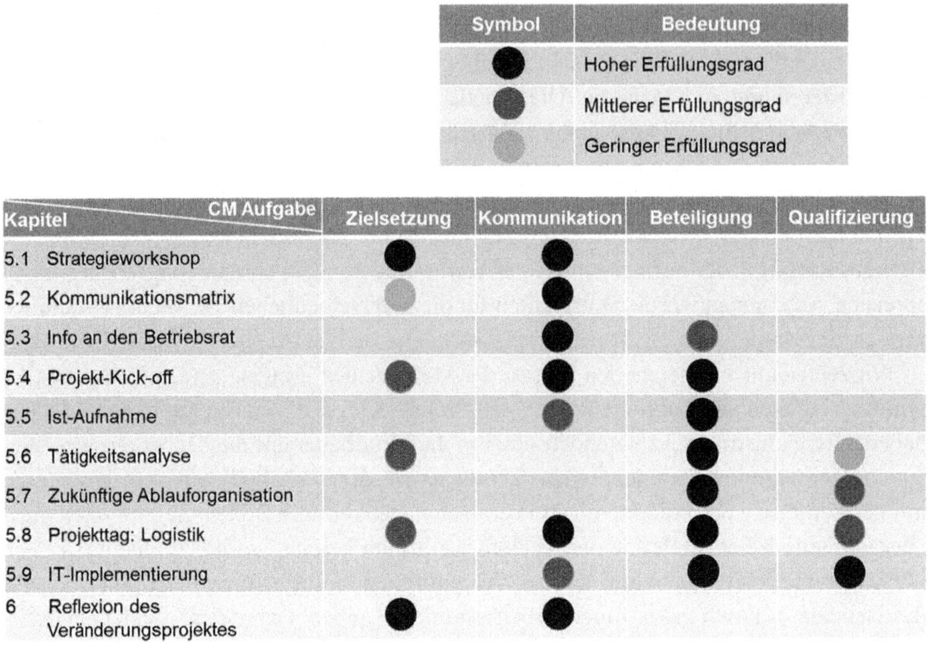

Abb. 13.2 Überblick über die Change-Management-Aufgaben. (Quelle: Eigene Darstellung)

kommunizierbar zu formulieren. Weiterhin stellten wir mit geplanter und zielgerichteter Kommunikation zeitnah Informationen bereit und gingen auf die Fragen, Emotionen und Rückmeldungen der Mitarbeiter und Führungskräfte ein. Die aktive Beteiligung von Mitarbeitern und Führungskräften führte dazu, dass sich diese mit den Veränderungsinhalten auseinandersetzten. Die Bereitschaft, die Veränderungen zu akzeptieren und mitzutragen konnte somit auf eine breite Basis gestellt werden. Schließlich schufen wir die Voraussetzungen für die Qualifizierung, um so emotionales und verhaltensorientiertes Lernen zu ermöglichen. Diese vier Funktionen des Change Managements begleiteten unser Projekt dauerhaft und wurden in den Projektaktivitäten beachtet. Die Darstellung in Abb. 13.2 gibt Ihnen eine Übersicht über die in den jeweiligen Projektphasen angewandten Methoden zur Erfüllung der Hauptfunktionen des Change Managements:

Einen Strategieworkshop mit der Geschäftsleitung aufsetzen

Jeder Veränderungsprozess wirft bei den Führungskräften und Mitarbeitern Fragen auf, die sich auf die Notwendigkeit und Zielsetzung der Veränderungen beziehen: „Warum ist die Veränderung wichtig? Wo wollen wir durch die Veränderung hin? Warum genau dorthin? Was kommt auf uns zuu? Warum wird gerade jetzt die Veränderung angestoßen und nicht später?"

Die Antworten auf diese Fragen kann nur das Management geben. Es hat dieses Projekt initiiert und somit ein originäres Interesse an einer erfolgreichen Zielerfüllung. Um das konkrete Anliegen des Managements an das Projekt zu klären, trafen wir uns mit ihm und dem Projektteam zu einem Strategieworkshop. Die Zielsetzung des Workshops war es, die Motivatoren für das Logistikprojekt zu benennen und die Erwartungshaltung des Managements im Hinblick auf einen „guten Lieferservice" konkret zu formulieren. Bei der präzisen Formulierung der Definition für einen guten Lieferservice wurden die Ideen und Ziele des Managements im Verlaufe des Gesprächs immer transparenter. Dies konnte vom Projektteam als Grundlage für die Erstellung von klaren Botschaften für die Kommunikation mit den Führungskräften und Mitarbeitern genutzt werden. Somit lieferten sie erste Antworten auf die oben genannten Fragen. Des Weiteren führte die Diskussion über die Motivatoren des Projektes zu einer einheitlichen Sichtweise der Beteiligten auf die heutige Situation und den angestrebten Zustand. So wurden Themen vom Projektteam angesprochen, die bisher dem Management in diesem Maße nicht bewusst waren. Dies führte dazu, dass das Projekt notwendiger als je zuvor angesehen wurde und das Management das Projekt noch stärker befürwortete. Mit dem abgegebenen Commitment zum persönlichen Einsatz im Projekt, wollte das Management die Unterstützung von „oben" signalisieren.

Führungskräfte als Multiplikatoren für die Kommunikation nutzen

Damit die späteren Projektergebnissen erfolgreich umgesetzt werden, muss die Projektnotwendigkeit so kommuniziert werden, dass jedes einzelne Mitglied des Unternehmens angesprochen und erreicht wird. Aus diesem Grund sollte zum einen das Augenmerk auf die Beteiligung der Führungskräfte gerichtet werden. Sie sind der direkte Ansprechpartner für ihre Mitarbeiter und diejenigen, die die Fragen der Mitarbeiter beantworten und die Inhalte des Veränderungsprojektes mit ihren Teams umsetzen. Andererseits wurde als besonders wichtig erachtet, die Mitarbeiter zusätzlich zentral durch das Management anzusprechen, um das Anliegen für das Projekt zu verdeutlichen. Zur Erreichung dieses Ziels wurde in dem Strategieworkshop gemeinsam eine Kommunikationsmatrix (siehe hierzu Kap. 5.2) erarbeitet. Sie definierte alle für das Projekt wichtigen Kommunikationswege und -medien mit deren Inhalten und Zeitpunkten des Informationsflusses.

Neben der kontinuierlichen Bereitstellung von Informationen, erhöht auch ein konsequentes, an dem Projektziel ausgerichtetes Handeln des Managements nicht nur die Bedeutung des Projektes, sondern macht auch für die Mitarbeiter und Führungskräfte die Inhalte und Veränderungen erlebbar und glaubwürdiger. Denn nichts kann gravierender die Veränderungsbereitschaft der Mitarbeiter negativ beeinflussen als ein unglaubwürdiges Management. Die Mitarbeiter sind eher bereit für das Projekt gemeinsam an einem Strang zu ziehen, wenn das Management als Vorbild handelt. Für die Wahrnehmung der Vorbildfunktion bedarf es einer vorbereitenden Sensibilisierung des Managements und des Projektteams. Um die Vorbildfunktion im Unternehmensalltag zu unterstützen, erarbeiteten wir gemeinsam einen Leitfaden, der die Projektziele auf konkrete Handlungsfelder im Tagesgeschäft überträgt. Dieser Leitfaden wurde dann von den Führungskräften genutzt, um den Mitarbeitern die Projektziele in deren jeweiligen Arbeitssituationen verständlich zu vermitteln und erlebbar zu machen.

Erwartungen für eine erfolgreiche Zusammenarbeit klären

Um in diesem Projekt eine erfolgreiche Zusammenarbeit zwischen dem internen Projektteam und den externen Beratern, sicherzustellen, fragten wir die an uns gestellten Erwartungen ab. So war die Erwartungshaltung an uns, dass wir das interne Projektteam fachlich und methodisch unterstützen und unsere Erfahrungen aus bisherigen Projekten einbringen sollten. Das Anliegen dabei war, einen geeigneten Rahmen zu schaffen, in dem sich Führungskräfte und Mitarbeiter souverän und selbstbestimmt in das Projekt einbringen können, um eine möglichst hohe Akzeptanz der Projektergebnisse zu erzielen. Am Ende des Projektes sollte es nicht lauten: „Man hat uns verändert", sondern: „Wir haben uns verändert"! Dies schafft das Gefühl von Stolz, Zufriedenheit und Vertrauen in die eigene Veränderungsfähigkeit.

Ein kommunizierbares Zielbild entwickeln und eine Kommunikationsmatrix erarbeiten

Der Strategieworkshop leistet einen erheblichen Beitrag zur Erfüllung der Zielsetzungsfunktion im Change Management. Durch die Diskussionen und den Erfahrungsaustausch zwischen Management, Projekt- und Beraterteam wird die anfänglich noch nebulöse Zielformulierung präzisiert. Die Notwendigkeit für das Projekt wird noch deutlicher und es kann ein kommunizierbares Projektziel formuliert werden, das schnell und mit wenigen Worten den Mitarbeitern und Führungskräften vermittelt werden kann. In diesem Zusammenhang werden auch die Inhalte und Zeitpunkte der erforderlichen Kommunikation geplant, um ineffizienten „Flurfunk" und Missverständnisse zu minimieren.

Kommunikation ist ein zentraler Erfolgsfaktor in Veränderungsprojekten und soll deshalb an dieser Stelle hervorgehoben werden. Denn Kommunikation begleitet das Projekt in allen Phasen und stellt die Verbindung zwischen Projektteam, direkt und indirekt Betroffenen her. Primäres Ziel im Veränderungsprojekt war die zeitnahe Bereitstellung von Informationen zur Projektentwicklung. Dabei gestalteten wir die Kommunikation in einer Form, die einen Dialog und Austausch förderte. Damit hatten die betroffenen Mitarbeiter die Möglichkeit, ihre Unsicherheiten, Fragen sowie ihr Feedback zu platzieren. Wir legten besonderen Wert darauf, dass nicht nur auf sachlicher Ebene kommuniziert wurde, sondern dass die Gesprächspartner auch auf emotionale Aspekte eingingen. Für die Beschäftigung mit Gefühlen und Stimmungen wurde ausreichend Raum und Zeit eingeplant. Denn gerade die emotionale Auseinandersetzung mit den anstehenden Veränderungen kann aufkommende Widerstände, welche die Umsetzung im weiteren Verlauf behindern könnten, reduzieren. Kommunikationsmaßnahmen müssen sorgfältig geplant werden, um den gewünschten Effekt zu erzielen. Denn wenn Information erst einmal veröffentlicht wurden, lassen sich unklare oder falsche Inhalte nur mit viel Aufwand wieder korrigieren. Zur Unterstützung einer soliden Planung der Kommunikation eignet sich die Kommunikationsmatrix besonders. Die Kommunikationsmatrix ist folgendermaßen aufgebaut:

Zielgruppen: Wer sind die für das Veränderungsprojekt relevanten Zielgruppen?
Kommunikationsbedarf: Welcher Informationsbedarf besteht bei den Zielgruppen?
Kommunikationsziel: Was soll durch die Kommunikation erreicht werden?
Medien: Welche Medien können die Kommunikation unterstützen?
Zeitpunkt: Wann sollen die Informationen kommuniziert werden?

So haben wir in unserem Projekt Teamrunden explizit mit den Inhalten des Veränderungsprojektes im vierwöchigen Rhythmus stattfinden lassen. Der Sprecher der Teamrunde war gleichzeitig ein Mitglied aus dem Projektteam, der die Kollegen aus seinem Bereich über die Entwicklungen aus dem Projekt informierte. Die Zielsetzung der Teamrunden war es die Mitarbeiter, die nicht unmittelbar am Projekt mitwirkten, auf dem Laufenden zu halten, um so Unsicherheiten und Ängste zu minimieren sowie bestehende Sorgen zu erfahren und Feedback zu erhalten. Die Teamrunden boten den Mitarbeitern einen Schutzraum, um offener zu diskutieren und Kritik anzubringen. Somit erfüllte die Teamrunde sowohl die Funktionen der Informations- und Diskussionsplattform als auch des Erfahrungsaustausches. Zusätzlich zu den Teamrunden erschien quartalsweise ein Newsletter, der an die gesamte Belegschaft in elektronischer Form versandt wurde. Um eine hohe Akzeptanz des Newsletters bei den Lesern zu erreichen, wurden die Inhalte eher kurz und prägnant verfasst und beanspruchten zusammengefasst nicht mehr als zwei DIN-A4-Seiten.

Eine weitere wichtige Kommunikationsveranstaltung war der „Projekttag: Logistik". Er sollte zum Ende der Konzeptphase des Projektes stattfinden und die Mitarbeiter über den aktuellen Stand des Projektes, aber auch über den bisherigen Verlauf informieren. Als Methode wurde der Infomarkt gewählt, um umfassenden Informationen bereitzustellen und einen Dialog zu ermöglichen.

Wie bei vielen Planungsinstrumenten besteht auch bei der Kommunikationsmatrix die Gefahr, dass sie nach ihrer Erstellung nicht mehr aktualisiert und so auch nicht mehr für die Kommunikationssteuerung innerhalb des Veränderungsprojektes herangezogen wird. Um diesem entgegenzuwirken, wird die Kommunikationsmatrix bei der Planung der nächsten Schritte auf die Agenda gesetzt. So läuft die Kommunikationsmatrix auch nicht getrennt von der Projektplanung und erzeugt keinen zusätzlichen Pflegeaufwand. Richtig angewandt und gepflegt unterstützt sie eine professionelle Begleitung bei Veränderungen.

Den Betriebsrat früzeitig informieren und einbinden

Nach einem erfolgreichen Strategieworkshop mit dem Management, sollte in einem zweiten Schritt der Betriebsrat informiert werden. Der Betriebsrat hat nach dem Betriebsverfassungsgesetz verschiedene Beteiligungsrechte bei betrieblichen Veränderungen. Im

Falle von technischen und organisatorischen Veränderungen hat der Betriebsrat ein rechtzeitiges und umfassendes Informationsrecht, damit er in seiner Betriebsratsarbeit richtig handeln und entscheiden kann. Trotzdem wird er oft erst verspätet in Kenntnis gesetzt, sodass er nicht angemessen darauf reagieren kann und zunächst skeptisch gegenüber der betrieblichen Veränderung ist. Die Skepsis ist nachvollziehbar, denn seine zentrale Aufgabe ist es, die Interessen der Arbeitnehmer zu vertreten und zu schützen. Deshalb besteht die primäre Aufgabe darin, diese Skepsis zu beseitigen, indem der Betriebsrat umfassend und frühzeitig informiert und in das Projekt als beratende Stelle eingebunden wird. Der wichtigste Vorteil, der sich aus der Kooperation mit dem Betriebsrat ergibt, ist dass der Betriebsrat das Vertrauen der Arbeitnehmer genießt. Kann der Betriebsrat von der Bedeutung des Projektes überzeugt werden, beeinflusst dies die Beteiligungsbereitschaft der Arbeitnehmer positiv und mögliche Widerstände können so minimiert werden.

Damit sich die Arbeitnehmervertretung ein Bild von dem Projekt und den möglichen Änderungen in der Auf- und Ablauforganisation machen kann, wurde eine erste Informationsveranstaltung mit dem Management initiiert. Die Einladung zur Veranstaltung mit einer kurzen Beschreibung des Projektziels und -vorgehens sowie die Bedeutung einer konstruktiven Zusammenarbeit mit dem Betriebsrat für das Projekt erhielt der Betriebsrat schriftlich. Die Gestaltung der Veranstaltung basierte auf dem **Glaubenspolaritäten-Schema (GPA)**, welches von Matthias Varga und Insa Sparrer (SySt®-Institut München) im Rahmen der lösungsfokussierten systemischen Arbeit entwickelt wurde. Das Schema setzt sich aus den drei Polen: Erkenntnis, Ordnung und Vertrauen zusammen, die wiederum mit Werten beschrieben werden können. Zu den drei Polen werden folgende Werte bzw. Begriffe zugeordnet (vgl. Abb. 13.3):

Pol der Erkenntnis (E): Wissen, Innovation, Logik, Denken, Strategie, kognitiv etc.
Pol der Ordnung (O): Struktur, Regeln, Ethik, Handeln, Erleben, physiologisch etc.
Pol des Vertrauens (V): Liebe, Beziehung, Ästhetik, Fühlen, Kultur, emotional etc.

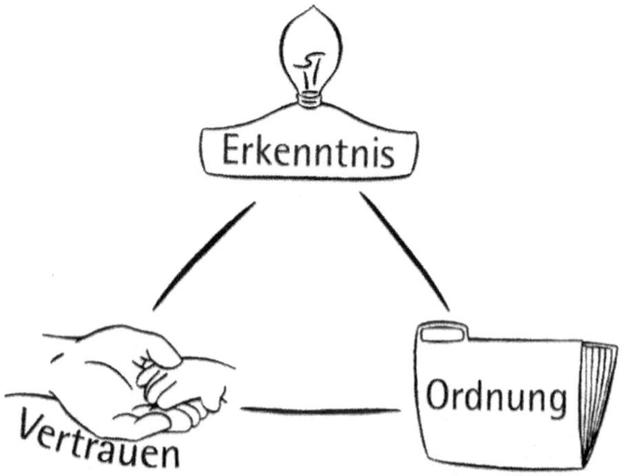

Abb. 13.3 Die drei Pole des Glaubenspolaritäten-Schema (GPA). (Quelle: Constanze Scheidemann)

Das GPA-Schema arbeitet mit der Frage, durch welche Türe ein Mensch am ehesten Zugang zu einem neuen Thema findet. Jeder Mensch hat einen eigenen „Lieblingspol“ mit dem er unbekannte Sachverhalte leichter verstehen und nachvollziehen kann. So können z. B. Menschen, die sehr auf Ordnung, Strukturen und das tatsächliche Handeln orientiert sind, ein neues Projekt leichter beginnen, wenn ihnen die Vorgehensweise und Methodik im Projekt sowie die zeitliche Planung als erstes beschrieben werden. Sie fühlen sich im GPA-Schema am Ordnungspol zu Hause, d. h. die Werte an diesem Pol sind ihnen sehr vertraut und entsprechen ihren eigenen. Andere hingegen freuen sich auf die neuen Aufgabenstellungen und können es kaum erwarten Innovationen und neue, noch unbekannte Themengebiete zu erforschen. Sie betreten das Projekt durch den Erkenntnispol.

Das Vorteilhafte an diesem Schema ist, dass es in keinem Widerspruch zu anderen Methoden steht und diese nicht ausschließt, sondern sie ergänzt und eine höhere Methodenqualität ermöglicht. Das GPA ist im Business-Kontext vielfältig einsetzbar. So kann die Entwicklung eines Mitarbeiterfragebogens anhand dieses Schemas erfolgen oder eine neu entwickelte Unternehmensstrategie verifiziert werden. Wir verwendeten dieses Format für die inhaltlichen und organisatorischen Bestandteile der Informationsveranstaltung. Unsere Zielsetzung der Veranstaltung war es, neben der Vermittlung des Projektziels auch den Betriebsrat von diesem Projekt zu überzeugen und einen Weg für eine konstruktive Zusammenarbeit in der Zukunft zu ebnen. Zusätzlich zu diesen Aufgabenstellungen war es wichtig, die einzelnen Mitglieder des Betriebsrates gleichermaßen anzusprechen, sie also an der richtigen „Tür“ zu empfangen. Dies fing bereits mit der Begrüßung an, ging über die zu vermittelnden Inhalte bis zur Verabschiedung der Teilnehmer.

Ein mögliches Vorgehen anhand des GPA-Schemas wird kurz skizziert:

- Willkommen heißen der Anwesenden (V-Pol)
- Vermitteln, warum es eine große Freude ist einen gemeinsamen Tag gestalten zu können (V-Pol)
- Kleine Vorstellungsrunde aller Anwesenden (V-Pol)
- Vorstellen des zeitlichen Rahmens, der geplanten Pausen und des inhaltlichen Ablaufs (O-Pol)
- Charakterisieren der Notwendigkeit des Projektes, dessen Zielsetzung, Nutzen und Vorgehen (E-Pol)
- Gestaltung der konstruktiven Zusammenarbeit zwischen Betriebsrat und Projektteam (V- und O-Pol)
- Erarbeiten eines Kommunikationskonzeptes zur zeitgerechten Information des Betriebsrates (V-, O- und E-Pol)
- Weiteres Vorgehen (O-Pol)
- Abschlussrunde mit Rückmeldung zur Veranstaltung (V-und E-Pol)

Auf den ersten Blick ist an dem oben skizzierten Vorgehen nichts Besonderes. Fast jeder Workshop oder Veranstaltung hat einen ähnlichen Ablauf. Das ist richtig. Denn das GPA-Schema ist keine Methode oder Tool im klassischen Sinne, sondern ein Format, welches die bisherigen oder neuen Methoden unterstützt. Es stellt sicher, dass unabhängig von der gewählten Methodik die drei Pole in gleichem Maße Beachtung finden. Der große Mehrwert besteht darin, dass die gewählten Methoden durch GPA einen höheren Grad an Vollständigkeit und Geschlossenheit erfahren. Jeder Teilnehmer fühlt sich wahrgenommen, angesprochen und abgeholt, wodurch ein risikoärmeres Arbeiten ermöglicht wird.

Das frühzeitige Informieren des Betriebsrates über das geplante Veränderungsprojekt führte dazu, dass seine Akzeptanz für das Projekt erhöht wurde. Er war bereit soweit dies möglich und gewünscht war, sich aktiv bei der Projektbearbeitung zu beteiligen. Was aber noch viel wichtiger war, er konnte als Kommunikationskanal genutzt werden. Durch die rechtzeitige Bereitstellung von Informationen konnte er auf die Fragen der Mitarbeiter umfassend eingehen und den Mitarbeitern die Relevanz des Projektes bewusst machen.

Projekt-Kick-off als Auftaktveranstaltung organisieren

Um dem Projekt einen guten Start zu ermöglichen, ist eine erste offizielle Veranstaltung des Projektteams, das Kick-off, zu gestalten. Der Auftakt des Projektes prägt die Erwartungshaltung und das Engagement der Teammitglieder. Nur wenn jeder einzelne Projektmitarbeiter von der Bedeutung des Projektes emotional überzeugt ist, dann war das Kick-off erfolgreich. Um dies zu erreichen, ist es wichtig, die Zielsetzung und den Ablauf des Kick-offs im Vorfeld genau zu strukturieren, zu planen und interessant zu gestalten. Ein gelungener Projektauftakt schafft ein Wir-Gefühl des Teams. Vor allem in diesem Projekt mit 30 Projektmitarbeitern aus unterschiedlichen Bereichen und Hierarchiestufen ist es bedeutend, dass sich die Teammitglieder gegenseitig kennenlernen, über ihre Rolle im Projekt informiert sind und auf einen gemeinsamen Kurs gebracht werden. Zudem soll diese Veranstaltung auch einen inhaltlichen Beitrag leisten, indem der Nutzen des Projektes dargestellt und die Vorgehensweise im Projekt aufgezeigt wird. Wie können nun das Wir-Gefühl und der inhaltliche Rahmen zu einem großen Ganzen zusammengeführt werden?

Methodenbox: Mit dem „Magischen Dreieck" die Teilnehmer eomotional aktivieren

Zum Verdeutlichen der Wichtigkeit jedes einzelnen Mitarbeiters im Projekt ist das **„Magische Dreieck"** eine sehr effiziente Methode (vgl. Rohm 2012). Das Besondere dabei ist, dass das Kick-off mit einer interaktiven, systemischen Einstiegsübung beginnt. Mit dieser Übung sollen die Teilnehmer ein Verständnis für die wechselseitigen Beziehungen und Abhängigkeiten in einem Veränderungsprojekt entwickeln. Sie erleben dabei, wie Verhaltensänderungen ihrer Kollegen das eigene Verhalten beeinflussen und umgekehrt. Weiterhin erfahren sie, welche Auswirkungen sich aus den Verhaltensänderungen für das gesamte Unternehmen ergeben.

Abb. 13.4 Das Magische Dreieick. (Quelle: Constanze Scheidemann)

Beim „Magischen Dreieck" (vgl. Abb. 13.4) stellen sich alle Teilnehmer zunächst auf und werden gebeten, sich zwei Teilnehmer schweigend auszuwählen, mit deren Hilfe ein Dreieck konstruiert werden soll. Es ist wichtig zu betonen, dass nur der einzelne Teilnehmer seine ausgewählten Personen kennt. Im ersten Schritt werden die Teilnehmer aufgefordert sich im Raum so zu orientieren, dass mit den beiden ausgewählten Personen ein gleichseitiges Dreieck entsteht. Die erste Aufgabe gilt als gelöst, wenn ein stabiles Gleichgewicht im System erreicht wird. Danach erfolgt die Auswertung der Übung mit Fragen wie: „Was wurde bei der Übung deutlich? Wie wurde die eigene Rolle im System wahrgenommen? Was hat das mit unserem Projekt zu tun?"

Die Auswertungsfragen müssen dabei nicht in die Tiefe gehen. Die Zielsetzung der ersten Aufgabe ist es, dass Impulse und Stimmungen erzeugt werden sollen. Die Auswertungsrunde kann auch sinnvoll mit einer kurzen Vorstellungsrunde verknüpft werden, indem sich die Teilnehmer kurz vorstellen, bevor sie ihre Impulse aus der Übung benennen. Mit einer zweiten Aufgabe, werden Auswirkungen im System, die durch Eingriffe von außen erzeugt werden, erlebbar gemacht. Beispielsweise kann verdeutlicht werden, welche Konsequenzen sich für das System ergeben, wenn Unternehmensbereiche stillgelegt werden (Entfernen eines gesamten Dreiecks) oder wenn Mitarbeiter das Unternehmen verlassen (Akteur steigt aus der Übung aus). Im Anschluss erfolgt das Sammeln der gemachten Erfahrungen anhand folgender Fragen: „Was war meine wichtigste Erkenntnis aus der Übung? Worauf sollten wir bei dem anstehenden Projekt besonders achten?"

Zum Kennenlernen der Methode wählten wir die klassische Einstiegsrunde, die bereits in der Methodenbox beschrieben wurde. Zum einen sollten die Teilnehmer ihre Bedeutung im Projekt und – noch weitreichender – im System verstehen und zum anderen sollten sie mit der Methode vertraut werden, sodass Interventionen für weitere Runden möglich werden. Bei der Ankündigung der Übung waren die Teilnehmer etwas überrascht, dass wir gleich zu Beginn der Veranstaltung einen „Ausflug" nach draußen machten. Dies war für alle ungewöhnlich, denn die bisherigen Kick-off-Veranstaltungen verliefen anders und hatten nur wenige interaktive Übungen. Trotz kleinerer Widerstände wagten wir den Schritt ins Freie. Nach einer ausführlichen Erklärung der Methode und der ersten Aufgabe setzten sich alle Teilnehmer in Bewegung und versuchten ihr Dreieck zu konstruieren. Im Anschluss wurde die Übung anhand der klassischen Fragen ausgewertet. Unsere Erfahrung hat sich in der Auswertungsrunde bestätigt, dass trotz anfänglicher Widerstände, die Teilnehmer durchweg positive Erfahrungen machten. Sie verstanden auf „spielerische" Weise ihre Bedeutung und Rolle für das Projekt. Die lockere und vertraute Atmosphäre schuf zudem die Grundlage für eine gemeinsame, erfolgreiche Zusammenarbeit.

Für die nachfolgende Übung wurde ein konkretes Projektthema aufgegriffen, bei dem es darum ging, die Auswirkungen der geplanten Arbeitsteilung in der Transportdisposition erlebbar zu machen. Aus diesem Grund griffen wir in das bestehende System ein, indem wir die Teilnehmer so positionierten, dass aus einem Dreieck (dieses symbolisiert das heutige Dispositionsteam) zwei kleinere Dreiecke (diese symbolisieren die zukünftigen arbeitsteiligen Teams) entstanden. Den anderen Teilnehmern gaben wir den Auftrag, sich wieder in Bewegung zu setzen und ein Gleichgewicht des Systems wieder herzustellen. Auch diesmal gab es eine Auswertungsrunde, um die in der Übung erlebten Veränderungen zu reflektieren. Im Hinblick auf die bevorstehenden Veränderungen durch das Projekt stellten wir den Teilnehmern folgende Frage: „Was brauchen Sie, um bei dem Projekt gut mitarbeiten zu können?" Die Antworten notierten wir auf einem Flipchart, welches uns durch den weiteren Workshop begleitete. Da die Aussagen zudem die Qualität von „Change-Leitlinien im Projekt" hatten, haben wir uns entschlossen, diese nach der Veranstaltung an alle Teilnehmer zu verteilen und auch die nachfolgenden Workshops mit diesen Leitlinien zu gestalten.

Projektziele und -inhalte in der „Vernissage" erleben

Es gibt unterschiedliche Möglichkeiten, um Zielsetzung, Notwendigkeit, Nutzen, Vorgehensweise und Zeitplan des Projektes im Rahmen eines Kick-off-Workshops zu vermitteln. Zum einen ist eine Präsentation der genannten Themen in Form eines klassischen Vortrages denkbar, oder die Workshop-Teilnehmer können auch Themen in kleinen Gruppen selbst erarbeiten, präsentieren und diskutieren. Wir wählten die Methode der **„Vernissage"** als eine Mischform der beiden zuvor genannten Pole. Sie ermöglicht zum einen die Informationen in einer für sich selbst angemessenen Geschwindigkeit aufzunehmen und zu verstehen. Zum anderen eröffnet die Methode Raum zur Partizipation der Teilnehmer durch Kommentieren und Fragen. Das Vorgehen der Vernissage ist unkompliziert, schnell erklärbar und abwechslungsreich.

Im Vorfeld wurden alle wesentlichen Informationen des Projektes prägnant, bildlich und gut verständlich auf Plakaten vom Kernteam künstlerisch vorbereitet. Eine Gruppe bereitete die Motivation für das Projekt in einer chronologischen Foto-Story auf. Eine andere Gruppe nutzte einen Wandkalender, um darin den Terminplan abzubilden. Diese kleinen Kunstwerke wurden dann im Seminarraum in Form von Stationen, die mit

Notizzetteln und Schreibmaterial versehen wurden, präsentiert. Zusätzlich dazu wurden Plakatentwürfe mit Statements, die von den Teilnehmern vervollständigt werden sollten, angebracht. Uns war es wichtig, dass die Projektmitarbeiter nicht nur die erforderlichen Informationen zum Projekt in dieser Veranstaltung erhielten, sondern auch ihre Erwartungen, Meinungen und Erfahrungen zum guten Lieferservice mitteilten. Die folgenden Fragen gaben dabei eine Orientierung und sensibilisierten die Projektmitarbeiter für einen besseren Lieferservice, indem sie sich bewusst mit diesem Thema auseinandersetzten: „Angenommen, das Projekt ist beendet und wir erreichen das gesetzte Projektziel. Woran merken Sie, dass das Projekt erfolgreich war? Was hat sich dann an Ihrer alltäglichen Arbeit verändert?"

Die einzige Bedingung, die beim Vervollständigen der Sätze und der Beantwortung der Fragen eingehalten werden sollte, war, dass nicht jeder Teilnehmer für sich eine eigene Antwort abgab, sondern nur eine Antwort pro Gruppe festgehalten werden durfte. Ziel war dabei, dass sich die Mitarbeiter in den Gruppen zum guten Service austauschten, ihre Erfahrungen schilderten und ihren Blick für dieses Thema erweiterten. Vor allem die im privaten Umfeld gemachten Erfahrungen waren eine sehr gute Basis für die Entwicklung einer Definition des „guten Lieferservices", weil hier ein Transfer vom persönlich gut bekannten Kontext in den – vielleicht noch unbekannten – Business-Kontext erfolgte.

Antworten konnten in unterschiedlicher Form gegeben werden. Die meisten Teilnehmer wählten das geschriebene Wort als Antwort. Aber einige ließen sich durch die ausgestellten Kunstwerke so inspirieren, dass sie ebenfalls mit einem kleinen Bild ihre Erfahrung und Erwartung darstellten. Die Vernissage wurde durch einen kurzen einführenden Impulsvortrag, mit einem besonderen Hinweis auf die Plakatentwürfe, eröffnet. Die Besucher der Vernissage wurden nun aufgefordert durch die Ausstellung zu gehen, die Information jedes Ausstellungsstücks aufzunehmen, sich von den Bildern inspirieren zu lassen und ihre Fragen, Anmerkungen oder Meinungen auf den Notizzetteln festzuhalten. Dabei konnten sie sich wie in einer richtigen Galerie mit den anderen Besuchern zum Gesehenen austauschen und über Meinungen diskutieren. Mit jedem Gang entstanden innovative und interaktive Ergebnisse, welche schließlich zum einem Gesamtkunstwerk zusammengefügt wurden.

Zum Abschluss des Kick-offs wurden die erarbeiteten Ergebnisse, insbesondere die vervollständigten Plakate, zusammengefasst und noch offene Fragen beantwortet. Eine Kick-off-Veranstaltung in einer derartigen Form informiert nicht nur, sondern inspiriert, weckt Emotionen bei den Teilnehmern und gibt Orientierung. Zudem werden die Funktionen des Change Managements dabei unterstützt: Zielsetzung – Kommunizieren – Beteiligen – Qualifizieren. Der Erfolgsfaktor Kommunikation erstreckt sich über das gesamte Projekt und weitet sich im Laufe des Projektes über das komplette Unternehmen aus. In der Anfangsphase des Projektes werden hauptsächlich die am Projekt mitwirkenden Personen einbezogen, d. h. Führungskräfte und Mitarbeiter, welche einzelne Arbeitspakete des Projektes übernehmen und Mitarbeiter, deren Arbeitsbereich direkt von dem Projekt betroffen ist. Im Veränderungsprojekt waren es insbesondere die Mitarbeiter aus der Transportdisposition, dem Vertriebsinnendienst und den lokalen Logistikeinheiten, die sowohl durch die Übung „Magisches Dreieck" als auch durch die Vernissage für die Komplexität und Tragweite des Projektes sensibilisiert wurden. Weiterhin wurden sie über die Notwendigkeit und Vorgehensweise des Projektes informiert. Unabhängig davon, welches Kommunikationsinstrument eingesetzt wird, ist es wichtig, dass die Kommunikation nicht einseitig verläuft, d. h. nicht nur Raum geschaffen wird für Informationen an die Mitarbeiter, sondern den Mitarbeitern auch die Möglichkeit eingeräumt wird, Fragen, Bedenken und Anmerkungen zu äußern. Eine weitere wichtige Funktion, die der Kick-off Workshop erfüllen sollte, ist die Sicherstellung der Beteiligung aller Workshop-Teilnehmer. Durch Beteiligung kann die Identifikation der Mitarbeiter mit den Veränderungsinhalten und somit auch die Bereitschaft am Projekt aktiv mitzuarbeiten gestärkt werden. Die Beteiligung der Teilnehmer im Kick-off wird zum einen durch die Vervollständigung der Statements und zum anderen durch das Kommentieren der Kunstwerke während der Vernissage gefördert. Somit ist ein guter Grundbaustein für eine effiziente Zusammenarbeit geschaffen worden.

Die Logistikorganisation „aufnehmen"

Um von Beginn an eine gute Beteiligung der Mitarbeiter zu gewährleisten, wurde in einer initialen Stufe der Prozessaufnahme ein Workshop mit der **„Brown-Paper"**-Methode durchgeführt. Die Anwendung war sehr einfach und wurde schnell von den Teilnehmern verstanden. Durch die Aufnahme der bestehenden Prozesse im Dialog und der gleichzeitigen Visualisierung durch die Karten, erlebten die Teilnehmer das Zustandekommen des Prozessdiagramms und konnten so die Dokumentation gut nachvollziehen. Die Sichtbarkeit der Ablauforganisation mit all ihren in Wechselwirkungen stehenden Elementen (Aktivitäten, Zuständigkeiten, Prozessschnittstellen, Informationsflüssen, IT-Systemen, etc.) löste bei den Teilnehmern aus, dass sie ihre gewohnte Arbeitswelt plötzlich im Kontext eines ganzheitlichen Logistikprozesses sahen. Dieses wiederum löste Assoziationen und „Aha"-Effekte aus, wodurch sich ihre Sicht auf bestimmte Ursache-Wirkungs-Zusammenhänge änderte. Das äußerte sich z. B. in Aussagen wie: „Ja, jetzt verstehen wir (= eigene Abteilung), warum euch (= andere Abteilung) die XYZ-Sache so wichtig ist."

Insgesamt lässt sich sagen, dass mit dem Einsatz der „Brown-Paper"-Methode die Kommunikation und Diskussion gefördert wird. Durch die einfache Form der Darstellung wird ein enorm hoher Partizipationsgrad der Teilnehmer erzielt. Diese aktive Beteiligung wiederum führt zu einer hohen Motivation im Projekt mitzuwirken und zu einer hohen Übereinstimmung mit den Projektzielen. Zudem wurden mit dieser Methode weitere Personen identifiziert, welche für die detaillierte Prozessaufnahme relevant und somit zu berücksichtigen sind. Neben der „Brown-Paper"-Methode gehörten zur Ist-Aufnahme der Ablauforganisation noch vertiefende Interviews, die Dokumentation der Prozesse mit der Swimlane-Methode sowie abschließende Workshops, um die Vollständigkeit und Korrekt-

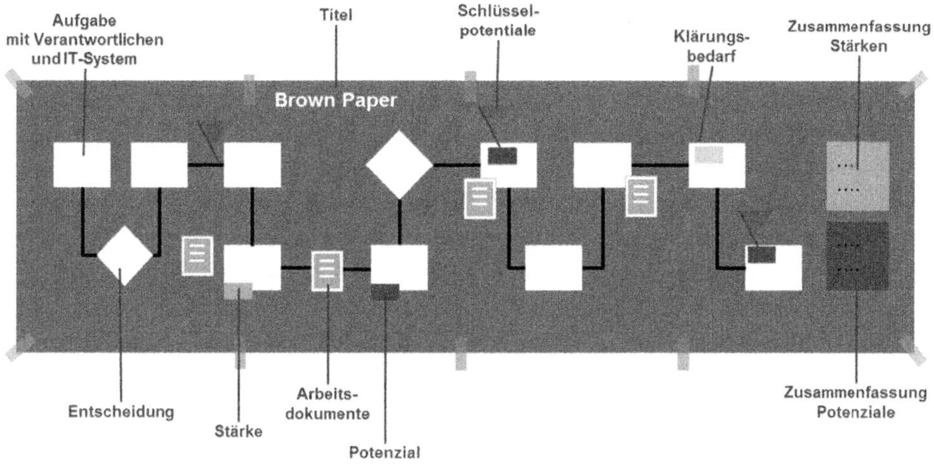

Abb. 13.5 Illustration eines „Brown-Paper"-Modells. (Quelle: Eigene Darstellung)

heit der Ist-Prozesse zu verifizieren. Auf diese Aktivitäten gehen wir im Rahmen dieses Beitrags nicht weiter ein.

Die „Brown-Paper"-Methode (vg. Abb. 13.5) wird üblicherweise angewendet, wenn es darum geht, sich eine Übersicht über die bestehenden Abläufe zu verschaffen. Der Teilnehmerkreis sollte in jedem Fall mit Mitgliedern aus verschiedenen Organisationseinheiten besetzt sein, da es ja gerade darum geht die funktionsübergreifenden wertschöpfenden Geschäftsprozesse herauszuarbeiten. Damit die Anzahl der Teilnehmer nicht zu groß wird, ist es sinnvoll die Workshops nach größeren Prozessabschnitten (z. B. Outbound-Prozess) zu gliedern.

Weiterhin werden verschiedenfarbige Moderationskarten eingesetzt, um bereits in einem frühen Stadium Aspekte aufzunehmen, die besonders gut laufen (typischerweise mit grünen Karten), sowie die Bereiche, bei denen Klärungsbedarf besteht (typischerweise mit gelben Karten) mit Verbesserungspotenzialen (typischerweise mit roten Karten) zu kennzeichnen. Darüber hinaus können auch „Quick Wins" festgehalten werden. Die Methode ist weiterhin geeignet, um exemplarische Arbeitsbelege den Prozessschritten zuzuordnen. Diese Arbeitsbelege (z. B. Lieferscheine, Rechnungen, etc.) können dann direkt an die Metaplanwand angeheftet werden.

Die mitarbeiterbezogenen Tätigkeiten analysieren

Nach der erfolgreichen Aufnahme der derzeitigen Prozesse, Verantwortlichkeiten, Informationsflüsse und IT-Systemen folgte eine Tätigkeitsanalyse, um den Detaillierungsgrad der repetitiven Tätigkeiten in der Transportdisposition zu vertiefen und die dafür notwendige Arbeitszeit zu erfassen. Die Tätigkeitsaufzeichnung gibt Hinweise darauf, an welchen Prozessstellen Verbesserungspotenziale bestehen und dient im positiven Sinne der Prozessoptimierung. Sie erleichtert in erheblichem Maße das Aufdecken von organisatorischen Veränderungsmöglichkeiten im Arbeitsablauf und zeigt auf, wo das Personal effektiver eingesetzt werden kann. Denn nicht selten werden entlang der Prozesse identische Tätigkeiten von verschiedenen Mitarbeiter ausgeführt („double work") oder es werden aufwändig Informationen ermittelt, welche eine vorgelagerte Organisationseinheit leicht übermitteln könnte. Um Optimierungspotenziale im Hinblick auf organisatorische, personelle und arbeitszeitliche Aspekte ausweisen zu können, wird die „klassische" Ist-Prozessaufnahme um eine Tätigkeitsanalyse erweitert. Zur Analyse der Tätigkeiten, haben wir uns für die Methode der „Zeitaufschreibung durch die Mitarbeiter" entschieden, da diese kostengünstig und einfach durchgeführt werden kann. Zudem war es uns wichtig, die Mitarbeiter in dieser Projektphase aktiv einzubinden.

Die Mitarbeiter setzten sich bewusst mit den einzelnen Aufgaben und der dafür benötigten Zeit ihrer täglichen Arbeit auseinander. Im Grunde wussten sie ganz genau welche Aufgaben sie ausübten, aber erst durch ein methodisches Vorgehen erfassten sie auch den Zeitbedarf für unwirtschaftliche oder zeitraubende Tätigkeiten Dabei stießen sie auf verborgene Optimierungspotenziale und brachten dabei eigene Ideen für Verbesserungen ein. Das Vorgehen bei der Tätigkeitsanalyse war wie folgt:

Informieren der Mitarbeiter und des Betriebsrates über das Vorhaben
Erfassen der Tätigkeiten
Aufnahme der Zeiten
Auswertung der Tätigkeitsanalyse

In einem ersten Schritt informierten wir den Betriebsrat über die geplante Durchführung der Tätigkeitsanalyse. Wird dies versäumt, kann der Betriebsrat ein Veto einlegen, sodass diese Untersuchung erst nach ausgiebigen Diskussionen weitergeführt werden kann oder im schlimmsten Fall gar nicht mehr durchgeführt werden darf. Daher empfiehlt es sich, den Betriebsrat rechtzeitig zu integrieren und seine Unterstützung für dieses spezielle Vorhaben zu gewinnen. Nach der Freigabe durch den Betriebsrat wurden die Mitarbeiter über die Tätigkeitsanalyse informiert. Alle von der Tätigkeitsanalyse betroffenen Mitarbeiter erhielten ein Schreiben, mit dem sie über Ziele, Aufgaben und den terminlichen Rahmen der anstehenden Untersuchung unterrichtet wurden. Damit konnten sich die Mitarbeiter über die Hintergründe informieren und sich bei Bedarf mit ihren Fragen an das Projektteam wenden. Wichtig ist, dass ein solches Informationsschreiben mindestens folgende Fragen beantwortet: „Was verbirgt sich hinter der Tätigkeitsanalyse? Warum wird sie durchgeführt? Wie ist jeder einzelne Mitarbeiter in der Tätigkeitsanalyse beteiligt? Was sind die Aufgaben des Mitarbeiters bei der Analyse? Was sind die nächsten Schritte, die auf den Mitarbeiter zu kommen?"

Zusammen mit dem Anschreiben wurde auch die Vorlage für die Zeiterfassung der einzelnen Tätigkeiten per E-Mail übermittelt. Über die zuvor erfolgte Prozessaufnahme war eine gute Grundlage gegeben, um eine Liste mit den wichtigsten Tätigkeiten in der Transportdisposition aufzustellen. Das Schema zur Erfassung der Prozesszeiten war einfach aufgebaut. In der ersten Spalte werden alle Tätigkeiten (gruppiert nach Hauptprozessen) aufgelistet und die zu erfüllende Tätigkeit kurz beschrieben. Eine zweite Spalte dient zur Erfassung, der für die jeweiligen Tätigkeiten benötigten Zeitbedarfe. Der Mitarbeiter gibt dabei die benötigte Zeit in Punkten an, wobei ein durchschnittlicher Arbeitstag von 8 h mit 100 Zeitpunkten bewertet wird. So werden einer Tätigkeit, die in Summe eine Stunde der täglichen Arbeitszeit beträgt, 12,5 Punkte zugewiesen.

Das Clustern der einzelnen Teiltätigkeiten zu Haupttätigkeiten zeigte auf, dass vor allem die Auftragsvorbereitung und die Tourenplanung die zeitintensivsten Prozesse waren. Die Auftragsvorbereitung nahm dabei 30 % der gesamten Arbeitszeit in Anspruch und die Erstellung der Tourenpläne sogar 40 %. Mit der Tätigkeitsanalyse wurde zudem klar, dass es keine klare Trennung der Aufgaben innerhalb des Funktionsbereiches gab und somit Doppelarbeiten den Mitarbeitern nicht auffielen.

Basierend auf den Ergebnissen der Tätigkeitsanalyse wurde die Entscheidung gefällt, dass zum einen eine professionelle Transportmanagementsoftware die Arbeit erleichtern und beschleunigen würde und zum anderen eine klare Zuordnung der Tätigkeiten auf die einzelnen Mitarbeiter erforderlich ist. Folglich wurde das Logistikprojekt in zwei Teilprojekte aufgeteilt. Das erste Teilprojekt war für die Auswahl und Implementierung der Transportmanagementsoftware verantwortlich und das zweite Teilprojekt strukturierte den Aufbau der Dispositionsgruppe „Mitte-Süd" um. Für die Umstrukturierung der Dispositionsgruppe „Mitte-Süd" in ein Team „Auftragsvorbereitung" und ein Team „Transportdisposition" wurden jeweils Stellenbeschreibungen erstellt. Zusammen mit dem Abteilungsleiter und den Mitarbeitern wurde der Inhalt der Stellenbeschreibung und das Anforderungsprofil definiert. Für die Ausgestaltung der Stellenbeschreibung lieferten wir die Struktur und einen ersten inhaltlichen Entwurf für das Anforderungsprofil. Die Mitarbeiter, die den Prozess sehr genau kennen, füllten diesen Rahmen mit den genauen Kompetenzanforderungen wie Wissen und Erfahrungen, Fertigkeiten, Fähigkeiten und Persönlichkeitseigenschaften. Mit der bewussten Auseinandersetzung mit dem Stellenprofil reflektierten die Mitarbeiter das Positionsprofil mit dem eigenen Profil. Somit war die Grundlage für den zweiten Schritt der Umstrukturierung geschaffen und erleichterte den Mitarbeitern ihre Präferenz, in welchen der beiden Teams sie zukünftig arbeiten würden.

Um die „richtigen" Mitarbeiter zu den Prozessen zuordnen zu können, wurde mit dem Abteilungsleiter und jedem Mitarbeiter eine Qualifikationsmatrix anhand der Methode „Selbstbild vs. Fremdbild" entwickelt. Der Abgleich der beiden Bilder führt im Idealfall zu einem vertrauensvollen Gespräch zwischen Mitarbeiter und Vorgesetzten. Der Mitarbeiter verdeutlicht, wie er sich selber im Hinblick auf das Anforderungsprofil einschätzt. Der Abteilungsleiter informiert den Mitarbeiter, wie er seine Kompetenzen beurteilt. Beide Wahrnehmungsprozesse sind nicht objektiv, denn zahlreiche Effekte, z. B. Milde-Effekt, beeinflussen die Wahrnehmung und führen zu Verzerrungen. Der Austausch zu den beiden Bildern ermöglicht die „Wahrheit" in der Mitte zu finden. Gemeinsam mit dem Betriebsrat, der Personalabteilung und dem Abteilungsleiter wurde die neue Aufbauorganisation innerhalb der Dispositionsgruppe „Mitte-Süd" final festgelegt.

Die zukünftige Ablauforganisation entwickeln

An dieser Stelle gehen wir kurz darauf ein, wie wir die zukünftige Ablauforganisation gemeinsam mit dem Projektteam unseres Klienten gestalteten. In dieser Phase ist der Berater immer einem gewissen Zielkonflikt unterlegen. Einerseits erwartet der Klient vom (Fach-) berater, dass dieser sein Wissen über „Best-Practice"-Prozesse in das Projekt einbringt. Andererseits ist durch geeignete Beteiligung zu gewährleisten, dass sich die Mitarbeiter mit den neuen Prozessen einhundertprozentig identifizieren. Dies wiederum ist bei bereits vorgefertigten Abläufen schwierig. Die anspruchsvolle Gestaltung der zukünftigen Ablauforganisation erfolgt auf Basis des Zielbildes, der Ist-Prozesse (Basis), Vorschlägen der Mitarbeiter sowie aus „Best-Practice"-Wissen des Beraters.

Das Zielbild, welches im Rahmen von Strategie-Workshops entwickelt wurde, ist der Rahmen für die Entwicklung der zukünftigen Geschäftsprozesse. Es liefert vor allem Antworten auf die Frage nach dem Prozessziel. Die Ist-Prozesse, die in den vorangegangenen Phasen bereits dokumentiert wurden, sind ein weiterer wesentlicher „Input" für die Sollprozessentwicklung – es sei denn, es handelt sich um ein komplettes Re-Engineering der Prozesse oder die zu gestaltenden Abläufe sind bisher nicht bzw. nur sehr rudimentär vorhanden. Warum aber sollen die Ist-Prozesse noch in Betracht gezogen werden? Man will sich ja gerade von ihnen entfernen. Die Gründe, sich mit dem „alten" System auseinanderzusetzen, liegen vor allem in der Historie begründet. Die Abläufe sind nicht zufällig entstanden, sondern sie wurden von verantwortlichen Personen mit einer bestimmten Intention aufgebaut. Und, mit den Worten von Winfried Berner beschreibend, „[...] sie wurden von ihnen unter erheblichem Einsatz von Zeit, Energie und „eigenen" Ressourcen geschaffen. [...] Da die Betroffenen ja um ihre mühsam aufgebauten Systeme fürchten, haben solche Projekte ein hohes Potenzial für Widerstände und Konflikte, und sie enden nicht selten in einem Machtkampf, der, gleich wer ihn letztlich gewinnt [...], viel Zeit und Kraft kostet und böses Blut, emotionale Verletzungen und offene Rechnungen hinterlässt" (vgl. Berner 2010, S. 115 f.) Will man einen konfliktärmeren Weg bestreiten, dann ist es wichtig, die vorhandenen Abläufe ernst zu nehmen und somit die jeweiligen Prozessverantwortlichen als Person selbst.

Um die Prozessverantwortlichen fachlich und emotional in die Entstehung der neuen Abläufe einzubinden, sind die Vorschläge der Mitarbeiter sehr wertvoll. An Veränderungsvorschlägen fehlt es häufig nicht. Vielmehr fehlt oft die Zeit, sich mit den Vorschlägen zu befassen oder Mitarbeiter werden von ihren Vorgesetzten nicht gehört. Prozessworkshops stellen daher eine Bühne bereit, um solche Ideen und Vorschläge strukturiert aufzunehmen und diese auf die Wirksamkeit und die Wechselwirkungen an den Prozessschnittstellen hin zu überprüfen. Sicherlich werden dabei auch Vorschläge kommen, die am Projektfokus vorbeigehen, also „off-topic" sind. Hier sei der bewährte Themenspeicher angesprochen, der auch solche Vorschläge erfasst, damit diese nicht verloren gehen. Das „Best-Practice"-Wissen des Beraters soll vor allem die zukünftigen Abläufe strukturieren und Lücken schließen. Hier ist es manchmal erforderlich, den Mitarbeitern bisher unbekannte Praktiken nahezubringen. Dafür wurden die Teilnehmer punktuell zu bestimmten Themen geschult, um darauf die Sollprozessgestaltung aufzubauen.

Am Ende von mehreren, thematisch gegliederten Workshops steht die als Diagramm und als Fließtext dokumentierte Ablauforganisation. Erfolgreich war eine solche Übung, wenn die zukünftige Ablauforganisation mit allen ihren Elementen ausgearbeitet wurde. Dazu gehören u. a. die Vollständigkeit und Konsistenz der Prozessschritte, der Informationsflüsse, geklärte Zuständigkeiten (z. B. gemäß RACI-Modell und Prozessschnittstellen einschließlich der Eskalationsstufen. Es hat sich darüber hinaus bewährt, bei einem guten Vertrauensverhältnis mit externen Geschäftspartnern, diese Personen, die als Teil der Prozesskette agieren, bereits in der Prozessdesign-Phase einzubeziehen. Im betrachteten Veränderungsprojekt waren das ausgewählte Spediteure und Fahrer.

Das Etappenziel „Projekttag: Logistik": Bewusstes Innehalten

Bei länger laufenden Projekten ist es empfehlenswert, nach dem Erreichen von wichtigen Projektteilzielen, ein „Innehalten" zu ermöglichen. Damit ist eine Reflexion auf das bisher Erreichte einerseits und ein Ausblick auf die noch zu erreichenden Ziele andererseits gemeint. Dieses „Innehalten" erlaubt zudem, die Aufmerksamkeit über das Projektteam hinaus zu erhöhen. Wir haben zwar in diesem Veränderungsprojekt einen Projekt-Newsletter herausgegeben, um regelmäßig über den Fortgang des Veränderungsprojektes zu informieren. Es ist aber von Zeit zu Zeit erforderlich, über diese Regelkommunikation hinaus eine Plattform zu schaffen, um einen intensiveren Dialog zwischen den unmittelbar im Projekt involvierten Teammitgliedern und allen anderen, indirekt betroffenen Mitarbeitern und Führungskräften zu ermöglichen.

Diese Plattform haben wir in Form eines „Projekttags: Logistik" umgesetzt. Dabei hat es sich bewährt, einen attraktiven Veranstaltungsort außerhalb der gewohnten Arbeitsumgebung auszuwählen, um so ein Umfeld hervorzubringen, dass eine möglichst hohe Konzentration auf das Projekt und eine möglichst geringe Ablenkung durch das Tagesgeschäft erlaubt.

Wann fand der „Projekttag: Logistik" im Projektverlauf statt? Gemeinsam mit unserem Klienten wählten wir einen Termin am Ende der Konzeptphase und vor Beginn der Umsetzungsphase. Insbesondere vor dem Übergang zur Umsetzung erschien es uns wichtig, Mitarbeiter und Führungskräfte für die bevorstehenden Aufgaben zu mobilisieren. Während in der Konzeptphase des Projektes eher geringe Personalressourcen benötigt werden, erhöht sich der Bedarf an Mitarbeitern in der Umsetzungsphase. Beispiele hierfür sind die Mitwirkung von Mitarbeitern in der Pflichtenheftphase, die Teilnahme an Schulungen, die Unterstützung von Softwaretests etc.

Um den „Projekttag: Logistik" vorzubereiten, waren insgesamt zehn Tage erforderlich, mit einem Aufwand auf Seiten unseres Klienten von zwei Tagen und acht Tagen auf Beraterseite. In einem ersten, vorbereitenden Schritt setzten wir uns mit den Führungskräften zusammen, um deren Erwartungen an den „Projekttag: Logistik" zu präzisieren. Dabei stellten wir folgende Fragen mit Bezug zum Projekt und dem geplanten „Projekttag: Logistik“: „Was entsprach bisher Ihren Erwartungen? Und was nicht? Was erwarten Sie vom „Projekttag: Logistik“? Wann ist der „Projekttag: Logistik“ für Sie ein persönlicher Erfolg? Was darf unter keinen Umständen am „Projekttag: Logistik“ passieren? Worauf sollte geachtet werden? Welchen guten Rat geben Sie den Teammitgliedern für die Umsetzung? Welcher Mitarbeiter Ihres Bereichs soll eine Rolle in der Umsetzung übernehmen?“

Aus der Vielfalt der Antworten greifen wir für die Fragen 1 bis 4 beispielhafte Statements heraus. Für diese zeigen wir auf, welche Schlüsse wir daraus für die Vorbereitung des „Projekttages: Logistik“ gezogen haben.

> Mit Energie auf Logistikthema gestürzt, Teams haben engagiert mitgearbeitet.
> (Statement zur ersten Frage)

Wir empfahlen den Führungskräften, dass sie solche ermunternde Statements auf dem „Projekttag: Logistik“ adressierten, um den Projektverantwortlichen eine positive Rückmeldung zu geben.

> Das Thema, das bearbeitet wird, ist noch nicht ausreichend, es gibt noch offene Punkte.
> (Statement zur ersten Frage)

Dieses Statement machte deutlich, dass augenscheinlich der Projektrahmen nicht allen Beteiligten klar war. Daher wurde dem „Projekttag: Logistik“ ein Agendapunkt hinzugefügt, in dem verdeutlicht werden sollte, was das Veränderungsprojekt leisten kann und was es andererseits nicht leisten kann.

> Jetzt gehen wir es konkret an! Das „muss“, nicht das „kann“ muss klar rüberkommen.
> (Statement zur zweiten Frage)

In dieser Aussage wird vor allem die Präsenz der Führungskräfte auf dem „Projekttag: Logistik“ deutlich. Deren Rolle ist es, die Akzeptanz für die Umsetzung gegenüber der Belegschaft wahrhaftig zu bezeugen. Die Führungsmannschaft muss ernsthaft und authentisch hinter dem Vorhaben stehen und diese Haltung auch gegenüber den Mitarbeitern „vorleben“, sodass diese emotional eine Aufbruchsstimmung erfahren.

> Wenn die Aufbruchsstimmung da ist!
> (Statement zur dritten Frage)

Das Erzeugen von Aufbruchsstimmung wird besonders in einem Zitat deutlich, welches man Antoine de Saint-Exupéry zuschreibt. Es lautet: „Wenn Du ein Schiff bauen willst, so trommle nicht Männer zusammen, um Holz zu beschaffen, Werkzeuge vorzubereiten, Aufgaben zu vergeben und die Arbeit einzuteilen, sondern lehre die Männer die Sehnsucht nach dem weiten endlosen Meer.“

> Schwerpunkt sollte nicht auf geschliffenen Präsentationen liegen, sondern auf der Ergebnisdarstellung durch die Projektteammitglieder selbst.
> (Statement zur vierten Frage)

Gerade dieses Statement, aber auch aller zuvor genannten Statements, bestärkten das Projektteam darin, den „Projekttag: Logistik“ so als einen lebendigen und emotional erlebbaren Dialog zu gestalten, der zu einem aktiven Miteinander führt, bei dem sich die Teilnehmer hinsichtlich des Erreichten und des noch zu Bewältigenden aktiv austauschen können. Für die Umsetzung schlugen wir einen geführten Infomarkt als geeignete Methode vor. Was ist ein Infomarkt? „Auf einem Infomarkt wird ein an sich umfangreiches und vielschichtiges Thema in der Weise vorgestellt, dass man es in verschiedene Aspekte aufteilt und an so genannten Info-Ständen präsentiert. Die Teilnehmer teilen sich in kleinere Gruppen auf, die dann von Stand zu Stand gehen und sich somit einen Gesamtüberblick verschaffen“ (Stolzenberg 2009, S. 81 f.). In der weiteren Beschreibung über den Ablauf des „Projekttages: Logistik“ gehen wir auf die Anwendung der Methode „Infomarkt“ ein.

Die weiteren Schritte in der inhaltlichen Vorbereitung bestanden darin, eine Agenda und einen detaillierten Moderationsplan für den „Projekttag: Logistik“ zu erstellen. Vorab erhielten die Teilnehmer einen Kurzbericht über den aktuellen Projektstatus, die Agenda sowie weitere Informationen zur Organisation. Zunächst eröffnete ein Vertreter des Managements die Veranstaltung und erläuterte, warum es sinnvoll ist, sich einen Tag lang vom Tagesgeschäft zu lösen und sich diesem Projekt zu widmen. Er betonte, dass das Veränderungsprojekt mit der damit erwarteten Logistikoptimierung sehr wichtig für das Unternehmen sei und erklärte, warum diese Logistikoptimierung jetzt und nicht später erfolgen soll. Der Geschäftsführer machte die Erwartungshaltung deutlich und bat um Unterstützung dafür, dass dieses Projekt zum Erfolg wird.

Es stellte sich als sehr förderlich heraus, dem Plenum auch finanzielle Informationen zum Projekt zu erläutern. Dazu wurde aufgezeigt, welches Budget das Projekt hat, wie viel davon bisher verbraucht wurde und welchen „Return-on-Invest“ sich unser Klient von den Optimierungen erwartet. Auch die Rolle und der Einsatz des Beraters und dessen Budget wurden erläutert. In späteren Feedbacks zeigte sich, dass der offene Umgang mit diesen Informationen sehr begrüßt wurde und dazu beitrug, Vertrauen zwischen Management und Belegschaft zu schaffen.

Der Projektleiter unseres Klienten gab einen kurzen Überblick über das Veränderungsprojekt und zeigte den Status der Arbeitspakete auf. Es folgte ein „Walk-through“ durch die zukünftigen Logistikprozesse. Dabei wurden die mit der Swimlane-Methode modellierten Prozesse abschnittsweise vorgestellt und jeweils vermittelt: „Was ist neu an dem Ablauf? Was ist der erwartete Nutzen? Was ist noch zu tun, um den optimierten Prozess zu erreichen?“ Schließlich wurde ein „Infomarkt“ als Schwerpunkt des „Projekttages: Logistik“ veranstaltet (siehe Abb. 13.6). Für das Veränderungsprojekt wurden die folgenden Stände und Standthemen vorgesehen:

Stand A: Motivation für das Logistikprojekt

Stand B: Neue Organisationsstrukturen (z. B. zentrale Dispo, Arbeitsteilung)

Stand C: Neue Arbeitsabläufe Änderungen in der Ablauforganisation

Stand D: Neue Techniken, Arbeitsmittel und Systeme (v. a. die neue Dispositionssoftware)

Stand E: Vorbereitungen für Mitarbeiter (z. B. Schulungen am IT-System)

Abb. 13.6 Der Infomarkt am Projekttag Logistik. (Quelle: Constanze Scheidemann)

Jedem Info-Stand war ein Mitglied aus dem Projektteam als Standsprecher zugeordnet. Zunächst teilten wir die Teilnehmer auf genauso viele Gruppen auf, wie es Stände gab. Vor der Eröffnung des Infomarktes wurden den Teilnehmern folgende Informationen mit auf den Weg gegeben: „Worbüber informieren die Standsprecher?" (bisherige Ergebnisse, Umsetzungsschritte, Pitfalls, Unterstützungsbedarf) Was müssen Sie als Besucher des Stands tun (stellen Sie gerne Fragen, äußern Sie Ihre Bedenken und Sorgen)? Der Infomarkt war so konzipiert, dass nach jeweils 30 min die Gruppen den Stand wechselten. Nach jeweils drei Runden wurde eine Pause in den Ablauf eingebaut. Den Abschluss des Infomarktes bildete eine Podiumsdiskussion, bei der Fragen aus den Gruppen beantwortet wurden. Fragen, die im Plenum nicht geklärt werden konnten, wurden vom Projektteam mitgenommen, um nach einer genauen Betrachtung der Bedenken Maßnahmen und Aktionen zu entwickeln, die dann in einem nächsten Newsletter vorgestellt wurden.

Mitarbeiter in der IT-Implementierung beteiligen und befähigen

Auf den ersten Blick ist die Auswahl und Implementierung von IT-Systemen eine sehr technische Angelegenheit. Dann stellen sich schnell die Fragen: „Welchen Raum haben in dieser Phase die Funktionen des Change Managements? Und wenn es einen Raum dafür gibt, welche Change Management Funktionen wären dann zu welchen Zeitpunkten sinnvoll einsetzbar?" Zur Beantwortung erläutern wir die wesentlichen Aufgaben der IT-Implementierung und berichten über unsere Erfahrungen in der Anwendung von Change-Management-Methoden.

Zu Beginn dieser Projektphase stand die Erstellung eines IT-Lastenheftes. Das IT-Lastenheft umfasst die technischen und inhaltlichen Vorgaben, die an das IT-System gestellt werden. Im konkreten Fallbespiel wurden dazu alle funktionalen Anforderungen aufgeführt, welche die einzuführende Transportdispositionssoftware erfüllen muss. Zur Veranschaulichung der funktionalen Anforderung nennen wir hier ein Beispiel: „Generierung von optischen und akustischen Hinweisen für den Disponenten, falls bei der automatischen Verplanung der Speditionsaufträge unter Einhaltung der Dispositionsrestriktionen keine Fahrzeug-/Laderaumkapazitäten mehr verfügbar sind oder andere für den Alogorithmus nicht lösbare Konflikte auftreten."

Über diese funktionalen Anforderungen hinaus wurden weitere Qualitätsanforderungen wie Zuverlässigkeit, Benutzerfreundlichkeit, Verarbeitungsgeschwindigkeit etc. an die Software definiert. Diese obige Aufzählung lässt erahnen, dass es nicht „nur" um eine technische Angelegenheit geht. Denn die im IT-Lastenheft festgelegten Anforderungen entscheiden maßgeblich darüber, wie der Mitarbeiter mit dem IT-System in der zukünftigen Ablauforganisation arbeiten wird. „Kann der Mitarbeiter schneller und effizienter seine Arbeit mit dem neuen IT-System erledigen? Ist das IT-System eine echte Hilfe? Bietet das IT-System eine „Workflow"-Orientierung oder muss der Mitarbeiter umständlich durch Menüs navigieren, um seine Aufgaben zu erfüllen?"

Diese Aspekte zeigen, dass es sehr sinnvoll ist, die Key-User in den Lastenheft-Workshops zu beteiligen, um sicherzustellen, dass die Anforderungen aus Nutzersicht bereits zu einem frühen Zeitpunkt erfasst werden. Im Veränderungsprojekt brachten die Key-User wertvolle Beiträge ein, vor allem die Anforderungen an die Systemdialoge und die Benutzerführung konnten so präzise definiert werden.

Mit „Conference Room Pilots" die Software „live erleben"

In einem mehrstufigen Auswahlverfahren wurden die auf dem Markt verfügbaren IT-Anbieter und deren Produkte zunächst anhand von Kriterien vorausgewählt. Um die Vorauswahl für die Ausschreibung fachlich abzusichern, wurden die besonders interessanten Anbieter zu sogenannten „Conference Room Pilots" eingeladen. Der „Conference Room Pilot" diente dazu, auf Basis von möglichst realistischen Geschäftsvorfällen die Funktionalität und Ergonomie der Software „live" zu erleben. Diese Vorgehensweise ermöglichte ein umfassendes und tiefes Verständnis von der Arbeitsweise des Systems. Die beteiligten Key-User konnten das „Look & Feel" der Softwareanwendung erleben. Die IT-Anbieter stellten unserem Klienten Demoversionen zur Verfügung. Die Führungskräfte verschafften den Key-Usern und weiteren freiwilligen Mitarbeitern zeitliche Freiräume, um mit den Demoversionen zu experimentieren. In einem abschließenden Workshop einigte sich das Projektteam auf vier IT-Anbieter, welche für die Teilnahme an der eigentlichen Ausschreibung vorgesehen waren.

Es folgte die Ausschreibung der IT, das Begleiten der Ausschreibung und das Führen von Gesprächen mit den IT-Anbietern, um offene Fragen zu beantworten. Im Anschluss an die Vertragsverhandlungen wurde ein Festpreisvertrag mit einem IT-Anbieter geschlossen. Somit konnte die Implementierung der neuen Software beginnen.

Die Mitarbeiter aufqualifizieren

Mit den Mitarbeiterschulungen wurden zwei wesentliche Ziele verfolgt. Zum einen sollten die Mitarbeiter darin befähigt werden, die zukünftigen, Prozesse zu beherrschen. Zum anderen sollten sie in die Lage versetzt werden, mit der neuen Transportdispositionssoftware umzugehen.

Zunächst haben wir für die Key-User im Rahmen einer Präsenzschulung die neuen Prozesse vermittelt. Dabei war es von großem Vorteil, dass diese Mitarbeiter bereits in der Konzeptphase mitgewirkt haben, so dass sie Schulung nur wenige Tage umfasste. Schwerpunkt in der Prozessschulung war es, ein Verständnis über die Aufgaben, Kompetenzen und Verantwortungen entlang des Auftragsdurchlaufs herbeizuführen. Auf einer möglichst konkreten Ebene wurde dargestellt, wie die Teams „Auftragsabwicklung" und „Transportdisposition" zukünftig zusammenarbeiten werden. Im Rahmen der Prozessschulung wurden u. a. folgende Fragen beantwortet: „Wie sehen die zukünftigen Arbeitsprozesse aus und welche Wechselwirkungen bestehen zu benachbarten Abläufen? Was ändert sich gegenüber den heutigen Abläufen? Wie findet die Regelkommunikation statt? Welche Eskalationsmechanismen gibt es und wer sind die Ansprechpartner? Welche neuen und geänderten Geschäftsregeln gibt es, beispielsweise geänderte Vereinbarungen mit den Frachtführern?"

Die Schulung diente vor allem dazu, den Key-Usern eine größtmögliche Prozesssicherheit zu geben, weil es ja genau die Mitarbeiter sind, die wiederum eine Vorbildfunktion für die weiteren Anwender haben und ihr Wissen an diese weitergeben sollen. Um das Gelernte zu überprüfen, wendeten wir das sogenannte Jeopardy-Spiel an, mit dem die Mitarbeiter in unterhaltsamer Weise ihr gelerntes Wissen überprüfen konnten.

Ganz selbstverständlich ist, dass die Nutzer darüber hinaus in der Bedienung des neuen IT-Systems geschult werden mussten. Diese Aufgabe übernahm der Lieferant des IT-Systems. Auch hier bevorzugten wir das klassische Präsenztraining gegenüber einem e-Learning-Ansatz, weil dadurch die Anwender sich vom Tagesgeschäft lösen konnten und der Experte desIT-Systems für alle Fragen der Anwender persönlich zur Verfügung stand.

Mit aufqualifizierten Key-Usern den Erfolg der IT-Tests sichern

Die Prozedere des IT-Testens und der Abnahme sind sehr vielschichtig und komplex. Im Grunde geht es darum, über mehreren Stufen hinweg zu überprüfen, ob die gelieferte IT wie erwartet funktioniert, d. h. die richtigen Ergebnisse liefert, schnell Daten verarbeitet, die IT-Schnittstellen funktionieren etc. Abnahmen erteilte unser Klient nach den jeweiligen Testphasen auf Basis definierter Abnahmekriterien. Die letzte Abnahme war gleichzeitig die Freigabe zur Produktivschaltung der IT.

In den Testreihen, an den unser Klient als Auftraggeber beteiligt war, wurden auch die Key-User intensiv eingebunden. Eine Aufgabe bestand darin, die Testszenarien zu definieren, d. h. es wurde festgelegt, welche Geschäftsvorfälle getestet werden sollen. In jedem Testschritt wurde beschrieben, welche Ergebnisse von der Transportdispositionssoftware erwarteten wurden. Für das eigentliche Testen mussten in die neue Software Testdaten eingegeben werden. Dann wurden die Testschritte sukzessiv ausgeführt. Alle Testschritte, Ergebnisse und Fehler wurden minutiös dokumentiert und dem IT-Anbieter zur Fehlerbehebung vorgelegt. Der Aufwand für die Vorbereitung von IT-Tests darf nicht unterschätzt werden. Denn das Testsystem muss bereitstehen, die IT-Schnittstellen müssen funktionieren, die Testdaten müssen vorhanden sein, die Key-User müssen als Benutzer im System eingerichtet sein usw. Eines darf dabei nicht vergessen werden: die Key-User müssen das IT-System bereits kennen und geschult worden sein. Unterbleibt dieser wichtige Schritt, dann wird aus dem geplanten Testtermin ein Schulungstermin.

13.7 Reflexion des Change-Projektes

Etwa neun Monate nach dem „Go-live“ der optimierten Prozesse und des neuen IT-Systems haben wir mit unserem Klienten das Logistikprojekt reflektiert. Mit der Reflexion des Projektes verfolgten wir das Ziel, die ursprünglich gesetzten Projekteziele gegen die tatsächlich erfolgte und gelebte Umsetzung abzugleichen. „Gaps“, die mit Hilfe der Reflexion aufgedeckt wurden, weisen auf einen noch unzureichenden Umsetzungsgrad hin. Schließlich ging es auch noch um eine Überprüfung der Ziele gegen geänderte Rahmenbedingungen im Unternehmensumfeld.

Für die Reflexion waren zwei ca. zweistündige Workshops mit der Unternehmensführung erforderlich, und zwar ein initialer Workshop zu Beginn und ein Abschlussworkshop am Ende der Reflexion. Zwischen diesen beiden Workshops erfolgten an einem Tag mehrere Gespräche mit den Prozessverantwortlichen aus den verschiedenen Funktionen (Tourenplanung, Auftragsvorbereitung und Vertriebsinnendienst). Der initiale Workshop mit der Unternehmensführung verfolgte drei wesentliche Ziele. Erstens wurden die Erwartungen der Führungskräfte an die Reflexion geklärt und ein abgestimmtes Vorgehen vereinbart. Dabei wurde festgelegt, dass wir mit den Prozessverantwortlichen aus den relevanten Unternehmensfunktionen Gespräche führen, um den Umsetzungsgrad auf der Arbeitsebene in Erfahrung zu bringen. Zweitens wurde erfasst, welche wesentlichen Veränderungen in der Umwelt des Unternehmens in den vergangenen Monaten aufgetreten sind und ob diese Auswirkungen auf die Unternehmenslogistik hatten. So erfuhren wir beispielsweise, dass unser Klient einen kleineren Wettbewerber akquiriert hatte, dessen Logistik in den zentralen Logistikfunktionen abgebildet werden sollte. Drittens fragten wir ab, wie die Unternehmensführung selbst die mit dem Veränderungsprojekt erreichten Umsetzungsergebnisse wahrnimmt. Dazu stellten wir u. a. folgende Fragen: „Woran merken Sie, dass es besser wurde? Wie wird der Umsetzungserfolg gemessen? Woran merken die Kunden die Veränderungen? Wie werden die neuen Logistikprozesse

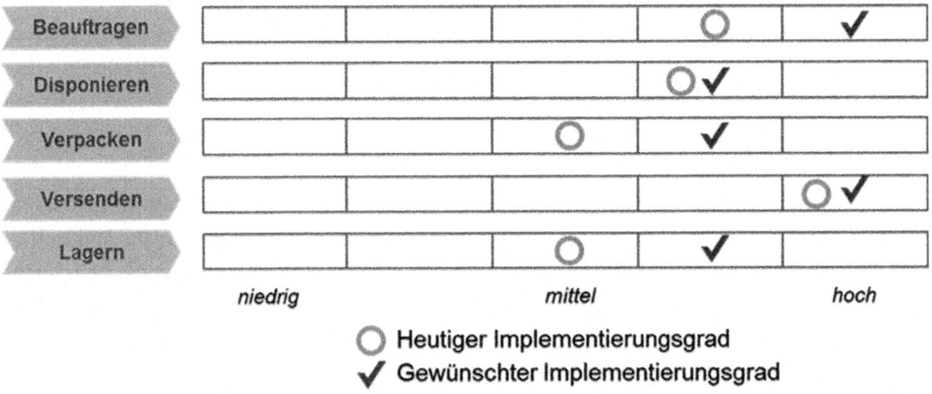

Abb. 13.7 Handlungsbedarf in der Logistikoptimierung. (Quelle: Eigene Darstellung)

„gelebt"? Welche Abweichungen gibt es? Wo sind die größten Knackpunkte? Was ist noch zu tun?"

Insgesamt lieferte uns der initiale Workshop mit der Unternehmensführung die erforderliche Grundlage, um die Gespräche mit den Prozessverantwortlichen anzugehen. Leitfaden für die Gespräche mit den Prozessverantwortlichen waren die damals erstellten Sollprozesse. Entlang der Prozessschritte erhoben wir in den Gesprächen den Status zur Umsetzung und identifizierten Abweichungen. Ferner dokumentierten wir den heutigen und zukünftig gewünschten Umsetzungsgrad (vgl. Abb. 13.7).

Die Abweichungen, die sich aus der Betrachtung des heutigen und zukünftigen Implementierungsgrades ergaben, hatten verschiedene Gründe. Zum einen waren diese den geänderten Rahmenbedingungen geschuldet, zum anderen stellte sich im Laufe der Zeit heraus, dass Nachbesserungen an der Transportdispositionssoftware erforderlich waren, um die Software besser an die Arbeitsabläufe anzupassen. Eine weitere Quelle für die Abweichungen war, dass die Mitarbeiter die Möglichkeiten der Software nicht immer voll ausschöpften. So vertrauten manche Disponenten noch eher ihrer Intuition, planten die Transporte manuell und verwendeten die systemgestützte Optimierung nur selten. Für den Abschluss-Workshop wurden die Ergebnisse aus den Gesprächen mit den Prozessverantwortlichen aufbereitet und mit den Wahrnehmungen der Unternehmensführung verglichen.

Wenn mit dem „Go-Live" das Umsetzungsmanagement noch nicht zu Ende ist

Wir zogen Schlussfolgerungen aus der Reflexion des Veränderungsprojekts und gaben Handlungsempfehlungen an die Unternehmensführung. Folgende Erkenntnisse gewannen wir aus dem Workshop:

Eine kontinuierliche Aufmerksamkeitsfokussierung durch die Führungskräfte ist nach dem „Go-live“ nicht abzustellen. Es gilt weiterhin, die angestrebten Strategien und Ziele im Auge zu behalten und bei Bedarf Kurskorrekturen vorzunehmen. Dazu sind die Führungskräfte zu ständigen „Abweichungsanalysen“ aufgefordert und sie müssen mit allen Sinnen aufnehmen, welche geänderten Rahmenbedingungen eine erhöhte Aufmerksamkeit verlangen. Dazu gehören z. B. geänderte externe Rahmenbedingungen (Wettbewerb, Märkte, etc.) sowie Änderungen der internen Kontexte (Mitarbeiterfluktuation, Anpassung der Aufbauorganisation, geänderte Kommunikationswege, etc.). Die Führungskräfte sind aufgefordert, Prozessverbesserungen auch nach der erfolgten Umsetzung anzugehen. Hierzu bietet sich die Einführung eines „Kontinuierlichen Verbesserungsprozesses (KVP)“ an, um Veränderungsbedarf „bottom-up“ zu erkennen. Umsetzungskonsequenzen, welche sich für die Mitarbeiter ergeben, sind von den Führungskräften deutlich herauszuarbeiten und sofern notwendig, sind die angepassten Abläufe und die angepasste IT zu schulen. Führungsaufgabe bedeutet auch eine ständige Überprüfung, ob die Anwendung der optimierten Prozesse und der unterstützenden IT-Systeme wie gewünscht erfolgt. Ggf. müssen die Mitarbeiter immer wieder daran erinnert werden. Auch nach der Umsetzung ergeben sich z. B. durch geänderte Strategievorgaben Anpassungsbedarfe an die Ablauforganisation. Auch hier gilt wiederum das, was im vorgestellten Veränderungsprojekt der Schlüssel zu einem erfolgreichen Change Management war: Vertrauen schaffen durch Kommunikation der Strategie und Ziele, den Mitarbeitern Raum geben, um deren Fragen zu beantworten, Mitarbeiter an den notwendigen Veränderungen beteiligen, die Mitarbeiter bei Bedarf qualifizieren und somit in Summe Handlungssicherheit geben.

Der Mehrwert von „Change Management"

Unternehmen befinden sich in einem permanenten Veränderungsprozess. Dafür gibt es vielfältige Gründe. Sei es der stark wachsende Wettbewerb, veränderte Kundenwünsche, der Wechsel von Führungskräften oder die Einstellung von neuen Mitarbeitern. Veränderungen sind ein zentrales Element eines Unternehmens. Einige werden von den Veränderungen getrieben und sind ihnen ausgesetzt, andere hingegen managen diese aktiv und vorausschauend. Es steht außer Frage, dass mit der zielgerichteten Auseinandersetzung und dem Einsatz von Change-Management-Instrumenten ein höherer Aufwand, Kosten und Ressourcen in den frühen Phasen der Veränderung verbunden sind. Außerdem ist die Wirksamkeit des Change Managements ex ante nicht vorhersehbar und auch der Ursache-Wirkungs-Zusammenhang zwischen Change Management und dem Projekterfolg ist im Voraus nicht eindeutig bestimmbar. Dies sind auch die Gründe für fehlende Akzeptanz für Change Management bei der Unternehmensführung und den Mitarbeitern. Des Weiteren führt die unzureichende Verfügbarkeit von Messverfahren zur Quantifizierung des Change-Mehrwertes dazu, dass insbesondere bei Ressourcenentscheidungen die Budgetverantwortlichen bei dieser Position den Rotstift ansetzen. Change Management wird leider einfach als Kostenposition und nicht als Chance wahrgenommen.

Wie wichtig es aber ist Veränderungen professionell zu begleiten, zeigt eine Studie aus dem Jahr 2012 des Beratungsunternehmens PriceWaterhouseCoopers. Bei der Befragung von 68 der führenden deutschen Unternehmen wurde festgestellt, dass 83 % der Unternehmen mit professionellem Change Management ihre gesetzten Veränderungsziele erreichten. Hingegen konnten nur 39 % der Unternehmen ohne Change-Management-Einsatz diese Aussage ebenso bestätigen. Die Gründe für den Misserfolg der Veränderungsprojekte ist in den meisten Fällen in Ängsten und Unsicherheiten der Mitarbeiter begründet und weniger in sachlichen Bedenken. Demzufolge ist es umso wichtiger, dass Veränderungen richtig gemanagt werden. Denn das Risiko, dass Veränderungsprojekte nicht den gewünschten Erfolg zeigen, ist zu groß, um nicht beachtet zu werden.

Welchen Mehrwert erzeugt nun ein aktives und vorausschauendes Change Management? Zum einen zeigen Studien, dass Unternehmen mit einer fest etablierten Change-Management-Einheit größere Marktanteile erzielen können als Unternehmen, die in Veränderungsprojekten keine Change-Management-Instrumente einsetzen. Die Unternehmen mit Change-Erfahrung können mit ihrer erhöhten Agilität und Veränderungsfähigkeit eine bessere Wettbewerbssituation erreichen als andere Unternehmen. Sie reagieren schneller auf Veränderungen aus dem Umfeld und können geplante Maßnahmen erfolgreicher umsetzen. Sie erwirtschaften nicht nur höhere Marktanteile, sondern sind auch in der Lage nachhaltig ihre Ertragsstärke weiter auszubauen.

Zum anderen kann durch aktives Change Management eine Unternehmenskultur geschaffen werden, die das Handeln aller im Unternehmen tätigen Personen zur Selbsterneuerung positiv beeinflusst. Konkret heißt dies, dass das Unternehmen sich sowohl strategisch als auch operativ schneller neuausrichten kann und somit der Konkurrenz immer einige Schritte voraus ist. Denn klassischerweise spaltet sich die Belegschaft bei Veränderungsinitiativen in drei Gruppen auf. Auf der einen Seite gibt es die Begeisterten, die sofort bei jeder Initiative mitmachen und diese unterstützen. Das sind ca. 20 % der Mitarbeiter. 60 % der Belegschaft ist der Veränderung eher neutral eingestellt und wartet die Entwicklung erstmal ab. Die restlichen 20 % sind die Opponenten der Veränderungen, die zielgerichtet versuchen jede Initiative zu unterbinden. Durch das Etablieren eines aktiven Change Managements und somit einer Unternehmenskultur, die Veränderungen begrüßt, verschiebt sich die Verteilung zwischen Befürwortern, Zurückhaltenden und Opponenten in eine positive Richtung. Dies wiederum stellt einen nachhaltigen Wettbewerbsfaktor dar, der sich nicht so leicht imitieren lässt.

Ein weiterer Vorteil, der durch das Change Management erzeugt wird, ist die Einschätzung des Bedarfs an professioneller Veränderung. Unternehmen mit einem höheren Change-Management-Know-how können den Bedarf und Umfang an professioneller Begleitung bei Veränderungen schneller identifizieren. Interventionsmaßnahmen werden sorgfältiger geplant und das Verhältnis zwischen Ertrag und eingesetzten Mitteln kann besser eingeschätzt werden. Zudem entfallen durch das vorausschauende Handeln kosten-

und zeitintensive Maßnahmen, die aufgrund von Widerständen in der Belegschaft, in den späteren Projektphasen notwendig werden. Unternehmen, die Erfahrungen mit der professionellen Begleitung von Veränderungen gemacht haben, begehen seltener Fehler in Veränderungsprojekten. Das obere Management ist seiner Verantwortung bewusst und trifft zum richtigen Zeitpunkt Entscheidungen, die von ihm erwartet werden. Es wird jedoch nicht alles diktiert, sondern Mitarbeiter bekommen Möglichkeiten bei Veränderungen mitzuwirken und sie mitzugestalten. Außerdem ist das Bewusstsein im Unternehmen vorhanden, dass Veränderungen Zeit brauchen, denn nicht selten müssen alte Gewohnheitsmuster aufgebrochen werden, damit ein Wandel überhaupt erfolgen kann. Solche Prozesse laufen niemals linear ab, sondern immer in Schleifen. Diese Entwicklungen erfordern ständige Beobachtungen, Anpassungen und Weiterverfolgung der gewünschten Veränderungsrichtung. Diese Organisationen wissen darüber hinaus, wie sie Widerstände für Veränderungsvorhaben sinnvoll nutzen können.

Die Frage, ob sich die eingesetzten Mittel für das professionelle Begleiten von Veränderungen lohnen und es danach wirklich besser wird, kann nicht immer eindeutig beantwortet werden. Aber wie es der deutsche Physiker und Schriftsteller Georg Christoph Lichtenberg treffend formuliert hat: „Ob es besser wird, wenn es anders wird, weiß ich nicht. Dass es anders werden muss, wenn es besser werden soll, ist gewiss."

Literatur

Berner, W. (2010). *Change! 15 Fallstudien zu Sanierung, Turnaround, Prozessoptimierung, Reorganisation und Kulturveränderung*. Stuttgart: Schäffer-Poeschel.

Rohm, A. (2012). *Change-tools: Erfahrene Prozessberater präsentieren wirksame Workshop-Interventionen* (5. Aufl.). Bonn: ManagerSeminare.

Stolzenberg, K. (2009). *Change management: Veränderungsprozesse erfolgreich gestalten – Mitarbeiter mobilisieren* (2. Aufl.). Heidelberg: Springer.

Thomas Krebs ist Prinzipal bei der Supply-Chain-Beratung Miebach Consulting GmbH, die internationale Supply-Chain-Beratung und Ingenieurleistungen in Logistik und Produktion anbietet. Der Dipl. Wi.-Ing. leitet dort das Kompetenzfeld „Supply Chain Prozesse". Die Schwerpunkte seiner Beratungstätigkeit bilden die Entwicklung und Optimierung von Supply-Chain-Organisationsformen, IT-Lösungen und deren Implementierung in globalen Wertschöpfungsnetzwerken. Thomas Krebs war zuvor u. a. bei der Volkswagen-Tochter Gedas tätig.

Irene Wagner ist Senior-Beraterin im Kompetenzfeld „Supply Chain Prozesse“ bei der Supply-Chain-Beratung Miebach Consulting GmbH. Die Beratungstätigkeit der systemischen Organisationsberaterin fokussiert auf die Entwicklung, Optimierung und Begleitung von Veränderungsprojekten im Bereich Supply Chain Management und IT. Dies umfasst relevante Themen von der Supply-Chain-Strategie bis hin zur Realisierung von IT-Systemen und neuen Organisatonsstrukturen.

Benchmarking als Diagnose-Werkzeug: Öffnen der Organisation für die Analyse der eigenen Leistungsfähigkeit

14

Renate Apitzsch

Ein klares Bild der eigenen Wettbewerbsposition, anspruchsvolle Ziele und ein Plan, wie diese erreicht werden können, sind notwendige Voraussetzungen für ein erfolgreiches Unternehmen. Ebenso aber eine Organisation, die willens und fähig ist, sich laufend zu verbessern und notwendige Maßnahmen anzugehen und umzusetzen. Benchmarking unterstützt alle diese Aspekte. Benchmarking schafft Transparenz über die eigene Leistungsfähigkeit im Wettbewerb und dient als Zielsetzungs- und als Change-Management-Tool. Es hält der Organisation durch den Außenblick auf die eigene Leistungsfähigkeit den Spiegel vor und ermöglicht zugleich ein Lernen und Freisetzen eigener kreativen Potenziale über das Adaptieren von Best Practices aus dem eigenen Industrieumfeld oder auch von außerhalb dessen. Benchmarking ist somit mehr als ein Diagnosewerkzeug. Es ist eine Basis für Veränderungen und soll, da auch mehrfach an verschiedenen Stellen des Buches erwähnt, daher zum Abschluss von Teil IV „Restrukturierung der Aufbau- und Ablauforganisation" noch einmal näher beleuchtet werden.

14.1 Ansätze: Internes und Externes Benchmarking

Je nach Geschäftsanforderung bieten sich verschiedene Benchmarking-Ansätze an, die nach den Dimensionen „Benchmark Fokus" und „Benchmark Messlatte" in Abb. 14.1 mit je einem Beispiel illustriert sind. Bei Siemens werden je nach Geschäftsanforderungen verschiedene Benchmarking-Ansätze verfolgt. Auf ausgewählte Beispiele der Dimension „Benchmark Messlatte" wird folgend etwas näher eingegangen.

R. Apitzsch (✉)
Siemens AG, Energy Division, Erlangen, Deutschland
E-Mail: renate.apitzsch@siemens.com

S. Iskan, E. Staudt (Hrsg.), *Strategic Change*, DOI 10.1007/978-3-658-03287-6_14

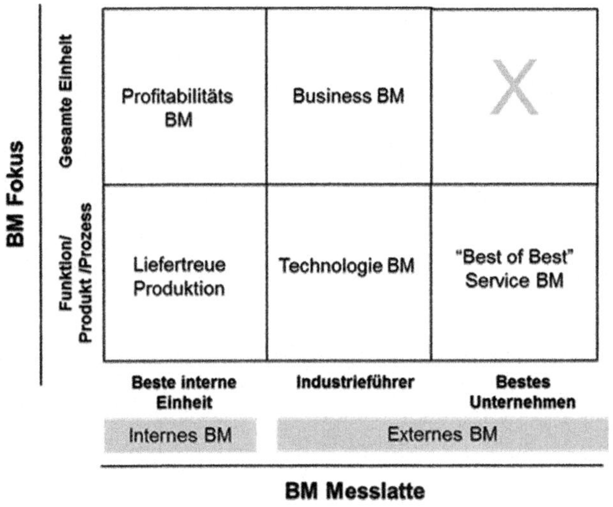

Abb. 14.1 Benchmarking-Ansätze. (Quelle: Eigene Darstellung)

Internes Benchmarking

Internes Benchmarking stellt den Vergleich her zwischen der eigenen Leistungsfähigkeit und den besten Performern innerhalb des eigenen Unternehmens. Vorteil des internen Benchmarkings ist die vergleichsweise leichte Zugänglichkeit von Informationen. Insbesondere in großen Unternehmen finden sich „bei gutem Willen" immer vergleichbare Geschäftseinheiten bzw. Geschäftsarten und oftmals existieren bereits Messgrößen oder ganze Key-Performance-Indicator-(KPI)-Systeme, die Transparenz über die verschiedenen operativen Einheiten hinweg schaffen, Anspruchslevel definieren und Fortschritte sichtbar machen. So wie beispielsweise das KPI-System bei Siemens Energy, das als Teil des Sektor weiten Business-Excellence-Programms einer regelmäßigen Berichterstattung unterliegt.

Abbildung 14.2 illustriert diese exemplarisch für den KPI Mitarbeiterproduktivität Werke. Die Produktivität der einzelnen Geschäftseinheiten ist nebeneinander dargestellt und gemäß ihrer Abweichung vom Zielwert mit einer Farbcodierung (Ampelsystem) belegt. Darüber hinaus werden konkrete Verbesserungsmaßnahmen mit ihrem Status verfolgt.

Die Analyse der zugrundeliegenden Prozesse und Erfolgsfaktoren hochperformanter Einheiten ermöglicht das Realisieren signifikanter Verbesserungspotenziale bereits im eigenen Quervergleich. Internes Benchmarking ist somit ein wichtiges Instrument zur kontinuierlichen Verbesserung und nutzt das bereits im Unternehmen vorhandene Wissen. Genau dort liegen aber auch seine Limitationen: Um wettbewerbsfähig zu bleiben, reicht es nicht aus, sich innerhalb der eigenen Einheiten zu vergleichen und hieraus abgeleitet Verbesserungsziele zu setzten. Der interne Blick muss durch eine umfassende Außensicht ergänzt werden – das externe Benchmarking.

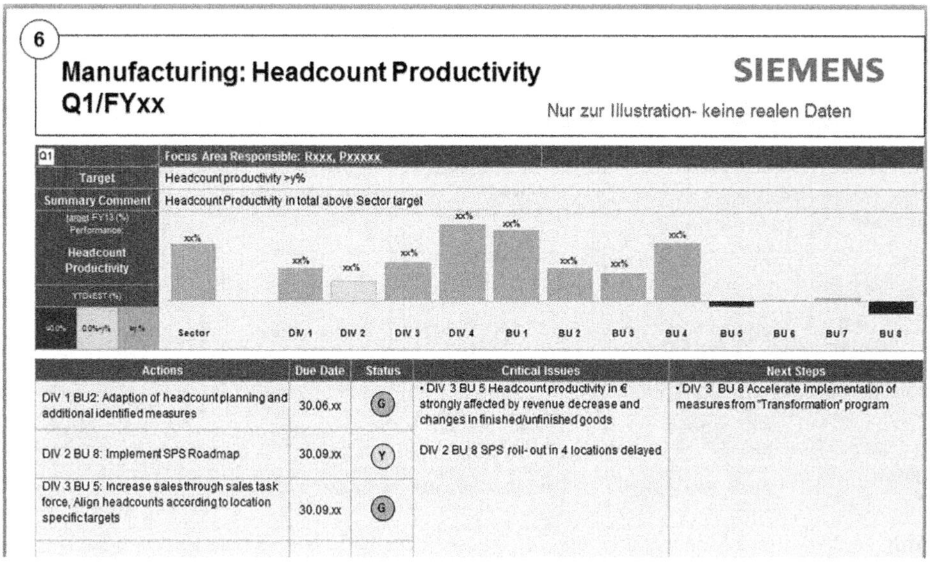

Abb. 14.2 KPI „Manufacturing Headcount Productivity“. (Quelle: Siemens AG, Sector Energy Benchmarking)

Externes Benchmarking

Je nach Geschäftsnotwendigkeiten stehen verschiedene Benchmarking-Ansätze zur Verfügung. Die umfassendste Sicht ist das so genannte Business Benchmark. Ziel des Business Benchmark ist die Ermittlung der Kosten- beziehungsweise Profitabilitätslücke gegenüber dem Wettbewerb sowie die Ableitung konkreter Hebel und Maßnahmen zur Verbesserung der eigenen Wettbewerbsposition. Fokus sind neben der Kostensenkung ebenso Wachstumshebel aber auch Potenziale im Hinblick auf Zeit und Qualität. Hierbei nimmt man den Industrieführer als Messlatte und typischerweise ein bis zwei weitere Wettbewerber, darunter in der Regel ein so genannter „aufstrebender Wettberwerber“. Dies dient dem Antizipieren künftiger Marktsituationen und Wettbewerbsbedrohungen. Im Business Benchmark versucht man zunächst die Frage zu beantworten, wieviel besser der Wettbewerb ist und vor allem: wodurch. Basiert die höhere Leistungsfähigkeit auf besseren Produkten, besserer Preisgestaltung oder einer besseren Kostenposition? Kauft er günstiger ein? Hat er seine Wertschöpfungskette ganz anders organisiert? Sind seine Prozesse effizienter? Unterschiede zum Wettbewerb werden daher in den Dimensionen Portfolio/Technologie/Produktdesign, Wertschöpfung sowie Vertrieb/Marktbearbeitung untersucht und bewertet. Aus dem Vergleich der eigenen Kostenposition mit der des Wettbewerbs werden dann Kostenziele und konkrete Maßnahmen zur Kostensenkung sowie zur Umsatzsteigerung abgeleitet. Bei der Zielableitung wird berücksichtigt, dass der Wettbewerber in der Zukunft ebenfalls Produktivitätsfortschritte wird. In Expertenworkshops werden außerdem verschiedene Markt-/Wettbewerbs-Szenarien durchgespielt und die geplanten Maßnahmen

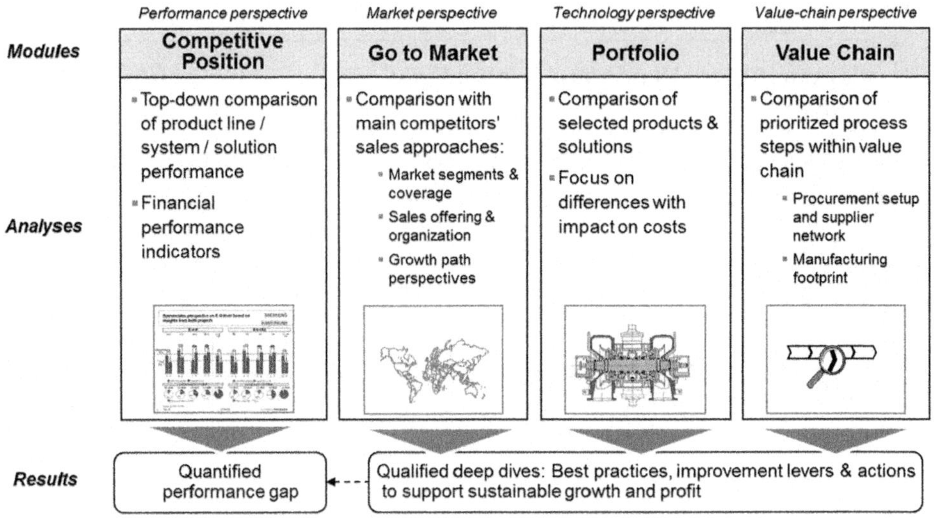

Abb. 14.3 Typische Modulstruktur eines Business Benchmarks bei Siemens Energy. (Quelle: Siemens AG, Sector Energy Benchmarking)

vor diesem Hintergrund kritisch überprüft. Die folgenden Ausführungen orientieren sich an dem Leitfaden „top + the Siemens Way to Business Excellence" (vgl. Abb. 14.3).

Auch für den Fall, dass die eigene Einheit bereits besser ist, als der Wettbewerb, lassen sich weitere Verbesserungspotenziale finden. Hierzu bietet sich der Ansatz des „Best-of-Best"-Benchmarkings an, der Blick auf das beste Unternehmen. Im Fokus stehen dabei ausgewählte Prozesse, die für die eigene Differenzierung vom Wettbewerb entscheidend sind. Die Benchmark-Partner kommen aus anderen Industrien, für die der spezifische Prozess erfolgskritisch ist, und gehören darin zu den Besten ihrer jeweiligen Industrie. Das Lernen von den Besten außerhalb der Grenzen der eigenen Industrie ermöglicht ganz neue Ansätze und Quantensprünge in der eigenen Leistungsfähigkeit.

14.2 Erfolgsfaktoren und Grenzen von Benchmarking

Benchmarking „lebt" einerseits von der Möglichkeit, sich fundiert zu vergleichen und andererseits von der Bereitschaft der Organisation, daraus Veränderungsimpulse aufzunehmen und konkrete Maßnahmen abzuleiten. Benchmarking ist keine Wissenschaft. Der Informationsbeschaffung sind insbesondere beim Business Benchmark durch die kartell- und wettbewerbsrechtlichen Bestimmungen relativ enge Grenzen gesetzt. Die Ergebnisse werden somit immer annahmengestützt sein. Beim internen Benchmark und beim Best-of-Best-Benchmark ist der Transparenzgrad sicherlich höher. Aber auch hierbei lässt sich eine Diskussion über die Exaktheit der Ergebnisse oder deren Übertragbarkeit auf den eigenen Geschäftsbereich führen. Erfolgreich ist ein Benchmarking-Projekt nur dann, wenn es ein

„Ändern", nicht ein „Erklären" bewirkt. Benchmarking muss sich daher einbetten in die Gesamtkultur des Unternehmens. Diese muss den Fokus auf die kontinuierliche Verbesserung ebenso legen, wie auf die absolute Performance, und sie fordern und fördern. Damit sind alle Einheiten unabhängig von der aktuell ggf. sehr guten Leistungsfähigkeit und Ergebnissituation aufgefordert, besser zu werden.

Bei der Siemens AG ist Benchmarking als Kernelement der unternehmensweiten Business Excellence fest verankert. So sind die Einheiten beispielsweise aufgefordert, regelmäßig durch Business Benchmarking ihre Wettbewerbsfähigkeit zu überprüfen. Ein Pool interner Benchmarking-Experten stehen den Einheiten als methodische Berater zur Verfügung. Die resultierenden Maßnahmen werden mit ihrem Härtegrad Hochlauf von der Idee über ihren Umsetzungsfortschritt bis hin zur dokumentierten Ergebniswirkung systematisch verfolgt und finden Eingang in das Sektor- und unternehmensweite Produktivitätsmanagement. Daraus resultiert ein „geschlossener Kreis" zwischen Zielableitung, Maßnahmengenerierung-/Implementierung und Wirksamkeitscontrolling. Entscheidend für das „Buy-in" und die Veränderung der Organisation ist im Einzelprojekt neben der fundierten Analyse vor allem die unmittelbare Einbeziehung der internen Verantwortlichen in den Benchmarkprozess.

Das Benchmarking wird bei Siemens Energy daher von den Geschäftseinheiten selbst unter methodischer Anleitung durch erfahrene Benchmarking-Berater durchgeführt. Das Projekt-Team besteht in der Regel jeweils aus einem Projektleiter und Modulleitern plus Fachexperten der gebenchmarkten Organisation sowie einem Projektleiter und Modulberater aus dem Benchmarking-Expertenteam (zur Modulstruktur siehe Abb. 14.3). Die jeweiligen fachlichen Modulleiter und Umsetzungsverantwortlichen aus der Einheit präsentieren ihrer Geschäftsleitung die Benchmark-Ergebnisse sowie die abgeleiteten Maßnahmen. Diese Vorgehensweise und die Einbeziehung der Betroffenen auf breiter Basis stellen sicher, dass der Implementierungsplan im Anschluss an das eigentliche Benchmarking-Projekt auch umgesetzt wird.

Abschließend lässt sich festhalten, dass regelmäßiges Benchmarking die eigene Wettbewerbsfähigkeit messbar und signifikant verbessern kann, wenn es sich einbettet in die Gesamtkultur des Unternehmens und die jeweiligen Organisationseinheiten eng in den Benchmark-Prozess einbezieht. Die langjährige Erfahrung mit Benchmarking bei Siemens zeigt den Nutzen und die verändernde Kraft regelmäßiger Benchmarking-Aktivitäten in den unterschiedlichen in diesem Beitrag diskutierten Dimensionen.

Renate Apitzsch ist Vice President Business Excellence der Siemens Division Energy. Ihr Verantwortungsbereich umfasst die Einsatzfelder Benchmarking, Lean Management, Produktivität und Kompetenzmanagement. Für die Siemens AG war sie bereits zuvor in verschiedenen Management-Positionen in Deutschland und den USA tätig. Die Lean Expertin ist zertifizierter Six Sigma Black Belt und verfügt über umfassende Praxiserfahrung in der Leitung und Implementierung globaler Geschäftsverbesserungsprojekte.

Teil V
Ausblick

(Zeichnung: Knut Eckert)

Zum Abschluss: Antworten auf wiederkehrende Fragen von der unternehmerischen „Change-Front"

15

Stefan Iskan und Erwin Staudt

Nach einer Reihe von fokussierten Expertenbeiträgen wollen wir uns zum Abschluss unseres Buches mit bislang weniger intensiv diskutierten oder gefühlt offen gebliebenen und doch zugleich spannenden Fragestellungen für Ihre Change-Vorhaben beschäftigen. Change Management tritt mit verschiedenen Gesichtern in der unternehmerischen Praxis auf. Dies dürfte aus den bisherigen Kapiteln sichtbar geworden sein. Ebenso vielfältig sind die Disziplinen, die sich mit dem geplanten Wandel in Wissenschaft und Praxis beschäftigen. Unbestritten dürfte daher sein, dass es eine nahezu unmögliche Aufgabe wäre, Change Management, Methoden wie auch vor- und nachgelagerte Fragestellungen systematisch zu erfassen oder auch nur ansatzweise diskutieren zu können. Wir haben daher bewusst sechs Fragen herausgegriffen, die uns in der unternehmerischen Praxis in regelmäßiger Häufigkeit über den Weg laufen. Unsere Gedanken hierzu möchten wir an dieser Stelle gerne mit Ihnen teilen.

15.1 Wann ist der „richtige" Change-Zeitpunkt gekommen?

Der Mensch tendiert dazu, zu lange in Geschäften zu verharren, die ihn wirtschaftlich nicht befriedigen. Wir wollen das zum Ende unseres Buches mit einem Aktionär an der Börse vergleichen, der zusieht, wie seine Aktien in den Keller rauschen und immerzu

S. Iskan (✉)
University of Applied Sciences Ludwigshafen am Rhein, Deutschland
E-Mail: stefan.iskan@hs-lu.de

E. Staudt
Iskan Advice, Stuttgart-Sindelfingen, Deutschland
E-Mail: office@iskan-advice.com

S. Iskan, E. Staudt (Hrsg.), *Strategic Change,* DOI 10.1007/978-3-658-03287-6_15

hofft, dass sie wieder hochkommen. Die richtigen Profis jedoch machen einen radikalen „Schnitt“. Jochen Rotthaus und Stefan Iskan sprachen in diesem Zusammenhang davon, Change auf dem Gipfel des Erfolgs und emotionalen Befindens bewusst herbeizuführen (vgl. Kap. 4). Also den „Schnitt“ strategisch und deutlich früher anzusetzen.

Gleichsam welche Perspektive Sie hierauf einnehmen wollen: sobald Ihre feinen Antennen erste Alarmzeichen – intern wie extern getrieben – vernehmen, müssen Sie Change umgehend lancieren. Sie dürfen nicht zu lange warten. Je länger Sie warten, desto geringer werden Ihre Handlungsoptionen. Mit Blick auf die Chef-Etagen werden die Alarmsignale in der Praxis häufig viel zu stark auf „harte“ Finanzkennzahlen reduziert. Wo liegt hier das Problem? Finanzkennzahlen sind in der Regel, wenn Sie aus dem klassischen Rechnungswesen und Controlling kommen, vergangenheitsorientiert. Das bedeutet: wenn Sie als Entscheider dieses Zahlenwerk vorgelegt bekommen und erste Alarmsignale wahrnehmen, sind Sie mit ziemlich hoher Wahrscheinlichkeit schon längt auf dem besten Weg „an die Wand zu fahren“. Das sind rückwärtsgerichtete Fakten. Diese dürften Ihnen und Ihrem Management-Team relativ wenig Mehrwert einbringen.

Wenn Sie Alarmsignale frühzeitig erkennen wollen, müssen die richtigen operativen Kennzahlen verfolgt und interpretiert werden. Noch entscheidender dürfte es zukünftig sein, zusammen mit Ihrem Unternehmen die Fähigkeit zu entwickeln, Markt-, Kunden- und Wettbewerbsentwicklungen zu antizipieren (vgl. Kap. 3). Durchaus verblüffend ist, dass in Unternehmen – gleich welcher Größenordnung – selten die eigene Belegschaft Bestandteil eines Frühwarnsystems ist. Marktmonitore oder Krisenradare auf „Hochglanz-Folien“ halten viele Stäbe bereit. Diese stützen sich jedoch zumeist auf volkswirtschaftliche Kenngrößen, interne Geschäftszahlen und Prognosen von Forschungsinstituten und Regierungen, die nicht selten unterjährig mehrfach korrigiert, zurückgenommen und wieder bestätigt werden. Dieses Zahlenmaterial ist für uns zweitrangig.

Egal ob internationaler Konzern oder mittelständischer „Hidden Champion“, das Potenzial der eigenen breiten Mitarbeiterbasis, wir wollen sie hier als „Fühler“ bezeichnen, die eng am Markt liegen, wird oft nur unzureichend und wenig systematisch genutzt. Wenn es Ihnen also gelingt, Ihre Mitarbeiter regelmäßig mit wenigen, dafür jedoch strukturierten Fragen über Marktentwicklungen etc. einzubinden, könnten Sie als Geschäftsleitung wertvolle Früherkennungsmuster erhalten. Die Fragen in diesem Rahmen können sich beispielsweise in einem international operierenden Transport- und Logistikunternehmen um Auslastungssituationen, relationsbezogene Volumenentwicklungen sowie branchenspezifische Kundenanforderungen, Preistendenzen und Wettbewerbsentwicklung in spezifischen Regionen drehen. Jede Früherkennung unterstützt Ihre Entscheidungsfindung und kann als „Alarmsignal“ für einen Strategic Change im Gesamtnetzwerk bis hin zu den Vorlieferanten dienen. Die technische Infrastruktur samt automatisierter Auswertung dürfte heute ohne Probleme darstellbar sein. Grundvoraussetzung für diesen Ansatz ist vielmehr auch hier wieder ein „weicher“ Faktor: Sie und Ihre Führungskräfte müssen eine Kultur der Offenheit und Fehlertoleranz fördern. Eine Kultur, die das Bewusstsein schafft, dass Probleme und unangenehme Entwicklungen zum Geschäft gehören und oft auch riesige Chancen darstellen. Gefordert in diesem Zusammenhang ist eine schnellere, umfassendere und vor allem offenere Kommunikation über Hierarchien und Regionen hinweg (vgl. zu diesem Absatz auch Iskan und D'Incá 2013, S. 12).

Festmachen wollen wir unsere Ausführungen an einem Beispiel aus dem Kranhochbau. Stellen Sie sich zunächst ein Unternehmen vor, das in einem Sektor mit wenig Wettbewerb in Europa unterwegs ist. Die Fertigung der Anlagen findet sowohl in Europa als auch in China statt. Die Stahl-Beschaffungsmärkte liegen ebenso in diesen Märkten. Der Kranhochbauer arbeitet zur Verbesserung seiner Effizienz an einer Standardisierung seiner Produkte. Unter Rückgriff auf das Baukastensystem kann er schließlich eine Kostenreduktion von 30 bis 40 % in der Fertigung erzielen und damit seine Wettbewerbsfähigkeit weiter sichern. Stellen Sie sich nun vor, Sie als Unternehmensleiter erhalten just in diesem Augenblick die Nachricht von Ihrer chinesischen Landesorganisation, dass ihr chinesischer Stahllieferant nun selbst in den Kranhochbau-Markt eingestiegen ist. Sie nehmen es als Marktführer auf die leichte Schulter, da ihre Kunden überwiegend in Europa angesiedelt sind. Ihr Vertrieb läuft parallel zu einem ihrer Key Accounts und fährt mit der Botschaft zu Ihnen in die Unternehmenszentrale zurück, dass eben jener chinesischer Stahlproduzent mit der Auslieferung der ersten Kräne an ihren Key Account begonnen hat. Und das zu Konditionen, die deutlich unter jenen ihrer bislang günstigsten Mitanbieter liegen. Nach und nach attackiert Ihr vormaliger Lieferant die angestammten Kunden und Märkte. Die Folge: Sie verlieren einen Kunden nach dem anderen. Für Sie und Ihr Unternehmen ist das ein gewaltiger Erdrutsch. Doch damit nicht genug. Sie als Unternehmenslenker fangen an, die Entwicklung Ihres chinesischen Stahllieferanten hin zum Kranhochbauer zurückzuvollziehen. Dabei stellen Sie im Zuge Ihrer internen Recherchen fest, dass diese Entwicklungstendenz dezentral in Ihrer chinesischen Landesorganisation seit längerem bekannt war. Nur: diese Information ist bei Ihnen in der Unternehmenszentrale niemals angekommen. Hätten Sie und Ihr Management-Team diese Information schon früher auf dem Radar gehabt, hätten Sie ggf. entsprechende Überlegungen anstellen können. Hierzu hätte man beispielsweise das Engineering ebenso nach China verlagern können, um die eigene Kostenstruktur anzupassen. Die Umstellung der Fertigung auf ein Baukastensystem hat somit allein nicht mehr ausgereicht.

Das Beispiel sendet eine unmissverständliche Botschaft aus. So etwas darf einfach nicht passieren! Traurig, aber wahr: es passiert – täglich, branchenübergreifend. Und weshalb? Weil die Unternehmen oftmals einfach mit „falschen" Incentive-Systemen in den Märkten unterwegs sind. Mit Führungskräften, die aufgrund ihrer tradierten „P&L-Denke" egoistisch nur an ihr „lokales Universum" denken. Dezentrale Marktentwicklungen, die man an der „Front" vor Ort erfährt, müssen unverzüglich in die Zentrale gespielt werden. Das wird selbst heute unter den hervorragenden technischen Kommunikationsmöglichkeiten viel zu selten systematisch betrieben.

15.2 Unternehmensgröße: Bis zu welchem Umfang ist eine Organisation überhaupt noch „Change-fähig"?

Eine weitere Frage, die uns in der Praxis häufig gestellt wird. Entgegen einiger Protagonisten, die immer wieder beklagen, wie schwer es denn sei, Veränderungen herbeizuführen, sind wir überzeugt, dass man Organisationen jeglicher Größenordnung bewegen und verändern kann. Die typische Konzern-Manager-Killer-Phrase „Das ist ein Tanker, den ich hier zu steuern habe. Wenn ich das Ruder jetzt rumreiße, dann bewegt sich der Tanker erst nach Jahren", lassen wir nicht gelten. Das ist der Job eines Top-Managers! Wenn dieser Personenkreis nichts verändern kann, wer denn dann? Die Leiharbeiter auf den Hallen sind es sicher nicht. Top-Manager und Führungskraft in Wirtschaft und Gesellschaft zu sein, ist ein Privileg. Dies gilt es, wie schon mehrfach in unseren Buch an verschiedenen Stellen betont, sich regelmäßig in das eigene Bewusstsein zu holen.

Wir sehen keine Größenbeschränkungen hinsichtlich Change-Operationen. Wir haben persönlich erlebt, wie man ein Unternehmen mit mehreren tausend Menschen in seinen Grundfesten verändern kann. Wir geben Ihnen jedoch Recht: es muss eine gewisse Grundkomponente stimmen. Und die ist ein „fähiger", radikaler Change Leader, der ein klares Zielbild hat, einen Überzeugungsprozess in Gang setzt und seine Führungskräfte und Mitarbeiter in seinem organisationalen Unterbau mobilisieren kann. Wenn Sie die Mannschaft spüren lassen, dass jetzt und hier etwas passieren muss, kann das schon „die halbe Miete" sein. Was ist allerdings zu tun, wenn es einem Unternehmen noch relativ gut geht und man keinen echten Leidensdruck spürt? Auf diesem Terrain wird Change enorm anspruchsvoll und herausfordernd. Und genau dann braucht es eben diesen einen radikalen Change Leader, der sein Veränderungprogramm gnadenlos durchzieht (vgl. hierzu auch Kap. 3).

15.3 Von der Planung zur Umsetzung: Was ist die „richtige" Vorlaufzeit?

Die Antwort hierauf mag sicherlich von Unternehmen zu Unternehmen unterschiedlich ausfallen und von der spezifischen Unternehmenssituation abhängen.Wenn Sie sich mit Ihrem Unternehmen in einer Turnaround-Situation befinden, dann müssten Sie theoretisch schon handeln bevor Sie Ihre Change-Skizze haben. Anders wiederum dürfte es sich bei Wachstumsvorhaben verhalten. Wenn Sie als Entscheidungsträger länger als ein Jahr benötigen, um für sich herauszufiltern, was Sie tun sollten, dann wäre das deutlich zu lange und Ihre Ansätze dürften kaum etwas „taugen".

Wie läuft es denn in der unternehmerischen Praxis auf den Vorstandsetagen heute ab? Die Vergangenheit hat gezeigt, dass die großen Projekte immer noch im „stillen Kämmerlein" geboren werden. Das hat sich bis heute wenig verändert. Die Projekt-Initialzündung geht zumeist von der Chef-Etage aus. Nehmen wir einfach an, Sie haben als Vorstandsmitglied eine Projekt-Idee. Dann fangen Sie langsam an, einen Vorstandskollegen nach dem anderen zur Seite zu nehmen und mit diesen Ihre Idee zu besprechen. Es folgen Vorstudien und Analysen, die vermutlich vier bis acht Wochen in Anspruch nehmen düften. Dann gehen Sie mit dieser Unterlage in Ihre Vorstandssitzung. Dann hat einer Ihrer Vorstandskollegen – trotz der „bilateralen Pre-Alignment-Gespräche“ vor dem eigentlichen „Gremium-Alignment“ – wider Erwarten etwas an Ihrer Unterlage auszusetzen. Dann gehen Sie mit Ihrer Unterlage wieder zurück und arbeiten Ihre Beschlussunterlage weiter aus. Das sind dann die nächsten vier bis acht Wochen. Es sind also schon rund vier Monate vergangen. Dann kommen Sie noch zum Schluss, dass Sie für Ihr Projekt externe Strategy Consultants engagieren wollen. Sie übergeben also das ganze Thema „Consulting“ Ihrem Einkauf, der mit einer Ausschreibung an den Markt herantritt. Bis der Einkaufsprozess in dieser Größenordnung formal, revisionssicher und Budget-endverhandelt über die Bühne geht, dürften zwischen drei und sechs weitere Monate vergehen. Nehmen wir an, Sie hätten sich jetzt für den „Strategy Consultant Ihrer Herzen“ entschieden, dann sind jetzt schon bis zu 10 Monate vergangen. Hieran anknüpfend benötigen Sie „Aufsetzzeit“, also die Zeit, in der Sie Ihr Projekt mit Ihrem externen und internen Team auf ein fruchtbares Fundament setzen. Für die inhaltliche Projektausgestaltung und nachgelagerte Umsetzung genügt also die Chef-Etage mit Ihren Consultans also nicht mehr. Hier müssen sämtliche Bereiche und Mitarbeiter einbezogen werden, um weitere Ideen zusammeln, das Change-Projekt sauber zu strukturieren und die Veränderung letztlich in einer Organisation zu realisieren. In der ganzen „Planungszeit“ hat sich jedoch auch Ihr Marktumfeld weiterentwickelt. Es haben sich in den zehn Monaten unter Umständen die Rahmenbedingungen für Ihr Großprojekt so verändert, dass eine Anpassung der Voranalyse noch einmal von Nöten wird…

Um es hier auf den Punkt zu bringen: unsere Beobachtungen in der Praxis zeigen, dass auf den Vorstandsetagen schnell ein bis zwei Jahre vergehen können, bis man tatsächlich von der Initialzündung zum eigentlichen Projektstart kommt. Und das ist unter den heutigen Wettbewerbsbedingungen nicht mehr akzeptabel! Das ist definitiv zu lang. Sie und Ihr Management-Team müssen Ihre wichtigen, wenigen Großprojekte innerhalb von sechs Monaten aufgesetzt haben. Also den gesamten skizzierten Prozess in dieser Zeit durchlaufen haben (vgl. auch Kap. 6). Nicht länger. Sie und Ihre Unternehmen sind andernfalls zu spät dran. Wir wollen noch einmal einen entscheidenden Faktor aus Kap. 1 aufgreifen: verlorene Geschwindigkeit kann nicht mehr oder nur noch sehr spezifisch aufgeholt werden. Entscheidend ist die „richtige“ Mannschaft, die mit Ihnen zusammen und mit radikaler Geschwindigkeit die Veränderungsfahrt aufnimmt.

15.4 Unternehmenskultur: Wie kann Veränderungsbereitschaft in der Unternehmenskultur verankert werden?

Wie eine Unternehmenskultur gestaltet werden kann, in der sich Veränderungsbereitschaft, also Change Readiness, innerhalb der Mannschaft entwickelt, ist sicher nicht einfach und abschließend zu beantworten. Ein interessanter Ansatz könnte es jedoch sein, alles, was in Verbindung mit „externem Status“ steht, von heute auf morgen abzuschaffen.

Unsere These: je mehr Statuswert und -drang in einem Unternehmen, desto weniger Veränderungsbereitschaft. Viele Menschen definieren sich einfach nur über externen Status. Daher: „Abschaffen". Es bedarf einer Bewusstseinsveränderung in den Unternehmen. Viele Führungskräfte in „Amt und Würden" sind enorm an Status orientiert. Uns sind in Konzernen Top-Manager begegnet, die in Vorstandssitzungen eitle Diskussionen anzetteln, ob sie jetzt nun „Vorstand" oder „nur" Geschäftsführer aufgrund der Unternehmensform einzelner Einheiten auf ihre Visitenkarten schreiben dürfen. Weshalb? Damit ist auch letztlich die Motorisierung der Premium-Dienstwagen verbunden. Auf solche Führungskräfte können Sie in unseren Augen guten Gewissens verzichten (vgl. auch Kap. 3 und 4).

Gerade die Generation Y sowie auch die in diesem Buch an der einen oder anderen Stelle gescholtenen Strategy Consultants bringen hingegen in Teilen die Anforderungen für die Unternehmen von Morgen in diesem Gedankenzusammenhang mit. Dass das „Erreichen" von Status in einigen wichtigen Wachstumsmärkten außerhalb Deutschlands aufgrund der Entwicklungsstufen in diesen Märkten nach wie vor einen enorm hohen gesellschaftlichen Stellenwert einnimmt, steht außer Frage. Auf die jeweilige marktspezifische Ausgestaltung der personlpolitischen Instrumente sind wir bereits zu Beginn unseres Buches eingegangen. Und dennoch: Ihre gelebte Firmenphilosophie können Sie kultur- und marktübergreifend umsetzen!

Gewöhnen Sie also den jüngeren Mitarbeitern vom ersten Tage an, dass Sie kein eigenes Büro und keinen eigens zugewiesenen Parkplatz in der Tiefgarage benötigen. Nehmen Sie Schritt für Schritt sämtliche Statussysteme weg. Den einzigen Status, den es in Ihren Organisationen noch geben darf, ist „Kompetenz": Führungskompetenz, Projektleiterkompetenz, fachliche Kompetenz etc. Projekt-Manager und im Übrigen auch Consultants definieren sich meist nur über Ihre Projekte. Das ist der moderne Status, den Sie in Ihren Unternehmen benötigen. Alles andere nehmen Sie weg – soweit, bis Ihre Mannschaft „statuslos" in ihre Rollen hineinwächst. Das ist Ihre Chance mit der Generation Y in Deutschland. Das bedarf einer Führung, die das auch erkennt. Hier wirft sich augenscheinlich die Frage auf, welche Bereitschaft und Fähigkeit die Führungskräfte „Mitte 50" haben, diesen Trend überhaupt zu erkennen. Mit dieser Gruppe dürfte es vermutlich nicht immer gehen. Sie hat ja das ganze Thema „Status" in den Unternehmen über die letzten Jahrzehnte mit nach vorne getrieben. Sie brauchen heute Strukturen, die dies zulassen. Fangen Sie an, alle drei Jahre die Positionen in Ihren Unternehmen zu verändern – und das über sämtliche Divisionen hinweg. Veränderungsbereitschaft als Karrieremodell! Job Rotation, aber noch bedeutsamer Job Enrichment ist ein riesen HR-Thema für Sie und Ihre Unternehmen. Die Menschen werden in Ihren Funktionen und Rollen austauschbar. Aber als Menschen und mit ihrer Kompetenz sind und bleiben sie für Ihre Unternehmungen und die Gesellschaft wertvoll (auch im Hinblick auf den demografischen Wandel).

Damit einhergeht ein weiterer Gedanke und Aspekt: Macht. „Macht" definieren wir also völlig anders als über Positionen, Funktionstitel, Dienstwagen- und Gehaltsklassen. Aus unserer Sicht findet informelle Machtausübung in den Unternehmen heute über Netzwerke statt. Dazu brauchen Sie keine formalen Titel wie „Vorstand" oder „Senior Vice President" auf der Visitenkarte stehen zu haben. Wenn es Ihnen einmal gelungen ist, Themen informell in einer komplexen Matrix-Konzernstruktur zu platzieren, Menschen bereichs- und regionenübergreifend für Ihre Themen zu begeistern, bis diese letztlich auf der Vorstandsangeda erscheinen, dann wissen Sie worüber wir hier sprechen (vgl. auch Iskan 2013, S. 30 f.).

Um diese skizzierte Kulturveränderung einzuleiten, bedarf es einer glasklaren Kommunikation der Unternehmensleitung. Einer Kommunikation dahingehend, dass die bestehenden Incentive-Systeme ab sofort auf die Kompetenzentwicklung der Führungskräfte und Mitarbeiter umgelegt werden. Die Incentivierung muss sich also in einem gewissen Rahmen auch auf den Entwicklungsgrad und die Entwicklungsbereitschaft der Menschen beziehen. Sie als Top-Manager müssen den Mitarbeitern, die diese Enstellungen verinnertlich haben, die größtmögliche Wertschätzung entgegenbringen. Ihre damit veränderte Unternehmenskultur können Sie genauso messen wie Sie die Reaktion Ihrer Kunden auf bestimmte Produkte messen können. Merkmale wären beispielsweise die Risikoveränderungsbereitschaft innerhalb Ihres Führungsteams oder auch der Umgang mit Mitarbeitern. Ist dieser eher teamorientiert oder individuell ausgerichtet? Wie werden Hierarchien gelebt? Wie werden Verbesserungsvorschläge aufgenommen? Aufnehmen ist bekanntlich eine Sache. Wie werden diese dann vorangetrieben und die Mitarbeiter für ihre Vorschläge prämiert? Oder prämieren Sie, wie auch schon beobachtet, eher Ideen, die sich nicht negativ auf Ihre P&L auswirken – auch wenn Sie eine „echte" Innovation unter Ihren Vorschlägen haben, in die Sie allerdings zunächst investieren müssten? Wie gehen Sie und Ihre Organisation mit Fehlern um? Haben Sie eine „Bestrafungskultur"? Wie sieht Ihre Weiterbildungslandschaft aus? Ein aufschlussreicher Gradmesser ist zudem, wie „entschieden" wird. Wo finden also die „eigentlichen" Entscheidungen statt? Wer trifft diese und wer partizipiert an diesen formellen und informellen Entscheidungsprozessen? Spanned im Hinblick auf Change ist ferner die Frage: Wie werden Führungskräfte und Mitarbeiter in Ihrer Organisation positioniert? Ist das eine „Body-Kultur" oder erfolgt die Positionsbesetzung systematisch durch HR und anhand „handfester" Kriterien? Wie viel läuft bei Ihnen über formelle und informelle Kanäle?

Ihr bestehendes Führungssystem dürfte schon heute über sämtliche Stellhebel verfügen, um die stärksten Veränderungen in Ihrem Unternehmen herbeizuführen. Ihr Incentice-System von Führungskräften ist „das A und O". Wenn Sie anfangen, hiearan kräftig zu drehen, können Sie das gesamte Unternehmen in die von Ihnen gewünschte Richtung mit verschieben.

15.5 Strategy Consulting: Wo liegen die Einsatzfelder und Grenzen?

Wir wollen an dieser Stelle keine Grundsatzdiskussion über den Einsatz von externen Strategy Consultants in Organisationen starten. Diese haben, wie auch schon herausgearbeitet, bei gezieltem Einsatz ihre gute Berechtigung. Aufsetzend auf den Ausführungen von Volker Staab und Stefan Iskan wollen wir zum Abschluss unseres Buches allerdings einige gefühlte grundlegende Fehlentwicklungen auf den Chef-Etagen im Umgang mit externen Consulting-Leistungen beleuchten.

Zunächst einmal ist festzuahalten, dass Veränderungsprozesse allein von innen heraus gestartet werden können (vgl. Kap. 6). Das Gespür für eine Organisation, Wording gegenüber der Belegschaft oder auch Kultur sind enorm wichtig. Und genau das hat oftmals nur ein interner Personenkreis. Von daher sind wir überzeugt davon, dass externe Consultants rund um das Thema „Präsentieren" in Workshops und auf Tagungen völlig fehl am Platz sind. Der Idealzustand aus unserer Sicht wäre, dass Consultants interne Verantwortliche, sei es Projekt-Manager oder Führungskräfte, zur Seite nehmen und für die jeweiligen Sitzungen, Führungskräftetagungen oder Workshops gezielt vorbereiten. Und vorbereiten heißt eben nicht, den „Sprechzettel" vorzuschreiben. Mit Vorbereiten nach unserem Verständnis wäre verbunden, die internen Handlungsverantwortlichen zu coachen und beispielsweise auch auf mögliche Gegenreaktionen während der Präsentationen vorzubereiten, sie also „handlungsfest" zu machen. Das bedeutet im Umkehrschluss allerdings auch, dass die internen Verantwortlichen ihren Führungsanspruch gegenüber den externen Consultants nicht aus der Hand geben dürfen und selbst inhaltlich „sattelfest" in den Projekten und den damit einhergehenden Unterlagen sein müssen. Viel zu häufig sehen wir jedoch, dass externe Consultants in internen Veranstaltungen „an der Front" vor der Mannschaft stehen und die Projektunterlagen präsentieren (müssen). Das darf nicht passieren. Der Consultant sollte eine Art „Begleiter" sein, der mit den internen Kräften arbeitet. Es ist dann die Aufgabe der internen Führungskräfte und Projektleiter, Zwischenschritte und Endergebnisse in den jeweiligen Steering Committees oder vor der Geschäftsleitung zu präsentieren. Weshalb? Genau sie sind es, die die Unterlage später auch umsetzen müssen – dann häufig ohne Beraterunterstützung (zu den möglichen Gründen hierfür sei auch noch einmal ausführlich auf Kap. 6.4 verwiesen).

Vielfach schwierig in der Praxis ist zudem das bereits in diesem Buch angeschnitte Thema „Entscheidungen". Strategy Consultants sollten Entscheidungen vorbereiten und nicht treffen. Stellen Sie sich kurz die Vorgehensweise in vielen Steering Committees in den Unternehmen vor. Hier werden häufig kurzfristig am Vorabend oder wenn es „gut läuft" drei Tage vor der Sitzung die erarbeiteten Unterlagen an die Teilnehmer verteilt. Nicht selten umfassen diese Unterlagen 50 oder mehr Charts. Frage: wer liest sich diese einzelnen Charts vor der Sitzung im Detail durch? Jetzt stellen Sie sich vor, Sie bekommen die Unterlage von einem rhetorisch brillierenden Consultant präsentiert. Selbst wenn Sie auch nur 20 Charts vorgestellt bekommen, bei dem Programm, das Sie als Vorstand die ganze Woche fahren, hängen Sie vermutlich nach den ersten fünf Charts schon ab und hören nur noch, was Ihr Consultant auf der Tonspur erzählt. Das heißt, in einer Reihe von Sitzungen, die wir miterleben durften, wird sich von den Verantwortlichen aufgrund von Überlastung oder sonstigen Themen gar nicht mehr selbst mit den Themen inhaltlich auseinandergesetzt. Und dann kommt Ihr Consultant in dieser Sitzung mit einer „Empfehlung". Was passiert in der Praxis? Die Manager sagen: „Das Thema hat er schon durchdrungen. Das sind so viele Seiten. Dann haben ja auch noch meine Leute im Projekt mitgearbeitet. Ja, passt. Das muss auch passen. Ich habe keine bessere Idee. Also stimme ich dem Ganzen jetzt zu.“ Schlussendlich wird hier vom Top-Management Entscheidungsverantwortung – die Frage, ob bewusst oder unbewusst sei hier dahingestellt – abgegeben. Und auch das darf nicht passieren.

Aber es passiert. Und das leider viel zu häufig. In der Vielzahl von Top-Management-Projekten, die wir miterlabt haben, wird es so gehandhabt. Im Übrigen dürfte das mit internen Stabsstellen in Konzernen genauso ablaufen. Eine schlechte Meeting-Vorbereitung können Sie auch hier wieder mit „Wertvernichtung“ gleichsetzen. Weshalb? Nicht allein aus Effizienzgesichtspunkten. Nicht selten werden im Nachgang unter Umständen getroffene Entscheidungen wieder rückgängig gemacht oder man kann sich an vereinbarte Dinge einfach nicht mehr erinnern – trotz Protokoll. Gleichzeitig wurde jedoch schon die Mannschaft in die Spur geschickt. Und hier wären wir wieder auch in dieser Frage bei unserem Aspekt der „Geschwindigkeit“ angelangt.

Unternehmen stellen sich also durch unzureichende Vorbereitung, durch unkritisches Hinterfragen von Analysen und der „extern“ vorgelegten Handlungsvorschläge selbst ein Bein. Sie wenden deutlich zu viel Zeit für Analysen auf und deutlich zu wenig Zeit, um darüber nachzudenken, was die Ergebnisse jetzt für Sie und Ihre Mannschaft im Kern bedeuten und vor allen Dingen, wie sie die Unterlage jetzt umgesetzt bekommen (vgl. auch Kap. 6). Glauben Sie uns: es werden auf Top-Management-Ebene in den Projekten mitunter Entscheidungen gefällt, ohne dass einzelne Entscheidungsträger überhaupt ansatzweise verstanden haben, was sie hier verabschieden und was das jetzt bedeutet (vgl. auch das Lean Beispiel 6.5). Es gilt entscheidend mehr Zeit für Umsetzungserörterungen anzusetzen und weniger für Analysen.

Der elementare Fehler in unseren Augen ist also, den Consultants die Entscheidungshohheit in der Beziehung „Kunde-Consultant“ zu übertragen. Genau in diesem Beziehungsverständnis stimmt es in der unternehmerischen Praxis häufig nicht. Hinzu kommt die Einstellung von Vorständen: „Mal sehen, was uns der Consultant so alles erzählt. Wenn es schief geht, nehmen wir den einfach in die Haftung und Verantwotung.“ Das ist eine völlig falsche Einstellung. Ihr Strategy Consultant wird in einem größeren Projekt fünf bis sieben Analysten einsetzen und so viele Auswertungen genieren, dass Sie und Ihre Mannschaft nicht mehr dagegen argumentieren werden können (vgl. auch Kap. 1). Solange der Berater das handwerklich sauber abwickelt, werden Sie hier kaum gegen das „externe Gutachten“ dagegenhalten können. Und schon haben Sie den Salat. Punkt. Das heißt, auch hier wieder: Ihr eingekaufter Berater, den Sie „in Haftung und Verantwortung“ nehmen wollten, macht erneut die Entscheidung. Die Unterlage wandert dann zu Ihrem Aufsichtsrat. Fertig.

Es muss sich also auch in der Rollenverteilung und damit im Zusammenarbeitsmodell zwischen Auftraggeber und Consultants etwas Gravierendes ändern. Ein externer Consultant müsste für Sie eine Art „vertrauter Begleiter“ sein. Einer, der einem loyal und ehrlich gemeint seine Eindrücke und Wahrnehmungen ohne politisches Wording mitgibt und sagt: „Pass auf. Ich habe das so wahrgenommen und das so in ähnlichen Konstellationen erfahren. Ich würde jetzt folgendes machen. Lass’ uns gemeinsam jetzt …“ Das wäre ein entsprechender Consultant. Ihr Consultant muss zwingend von extern mit einem unverstellten Blick und frischen Ideen kommen. Wenn er seriös ist, hält er sich zudem aus internen Interessenskonflikten heraus (vgl. Kap. 5). Ihr Consultant kann auch ein Katalysator für Benchmarking und Methoden sein (vgl. Kap. 14). Das wäre definitiv gewinnbringend. Im Rahmen Ihrer Ausschreibung haben Sie, wenn Sie es richtig und gründlich machen, hinreichend Zeit, zu prüfen, welcher Consultant am Besten zu Ihnen und Ihrem Unternehmen passt. Passt jeder Consultant grundsätzlich in jede Unternehmung oder spielt hier auch die Unternehmenskultur eine entscheidende Rolle? Es gibt sicher unterschiedliche Ansätze und Philosophien, die einzelne Consulting-Unternehmen vertreten. Und diese Ansätze und Philosophien passen einmal mehr, einmal weniger zu einem Unternehmen. Das zu bewerten, ist eines Ihrer Aufgaben im Auswahlprozess. Unter Umständen kann es jedoch auch hilfreich sein, genau einen Consultant auszuwählen, der nicht direkt wie Sie „getaktet" ist. Einen, der Sie und Ihre Organisation aufrüttelt. Auch das gibt es und wäre vorab abzuschätzen. Was bedeutet das jetzt für Ihren Strategic Change? Wenn Sie sich und Ihre Unternehmen weiterentwickeln wollen, den „Sense of Urgency" in Ihren Zahlen noch nicht sehen, dann sollten Sie vermutlich keinen Consultant engagieren, der diamentral zu Ihren Werten und zur Unternehmenskultur steht. Falls Sie sich jedoch in einem Turnaround befinden oder sich eine Unternehmenskultur breitgemacht hat, die nicht gerade einer „Winning Culture" nahekommt, dann wäre es sicher spannend, einen Consultant auszuwählen, der auch einmal „anders" gepolt ist als Ihre Mannschaft und Sie auch in Persona fordert.

15.6 Strategic Change: Wie ist mit Veränderungsresistenz unter der Führungsmannschaft umzugehen?

Es gibt keinen Strategic Change ohne Vision. Vielmehr noch: es gibt keinen Strategic Change ohne einen „fähigen" Leader, der seine Vision gnadenlos durchzieht – auch gegen Widerstand! Es muss die ganze Klaviatur zwischen „Goutieren" und „Sanktionieren" bespielt werden. Unternehmensführung ist nicht immer eine Frage von „Demokratie" (vgl. Kap. 5).

Jede Demokratie hat seine Grenzen in den Unternehmungen. Irgendwann kommt der Punkt, an dem ein Manager eine Entscheidung herbeiführen und treffen muss. Demokratie ist in Change-Projekten gut. Doch hierfür benötigen Sie die „richtige" Mannschaft. Die Frage, die sich durch den gesamten Change zieht, ist: haben Sie die richtige Mannschaft für Ihre Veränderung? Wen müssen Sie jetzt austauschen? Verstehen Sie uns bitte nicht falsch. Es geht nicht darum, Führungskräfte und Mitarbeiter auszutauschen, die nicht „so getaktet" sind wie Sie. Diese dürfen Sie, wie nun mehrfach in den Kapiteln herausgestellt, unter keinen Umständen austauschen!

Den Führungskreis der nicht bereit ist, sich und andere zu verändern, die also „aus Prinzip" nicht mitziehen wollen, die müssen Sie jetzt massiv in Frage stellen. Sie können natürlich zuvor zwei, drei „Warnschüsse" abgeben. Aber dann muss dieser Personenkreis raus. Weiter noch. Wir laden Sie dazu ein, direkt zu Projektstart zu verkünden: „Es können sich jetzt noch alle weiteren Führungskräfte melden, die gegen unsere Vision und unseren Change sind. Die können auch gleich nach Hause!“ Sie brauchen intrinsisch motivierte Führungskräfte, die „von Natur aus“ revolutionär denken, veränderungswillig und grenzenlos belastbar sind und damit Verantwortung für sich und ihr Umfeld übernehmen wollen. Dass Sie hierfür die entsprechenden organisationalen Rahmenbedingungen, wie etwa Offenheit, Fehlertoleranz oder entsprechende Icentive-Systeme, schaffen müssen, sollte mittlerweile selbstredend sein. Es geht viel zu viel Zeit mit dem „Bearbeiten von Führungskräften“ verloren, die einfach aus Prinzip nicht mitmachen wollen. Dann setzen Sie die eben unter maximal sozialverträglichen Gesichtspunkten frei. Punkt. Sie haben unter den heutigen Rahmenbedingungen keine Zeit, sich in „Grundsatzdiskussionen“ zu verlieren (vgl. Kap. 6).

Die Menschen in Ihrem Umfeld müssen gerne zur Arbeit kommen wollen. Hierzu muss eine positive Grundstimmung geschaffen werden. Führungskräfte, die dem mittels Ihres Führungsstils und Menschenbilds entgegenstehen, sind ebenso in Frage zu stellen. In den Unternehmen erkennen wir heute eine Tedenz, sich zunehmend auch von Personen zu trennen, die zwar „gute Zalen“ abliefern, intern jedoch aufgrund „menschlicher Defizite“ auffällig werden. Die Bereitschaft, diese Führungskräfte wie in der Vergangenheit zu tragen, wird immer geringer. Nicht zuletzt weil auch Mitarbeiter und damit „Geführte“ immer mündiger, kritischer und wechselbereiter werden.

Wenn sich Freude in Ihrem Unternehmen breitmacht und auch gelacht werden kann und darf, dann stimmt es in Ihrem Unternehmen. Dann entwickelt sich auch die entsprechende Leidenschaft, Phantasie und Veränderungsbereitschaft Diese Rahmenbedingungen zu schaffen, ist Ihre Aufgabe als Unternehmenlenker. Es lohnt sich hierfür wie auch damit verbunden für Anerkennung und Zufriedenheit unter Ihrer Führungsmannschaft und Belegschaft zu arbeiten.

Literatur

Iskan, S. (2013). „Wir brauchen wieder mehr Macher“: ITZ im Interview mit Prof. Stefan Iskan. *International Transport Journal (ITZ), 41/42*, 30–31.

Iskan, S., D'Incá, J. (2013). Mitarbeiter stärker einbinden: Manager müssen im Landverkehrsnetz neue Führungsstrukturen und Tools einsetzen. *Deutsche Verkehrs-Zeitung (DVZ), 53*, 12.

Prof. Dr. rer. pol. Stefan Iskan hat die Professur für Logistik und Wirtschaftsinformatik, inbes. Supply Chain Management und E-Business, im Fachbereich Dienstleistungen und Consulting an der University of Applied Sciences Ludwigshafen am Rhein inne. Der Hochschulprofessor ist Autor zahlreicher Veröffentlichungen, Top-Management- und Führungskräfte-Begleiter wie auch Academic Advisor der führenden türkischen Automotive und Logistik-Mediengruppe AYSBERG mit Sitz in Istanbul. Der promovierte Wirtschaftspädagoge war zuvor für den Deutsche Bahn-Konzern (DB Schenker) in verschiedenen vorstandsnahen Funktionen aktiv, u. a. in der Konzernleitung der DB ML AG in Berlin und Istanbul sowie als Leiter Strategische Projekte & Business Development einer der Direct Reports zum Vorstand Landtransport der Schenker AG in Essen. Zu seinen weiteren beruflichen Stationen zählen die Deutsche Post Consult GmbH und Daimler AG. Zusammen mit seinem Partner, Erwin Staudt, begleitet er Führungskräfte aus der Automotive Industrie und Logistik in Deutschland und in der Türkei, insbes. in strategischen Fragestellungen, Organisationsentwicklung, Change Management sowie Industrialisierung der Aufbau- und Ablauforganisation. Für seine akademischen Leistungen wurde er bereits ausgezeichnet.

Erwin Staudt ist Partner bei der Managementberatung Iskan Advice mit Sitz in Stuttgart-Sindelfingen, Präsident des Business Club Stuttgart sowie Ehrenpräsident des VFB Stuttgart. Der Diplom-Volkswirt hatte zuvor 30 Jahre in verschiedenen nationalen und internationalen Management-Positionen bei der IBM verbracht, in die er 1973 eingetreten ist. Zuletzt als Vorsitzender der Geschäftsführung der IBM Deutschland GmbH. Von 2003 bis 2011 war der ehemalige Top-Manager der erste hauptamtliche Präsident des VFB Stuttgart. 2010 wurde er zudem in den Aufsichtsrat der Deutschen Fußball-Liga (DFL) gewählt. Neben seiner Management-Consulting- und Trainings-Arbeit hat er verschiedene Aufsichtsrats- und Beiratsfunktionen inne. Er zählt zu den Vordenkern der New Economy und ist zusammen mit Bundeskanzler a. D. Gerhard Schröder Gründer der Initiative D21, einer Partnerschaft von rund 300 privaten und öffentlichen Institutionen mit dem Ziel, den Wandel Deutschlands von der Industrie- zur Informationsgesellschaft zu beschleunigen.

Weitere Informationen finden Sie im Internet unter:
www.iskan-advice.com

Erfolgreiches Scheitern: Wie Sie den Change in Ihren Unternehmen geradeaus an die Wand fahren

16

Stefan Iskan und Erwin Staudt

Der Anspruch des vorliegenden Buches war es, aus der Praxis für die Praxis zu schreiben. So auch in unserem abschließenden Kapitel. Bücher rund um Change Management, die mit Kochrezepten und Checklisten aufwarten, gibt es viele. Diese genauso gut zu gestalten, zu ergänzen oder noch besser machen zu wollen, war nicht unser Anspruch. Zum Abschluss unseres Buches wollen wir daher einen anderen Weg gehen. Einen, der einen Fahrplan bereithält und den Sie immer dann herausholen, wenn Sie unter allen Umständen sicherstellen wollen, dass Sie und Ihre Change-Projekte an die Wand fahren. Wir würden uns freuen, wenn Sie die nachfolgenden Ausführungen nicht immer allzu „todernst" nehmen und die ein oder andere Handlungsmaxime Ihnen ein Schmunzeln ins Gesicht zaubern würde. Wenn Sie bei den einzelnen Passagen ein Déja-vu-Erlebnis haben sollten, dann wäre das aus unserer Warte ohnehin schon traurig genug.

Was müssen Sie also tun, um sicherzustellen, dass Ihre Change-Vorhaben von vornherein eine „Totgeburt" werden?

Handlungsmaxime 1: Etablieren Sie eine kreativitätsfeindliche Kultur Zunächst einmal ist dafür zu sorgen, dass sich eine absolut kreativitätsfeindliche Kultur in Ihrem Unternehmen etabliert. Machen Sie hierzu zu jeder sich bietenden Gelegenheit deutlich, dass Ihnen aber auch gar nichts an der Entwicklung Ihres Umfeldes, der Menschen und den Ideen

S. Iskan (✉)
University of Applied Sciences Ludwigshafen am Rhein, Deutschland
E-Mail: stefan.iskan@hs-lu.de

E. Staudt
Iskan Advice, Stuttgart-Sindelfingen, Deutschland
E-Mail: office@iskan-advice.com

S. Iskan, E. Staudt (Hrsg.), *Strategic Change*, DOI 10.1007/978-3-658-03287-6_16

Ihrer Mitarbeiter liegt. Demonstrieren Sie Gleichgültigkeit und verweisen Sie regelmäßig darauf, dass Sie als CEO oder Geschäftsleitungsmitglied aber auch niemandem mehr etwas „beweisen" müssen. Ruhen Sie sich auf den Erfolgen ihrer früheren beruflichen Stationen getrost aus. Sie haben es sich verdient. Laufen Sie durch die Gegend mit der Einstellung: „Das haben wir vor zehn Jahren schon so gemacht, das ist historisch gewachsen. Das werden wir nicht mehr anpacken. Das führt doch eh zu nichts." Motivieren Sie Ihre Führungsmannschaft, in die gleiche Richtung zu denken. Dann können Sie sicher sein: es wird sich nichts verändern.

Handlungsmaxime 2: Tradieren Sie ein negatives Menschenbild Werden Sie sich ferner unter keinen Umständen bewusst, dass das Führungsverhalten Ihrer Führungskräfte auch ein Produkt Ihres eigenen Führungsverständnisses und Menschenbilds ist. Sorgen Sie sich nicht darum, was Sie ausstrahlen. Stellen Sie im Hinblick auf Ihr eigenes Wohlbefinden einfach nur sicher, dass Mitarbeiter wie auch Führungskräfte immer wieder Ihre Verhaltens- und Erwartungsmuster bestätigen. Auf diese Weise erhalten Sie die ersehnte Selbstbestätigung Ihres eingebrannten Menschenbildes. Dass Ihr Menschenbild die Ausgangsbasis dafür bildet, wie Sie Ihre Mannschaft im Change führen, sollte Sie nicht weiter interessieren. Dafür gibt es externe Organisationspsychologen, die Sie für Projekte zur „Kulturveränderung" teuer einkaufen können.

Handlungsmaxime 3: Richten Sie Ihre volle Aufmerksamkeit auf interne Grabenkriege Haben Sie Ihre Mannschaft mit Ihrer Grundhaltung überzeugt? Ausgezeichnet. Jetzt geht es darum, sich bloß nicht mit der Eroberung von Märkten und Kunden zu beschäftigen. In den Fokus sind jetzt innere Absicherungsmanöver mit maximalem persönlichem Energieaufwand und der Einbindung möglichst vieler Ressourcen zu stellen. Perfektionieren Sie Ihre „Mobbing-Kompetenz", brillieren Sie mit übler Nachrede und vermeiden Sie offene Konflikte in Ihrem Management Board, indem Sie die Taktik des „Heckenschützen" anwenden. Versuchen Sie also erst nicht innerhalb des Top-Managements zu einem Team zu werden. Demonstrieren Sie Ihre Uneinigkeit offen gegenüber Ihrer Belegschaft, verschärfen Sie Ihre „Silo-Grabenkriege" und vernichten Sie damit so viel wie möglich an Wert bereits auf der Vorstandsetage.

Handlungsmaxime 4: Entziehen Sie sich Ihrer Management-Aufgabe Und wenn Sie Ihre Restrukturierung schon angezettelt haben? Dann wäre jetzt der richtige Zeitpunkt gekommen, sich mit Ihrer Unternehmensspitze Ihrer Rolle als Top-Manager zu verweigern und sich in Ihren Büros zu verkriechen. Jedes persönliche Wort mit Ihren Führungskräften und Ihren Mitarbeitern könnte jetzt zu viel sein. Halten Sie Ihre Führungskräfte unzureichend informiert und bringen Sie diese guten Gewissens in Erklärungsnöte. An Herausforderungen werden diese wachsen. Und wenn Sie doch einmal etwas erklären „müssen"? Beschränken Sie Ihre Ausführungen immer nur auf reine betriebswirtschaftliche Argumente und Floskelkommunikation. Pläne und Skizzen sollten jetzt das Kommando übernehmen und die betriebliche Change-Lage zu jedem Zeitpunkt minutiös dokumentieren.

Ihr Minimalziel muss die „stillschweigende Duldung“ der Veränderung sein. Erzeugen Sie Einsicht mittels Einschüchterung. Ihrer rein betriebswirtschaftlich-technischen Argumentation muss also obendrein Nachdruck verliehen werden. Ein anderer Ansatz würde Ihnen bloß als persönliche Schwäche ausgelegt werden.

Handlungsmaxime 5: Sorgen Sie rund um die Uhr für blanken Aktionismus Ferner ist nach Ihrem Change-Projekt für permanente Überforderung zu sorgen (vgl. auch Kruse 2012 online). Geben Sie Ihrer Organisation bloß nicht die Gelegenheit, sich nach den Veränderungen wiederzufinden. Überfordern Sie Ihre Organisation und lassen Sie Ihre Mannschaft von einem Eck in das andere laufen. Kommunizieren Sie in Ihrer Organisation, dass das Veränderungsprojekt abgeschlossen ist, um dann nach wenigen Wochen erneut einen Management Letter per E-Mail in Ihre Organisation zu jagen, auf dem sich Namen von Führungskräften und Mitarbeitern mit der nächsten Entlassungswelle befinden. Setzen Sie bloß keine Zeichen, aus denen man annähernd „Berechenbarkeit“ und „Ehrlichkeit“ ableiten könnte. Und wenn Sie nicht wissen, was Sie wollen oder keine Strategie haben? Macht nichts. Legen Sie blanken Aktionismus an den Tag. Keine Sorge. Wenn es gut läuft, haben Sie doch Ihren Aufsichtsrat, der Sie dann wieder einbremst.

In diesem Sinne bleibt mit Erich Fried (1981, S. 93) zum Abschluss des Buches festzuhalten:

> „Wer will, dass die Welt so bleibt, wie sie ist, der will nicht, dass sie bleibt.“

Literatur

Fried, E. (1981). *Lebensschatten: Gedichte*. Berlin: Klaus Wagenbach Verlag.

Kruse, P. (2012 online). 8 Regeln für den totalen Stillstand in Unternehmen. http://www.butz-collegen.de/8-regeln-fur-den-ultimativen-stillstand-im-unternehmen/. Zugegriffen: 15. Juni 2015.

Prof. Dr. rer. pol. Stefan Iskan hat die Professur für Logistik und Wirtschaftsinformatik, inbes. Supply Chain Management und E-Business, im Fachbereich Dienstleistungen und Consulting an der University of Applied Sciences Ludwigshafen am Rhein inne. Der Hochschulprofessor ist Autor zahlreicher Veröffentlichungen, Top-Management- und Führungskräfte-Begleiter wie auch Academic Advisor der führenden türkischen Automotive und Logistik-Mediengruppe AYSBERG mit Sitz in Istanbul. Der promovierte Wirtschaftspädagoge war zuvor für den Deutsche Bahn-Konzern (DB Schenker) in verschiedenen vorstandsnahen Funktionen aktiv, u.a. in der Konzernleitung der DB ML AG in Berlin und Istanbul sowie als Leiter Strategische Projekte & Business Development einer der Direct Reports zum Vorstand Landtransport der Schenker AG in Essen. Zu seinen weiteren beruflichen Stationen zählen die Deutsche Post Consult GmbH und Daimler AG. Zusammen mit seinem Partner, Erwin Staudt, begleitet er Führungskräfte aus der Automotive Industrie und Logistik in Deutschland und in der Türkei, insbes. in strategischen Fragestellungen, Organisationsentwicklung, Change Management sowie Industrialisierung der Aufbau- und Ablauforganisation. Für seine akademischen Leistungen wurde er bereits ausgezeichnet.

Erwin Staudt ist Partner bei der Managementberatung Iskan Advice mit Sitz in Stuttgart-Sindelfingen, Präsident des Business Club Stuttgart sowie Ehrenpräsident des VFB Stuttgart. Der Diplom-Volkswirt hatte zuvor 30 Jahre in verschiedenen nationalen und internationalen Management-Positionen bei der IBM verbracht, in die er 1973 eingetreten ist. Zuletzt als Vorsitzender der Geschäftsführung der IBM Deutschland GmbH. Von 2003 bis 2011 war der ehemalige Top-Manager der erste hauptamtliche Präsident des VFB Stuttgart. 2010 wurde er zudem in den Aufsichtsrat der Deutschen Fußball-Liga (DFL) gewählt. Neben seiner Management-Consulting- und Trainings-Arbeit hat er verschiedene Aufsichtsrats- und Beiratsfunktionen inne. Er zählt zu den Vordenkern der New Economy und ist zusammen mit Bundeskanzler a. D. Gerhard Schröder Gründer der Initiative D21, einer Partnerschaft von rund 300 privaten und öffentlichen Institutionen mit dem Ziel, den Wandel Deutschlands von der Industrie- zur Informationsgesellschaft zu beschleunigen.

Weitere Informationen finden Sie im Internet unter:
www.iskan-advice.com.

Printed by Printforce, the Netherlands